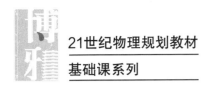

21世纪物理规划教材

基础课系列

U0230779

Volume 1

低温实验导论（上）

Fundamentals of
Low Temperature
Experiments

林 熙 著

北京大学出版社
PEKING UNIVERSITY PRESS

图书在版编目 (CIP) 数据

低温实验导论 . 上 / 林熙著 . -- 北京 : 北京大学出版社，2025. 3. -- ISBN 978-7-301-35865-8

Ⅰ. TB6-33

中国国家版本馆 CIP 数据核字第 2024HQ3921 号

书　　　名	低温实验导论（上）
	DIWEN SHIYAN DAOLUN (SHANG)
著作责任者	林熙　著
责 任 编 辑	班文静
标 准 书 号	ISBN 978-7-301-35865-8
出 版 发 行	北京大学出版社
地　　　址	北京市海淀区成府路 205 号　100871
网　　　址	http://www.pup.cn
电 子 邮 箱	zpup@pup.cn
新 浪 微 博	@ 北京大学出版社
电　　　话	邮购部 010-62752015　发行部 010-62750672　编辑部 010-62765014
印 刷 者	北京市科星印刷有限责任公司
经 销 者	新华书店
	730 毫米 × 980 毫米　16 开本　20.5 印张　437 千字
	2025 年 3 月第 1 版　2025 年 3 月第 1 次印刷
定　　　价	75.00 元

前　　言

1. 低温物理学

低温学 (cryogenics) 或低温物理学是研究如何获得低温环境和研究低温环境如何影响物质的性质的学科. 温度的 "高" 与 "低" 随技术发展而演变, 所谓的低温表面上并不是一个那么明确的称呼方式. 然而, 低温物理学关心的是 120 K 以内的物理, 这条分界线的存在具备一个很清晰的理由: 低于这个温度, 历史上人们所认为的永久气体被液化了.

大部分低温物理相关的书籍或者文献主要关注 4 K 以内的实验. 虽然 4 K 远低于 120 K, 但是这并不意味着大部分的实验参数空间被舍弃了. 由于绝对零度的存在, 低温物理学必须考虑对数坐标下的参数空间. $100 \sim 1000$ K 是我们实验工作者所在的参数空间, $10 \sim 100$ K 是百年前的主要探索前沿, $10 \sim 100$ mK 是当前低温实验的主要探索前沿. 不同的温度区间可能蕴含着不同的物理, 并且肯定使用了不同的实验技术. 习惯上, 人们把低于 1 K 或低于 300 mK 的环境称为极低温. 低温实验技术就是拓展温度这个重要物理参数边界的手段.

低温物理学过去百年的发展与量子力学息息相关. 量子态只有在足够低的温度下才能呈现, 低温实验环境是研究量子现象的一个重要工具, 通过低温测量发现新现象一直是人们创新的源泉之一. 温度引起的热扰动越小, 量子现象越明显. 在人们往极低温这个方向前进的道路上, 已经收获了许多惊喜: 超导、超流、量子霍尔效应 (本书后文将量子霍尔效应称为整数量子霍尔效应, 以与分数量子霍尔效应做区分)、分数量子霍尔效应, 这些量子现象都是在足够低的温度下被意外观测到的.

极低温条件下的实验探索, 不仅在过去给我们带来了惊喜, 还将继续给我们带来新的量子现象. 首先, 一些能隙小的量子态无法在常规的实验环境下被观测到. 其次, 大量有相互作用的粒子的行为无法简单依据少数粒子的性质进行理论研究, 多体问题中的许多未知还有待极低温条件下的实验探索. 极端条件下的低温实验虽然难度大、周期长, 但却是一个明确可行的、可探索未知物理现象的手段.

低温条件下的整数量子霍尔效应已成为新国际单位制中的基石, 影响了质量和温度这些核心单位的定义方式. 随着科学技术的发展, 以前被用于探索未知的制冷机和实验技术也渐渐投入应用或者成为其他前沿探索的辅助工具. 目前的制冷机除了服务于物理学领域外, 还服务于化学、材料学、宇宙学、地球与空间科学、信息科学、生命科学和能源等领域. 例如, 化学中分子的氢键成像和宇宙学中的暗物质探测在更低的温度下有更清晰的实验结果, 医学中的特殊药品保存和核磁共振成像都依赖于低温环境, 液体天然气的杂质分离、生产、存储和运输也都离不开低温环境. 近年来, 量子计算的技术发展更是增加了对尖端制冷机和低温实验技术的需求.

2. 低温实验的特殊之处

物理学是一门实验科学, 物理学中概念的确立、规律的发现有着坚实的实验基础. 低温物理学有明显的实验倾向性, 大量的突破主要体现了实验的价值. 然而, 如何将一个新的实验现象转化为合适的物理语言、提出问题并且给予解释是一件困难的事情.

新实验现象有很多种类型. 有的现象已被某个理论或者模型预言, 但我们一直在等待证据的出现. 有的现象与现有的理论吻合, 只是还没人依据理论给出预言, 但当意外发现被报道之后, 人们可以根据现有理论解释该现象. 有的现象由已有的理论预言, 但定量的实验结果出来之后, 人们发现需要发展原有的理论或者需要由另一个现有理论来解释. 而最特殊的情形是, 新现象无法由现有的理论解释, 前文提到的超导、超流、整数量子霍尔效应、分数量子霍尔效应都是这类低温下的意外发现. 基于寻找新实验现象, 低温学的核心主要包括五部分内容: 如何获得低温环境、如何测量温度、如何增加低温环境的维持时间、如何为其他物体提供制冷能力、如何在低温环境下测量物体的性质.

对于其他领域的科研工作者, 低温学可能因为存在独特的物理现象而知名. 但是, 对于在低温领域工作的实验工作者, 低温学更显著的特征可能是大量烦琐的实验细节. 老一辈低温领域的实验工作者给人的刻板印象恐怕是非常严肃和擅长熬夜, 并且对新手犯错非常不耐烦. 这种刻板印象可能跟低温实验的特殊之处有关.

首先, 一个简单的室温测量在低温环境下将变得非常复杂. 哪怕我们在室温条件下验证了测量系统的可靠性之后, 在低温环境下依然难免遇到各种意外. 漏气恐怕是低温实验中出现最频繁的意外. 低温环境必然伴随着真空, 漏气代表着额外漏热, 温度越低, 额外漏热对环境的破坏越明显. 最令人头疼的漏气只发生在低温环境, 而我们通常只能在室温条件下定位漏点. 对于只允许超流液体通过的漏点, 即使它们一直存在于室温, 我们也难以定位. 令人头疼的地方在于, 低温下漏气的现象不比室温下漏气的现象更罕见. 我可以开玩笑地说, 没遇到过真空腔漏气的老一辈低温实验工作者估计有过于不合理的好运气, 而常规幸运的低温实验工作者仅仅遇到了室温条件下就可以探测到的漏气现象. 寻找漏点和修补漏点不仅需要特定的仪器辅助, 还需要一定的技巧和经验. 此外, 低温条件下的物理性质缺乏系统的数据, 新实验的设计充满了风险.

其次, 温度越低, 具体操作设备的实验工作者的日子在世俗意义上可能就过得越艰难. 低温环境的平衡时间与热容和热导之比有关, 尽管理论上两者都随着温度的降低而减小, 但实际上各种不理想因素总是让热容变得更大而让热导变得更小, 于是温度越低, 实验工作者的各种等待时间就越长. 一套完整的实验测量有时以月为单位, 这不仅需要实验工作者有长时间的内心平稳, 还可能需要实验工作者频繁地调整自己的作息时间. 一来, 一系列操作所需要的等待时间不允许实验工作者每天卡点离开. 二来, 长时间的测量代表着较大的风险. 停电、液氦供应出问题和操作失误都可能使前期的测量投入打水漂, 于是实验工作者总难免想通过每天额外的工作来减少设备降温的总时长. 在时间这个人人平等的物理需求面前, "想睡就睡" 和 "想熬能熬" 似乎是一种实验工作者期望的生活技能.

最后, 由于前两个原因, 低温实验对错误的容忍度非常低, 看似不合理的 "不犯任何错误" 是正确获得一个低温环境和使用一个低温环境的期望. 越是极端的低温环境越 "不在乎" 设计者、搭建者和使用者在哪一个细节上做得多好, 而是受限于最不合理的细节所产生的最大漏热. 当与大同行交流时, 低温领域的实验工作者难免会被问究竟有什么突破才获得了这样一个极端的低温环境, 我内心对这个问题的真正回答是: 我们幸运地没做错太多事情. 也许这个回答既没有特色也没有足够的亮点, 不满足询问者通常的期待, 听起来更像是回避问题的推诿, 但遗憾的是, 想不犯任何错误地把当前的制冷手段充分利用好已经非常困难了.

3. 低温实验技术与商业化仪器设备

制冷机是产生低温环境的工具. 由于实验周期长、实验成功率低, 传统低温实验工作者的培养周期也很长, 在这种背景下, 商业化制冷机的出现很快受到了科研人员的欢迎. 依靠商业化仪器设备, 当代的科研人员可以将精力集中在实验装置的搭建上, 而不用再过度关注如何获得一个低温环境, 这个转变也加快了低温下新实验成果的出现. 与之对应, 新学生们的训练往往更集中在具体的测量技术本身, 他们将来组建自己的实验室时, 购买商业化仪器设备显然是一个比自行搭建仪器设备更理性的选择. 在科研经费充足的前提下, 主流低温仪器设备的商业化是一个合理的趋势. 就目前来说, 商业化制冷机已替代了自制设备, 成为科研人员的主流低温工具.

由于当前大部分的制冷机都已经商业化了, 低温领域的实验工作者的工作主要围绕着实验测量, 包括如何设计和搭建一套特定的实验装置、如何安置样品、如何测量数据, 以及如何分析数据. 由于低温环境的特殊性, 实验设计需要尽量简单化. 对于能满足同样功能的不同设计, 越少的部件、越简单的结构越好, 这几乎是低温实验设计的铁律. 部件少和结构简单便于部件组合、结果分析, 也便于验证结论. 可能每个人都有自己做事情的习惯和倾向性, 对我来说, 低温实验中的不确定性是一种强烈不信任感的来源. 在我的观察中, 许多一时的侥幸心理最终让低温实验工作者付出额外的时间和精力代价. 因此我强烈建议低温实验的新参与者们用最稳妥的方式处理潜在的风险, 毕竟商业化仪器设备已经让其他准备工作变得简单, 我们只需要安稳地完成最后一道工序即可.

商业化低温仪器设备的出现和普及, 既由于低温实验整体上的复杂性, 也由于部分低温实验技术的成熟, 前者让自行搭建者望而却步, 后者便于供应商批量生产. 换句话说, 当前主流的低温仪器设备都工作在低温技术的 "舒适区", 实验工作者还有大量机会自己创造更适合某个具体测量的低温环境或者低温技术. 可是, 主流实验室经历了从自行搭建仪器设备到购买商业化仪器设备的过程之后, 新学生们可以使用的低温仪器设备越来越多, 但常规的低温训练却越来越少.

低温物理中的麻烦如果被解决了, 那么实验工作者往往能获得更低的温度或者能在更低的温度下开展测量. 从这个意义上说, 麻烦也就是机遇. 一直让商业化仪器设备保护的新一代低温实验工作者, 在样品制备和测量技术上的积累远远超过了传统的低温实验工作者, 他们对低温知识的快速吸收除了可能使自己的科研经历更加顺利、轻松外, 还一定会带来新的想法. 对于一个历史超过百年的学科, 这些新想法就是新的希望和未来. 于是, 我带着信念或者偏执参与了实验技术的教学, 并开始了这本书的资料准备.

4. 关于本书

这本书的部分内容来自北京大学 "实用低温实验技术入门" 这门课的讲义. 2012年, 我在北京大学建设自己的课题组和低温实验室, 考虑到组里的学生们缺乏低温实验的经验, 也发现周围拥有低温仪器设备的课题组预料之外地多, 我便起了讲低温实验的想法. 那年春季到夏季, 我在量子材料科学中心内部试讲, 通过十几个讲座介绍了自己的低温知识框架. 因为其他课题组的研究生也对这些内容感兴趣而旁听了一学期, 我便以这些讲座为基础, 在 2013 年正式开设了课程, 并一直坚持至今. 很荣幸, 历年来一直能遇到对这个方向感兴趣的本科生和研究生, 并且常有北京大学之外的学生们旁听.

这门课程从实用的角度介绍低温实验, 给学生们提供一些在低温实验室工作的常识, 也想培养学生们操作和设计低温系统的能力. 在这门课程十几年的授课过程中, 我也在逐渐增加自己的知识储备, 一些来自前沿进展, 一些来自更深入的学习和实践, 还有一些来自与学生们的交流互动. 慢慢地, 我积累出这本书的素材, 并于几年前正式动笔, 希望能给对低温物理感兴趣和正在开展低温实验的本科生、研究生提供一本入门读物.

正文前五章是值得刚接触低温实验的本科生和研究生了解的低温物理和制冷知识. 第一章介绍常见的低温液体. 低温液体不仅是低温物理长久以来的研究核心, 也是低温实验的制冷起点. 第二章讨论低温固体. 实验设计和仪器搭建背后的逻辑受到低温固体物性的影响. 第三章讨论温度. 温度的定标非常复杂, 在低温条件下, 温度计读数和测量对象的实际温度并不一致, 影响了实验结果与含温理论之间的比较. 第四章介绍低温制冷手段. 大部分手段依然活跃在当今的科学研究和应用中. 第五章介绍辅助实验技术, 也可以被称为广义的低温常识. 这是低温领域的实验工作者可能从实践中最终学到的知识, 也是适合刚从事低温实验的学生快速翻阅的内容. 总之, 正文前五章主要讨论如何获得一个低温环境, 以及获得该环境所需要了解的物理背景和相应的注意事项.

　　因为个人兴趣和工作经历, 我还准备了一些与正文前五章相关的补充内容. 第○章是科普阅读材料, 介绍温度降低的历史和个别有趣的低温现象. 第六章讨论低温环境下的测量, 这部分内容涉及有代表性的实验方法和我在具体工作中遇到的部分低温仪器设备, 以提供实际的例子. 之所以写这两部分内容, 一是为了跳出所谓的低温常识, 和读者一起用更宽广的视野了解低温实验, 二是为了钻到某些特别具体的制冷方法和测量手段中去, 用真实的设计为读者提供尽量详细的说明, 以供读者在学习和工作中参考. 第○章可以作为本科生和研究生了解低温物理历史的入门科普材料. 第六章也讨论了我自己对一些测量方法和仪器设备设计的看法, 适合读者根据兴趣分章节扩展阅读. 我也希望能借此机会抛砖引玉, 与其他低温领域的实验工作者交流讨论.

　　写书可能需要一些幻觉, 我得自己首先相信花费这么多的时间是有意义的, 例如, 我得相信这是一本值得低温领域新学生们翻看的书. 但实际上, 这本书最终只是我自己对低温实验领域一点模糊的认识. 写完了, 回头一看, 书名中的 "导论" 二字还是比较贴切的. 这本书不是针对一批具体实验的具体操作指南, 而是尽量去系统且浅显地讲述低温物理和实验技术中的常识. 这些常识有两个极端, 从广的一面而言, 我希望介绍低温实验的历史脉络和制冷技术变更背后的逻辑, 像科普读物一样为读者提供低温实验世界的地图; 从细的一面而言, 我又希望为低温领域的实验工作者提供部分重要具体工作所需要的设计思路和物性参数, 像工具书一样成为读者便于查阅的信息来源. 我只能坦率地承认, 我没有足够的经历、精力和能力去完成一套给低温实验工作者的完整教材, 我只能尽力去呈现自己在这个领域 "盲人摸象" 后心中的框架, 并留下自己爬上爬下的梯子.

　　最后, 我想和低温实验的新参与者说一点自己的感触. 通读此书也好, 看完了附录中的扩展阅读书单也罢, 纸面的知识吸收并不代表实验技能的学习. 低温实验因为实验周期长、低温物性参数缺乏, 所以它重实践、重经验. 低温实验技能应该在实验室中学习, 书本中的知识只能被用于帮助新参与者在具体工作中少走弯路.

5. 关于人名与专业名词的中文书写方式

　　本书涉及了一批国外科研人员的名字, 我保留了英文, 以便于读者跟引用文献对比. 我也提供了书中少数专业名词的英文对应, 以便于读者扩展阅读时查找文献. 不可否认, 当前的低温实验书籍和技术文献以英文资料为主, 我们在中文环境下采用的许多叫法源于翻译.

　　我在一个英文环境下系统地学习低温实验物理. 我的博士生导师陈鸿渭 (Moses Chan) 通晓中文, 但他为了让我更好地融入以美国人为主的课题组, 在我前几年的物理训练中一直只用英语跟我交流, 还不让我知道他精通普通话和掌握多种中国方言. 我临近毕业时, 他又频繁切换到用中文与我交流. 在这种难以复制的学习环境下, 我额外学习了一些英文专业名词的中文对应, 这些信息又在国内十几年的工作之中得到印证和确认.

每个领域都可能有自己习惯性的"黑话". 一些专业术语在低温实验物理领域有较为约定俗成的叫法, 并不一定和大同行的学术名词规范一致. 因此我在书中尽量遵照《物理学名词》的命名, 个别名词按照低温领域的习惯命名. 例如, "refrigeration" 的标准译法是 "致冷", 我考虑到如今的称呼习惯和书写习惯, 统一采用了 "制冷" 这个称呼. 基于同样的理由, 我也不将 "refrigerator" 称为 "致冷器", 而是将之称为 "制冷机".

6. 一些多余的话

上课是一个令人愉悦的过程. 十几年了, 每堂课上我都带着与新开课时一样的热情, 也许我确实喜欢向人分享别人告诉我的经验, 也许有点啰嗦. 一些学生们在一学期的相处之后离开了北京大学, 异地开会时愿意走过来打个招呼, 总让我觉得课程可能真的对他们有点用, 没有太辜负他们花在听课、做作业和考试上的时间.

于是, 我想尽早把答应学生们会写的教材写完. 每天都有许多理由没空写书: 常规工作、预料之外的工作、常规的预料之外的工作, 余下的时间学点新东西, 或者把新现象写成文章, 似乎都比写书更有吸引力. 无论如何, 我动笔了, 也坚持下来了. 幸运的是, 作为一个大学老师, 我每天都有加班的自由.

于是, 这本书夹杂着两个写作动机. 一方面, 我想尽量提供最纯粹的 "干货", 用尽量简短的篇幅说清楚 "怎么做". 另一方面, 低温实验不是试验, 解决问题的能力是永恒不变的需求, 我时不时想展开说说 "为什么这么做". 我有幸遇到那些教过我的长辈, 有幸多了一点点实践经验, 两者之间都给我留下了足够多的可以写的内容.

于是, 我想拿这本书和过去的时光告别. 我努力去设想如果再学一遍, 我该最先掌握哪些内容, 哪些坑我不要再去踩一遍. 每一个选了这门课程的学生, 都是曾经的我自己. 青春终将逝去, 低温实验物理与技术也终有一天不再是值得传授的知识, 不过这点愿意传承的心思, 算是勉强对得起那些真心实意教过我的长辈们吧.

我承认我没有足够的底气去写一本几百页的教科书. 这样厚度的一叠纸在手中, 过于沉甸甸. 也许退休后积攒更多知识和经历后的自己会是更好的作者. 可是我也担心, 将来写教科书的我对刚进实验室的我更加陌生, 时光将让人慢慢忘记彼时彼刻的迷茫. 而且, 如今拥有低温仪器设备的课题组持续增多, 而适合新手的中文读物却长年缺乏. 因此我决定厚着脸皮出版这本书. 不论是科学错误, 还是书写错误, 我都没有信心可以完全避免, 希望读者们帮我指出, 给我今后更改的机会.

致　　谢

　　感谢中国科学技术大学教导过我的老师们, 特别感谢张裕恒老师让我在本科阶段就有机会接触低温实验. 感谢我的博士生导师陈鸿渭为我提供了系统的低温物理训练. 感谢我的博士后合作导师马克·卡斯特纳 (Marc Kastner), 以及量子材料科学中心的杜瑞瑞老师、谢心澄老师和王恩哥老师等长辈给我多年的实践机会. 我还非常庆幸能从研究生阶段就得到夏健生博士和乔治·弗罗萨蒂 (Giorgio Frossati) 教授的指导, 也感谢得到过田明亮老师、吕力老师、景秀年老师、赵祖宇博士、弗拉基米尔·施瓦茨 (Vladimir Shvarts) 博士和公俊·河野 (Kimitoshi Kono) 教授的经验分享.

　　在我攻读博士学位期间, 我的导师几乎每天都会与我交流两到三次. 他的知识杂而不散、博而不乱, 本书中那些常规低温书籍中未提及的信息, 很可能最早就是从他那里得知的. 其间我遇到了夏健生博士、乔治·弗罗萨蒂教授和其他低温界的前辈, 他们使我逐渐了解到一个低温实验究竟可以做得多好, 并且学到了应对低温实验异常情况的方法和心态. 他们帮我打下了基础, 教会我如何将一件简单的事情做得更好, 如何修正错误. 他们不仅传授了我知识和技能, 更重要的是, 他们分享了各自处理实验事务的习惯和思维方式, 为我在这些年的学习和摸索过程留下了前方的灯火. 我也非常感谢学长们对我的培训, 童伟、乐松、吴欢、詹姆斯·库尔茨 (James Kurtz)、托尼·克拉克 (Tony Clark)、恩相·基姆 (Eunseong Kim) 和其他许多同龄人耐心地教会了我大量的实验技能, 他们的友善和真诚使我能更平稳地面对实验中的许多挫折.

　　在本书的撰写过程中, 我获得了自己课题组里研究生和本科生的帮助. 付海龙、王鹏捷、牛佳森、黄可、熊林、黄河清、胡京津、胡禛海和李亦璠在毕业之后, 帮助我查阅了一些我在北京大学无法获取的文献资料. 刘萧、范浩然、陈志谋、宋稚中和闫钰乔为我提供了软件相关的帮助, 特别是刘萧, 她帮我将部分古老文献中以图片形式出现的表格转化为可被用于绘图的数字化信息. 闫姣婕、武新宇、袁帅、胡京津和夏昊煜参与了本书准备过程中的讨论. 袁帅、范浩然、朱禹宣、贾林浩、宋稚中、崔喆、周晋飞、闫钰乔、葛东翰和凌玉融阅读了本书的初稿, 并提出了修改意见. 本书中未标注来源的低温液体和低温固体的实验数据来自我或我的学生们未发表的测量结果. 感谢同学们的贡献和支持, 使得本书得以顺利完成.

　　在本书的写作过程中, 我还向李新征、王垒、李源、贾爽、韩伟、刘雄军、刘阳、刘海文、檀时钠、吴飙、冯济和曹庆宏等同行请教过具体的物理和技术问题, 很荣幸能在量子材料科学中心工作, 使得许多我自己不确定的内容很快就能找到可以请教的专家.

　　最后, 感谢我的家人多年来对我将大量时间花在个人兴趣上的包容和支持.

目　　录

第○章　通往绝对零度之路

古代的文化常有传说. 现代的科学文化却独辟蹊径, 依靠实验和逻辑来了解世界的真相.

本书的第○章将介绍人类突破低温极限的过程. 我将尽量以时间为脉络, 介绍低温物理学这个领域的形成过程和发展过程, 以帮助读者理解本书的写作背景和章节安排. 低温液体、固体物性、制冷方法、温度测量与温标构成了低温实验知识结构的框架. 在这个框架下, 伴随着测量环境的改进和测量手段的丰富, 人们陆续发现新的实验现象, 并验证已有的理论. 随着低温学的关注对象从分子物理转为了量子力学, 这样一套基于实验突破开展新测量、密切联系理论的研究模式在热力学的建立、超导和超流的发现和理解, 以及以分数量子霍尔 (Hall) 效应为代表的当代研究中起到了巨大的作用.

第○章提到的科研工作者主要活跃于百年前, 我将在本章末尾提供大部分人的中英文名字和生卒年, 以供感兴趣的读者查阅他们的生平.

0.1　不存在的永久气体

人可以分辨冷热的能力似乎不需要考证, 也许也无法考证. 类似于烧火取暖和蒸发、凝结这些热学现象在有文字记载之前已被人类了解. 对热源的利用是衡量人类文明的标尺, 陶器、青铜、冶铁这些伴随着高温环境的技艺贯穿了文明的进程.《周礼·冬官考工记》中有利用光学信息判断温度的方法, 起源于唐朝孙思邈的 "炉火纯青" 一词也很好地体现了古人对热源使用的经验. 摩擦、聚光和敲击等生火的方法也被熟知和推广.

生活中对冷源的利用很常见. 哪怕在没有冰箱的地方, 人们也会采用天然的低温环境, 例如, 在低于冰点的温度下保存食物. 与对高温的使用相比, 可能古时候的人们很难想象材料的性质会在冰点以下发生显著改变, 而更容易猜测更低的温度让材料的性质不再改变. 从利用天然的冷源到人工获得更低温度的环境, 人类花了漫长的时间. 开始于人工制冰和寻找永久气体, 人类踏上通往绝对零度之路.

0.1.1　从用冰到制冰

古时候的人们对冷源的利用围绕着天然冰的存储和使用, 最初的目的可能是延长食物的存储时间. 人们主动利用低温环境的历史不容易留下考古活动可以发现的痕迹,我们只能从各种文字中侧面了解. 人类使用天然冰的历史存在多种说法, 有的资料提出冰的使用出现在公元前 500 年的波斯和印度, 有的资料提出冰的使用出现在公元前 1700 年的叙利亚, 有的资料提出中国人在公元前 2000 年已用冰冷藏食物 (可惜我不知道文献中这个说法的具体出处), 有的资料提出埃及人在 2500 年前用天然冰疗伤. 因为我没有能力获得和看懂国外的历史文本, 所以本小节仅围绕中国历史文献记载对低温环境的长期利用做一个简短的介绍.

我们的祖先将天然冰作为冷源有清晰的文字记载.《周礼·天官冢宰》中有 "凌人: 掌冰正. 岁十有二月, 令斩冰" 的记载, 周朝 (开始于约公元前 1100 年) 已有专职从事取冰、用冰的人员 —— "凌人", 其职能包括 "夏, 颁冰". 这个职位在记载中与 "掌酒之政令" 的 "酒正" 和 "掌盐之政令" 的 "盐人" 并列, 可见利用天然冰的常见程度. 如果把不通风且不被光照的冰窖建在地下, 那么冰块可以长时间保存, 凌阴就是藏冰的冰窖, 也被称作凌室、冰井.《诗经·豳风》中著名的 "七月流火, 九月授衣" 描写了季节的更替, 这一篇的结尾就有 "二之日凿冰冲冲, 三之日纳于凌阴" 的描写, 它记载了古人收集冰块和储藏冰块的经验. 元朝的叶祐之曾写过一篇《凌室记》, 记录了一次冰收集的过程;《水经注》的卷五中有 "冰井" 的叫法; 赵匡胤设置有 "冰井务" 这个机构. 我们今天依然在使用 "凌" 字的这个释义, 例如, 将其组词为 "冰凌" 和 "冰激凌". 凌汛就是因为冰对水流产生阻力而引起的江河水位明显上涨的水文现象.

因为古人知道如何采集和存储天然冰块, 所以古文中有 "赐冰" 这个给官员分发福利的叫法. 有些文人写下 "官微罢复久, 赐冰胡可得" 和 "每岁长安犹暑热, 内官相属赐冰回", 而陆游写下不一样的 "扁舟归去应尤乐, 莫羡金盘赐苑冰". "赐冰" 也做 "颁冰", 这个说法可能出自《夏小正》的 "颁冰者, 分冰以授大夫也". 关于中国古代用冰最知名的文字记录也许来自宋代, 因为下面这首诗曾出现在小学诗词读本中:

稚子弄冰 (杨万里)

稚子金盆脱晓冰, 彩丝穿取当银钲.

敲成玉磬穿林响, 忽作玻璃碎地声.

文字记录之外, 考古工作者曾发现来自春秋战国时期的地下室痕迹, 这些地下室可能是被用于储冰的凌阴遗址. 明清之后可以确认的存冰场所就非常多了: 知名的地方包括北京的雪池冰窖和恭俭冰窖, 它们现在是北京市的重点文物保护单位; 德胜门附近曾有冰窖, 现在那附近有一个叫冰窖口胡同的地方; 紫禁城和畅春园也毫不意外地建有冰窖. 北京大学也曾有清朝建立的冰窖, 新中国成立后该冰窖被迁到中关村, 为此原海淀镇有个冰窖胡同. 该胡同名曾被取消了一阵子, 如今北京大学南边有一条新街道采用了冰窖胡同这个旧地名.

尽管古人习惯于藏冰和用冰, 但无法大规模造冰.《庄子·杂篇·徐无鬼》中记载 "我得夫子之道矣, 吾能冬爨鼎而夏造冰矣", 如果 "爨" 取烧或者做饭的意思, 那么

此处的 "夏造冰" 似乎没有什么可以令人强烈信服的理由.《关尹子·七釜》中记载 "人之力, 有可以夺天地造化者, 如冬起雷, 夏造冰", 随后行文的 "死尸能行, 枯木能华 …… 皆纯炁所为" 也让这个记载没什么可信度.《淮南子·览冥训》中有 "以夏造冰",《淮南万毕术》中有简略的制冰过程, 现代的人们依据这些记载对古人是否实现过人工制冰存在争议. 无论如何, 文言文的叙述习惯和古时候对工艺的不重视, 让这些技术就算实现过, 也迅速失传了. 有人还猜测古人可以利用化学反应的吸热制冰, 例如, 利用硝石制冰, 但我不知道有什么可靠的记载可以支持这个观点. 如果不是制冰, 而仅仅是利用硝石制冷, 则非常可能曾被观测到, 因为在各种炼丹的操作中, 硝石是常见原料. 以可能来自汉朝的炼丹专著《三十六水法》为例, 三十六个配方中出现了三十三次硝石, 最多的一个配方用了三斤硝石, 这里的斤是古代的单位, 约为四分之一千克. 十七世纪时, 人们在欧洲观测到了硝石溶于水可以制冰.

古代中国并不是没有关于物理实验的历史记载.《墨经》中有力学和几何光学的讨论,《梦溪笔谈》中有声学、光学和磁学的讨论. 可能不太出名的宋代《革象新书》中有许多天文和光学相关的讨论, 其中的《革象新书·小罅光景》详细描述了一个光学实验. 历史记载中, 其他零散的符合物理规律的观点和描述物理现象的文字想必还有很多, 我听说过的信息只是沧海一粟, 而且很多典籍也必然已经失传了. 但是,《墨经·经上》中那一句著名的 "力, 刑之所以奋也" 也好, 了不起的王允在《论衡》中提到的 "聚日取火" 也好, 这些我知道的例子主要是对客观世界规律的一种描述. 沈括在《梦溪笔谈·补笔谈卷》中有 "以磁石磨针锋, 则锐处常指南, 亦有指北者 …… 南北相反, 理应有异, 未深考耳", 他愿意写下 "未深考耳" 这四个字极为难得. 我们在古籍中, 除了《墨经》和《革象新书》等少数例子外, 更常见到读书人觉得读通了经典著作就对世界无所不知的态度, 而这种态度恰恰不会欣赏和看重来自实验的验证. 此外, 我们不得不承认很多历史记载有多种释义, 极难理解, 也许我们现在的阅读困难来自古时候纸张或者竹简的供应紧张, 也许来自古今思维习惯上的差异. 总而言之, 我们已经很难再去确认古代是否有制冰的技术手段, 我们只能判断, 古代大规模制冰一定远远难于存储天然冰.

虽然古人可以使用存储的天然冰, 但冰的使用者也不会是寻常人, 对冷源的利用只是属于特殊阶层的奢侈享受. 如今, 我们普通劳动者能用得上空调、吃得起冰棍, 还是得益于现代热学和制冷技术的发展. 家用冰箱从二十世纪四十年代之后慢慢普及, 于是冷冻食物可以归于家庭用品而不再归于奢侈品. 家用制冰器出现于二十世纪初, 于是人们可以足不出户得到冰块. 商业化制冰器发明于十九世纪中期, 于是冰块的获得开始变得简单. 我们如今已经习惯了空调的使用, 最早的电驱动空调出现于二十世纪初期, 最早的利用机械制冷对空气降温可能出现于十九世纪中期. 所有这些我们普通人能得到的冷源便利, 都可以追溯到十八世纪中期, 因为那时卡伦 (Cullen) 利用乙醚 ($C_4H_{10}O$) 蒸发获得了冰. 卡伦的工作是现代制冷的源头, 但还不是低温学的源头.

低温学的源头, 出现在十九世纪中期, 那时以法拉第 (Faraday) 为代表的一群人开始了对各种气体的液化尝试.

我介绍古人对冷源的利用, 是为了与热学在科学史上的发展有一个时间上的对照, 并不是用于考据, 于是我一直在模糊地使用古代、现代、近代和当代这些概念. 我所谓的现代或者近代, 对应的是英文 "modern". 作为一个对历史只有粗浅认知的理科生, 我仅仅想用它描述科学与技术深深影响了普通人生活的时代. 而与此时此刻紧密相关的时间段, 我称之为当代. 接下来, 让我们一起回顾我们所理解的热学是如何一步步被完善的. 如果说通往绝对零度之路的起点是制冰与气体液化, 那么热学就是这条道路的路基.

0.1.2　热学的起点

热学是研究宏观物体各种热现象的规律和相互联系的一门学科, 它的概念比较抽象, 所以热学不论是理论上的进展还是实验上的进展都落后于力学. 直到十九世纪中期, 热学的两大理论体系才逐渐成形: 热力学是热现象的宏观理论, 统计力学是热运动的微观理论. 在十七世纪开始发展的测温学和十八世纪开始发展的量热学为热学研究做好了实验上的准备, 帮助当时的人们建立了我们如今所理解的热力学.

1. 测温学

热学是关于温度的科学. 通过经验总结, 人们提出了热力学第零定律: 与第三个系统处于热平衡的两个系统, 彼此也处于热平衡. 或者说, 存在温度这个物理量, 它反映了一个热学系统的宏观性质. 这个我们看似熟悉的物理量实际上是一个非常复杂的概念, 它把复杂体系中大量粒子的运动抽象为一个数值. 对于当时的科研人员来说, 他们从未在熟悉的动力学问题中处理过这个概念. 基于温度而不是热量, 热力学被建立起来; 而热量, 只是系统和外界之间因为存在温度差异而转移的能量.

对宏观热学现象最初的研究离不开对温度的测量, 而热力学第零定律仅给出了比较温度是否相等的方法, 人们还需要一个判断温度高低的方法. 我们会用主观感觉判断温度的高低, 但这样的主观感觉难以被用于科学研究, 例如, 人可以凭手感估计重量或者质量, 可以凭脉搏和天体运行估计时间, 但是触觉只能帮助我们判断温度的相对高低. 观测水 (H_2O) 是否结冰难以将温度定量化, 也不是一个得到温度数值的合适方法.

温度的定量测量是热力学建立过程中的主要实验手段. 测温学需要从一个伴随温度连续变化的物理性质开始, 人们最容易想到的性质就是热胀冷缩. 传闻中, 菲洛 (Philo) 曾演示过空气的热胀冷缩. 根据记载, 伽利略 (Galileo) 可能在 1592—1603 年之间曾利用空气的热胀冷缩发明了第一个温度计. 在伽利略的设计中, 空气被水封闭在玻璃管中, 人们通过观测水面的位置判断空气的体积. 1632 年, 雷伊 (Rey) 改进了伽利略的设计, 他将液体的热胀冷缩作为测量温度的方法. 这两个早期温度计的读数都受大气压强数值波动的影响. 玻璃管密封前装上酒精的温度计出现于 1657 年之前, 这样的温度计的读数与大气压强无关. 1657 年, 意大利玻璃工坊的技术人员可能制造过利用玻璃管密封的水银温度计, 但是该温度计并未受到重视. 有记载说, 布略 (Boulliau) 受密封酒精的温度计启发, 于 1659 年制造了密封水银的温度计. 也有人判断水银温度计的推广源自 1714 年华伦海特 (Fahrenheit) 的贡献, 认为他是第一个知道如何制作可靠的水银温度计的人.

获得了随温度变化的性质的信息之后, 下一个重要的问题是如何建立一个通用的温度标准, 也即如何确定温标. 由于温度这个单位的复杂性, 温标无法像长度或者质量的早期定义一样, 通过某个实体来统一标准. 玻意耳 (Boyle) 和牛顿 (Newton) 都曾对温标做出贡献, 例如, 牛顿将冰的熔点和人体体温之间的温区直接分为十二个部分, 以用于标定温度. 之后, 出于实际生产和生活的需要, 测温学在十八世纪发展迅速, 那段时间产生了两个我们如今还在使用的温标: 1724 年的华伦海特温标和 1742 年的摄氏 (摄尔修斯 (Celsius)) 温标. 有趣的是, 我们熟悉的摄氏度的定义与摄尔修斯原来的定义相反, 那时他规定了沸水为零度、冰水混合物为一百度. 现在的摄氏度的定义来自 1743 年克里斯汀 (Christin) 的更改.

需要指出的是, 人们对温度的认知是一个漫长的过程, 现在我们所理解的温度的概念比测温学出现得更晚. 一些物理学家为温度这个概念的形成做出了贡献. 卡诺 (Carnot) 于 1824 年提出卡诺循环, 这是对热力学规律进行研究的雏形. 开尔文 (Kelvin) 于 1848 年提出了用固定点和卡诺循环来确定温度的热力学温标, 这个温标被称为开尔文温标, 其单位是开尔文 (K), 这也将是本书出现最频繁的物理量的单位. 卡文迪什 (Cavendish) 曾组建一个委员会, 该委员会给出了温标中的温度固定点的建议. 不过, 一批温度固定点并不足以建立一套现实可用的温标. 现在我们所使用温标的演变过程相当纷乱, 其定义烦琐复杂, 这些内容超出了本章所介绍的范围, 本书的第三章将对此进行介绍和讨论. 定义了温度的热力学第零定律之所以排序为零, 是因为它过于重要, 而被提出时人们已经命名了其他热力学定律, 这也是人们对温度和热等概念认识过程曲折的体现.

2. 量热学

量热学的发展允许人们用实验手段严格地、定量地研究热学. 在早期的水混合实验中, 有人将等体积、不同温度的水混合, 知道了水的末态温度正好是不同温度水的平均温度, 于是人们得到了热量守恒的最初表达: 热量既不能被创造也不能消失. 更多的高低温混合实验现象逐渐表明了比热的存在, 然而这些实验真正被理解需要等到布莱克 (Black) 指出温度和热量的差异之后. 布莱克是利用乙醚制冰的卡伦的学生, 他于十八世纪六十年代在制冰实验的过程中, 注意到了固化和液化过程中存在用温度计难以测量的能量转移, 并将这部分能量称为潜热, 意思是隐藏的热量. 与潜热对应的热量就是能被温度计测量的显热. 布莱克的工作是和伽利略发明温度计同等重要的热力学实验的起点. 布莱克和同时代的科研人员提出了热容和比热的概念, 他和加多林

(Gadolin) 等人开展了一批影响深远的比热测量, 帮助人们理解了比热这个概念.

拉瓦锡 (Lavoisier) 和拉普拉斯 (Laplace) 也开展过一系列比热测量, 并且意识到热容不是物体所含热量的绝对数值, 而是改变一定温度所需要的热量. 拉瓦锡通过实验否定了十八世纪初期非常流行的认为物质燃烧时释放燃素的燃素说, 提出了热质这个词①. 他的实验帮助人们接受了物质守恒的概念, 而他自己将热质当作组成世界的基本元素之一. 当然, 在没有实验依据的前提下, 也曾有哲学家和诗人提出过物体的冷热程度就是其所含热量的多少、热是由特殊的物质 (热质) 组成的观点, 或者提出过热和冷是两种独立的特殊物质的观点. 量热学澄清了热学的基本概念, 也恰好支持了把热当作特殊物质的热质说.

热质说被高度认可的同时期, 少数实验现象开始质疑它是否成立. 十八世纪, 有人相信热是能量流体, 有重量, 所以开始了对热质重量的探索, 然而出于这个目的的实验都没有成功. 伦福德 (Rumford) 通过大炮钻孔的摩擦实验否定了热量守恒. 随后戴维 (Davy) 开展的摩擦熔冰实验也质疑热质说. 大炮钻孔和摩擦熔冰这两个实验中的热量来源被归结为机械运动.

3. 热力学第一定律与第二定律

十九世纪三四十年代, 一大批科学家独立地通过力、光、磁等不同形式能量之间相互转化的研究, 提出了类似的能量守恒概念. 在力学领域, 当时的人们已经知道了来自斜面实验的机械能知识, 伯努利 (Bernoulli)② 的流体研究也涉及了机械能守恒. 在生物学领域, 拉瓦锡和拉普拉斯已发现食物在动物体内消化后产生的热量与直接燃烧后产生的热量接近. 杨 (Young) 等人意识到热量和光有联系, 并且光学领域已有辐射热的概念. 化学领域也已经存在不同形式的能量之间相互转化的例子. 在这样的知识背景下, 1842 年前后, 迈尔 (Mayer) 通过对已有比热数据的计算提出了热学中的能量概念和能量守恒, 他将水升温与等重量物体从一定高度的下降联系起来, 得到的热功当量大约是当今准确值的 85%.

能量守恒的提出不等于热质说的消失, 热质说还需要更长的时间才会被抛弃. 发现电流能产生热量的焦耳 (Joule) 开展了三十多年的热功当量实验, 他最终给出的热功当量数据与当今的准确值仅相差 0.5%. 焦耳的实验方法包括重物下降、做功、通电和摩擦, 他研究了这些做法引入的能量和水温变化之间的关系. 焦耳证明了绝热过程中外界对系统做的功与做功的方式无关, 这些实验支持了能量守恒.

焦耳和迈尔不常规的教育和学术经历, 为他们不受热质说影响地看待热学问题提供了方便, 但也增加了他们的工作在学术界推广的难度. 焦耳是只关注实验的典型, 他很可能了解热质说的存在, 但是我们不了解他如何看待该错误的学术观点. 焦耳和开

---

①燃素 "phlogiston" 的词源是 "phlog", 在拉丁语里是火焰的意思; 热质 "caloric" 的词源是 "calor", 在拉丁语里是热的意思.

②此伯努利全名为丹尼尔·伯努利 (Daniel Bernoulli), 其父亲也是科学家.

尔文二十多岁就认识了, 焦耳的工作得到了开尔文的肯定, 他们慢慢成为一对理论与实验合作的典范. 开尔文因为焦耳的工作从 1851 年后逐渐放弃热质说, 焦耳也逐渐被主流学术圈认可. 1852 年, 他们共同发现焦汤效应: 气体在压强差异的作用下通过流阻后温度可能会降低. 在建立热力学的时代, 开尔文参与的工作之多、影响之大, 使温度这个物理量的国际单位以他的名字命名合情合理. 迈尔则不幸很多, 他经历了精神上的极大打击, 其贡献大约三十年后才被充分认可. 一个公允的说法应该是, 迈尔先提出了热功当量的想法, 而焦耳的实验验证在热力学的建立过程中更加重要.

焦耳三十多年的热功当量实验给能量转化提供了最强有力的支持, 热功当量联系了热学和力学这两门独立的学科. 焦耳在不清楚热物理本质的情况下, 提出了热量并不守恒、热量和功一致的观点. 当时的人们并不知道气体分子机械能的知识, 但依然建立了热力学这个物理分支. 1845 年前后, 克拉珀龙 (Clapeyron) 等人开始讨论机械功和热量之间的关系. 1847 年, 亥姆霍兹 (Helmholtz) 明确指出了功和热量都属于能量, 并且能量守恒. 1850 年, 克劳修斯 (Clausius) 给出了热力学第一定律的数学表达式. 在这个反映能量守恒的表达式中, 克劳修斯用 U 表示内能, 并一直被我们沿用至今. Q 的使用则来自克拉珀龙, 但克劳修斯调整了 Q 的定义. 这个数学表达式在开尔文等人的努力下成为了一条基本定律, 兰金 (Rankin) 也对推广这一定律做出了贡献.

能量这个概念被建立和推广之后, 人们不再需要热质说. 自热力学第一定律被广泛认可之后, 热量只会被归于一种能量, 而不再被当成一种物质. 自焦耳的实验之后, 人们公认能量守恒与转化定律是自然界的普适规律, 它适用于一切形式的能量: 能量可以有不同的形式, 可以由一种形式转化为另一种形式, 可以由一个物体传递到另一个物体, 在转化和传递的过程中能量的总量不变. 之后, 在相对论出现时, 爱因斯坦 (Einstein) 把能量守恒与质量守恒统一了起来.

克劳修斯在分析卡诺的工作并总结出热力学第一定律的过程中, 还思考了热量流动的方向, 提出了熵的概念, 并总结出热力学第二定律. 热力学第二定律的出现有内在的必然性. 从卡诺的时代开始, 关于热机工作效率的思考有着很强的现实驱动, 不同于传统的水力驱动做功, 作为热机能量来源的煤炭是有成本的, 卡诺用了非常抽象但精巧的分析去讨论这个现实问题. 卡诺从温度的角度去分析热机的效率, 这样的做法并不是那么显然的研究切入点, 因为当时的人们很难知道水蒸气的温度. 虽然我们现在清晰地知道需要存在温度差异才能做功, 但在那个年代, 人们很难意识到没有 "冷" 的 "热" 是无用的. 需要指出的是, 卡诺的论证基于错误的热质说. 在卡诺、克拉珀龙和开尔文等人的基础上, 1850 年, 克劳修斯提出: 不可能把热量从低温物体传递到高温物体而不产生其他影响; 1851 年, 开尔文提出: 不可能从单一热源吸收热量, 使之完全转化为有用功而不产生其他影响.

克劳修斯自己并没有命名他的这两个总结, 我们习惯的热力学定律一词的英文 "law of thermodynamics" 的叫法来自兰金. 热力学第二定律的形成过程比第一定律更加复杂、曲折. 如果说第一定律让人清晰地知道能量的概念, 那么第二定律则让人困惑自发过程的不可逆性, 对第二定律的讨论甚至被扩展到物理学之外. 在吉布斯 (Gibbs) 和亥姆霍兹等人的共同努力下, 热力学这个方向的框架被搭建起来, 成为了一门与力学、光学和电磁学并列的基础学科. 热力学一词的英文 "thermodynamic" 可能来自 1848 年开尔文的创造, 并在兰金的帮助下推广, 而统计力学一词的英文 "statistical mechanics" 可能由吉布斯首先使用.

热力学第一定律否定了无中生有的能量的存在. 热力学第一定律还有另一个令人喜闻乐见的表述形式: 第一类永动机是不可能被造出来的. 所谓第一类永动机, 指的是不需要外界提供能量而不断做功的机器. 而第二类永动机指的是从单一热源吸收热量, 使之不断地做有用功而不产生其他影响的机器, 它违反了热力学第二定律. 之所以说这种表述形式喜闻乐见, 是因为从不可考的过去到今日一直都有人在尝试制造永动机. 历史上的永动机方案多种多样, 其研发动机有些是出于兴趣, 有些是为了行骗; 有些设计思路令人大开眼界, 有些甚至曾被人误以为真实可行. 1775 年, 法国科学院曾通过一项很特别的决议, 即拒绝审理关于永动机的项目.

4. 建立过程曲折的热力学

在 1798 年伦福德的实验之后、热力学第一定律被广泛接受之前, 热质说其实一直很被认可. 除了摩擦实验外, 热质说可以解释当时大部分的实验现象. 例如, 站在当时的科研人员的角度, 他们可以认为热平衡是热质不均引起的扩散的最终结果, 辐射来自纯热质的看不见的传播, 对流来自载有热质的颗粒的流动. 在热质说的年代, 傅里叶 (Fourier) 建立了热传导理论, 卡诺提出了卡诺循环和卡诺定理, 瓦特 (Watt) 改进了蒸汽机. 从克拉珀龙和开尔文分析卡诺的工作, 到 1850 年克劳修斯提出热力学第二定律, 热质说一直活跃于当时的学术观点中.

另一个物理概念建立过程曲折的例子是我们熟悉的能量. 尽管能量这个概念现在出现在青少年的科学教材中, 但是这个概念是如此的抽象, 它的成熟和推广也经历了超过百年的时间. 摩擦生热被证实的时代, 牛顿力学中已有动能这个概念的存在, 人们在力学中逐渐建立了能量这个概念. "Energy" 这个具体单词可能最早由伯努利[①]于 1717 年提出, 他想描述的意思显然不是我们现在的定义. 在 1847 年的亥姆霍兹之前, 一群科学家为这个概念的成熟和普及做出了贡献, 例如, 法拉第曾总结出机械能、化学能、热能、电能、磁能之间相互有联系并且有同样的起源.

本书讨论热质说和能量概念的形成, 是为了表达一个不新鲜的观点: 当年的科研人员在迷雾的边缘探索, 他们对热学的了解远比我们从教科书中获得知识困难得多. 图 0.1 列举了部分热学实验和规律总结的时间点, 以说明热学知识体系建立过程的曲折.

从伽利略时代到热力学第三定律提出的二十世纪初期, 一群伟大的科学家大约花

[①]此伯努利全名为约翰·伯努利 (Johann Bernoulli), 他是我们所熟悉的伯努利的父亲.

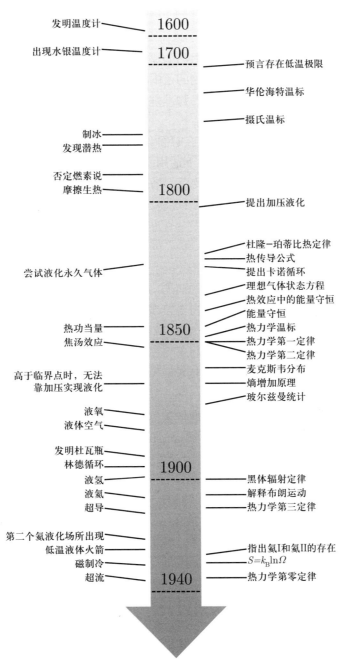

发明温度计

出现水银温度计

预言存在低温极限

华伦海特温标

摄氏温标

制冰
发现潜热

否定燃素说
摩擦生热

提出加压液化

杜隆—珀蒂比热定律
热传导公式
尝试液化永久气体
提出卡诺循环
理想气体状态方程
热效应中的能量守恒
能量守恒
热功当量
热力学温标
焦汤效应
热力学第一定律
热力学第二定律
麦克斯韦分布
高于临界点时,无法
靠加压实现液化
熵增加原理
玻尔兹曼统计

液氧
液体空气

发明杜瓦瓶
林德循环
液氢
黑体辐射定律
液氦
解释布朗运动
超导
热力学第三定律

第二个氦液化场所出现
指出氦I和氦II的存在
低温液体火箭
磁制冷
$S=k_\mathrm{B}\ln\Omega$
超流
热力学第零定律

1600
1700
1800
1850
1900
1940

图 0.1 部分进展的出现顺序. 显然, 这个图无法包含所有的重要工作, 而是仅体现了本章涉及的小部分工作, 但是这些工作出现的先后顺序已经足以使我们想象到热力学建立过程的艰难

了三百年的时间搭建了热力学的框架. 热力学不考虑物体内部的微观结构, 只是根据实验观测判断宏观物理量之间的联系. 热力学所总结的规律, 并不依赖于其他物理学科是否成立. 1949 年, 爱因斯坦对热力学的评价是: "一个理论, 如果它的前提越简单, 而且能说明各种类型的问题越多, 应用的范围越广, 那么它给人们的印象就越深刻. 因此, 经典热力学是具有普遍内容的唯一物理理论. 我深信, 在其基本概念适用的范围内是绝不会被推翻的."

我不知道此刻的物理理论框架什么时候会在新的层次上被重新理解, 但基于实验观测的物理规律却永远在同样的条件下适用. 从伽利略到爱因斯坦, 人们对物理世界的认知在改变, 但是如果我们今日在比萨斜塔再做自由落体实验, 同样的精度下, 我们将获得与伽利略当时同样的结论. 从这个意义上, 我觉得扎根于实验的热力学是最 "安全" 的物理学分支之一.

0.1.3　永久气体的寻找

气体 (gas) 这个词出现于十七世纪初期, 其词源的含义是混乱. 十九世纪, 在室温条件下依靠对气体等温加压, 人们获得了许多新液体. 那些在室温条件下不能依靠加压成为液体的气体, 当时被称为永久气体. 我们现在已经知道不存在零温极限下无法液化的气体, 因此不再使用永久气体这个概念, 或者仅用它描述在室温条件下不能依靠加压液化的气体. 低温物理学产生于永久气体的寻找过程中.

1. 先行者们

据说 1784 年拉瓦锡曾预言如果地球被挪到太空中更冷的位置, 那么大气或者部分大气将以一种人类当时未知的液体形式存在, 这个思路鼓励着很多人尝试液化新气体, 以及获得更低的温度. 当时人们已经知道了氮气 (N_2) 和氧气 (O_2) 的存在, 前者由卢瑟福 (Rutherford)[①]发现, 后者由普里斯特利 (Priestley) 和舍勒 (Scheele) 独立发现. 蒙热 (Monge)、马伦 (Marum) 和道尔顿 (Dalton) 等人的工作是气体液化的起点. 十八世纪末, 蒙热通过加压和用冰冷却, 液化了二氧化硫 (SO_2). 马伦对氨气 (NH_3) 加压并观测到了不符合气体定律的体积减小, 这实际上是氨气液化的迹象, 不过他当时好像没意识到加压引起了液化. 十九世纪初, 道尔顿提出了加压液化的思路.

1823 年, 法拉第对密封玻璃管进行局部加热, 使玻璃管中密封的氯气 (Cl_2) 压强增大, 于是玻璃管的低温端出现了液氯. 利用这个方法, 法拉第继续液化了硫化氢 (H_2S)、二氧化碳 (CO_2)、一氧化二氮 (N_2O)、乙炔 (C_2H_2)、氨和氯化氢 (HCl) 等气体, 但是未能液化氢气 (H_2)、氮气或氧气等气体. 约二十年后, 在其他科研人员进展的鼓励下, 法拉第开始新的气体液化尝试, 但他和其他科研人员都发现加大压强还是无法让氢气、氮气或氧气等气体液化, 这些气体 (还包括甲烷 (CH_4)、一氧化碳 (CO) 和一氧化氮

---

①此卢瑟福全名为丹尼尔·卢瑟福 (Daniel Rutherford), 不是我们所熟悉的从事原子核物理研究的卢瑟福.

(NO)) 被当时的许多科研人员认为是永久气体.

在对新液体的等待中, 人们逐渐理解了临界点现象. 1822 年, 德拉图尔 (de la Tour) 发现在足够高的温度下, 液体酒精变成了气体, 经过多次实验, 他知道了高于某一温度时液体酒精会突然全部气化, 成为临界点的发现者. 十九世纪六十年代, 安德鲁斯 (Andrews) 发现了当温度高于临界点温度时, 不论加多高的压强, 气体也无法液化. 也就是说, 液化的主要技术路线从加压转变为了降温. 对于当时的科研人员, 气体膨胀和其他液体的蒸发是两种他们非常熟悉的降温方法, 他们可以依靠这些方法的组合, 以多级降温的方式逐层降低温度.

2. 空气的液化与应用

1877 年, 卡耶泰 (Cailletet) 和皮克泰 (Pictet) 独立地液化了氧气, 在此之前, 对永久气体的液化已经约五十年没有新进展了. 这个漫长的等待说明了液氧这个突破的困难和重要, 因此也有人将卡耶泰和皮克泰的工作当作低温物理学的开端. 他们不约而同地选择了氧气, 可能是因为当时的氧气比较容易获得. 他们还都选择了降温作为液化方式, 而不是加压. 卡耶泰的降温手段是压强骤降, 皮克泰的降温手段是多种液体持续蒸发. 这两个工作的公布日期仅有两天的差异, 一个在 12 月 22 日, 一个在 12 月 24 日. 我听过一些低温实验室关于 "圣诞节奇迹" 的故事, 它们介绍了假日期间形形色色的实验突破. 我不知道这些故事是否受到了氧气液化历史的影响, 然后人们故意忽略了氧气液化时间和公布时间之间的差异. 当然, 节假日工作的人少, 所以噪声小、干扰少, 而且节假日的收获更让人印象深刻, 所以一批批从事低温研究的博士生们在节假日开展实验时容易有一些额外的美好期待. 氧气的液化开启了人类征服永久气体的新旅途.

1883 年, 弗罗布莱夫斯基 (Wroblewski) 和奥尔谢夫斯基 (Olszewski) 合作液化了空气, 之后奥尔谢夫斯基液化了除氢气和氦气 (He) 之外的所有常见气体, 他还将是历史上尝试去液化氦气的先行者之一. 尽管人们已经能够液化空气了, 但当时液氧和液氮还是无法从液体空气中直接分离出来. 直到 1902 年, 林德 (Linde) 开始从空气中获得纯氧. 早期的液化技术无法获得大量的低温液体. 在永久气体液化的进展中, 气雾的获得甚至也被作为液化的证据. 例如, 1887 年奥尔谢夫斯基展示了获得的几 cm^3 的液氧, 1900 年他展示了获得的 100 cm^3 的液氧.

1895 年, 现代制冷工业有了雏形, 这一年, 林德和汉普森 (Hampson) 独立地利用焦汤膨胀液化了空气, 基于他们思路工作的制冷方式被称为林德循环. 1897 年, 特里珀 (Tripler) 能够以每小时产生 25 L 液体的速度液化空气. 1899 年, 林德能够以每小时产生 50 L 液体的速度液化空气. 1902 年, 克洛德 (Claude) 在林德循环的基础上加上了膨胀制冷, 这个方法就是制冷技术中的克洛德循环. 在这些新液化方式中, 换热器开始被频繁使用, 低温制冷开始与常规制冷有显著的结构性区别. 1906 年, 林德和汉普森的制冷方法被商业公司使用, 被用于液化空气和生产氧气. 这些制冷技术随着诸如炼钢需要氧气等工业需求而得到快速发展, 被用于液氮和液氧的大规模生产.

制冷工业可以被用于气体分离. 二十世纪初期, 结合分馏技术与林德和克洛德的制冷技术, 人们能获得较纯的氧气和氮气. 1910 年, 林德采用双层分馏技术, 获得了纯度为 99% 的氧气和氮气. 十九世纪时的氧气主要被用于照明、图像投影和医疗, 现代的氧气主要被用于化学合成、材料生产和医疗. 在生产氧气的过程中, 氮气原本被当作废气舍弃. 二十世纪六十年代之后, 氮气才被广泛使用, 例如, 作为食物存储、化学反应和工业生产的保护气. 随着半导体工业的发展, 高纯氮气的使用越来越常见, 而从液体空气中分馏是一种大规模获得高纯氮气的便利手段. 液化技术的成熟也帮助人们获得了氩气 (Ar), 它可被广泛应用于焊接和冶金.

人们刚刚具备空气液化能力时, 获得这些液体的成本过高, 因此低温液体并没有被广泛使用. 从法拉第到昂内斯 (Onnes) 的年代, 低温环境的获得从科学上是为了确认永久气体是否存在, 另一方面也有食物冷藏的应用需求. 此外, 有人建议利用液体空气储能, 以用于气化膨胀做功, 但该方法不具备实用性. 有人提议将液氧作为潜水艇的动力, 同时为工作人员提供呼吸用的氧气, 我猜测这个方案没有被采用. 有人提议将液氧用于增强炸药的性能, 该提议具备实用性且被推广了. 虽然现场混合炸药和液氧为工作人员增添了麻烦, 但是万一炸药没有被使用, 对其回收是很安全的, 因为液氧很快就蒸发了.

如今, 低温液体使用的场合非常多. 二十世纪六十年代之后, 液氮开始经常被用于个别昂贵食材的保鲜. 虽然我们现在已经不需要依赖低温液体提供长距离的食物冷藏, 但它还是为医学和医疗上的样品提供了低温存储条件. 低温切除也是现在常见的治疗方法, 其操作有时候极为简单, 只需要用棉签蘸着液氮贴在患处即可. 这种治疗方法也是出现于二十世纪六十年代. 液氢和液氧作为火箭推进剂可能是我们较常听说的应用, 这个应用可以追溯到 1926 年的液氧和汽油火箭推进尝试. 第二次世界大战期间, 德国著名的 V2 火箭则使用了液氧和煤油. 生活中最容易遇到的低温液体是液体天然气, 它的沸点是 112 K. 液体天然气的大规模生产和存储可能出现于二十世纪三十年代, 二十世纪四十年代已经有了液体天然气的商业化供应.

3. 最后的永久气体

在寻找永久气体的过程中, 氧气和氮气的液化促使了现代制冷工业的出现. 而之后氢气和氦气的液化, 以及这个过程中杜瓦 (Dewar) 瓶的发明, 影响了当代的前沿科学探索.

大约在 1878 年, 杜瓦获得了卡耶泰的一套液化设备, 1885 年, 杜瓦改进了空气的液化方法. 1898 年, 他利用焦汤膨胀和液体空气预冷, 获得了液氢并于次年获得了固体氢. 杜瓦以喜欢公开展示实验过程而闻名, 他会定期面对观众, 是一个比较另类的科学家. 虽然氦在 1868 年已经通过光谱分析被发现, 但直到 1895 年, 氦才被提取和获得. 考虑到信息传播速度和氦获得的困难, 当时许多人以为氢气是最后一种永久气体.

杜瓦更重要的贡献是发明了以他的名字命名的低温容器, 即杜瓦瓶. 想要获得新的低温液体有两个明显的技术要求: 一是降温, 二是减少漏热. 前者一直有大量的科研人员在努力, 而杜瓦瓶的发明解决了漏热对永久气体液化的影响. 1873 年, 杜瓦开始采用真空作为隔热的技术手段. 1892 年, 他设计了当代低温容器的雏形, 采用了中空的双层玻璃结构并且层间抽真空. 如今的杜瓦瓶 (常被简称为杜瓦) 的主体结构已经不再采用有安全隐患的玻璃, 而是采用带真空夹层的多层金属. 杜瓦在成功液化氢气后, 持续尝试获得更低的温度, 他自己判断他获得的最低温度为 16 K, 有人推测他获得的最低温度为 12 K 或者更低.

1898 年之后, 人们逐渐了解了氦元素的存在, 包括杜瓦在内的一批人开始了对新元素的降温. 1908 年, 昂内斯首次在 4 K 附近液化了氦气, 并于次年获得了低于 2 K 的温度. 从昂内斯的突破开始, 人们可以正式宣布永久气体并不存在. 基于液氦, 人们认识了大量未曾预期过、被高温隐藏的量子现象. 在当代的物理学、化学和材料学的研究中, 将研究对象放置在低温环境成了一种非常常见的做法.

低温极限随着气体液化而不断被突破. 气体被逐渐液化的过程, 也就是制冷技术不断进步的过程, 我们姑且将之称为线性降温时期 (见图 0.2). 部分元素因为过于难以获得, 所以其液化时间晚于低温技术出现的时间. 例如, 氩 (沸点为 87.3 K) 于 1895 年液化、氪 (Kr, 沸点为 119.7 K) 和氙 (Xe, 沸点为 165.0 K) 于 1900 年液化, 因为氖 (Ne)、氩、氪和氙在 1894—1898 年之间才由拉姆齐 (Ramsay) 发现. 它们的名字的含义分别为氖 (新的)、氩 (懒惰的)、氪 (隐藏的) 和氙 (奇怪的).

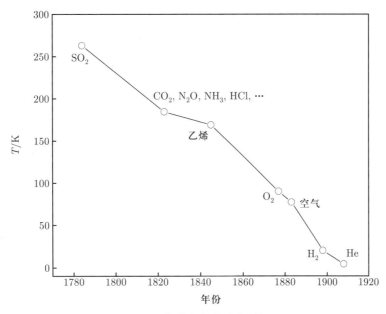

图 0.2　部分气体的液化时间

当代的低温学, 从氦气的液化开始. 也有人将低于液氢温度的低温学称为氦低温学. 截至今天, 每一次制冷环境温度的降低都离不开氦元素. 如果说热学是通往绝对零度之路的路基, 那么氦就是这条路上最重要的路石. 考虑到宇宙的背景温度是 2.73 K, 氦气的液化和随后的蒸发降温使人类在低温领域首次突破了自然界的界限. 在时间、长度、质量等重要基本单位上, 人类实验室仅仅是模拟了自然界很窄的参数空间, 唯独在低温这个参数边界, 我们在百年前就已经突破了自然界的界限. 我们如今所了解的许多低温现象, 仅仅存在于实验室中. 从这个意义上说, 低温物理学的进展是科学史上了不起的成就, 它扩展了物理世界的边界.

0.2　永久液体与低温之路

最后一种气体元素氦的成功液化不仅埋葬了永久气体这个概念, 还带来了永久液体这个新的名称. 永久液体在零温极限下依然保持液态, 仅在足够高的压强条件下固化. 永久气体的称呼曾经 "正确" 了约百年的时间, 如今又是约百年过去了, 永久液体的称呼依然成立.

从获得液氦开始, 人类很快突破了自然界提供的低温极限, 在实验室中构建了全新的物理世界, 并且获得了更多的逼近零温极限的手段. 如果说在氦被液化之前, 人类获得新低温极限的速度可以用线性坐标记录的话, 氦液化之后, 人类则以数量级为间隔开拓新的低温参数空间, 低温下新发现的科学现象层出不穷. 过去百年的低温之路, 主要由永久液体铺出.

0.2.1　永久液体

虽然 1868 年的光谱分析指出了氦的存在, 但是人们一直等到十九世纪九十年代才获得氦. 因此 1898 年的氢液化没有结束对永久气体的探索. 当时的科研人员逐渐知道最后一种待液化的元素已经出现了, 包括奥尔谢夫斯基和杜瓦在内的一批永久气体液化的先行者都尝试过液化氦, 均未成功. 杜瓦是这些尝试者中不相信氦无法液化的代表, 他预言过氦的沸点在 5 K 附近.

1908 年, 昂内斯实现了氦的液化, 这个历史性时刻深远地影响了直到今日的科学探索. 氦的液化并不是一次幸运尝试后的收获, 而是超过 20 年有针对性的努力后的成果. 1882 年, 昂内斯在莱顿大学建立实验室, 追求获得更低的温度. 昂内斯重视技术准备和预冷环境, 1894 年, 他已建成 4 个用于液化空气的制冷设备, 这些设备的液化能力之强大, 以至于满足了莱顿大学低温实验室后面约 30 年的液化空气需求. 1906 年, 他就能以 4 L/h 的速度获得液氢, 这么快的氢液化速度在当时是没有先例的. 昂内斯利用液氢获得前级预冷环境, 并通过氢加压后的蒸发获得更低的温度, 最终将从矿物中提前收集的氦气液化. 有人预测当时他获得 1 L 氦气的成本约 100 美元, 这个价格远高于现在获得 1 L 液氦的价格, 而且百年前的货币购买能力也不是现在的货币购买能力. 1908 年 7 月 10 日, 昂内斯获得了约 100 cm³ 的液氦, 有故事说他在用完最后一份制冷用的液氢后才开始发现液氦的迹象. 根据实验结果, 他判断液氦的沸点在 4 K 附近, 临界温度约 5 K, 临界压强不高于 3 atm, 液氦的密度约为液氢密度的 2 倍.

昂内斯在获得液氦后继续对氦减压降温, 但没有发现液氦固化的迹象. 据其他人估计, 他当时获得的液氦温度约为 2 K. 一直到 1926 年, 人们才通过对液氦加压获得固体氦. 如果没有足够高的压强, 那么氦在零温极限下也不会固化, 因此液氦被称为永久液体. 量子力学中的零点能随着原子间距的减小而增大, 所以密堆积的固体不一定比液体的能量更低, 而零点能随着原子质量的减小而增大, 所以轻元素氦的量子效应更加明显. 从零点能的角度, 我们可以理解为什么氦无法在常压下固化.

昂内斯非常愿意分享技术, 很欢迎世界各国的访问者去他那里参观和学习, 他还创办了一份用于低温技术交流的学术期刊 *Communications from the Physical Laboratory of the University of Leiden*. 在二十世纪早期, 该期刊为许多低温领域的科研人员提供了宝贵的技术信息. 本书的正文也有部分内容来自该期刊.

尽管昂内斯乐于交流, 但氦的液化在当时的难度太高, 十五年间世界上只有昂内斯在荷兰的实验室有能力液化氦. 在二十世纪初期, 杜瓦也在尝试液化氦, 并且与昂内斯保持着非常友好的交流. 有人提出因为杜瓦的助手和工程人员不足, 使得他难以解决氦液化过程中必须克服的一系列工程和技术问题. 1923 年, 多伦多大学开始有氦液化的能力; 1925 年, 柏林的科研人员可以实现氦液化; 1930 年, 哈尔科夫、剑桥、牛津和伯克利等地有了氦液化的能力. 1934 年, 卡皮查 (Kapitza) 利用克洛德循环实现了每小时数升的氦液化速度. 1950 年前后, 在柯林斯 (Collins) 的努力下, 每小时升数量级的氦液化商业化设备开始出现, 世界上个别地方开始可以提供稳定的液氦供应.

在此之后, 氦的大规模液化受益于工业生产、航天、军工、医疗和基础科研对液氦和液氢的需求. 工业界基于非常规需求的原因积累了足够的产生低温环境和处理低温液体的经验, 为液氦的大规模供应提供了基础. 例如, 焊接工业对氧有需求, 制氨对氮有需求, 火箭和飞机研发对液氧和液氢有需求, 氢弹的研究也对氢液化有需求. 从 1950 年到 1968 年, 氦的使用量大约增加了十倍. 超导磁体和核磁共振 (NMR) 设备普及之后, 氦的使用量继续急剧上升. 例如, 加速器磁体在降温时, 一小时可能消耗上千升液氦.

中国的低温液体的液化出现在新中国成立之后. 1951 年, 哈尔滨有了可以生产液氧的工厂. 1956 年, 中国实验工作者可以获得液氢的供应. 1961 年, 中国开始从天然气中收集氦, 1962 年可以生产氦. 1965 年, 中国有了每小时可以获得 3 L 液氦的液化设备. 二十世纪七十年代, 单台液化设备获得液氦的速度增长到了 35 L/h.

低温物理学一词的英文 "cryogenics" 可能出现于二十世纪四十年代, 当时指代 "cryogenic engineering", 如今该词已经独立指代一个物理学分支. "Cryogenic" 这个词可能最早出现于昂内斯在 1894 年发表的一篇文章《关于莱顿低温实验室和很低温度的产生》(*On the cryogenic laboratory at Leiden and on the production of very low temperatures*), 其中的一个希腊语词源是 "kryos", 意思是冰冷, 另一个希腊语词源是 "genos", 含有 "产生" 的意思. "Cryogenic" 这个词的出现并不突兀, 在它出现之前, "cryophorus" 和 "cryogen" 等单词已经存在了. 有人将昂内斯称为低温物理之父, 因为昂内斯液化氦的设备与当时其他实验室的设备有显著区别, 也有人提出昂内斯开始在荷兰建立低温实验室的 1882 年是当代低温物理学的开始. 我自己的看法是, 低温物理学指 120 K 以下低温环境的产生和该低温环境对物质物理性质的影响, 而氦的液化是当代低温物理学的开始.

如今氦元素已经成为人类生活和生产中看似不起眼, 实则不可或缺的特殊资源. 它的特殊之处有两点: 首先, 它的用途基于非常特殊的物理性质, 这些特性几乎不出现于其他元素. 其次, 它在现代工业和尖端科技之中应用广泛, 而它的生产成本却具有非常大的地域差异, 其来源 —— 天然气气矿 —— 的含氦比例在 $0 \sim 5\%$ 之间不等. 二十世纪初, 人们先是通过矿石或者流经矿床的河流提取非常少量的氦气, 前者是昂内斯的做法, 后者是杜瓦的做法. 1903 年, 一批石油工人发现某个气井中生产的气体无法燃烧, 两年后人们经分析发现该气井中存在大量氮气等不可燃气体, 包括约 2% 的氦气. 1917 年, 人们开始通过天然气大量提取氦气, 最早选用的天然气含氦纯度不到 1%, 经提纯, 人们可以获得纯度约 90% 的氦气.

生活中的悬浮气球和广告汽艇等多使用氦气, 因为它比氢气安全. 火箭使用液氧和液氢, 这些低温液体的传输和低温液体腔体的清洗都用到了氦. 在航天工业中, 氦被用于风洞中的空气动力学测试. 在工业上, 氦气被用于高质量的冶金工艺和晶体生长. 在医疗上, 氦气与空气、氮气混合, 作为供呼吸用的混合气. 核磁共振成像和科研中的超导磁体需要氦作为制冷剂来提供低温环境. 在工业生产和科研中, 氦是焊接中的保护气体和追踪漏点的特征气体. 此外, 科研上氦还可被用于成分分析和化石年龄判断等. 可能除了氦气作为安全气囊的填充气这个用途之外, 其他用途中的氦很难被其他元素替代.

对于本书, 我们关注的是氦在低温物理学上的科学价值和技术价值. 氦的液化直接引起超导现象和超流现象的发现, 开辟了两个重要的物理学研究领域. 氦的液化还将引起人类在制冷手段上的突破. 依靠氦, 人类可以获得 1 mK 的低温环境, 这个温度已经比自然界提供的低温极限低了 3 个数量级.

0.2.2　超导与超流

超导和超流拓展了我们对物理世界的认知, 它们的发现归功于氦的液化. 这两个伟大的发现促使了两个研究领域的产生, 其中, 超导领域因为层出不穷的新现象、新技术和应用在百年后的今天依然是最活跃的前沿研究方向. 超导和超流让人们意识到量子力学不仅仅呈现在原子尺度上, 还呈现在实验室尺度上.

昂内斯为低温领域留下了一个非常好的传统, 他强调通过实验获得新知识, 也重视设备和测量装置对获得实验突破的作用, 他的实验室的座右铭是 "通过测量获得知识 (through measurement to knowledge)". 1911 年, 超导现象被意外发现, 这次发现源于昂内斯在液氦环境下的一次电阻测量. 早在 1885 年, 卡耶泰、布蒂 (Bouty) 和弗罗布莱夫斯基等人就曾系统地开展过低温电阻测量. 十九世纪九十年代, 杜瓦和弗莱明 (Fleming) 也测量过液体空气中水银的电阻. 包括杜瓦在内的很多人也都在不断降温的进程中测量过金属的电阻. 这些早期电阻测量的驱动可能是为了研究电阻与温度的关系. 当时的人们对低温电阻有几种预测: 金属在零温极限下是理想导体, 电阻与温度成线性关系; 金属在零温极限下具有有限电阻值; 足够低的温度下, 金属的电阻值趋于无穷大. 可以说, 昂内斯在水银中观测到超导现象是一个意外, 但是他关心液氦温区的电阻与温度的关系不是一个意外. 在液氦温度下测量金属电阻, 是他获得比前人更低的温度后的一个理所当然的尝试. 他报道超导现象的一系列文章的主标题就叫 "进一步的液氦实验 (Further experiments with liquid helium)".

液氦本身随着温度降低出现的实验现象也提供了新相存在的迹象. 与超导的发现一样, 超流的发现也是一个意外, 但是人们利用低温环境开展发现超流现象的实验本身不是意外. 在 1938 年卡皮查、艾伦 (Allen) 与米塞纳 (Misener) 两批人独立发现超流现象之前, 从密度异常到比热异常, 人们有足够强的理由去研究更低温度下的液氦. 例如, 十九世纪二十年代, 昂内斯再次确认了 2.2 K 附近的液氦密度有一个极大值, 据说他最早于 1911 年观测到此密度异常. 有人认为昂内斯对定量测量的重视远远超过了定性观测, 也许这影响了他判断超流现象的存在. 1927 年, 凯索姆 (Keesom) 判断存在两个液相, 并将它们分别称为常规流体氦 I (helium I) 和某个相变温度之下的新流体氦 II (helium II), 这个叫法一直被沿用到现在. 1936 年和 1937 年, 凯索姆和艾伦等人曾发现液氦在低温下存在异常大的热导率. 热导率的异常增大使得沸腾液体中的气泡突然消失, 按理说这应该是超流现象呈现给科研人员的第一个异常, 因为当时的低温容器是透明的玻璃. 非常奇怪的是, 氦被液化后的约 20 年时间里, 人们一直没有刻意报道过这个现象, 该现象的第一次相关报道可能出现在 1932 年. 艾伦曾提出他自己读博士的时候经常看到这个现象, 但是没有意识到它背后的意义.

卡皮查无疑是一个了不起的物理学家, 他的贡献不仅是发现超流. 他的名字还留在了边界热阻现象的发现、氦液化工艺的改进、空气液化工艺的改进, 以及苏联的工业建设中. 卡皮查的人生经历复杂、际遇坎坷起伏, 如果不是因为出类拔萃的实验能力和工程能力, 也许他没有机会完成液氦相关的实验测量和文章发表. 但是, 仅就发现超流现象而言, 同样展开独立研究的艾伦等人可能在现在已经被人忽视了. 1938 年的 *Nature* 期刊记载了一批重要的氦物理实验, 包括发现超流现象的 2 个独立工作, 而艾伦等人和卡皮查的文章投稿时间仅仅只有 19 天的差异. 对于一个靠信件和电报传播信息的年代, 这个时间差异足够小了. 同样是在 1938 年的 *Nature* 期刊, 艾伦等人报道了喷泉现象: 超流体经过多孔材料进入顶部开孔的容器底部后, 被加热从而成为常规流体, 而常规流体因为存在较大的黏滞系数而无法经多孔材料返回, 于是形成了液体的单向流动, 即液体从容器顶部喷出. 超流的出现进一步打破了人们对量子力学只能发生在微观世界中的偏见. 虽然因为零点能而在零温极限不会固化的液氦和已经发现的超导也是宏观量子现象, 但是普通人可以通过视频裸眼看到超流喷泉, 这个科普方式更具感官冲击力.

超流现象确实比超导现象更难在实验上被观测, 不过这应该不是这 2 个现象隔了约 25 年出现的原因, 原则上, 氦的液化已经为发现它们同时铺好了路. 超导现象被发现后, 由于它在物理上过于吸引人且具备令人期待的应用前景, 新的超导材料也陆续被发现, 显然, 这占用了科研人员的精力和当时产量不高的液氦. 此外, 1927 年之前, 人们没有清晰地意识到存在另外一个液相, 也没有像寻找永久气体一般的验证永久液体的强烈驱动力. 据说曾有人测量过低温下液氦的黏滞系数, 但是没有发现异常, 可能是因为实验时的液体流速超过了超流现象所允许的临界速度.

除了发现超流现象的过程不那么顺利 (见图 0.3) 外, 我还想简单介绍一下理论理解超流现象过程的曲折, 以此来说明开辟一个新物理领域的困难. 在超流现象发现之后的 1938 年, 伦敦 (London)[①]参考气体的玻色– 爱因斯坦凝聚 (Bose-Einstein condensation, 简称 BEC) 的思路解释了超流现象, 并计算出相变温度大约为 3 K. 伦敦的想法容易被诟病的原因在于, 超流相变发生在更低的温度, 并且超流的比热与温度的关系不符合玻色 – 爱因斯坦凝聚的预期. 蒂萨 (Tisza) 基于伦敦的思路提出了二流体模型: 液氦中既存在未被凝聚的常规流体成分, 又存在无黏滞系数、经历了玻色 – 爱因斯坦凝聚的超流体成分. 1941 年, 朗道 (Landau) 基于完全不同的物理图像提出了二流体模型, 他的常规流体成分是准粒子的激发, 超流体成分是 "背景". 朗道的物理图像可以被称为激发图像. 如果我们非得各自挑个毛病, 那么我们可以说: 伦敦的理论没有针对液体, 而朗道的理论没有体现出玻色统计. 但是, 可能朗道的理论藏得更深的需要解释的地方在于: 在零温极限下, 超流液体是如何变得有序的? 而这一点, 恰恰是玻色 – 爱因斯坦凝聚图像不需要去操心的.

虽然二流体模型很好地解释了已知的实验现象, 但是朗道与伦敦等人存在明显的学术观点对立. 二流体模型的存在允许超流氦中存在新的声学模式, 这个声学模式是一个温度波而不是常规的密度波, 被称为第二声. 蒂萨和朗道提出了不一样的第二声的声速公式, 而实验测量证明了朗道的预测才是正确的. 对于实验工作者来说, 可能朗道的理论更加 "有用", 他在 1941 年的理论工作还解释了黏滞系数和喷泉效应, 并且预言了将在 30 年后被中子实验验证的旋子激发. 1947 年, 有科学家证明了朗道提出的准粒子激发谱是弱排斥相互作用下 BEC 的结果, 将朗道的想法与伦敦的想法统一. 关于液氦的理论理解在二十世纪五十年代之后逐渐成熟, 人们知道了怎么处理液

---

①此伦敦为伦敦兄弟中的弗里茨 · 伦敦 (Fritz London).

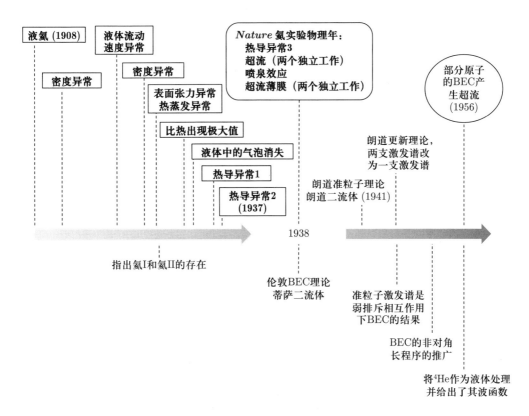

图 0.3　1939 年之前的部分超流实验进展和 1938 年之后的部分超流理论进展.尽管从 1938 年追溯,我们可以发现存在更早的超流实验迹象,但是从预期之外的实验结果到明确指出超流的存在是非常困难的

体的 BEC,并且了解了液氦的波函数.如今我们认为超流是一种广义 BEC 现象,或者说,我们现在深刻地认为超流是一种与 BEC 有关的物理现象.经历了多年的争论,朗道和伦敦的想法共同撑起了我们对超流的理解.

　　超导有大量的实用例子,但是超流的应用场合非常少.对低温稳定性要求非常高的实验装置适合泡在超流氦中,因为相变点附近的超流体是最理想的导热体.超流体因为能提供恒流,所以可以作为陀螺仪,但是这个形式的陀螺仪没有好的实用设计.陀螺仪中的超流不仅只能在足够低温的环境下存在,更重要的是,超流相也没有特别便利的探测手段.考虑到超流体各种独一无二的特性,它到现在的价值还停留在基础科学领域有些令人遗憾.

　　永久液体、超导和超流不是降温的唯一理由.过去百年间,人们努力去获得更低的温度,并在低温环境下对物理世界有了更多的了解.

0.2.3　只用一种元素的魔术

氦被液化之后, 氦的蒸发制冷是获得更低温度的明显手段. 通过这个做法, 人类突然间就突破了自然界的低温极限, 进入了实验室能开辟温度参数空间的时代. 1922年, 昂内斯通过对液氦抽气获得 0.83 K 的低温. 1932 年, 凯索姆通过对液氦抽气获得 0.71 K 的低温. 他们使用了相当复杂的制冷工艺, 实际上, 因为液体的蒸气压随着温度成指数形式下降, 所以直接抽气的常规做法很难使液氦降温到 1.3 K 以下.

氦有两种同位素: ^{4}He 和 ^{3}He. 地球上氦的主要成分是 ^{4}He, 大气中的 ^{3}He 仅是 ^{4}He 的百万分之一的数量级. 前文我们所提到的氦都是指 ^{4}He.

单纯依靠 ^{3}He, 我们可以获得约 1 mK 的极低温. ^{3}He 有 2 个质子和 1 个中子, 它跟 ^{4}He 一样, 也是永久液体, 并在施加足够高的压强后才能成为固体. 1948 年, ^{3}He 被液化了, 之后依赖 ^{3}He 蒸发的制冷方式就一直被使用, 直至今日, 这依然是主流的制冷方法之一. ^{3}He 在低温下的蒸气压高于 ^{4}He, 对 ^{3}He 的抽气降温可以轻松地获得约 300 mK 的低温. 这种制冷机的结构相对于其他获得极低温环境的设备而言较简单, 一直被使用者青睐. 习惯上, 人们把低于 1 K 或 300 mK 的环境称为极低温环境. 我们可以这样理解: 极低温环境是无法依靠 ^{4}He 获得的低温环境.

液体 ^{3}He 的蒸气压也随着温度成指数形式下降, 蒸发制冷有温度下限, 但是人们可以利用 ^{3}He 的另一个特点获得低于 300 mK 的温度. 我们把各部分物理性质都相同的系统称为单相系, 如果系统不均匀但又可以分为多个均匀的子系统, 那么我们称之为复相系. 在液体 ^{3}He 和固体 ^{3}He 组成的复相系中, 相变可以由温度驱动, 也可以由压强驱动, 固液两相平衡的曲线被称为熔化压曲线 (即压强与温度的关系). ^{3}He 的熔化压曲线在 315 mK 处存在极小值, 也就是说, 在 315 mK 以下, 更高的压强对应更低的温度, 所以人们可以依靠压缩固液共存相来获得更低的温度. 熔化压曲线拥有极小值意味着极小值的一侧存在负斜率、另一侧存在正斜率. 这样的负斜率虽然罕见, 可也有其他例子, 但是仅 ^{3}He 的共存相具有实际的制冷价值. 依靠压缩 ^{3}He, 温度可以从 300 mK 降低到 1 mK, 但是无法长时间维持在该温区, 因为这个制冷手段是单次制冷, 它只能提供一个总的制冷量, 不能提供一个稳定的制冷功率.

如果把 ^{3}He 和 ^{4}He 混合在一起, 我们将获得另一个抵达 mK 温区的制冷方法, 这个方法被称为稀释制冷, 是现在最重要的获得极低温环境的方法. 仅由一种化学组分组成的系统被称为单元系, 由若干化学组分组成的系统被称为多元系. 液体 ^{3}He 和液体 ^{4}He 组成的多元系既可以是均匀的多元单相系, 也可以是不均匀的多元复相系. 这种混合液从单相系到复相系的转变过程被称为相分离. 对于 ^{3}He 和 ^{4}He 混合液, 相分离只在足够低的温度下发生. 混合液发生相分离之后, 一种相含 ^{3}He 的比例大, 另一种相含 ^{3}He 的比例小. ^{3}He 从高浓度相进入低浓度相时, 在稀释的过程中吸收热量, 从而使 ^{3}He 和 ^{4}He 混合液的温度降低, 因此这个制冷方法被称为稀释制冷. 稀释制冷是当前唯一稳定获得 mK 温区的制冷方法. 如果说氦的液化是低温物理学上的第一座里程碑, 那么稀释制冷的出现毫无疑义是第二座里程碑. 它在液氦的基础上将人类能稳定获得的制冷环境温度再降低了 3 个数量级.

空气中有微量的 ^{4}He, 从空气中获得 ^{4}He 的成本过于高昂, 人们一般通过开采少数富含 ^{4}He 的天然气来获得它. 不同天然气的含氦量不同, 所以开采成本也不同. 在天然气开采已有足够好的经济收益的前提下, 由于提纯 ^{4}He 需要额外的工艺, 因此 ^{4}He 的获得和销售并不会是矿产拥有者和开采者的关注重点. 低温探索对于氦的使用比例很低, 氦被大量用于医疗需求和非制冷的工业需求, 也被用于装饰用的气球, 不论是医疗需求还是娱乐需求, 在现实中的优先级似乎都比科研需求高. 二十一世纪以来, 使用 ^{4}He 的科研活动多次受 ^{4}He 供应不足和不稳定的影响, 依赖液体 ^{4}He 提供预冷环境的实验难以长期稳定开展, 并且实验成本持续增高. 在这个大背景下, 干式制冷技术逐渐普及.

压强的周期性振荡可以引起气体温度的变化, 但是无法产生制冷能力. 在气体压强变化的同时, 如果其空间分布也发生变化, 使得压缩和膨胀位于不同的位置, 则可以短暂地产生温度差异. 当人们通过外界做功让这个异位膨胀和压缩周期性出现时, 可以获得一个稳定存在的温度差异. 大致来说, 当前主流的脉冲管制冷、吉福德 – 麦克马洪 (Gifford–McMahon) 制冷 (简称 GM 制冷) 和斯特林 (Stirling) 制冷都是基于这样的工作机制, 它们可以为我们提供约 4 K 的低温环境. 对于 4 K 附近的温区, 显然仅有 ^{4}He 或者 ^{3}He 可以作为制冷剂. 虽然 ^{3}He 的制冷效果更好, 但是 ^{3}He 过于匮乏, 成本高昂, 一气体升的价格在千美元数量级. ^{4}He 以液体升论价格, 一液体升的价格在十美元数量级. 因为价格上的差异, 人们实际使用的制冷剂只能是 ^{4}He. 这样的制冷方式中的 ^{4}He 主要以气态形式出现, 所以被称为干式制冷, 它们提供了一个可以取代液体 ^{4}He 的约 4 K 的预冷环境.

^{3}He 蒸发制冷、^{3}He 固液共存相压缩制冷和稀释制冷都以 ^{3}He 作为制冷剂, 价格高昂的 ^{3}He 是这类设备的重要成本. 我们所使用的 ^{3}He 来自核反应的副产品, 短期内没有增产的可能. 月球受太阳风轰击, 并且因为其没有大气层保护, 所以其表面有较高的 ^{3}He 含量, 但是这个收集方案距离实现还比较遥远. 明确地说, ^{3}He 的匮乏远比 ^{4}He 的供应不稳定更难解决. 幸运的是, 用于制冷的 ^{3}He 仅占 ^{3}He 使用量不高的比例, 并且制冷用的 ^{3}He 不会被消耗掉, 更多的 ^{3}He 其实是被用于安检和医疗. 如果没有基于极低温环境的大规模应用需求, 那么地球上的 ^{3}He 供应量可以满足当前基础科研的制冷需求.

图 0.4 总结了一些基于氦的常见制冷路径, 在这些方案中, 外界供应液氦或者外界提供干式制冷的电能是最基本的制冷起点, 最核心的中间步骤是如何获得液体 ^{3}He, 最重要的制冷手段是可以在 10 mK 附近稳定运行的稀释制冷. 就低温物理学而言, 氦是最神奇的元素, 它独自撑起了当前一整套完整的主流制冷技术. 从 mK 温区通向更低的温区, 人们还将依赖常见且熟悉的铜 (Cu) 元素.

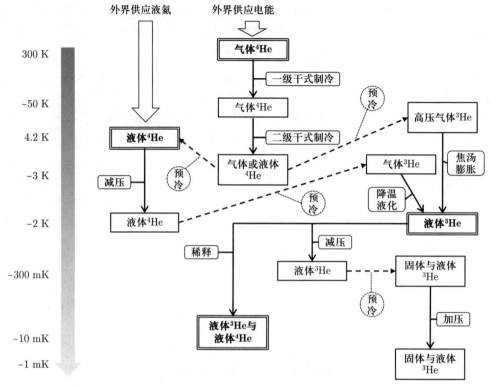

图 0.4   基于氦的常见制冷路径. 虚线代表两套制冷方案之间没有物质交换, 只有热量交换. 实际被尝试过并且证明可行的制冷途径很多, 以 ³He 的液化为例, 图中仅展示了 3 个方案, 也即 2 K 以上 3 个标注了 "预冷" 的虚线箭头所示

0.2.4   一种平平无奇的研究手段

低温环境是前沿探索的重要基础条件. 随着基于氦的低温制冷技术的成熟, 1 mK 以上的低温实验测量成了一种寻常的研究手段. 人们在扩展低温参数空间的努力中, 曾收获了许多惊喜, 深化了我们对物理世界的认识.

低温测量经常超出已知规律的预期, 这样的例子可以一直追溯到氢的液化. 经验公式 —— 特鲁顿 (Trouton) 规则 —— 告诉我们, 通常液体的潜热与沸点之比为常量, 但是液氢的潜热仅约为预期值的 1/2. 1820 年, 杜隆 (Dulong) 和珀蒂 (Petit) 发现不同固体的高温摩尔比热值接近, 而杜瓦测量的低温比热远远低于杜隆 – 珀蒂定律总结的 25 J/(mol·K). 这些都是量子力学应该出现的早期实验证据. 前面介绍的超导和超流, 显然也是 2 个超出预期的发现. 在没有理论预言的前提下, 在足够低的温度下被意外观测到的现象还有很多, 例如, 整数量子霍尔效应和分数量子霍尔效应, 它们的发现打开了 2 个新的研究领域.

1980 年, 整数量子霍尔效应在 1.5 K 下被意外观测到了. 它带来的电学信号 h/e^2 量子化与测量对象的形状和材料无关, 实际测量精度可以高达 10^{-10} 数量级, 该量子化在 1990 年成为电阻的标准, 2019 年又成为新单位制的常量基石, 此外, 它为数学中拓扑的概念提供了一个物理对照.

1982 年, 分数量子霍尔效应在 0.48 K 下被意外观测到了, 它与整数量子霍尔效应的名字和现象都类似, 看似两者的差别只在于量子化的系数是整数还是分数, 然而, 它们背后的物理却有着根本性的不同. 分数量子霍尔效应来自多体相互作用, 这是一个最强关联的实验体系, 它的哈密顿量中只有相互作用项, 我们连微扰处理的机会都没有. 分数量子霍尔效应是一个极为典型的演生现象. 在二维条件下, 最简单的费米子加上相互作用可以演生出令人惊叹的复杂量子现象. 例如, 大量电子产生的电激发的基本单位居然小于一个电子携带的单位电荷. 在分数量子霍尔效应中, 分数统计和非阿贝尔 (Abelian) 统计被预言存在. 所谓统计, 指的是全同粒子交换引起的波函数改变, 例如, 全同玻色子交换后波函数的相位不变, 全同费米子交换后波函数的相位改变 π. 具有分数统计的全同粒子交换后, 波函数的相位改变介于玻色子和费米子之间. 分数量子霍尔效应中还可以出现非阿贝尔统计. 具有非阿贝尔统计的全同粒子交换后, 波函数改变的不只是相位, 这样的波函数特点可以被用于存储不易受环境干扰的量子信息, 应用于拓扑量子计算. 填充数为 5/2 的分数量子霍尔态就是一个被许多理论工作者认为具有非阿贝尔统计的量子态, 它于 1987 年被意外发现, 仅稳定出现在百 mK 甚至更低的温度环境下. 非阿贝尔统计的实验证据寻找, 包括分数量子霍尔效应中的非阿贝尔统计和其他量子体系中的非阿贝尔统计, 是当前的研究重点. 这个方向的许多实验研究只能在低温条件下开展.

如果低温实验仅仅是盲目地探索未知的参数空间, 恐怕低温物理学不该以一个学科分支的形式独立存在. 重要低温制冷方法的出现过程几乎都是理论引导在前、技术实现在后. 此外, 理论工作还频频给出利用低温环境探索新量子态的预测, 指引了低温实验的工作方向. 这些理论指导推动了低温技术的进一步发展, 因为某个低温环境的获得不等于具体测量就可以在这个温度下开展. 利用低温实验条件验证理论预言的数不胜数的工作包括零声和 ^{3}He 超流的发现. 朗道于 1957 年预测了零声, 而实验确认需要更低温度的测量条件, 最终, 强有力的实验证据出现于 1966 年. 在足够低的温度下开展这个声学测量并不容易, 如果不是有很吸引人的理论驱动, 可能当时的实验工作者不一定会有针对性地挑战如此大的困难. 在 ^{3}He 超流被发现之前, 因为超导理论的巨大成功, 人们也开始期待液体 ^{3}He 像超导电子一样配对和产生超流. 在 ^{3}He 超流最终于 1 mK 附近被发现之前, 实验工作者一次次验证过某个温度之上不存在 ^{3}He 超流.

通过低温实验获得新的物理, 这个研究方法并不是只在 50 年前才发生, 而是一直在前沿探索中被使用. 1997 年, 分数电荷通过散粒噪声实验在 57 mK 下被观测到了. 随后, 更多的实验手段, 包括边界电流干涉和边界电流隧穿, 也都验证了分数电荷这种看似违反直觉的物理现象的存在. 2020 年, 在分数量子霍尔效应中预言多年的分数统计也在 30 mK 下被验证了. 我们其实无法测量玻色子或费米子交换后的波函数, 这种统计验证实验的重要性和难度可想而知. 我再以近年来较受关注的二维材料为例, 来说明这个问题. 2005 年, 石墨烯输运量子化的 2 个重要突破工作分别在 4 K (曼彻斯特大学) 和 30 mK (哥伦比亚大学) 的低温环境下完成. 2018 年, 麻省理工学院的科研人员报道了魔角转角双层石墨烯器件的重要工作, 2 个突破性测量分别在 ^{3}He 制冷机和稀释制冷机上完成. 理论驱动也好, 实验意外也好, 利用低温条件获得重要实验突破的例子我们还可以举出很多. 自 1908 年氦液化之后, 低温环境下的物性测量成了验证新理论、发现新现象和了解新材料的常规研究手段.

除了物理学外, 低温实验还应用于其他学科. 化学中低温环境的使用很常见, 以至于有 "cryochemistry" 和 "low–temperature chemistry" 这种表示 "低温化学" 的英文名称. 在生物学领域, 涉及核磁共振的研究也使用了低温环境. 在外太空中, 信号探测不会被大气层干扰, 低温条件被用于提供一个低噪声的测量环境, 外太空也允许人们研究低温下的微重力环境. 多达千升的液氦曾被送到外太空, 以维持长时间的低温实验研究. 如今的外太空低温实验研究已经不一定需要使用液氦了, 干式制冷技术可以提供不间断的低温环境.

除了被用于科学上的前沿探索外, 低温环境也有直接的应用价值. 医疗上核磁共振的低温需求可能早已为人所知, 近年来也有用低温环境运输埃博拉病毒疫苗和其他特殊病毒疫苗的报道. 近年来, 量子计算的发展增加了人们对低温环境的关注, 因为当前最成熟的超导量子计算和可能长远而言最具潜力的拓扑量子计算都使用了低温环境. 当前各种量子计算的实验方案本质上是不同量子比特的实现手段, 它们各有优点、均有研发力量的投入, 未来的技术路线还有待竞争. 尽管我们希望新科技能在尽量接近室温的条件下被应用, 但此时此刻我们还得为它们准备好仍然需要的低温环境. 另外, 量子计算技术成熟之后, 把商业化的低温设备做成 "傻瓜式" 操作的黑匣子也非常简单. 具有 "准傻瓜式" 操作的低温设备的商业化方案已经存在了, 这种低温设备和量子退火技术结合后已经面向市场. 这样做可以让没有低温经验的操作者快速掌握低温设备的使用方法, 之后可仅专注于量子计算的科技本身. 以早期的医疗上的核磁共振技术需要液氦作为参考, 当有明确的应用价值和市场需求之后, 低温所带来的额外成本负担和技术负担都是可以被克服的.

不论是前沿探索还是科技应用, 人们对低温环境的利用已经成了一种平平无奇的手段. 低温环境带来了新的量子现象, 也降低了测量噪声; 它让未知成为已知, 让迹象成为确认. 在对低温环境的开发和应用中, 氦的使用贯穿着过去百年的科学进展.

从热学的建立过程和超流的研究过程可以看出, 一个科研人员看待自己时代的物理进展并不像阅读知识体系成熟的教科书那么简单. 我将不再过多列举当代依靠低温环境所获得的科学进展和技术进展. 作为一个普通的科研人员, 我只能用一个简单的事实结束对低温环境重要性的陈述: 低温制冷机是当前主流科研机构的常见科研设备, 常见到已有成链条的公司为科研人员提供商业化的低温设备和低温服务. 那么, 对于在低温领域工作的科研人员, 目前的低温极限突破越来越困难, 所需的大部分低温设备可以靠经费购买, 我们站在低温之路的此时此刻, 除了利用低温环境来探索未知外, 还能做些什么? 我自己的看法是, 零温极限咫尺天涯, 前方的道路确实还不清晰, 但我们勉强有个大致的方向.

0.3　咫尺天涯

热力学第一定律和第二定律总结了人们应该如何制冷, 而热力学第三定律则为制冷的范围设定了一个极限. 如果绝对零度无法达到, 那么低温物理学的存在是否还有意义? 我的看法是, 1 mK 以上的低温环境在过去百年间已给人们带来足够多的物理现象, 我们没有道理去担心更低的温度不会持续为我们带来惊喜.

因为绝对零度的存在, 任何降温方式的制冷能力在零温极限下都将趋于零, 而幸好因为绝对零度的存在, 宏观物体的比热在零温极限下也将趋于零. 从这个意义上讲, 一步步尝试获得温度更低的制冷环境是一条越来越难, 却又值得去开拓的可行科研路径. 低温物理学现在的任务除了产生和维持一个新的低温环境外, 还包括在新参数空间中发现伴随着温度下降出现的新物性.

0.3.1　熵与热力学第三定律

热力学自建立以来一直是一个处理物性随温度变化的有力工具. 热力学第一定律为我们提供了自然规律的一条边界: 能量守恒的过程才能发生. 热力学第二定律告诉我们另一个边界: 实际发生的热过程不可逆, 时间有方向. 热力学第三定律将告诉我们第三个边界: 绝对零度无法获得.

1. 熵

十九世纪五十年代之后, 人们认为准静态过程中 $\frac{\mathrm{d}Q}{T}$[1] 的积分结果与过程无关, 因此存在一个与势能类似的态函数. 克劳修斯在分析和重新解读卡诺的工作时, 注意到热机的能量分为机械能和 "无用" 的能量, 他将前者称为自由的能量, 给后者起了个名字 —— 熵 (entropy[2]). 两个状态之间的熵的改变量就是两个状态之间 $\frac{\mathrm{d}Q}{T}$ 的积分.

---

[1]式子中的 Q 是热量, T 是温度. 因为 Q 不是态函数, 所以微分符号带有横杆, 记为 đ, đQ 只是微分而不是全微分.

[2]这个词的词源是两个希腊语的组合, 意思是 "改变为", 可能他是为了描述热能改变为其他形式能量的能力. 胡刚复先生于 1923 年将之翻译为熵, 这个汉字之前没有在中文中出现过, 可能他是为了体现其物理意义, 取 "热温之比" 的意思.

1865 年前后, 克劳修斯从熵的角度提出热力学第二定律的新描述方式, 这也被认为是熵的概念被正式提出的时间. 热力学第二定律可以用熵的形式描述为: 孤立系统中实际发生的热过程都是熵增加过程, 并且最后达到熵最大的平衡态. 或者说, 孤立系统中的一切实际发生的热过程都是熵增加过程. 这个结论也被简称为熵增加原理. 在此之前, 热力学第二定律有多种描述方式, 而克劳修斯的这个精确描述实质上统一了热力学第二定律的多种语言表述. 用熵描述的热力学第二定律为时间加上了箭头, 将引起热学之外 (例如, 宇宙学、信息学、生物学、经济学和社会学等) 的广泛讨论.

在热力学的范围内, 熵的概念有用但是不清晰. 作为热运动宏观理论的热力学极为成功, 它不涉及具体的微观特性, 因而具有高度的可靠性和广泛性. 但是, 正是因为它不涉及物质的具体结构, 所以它无法解释不同物体之间的区别. 也就是说, 热力学从宏观概念出发, 无须系统结构的细节知识, 这既是一个优点, 也是一个缺点. 热力学的不足之处需要由微观理论进行完善. 热力学的微观理论源于分子运动论, 分子运动论依据物质由大量分子组成和热运动是分子无规则运动的表现形式这两个假设来解释物质的宏观性质. 分子运动论的解释思路其实出现得很早, 早期工作可以追溯到玻意耳时代, 胡克 (Hooke) 曾把气体压强归结于分子与器壁的碰撞, 克劳修斯提出过平均自由程的概念. 但在热质说的年代, 分子运动论不受欢迎, 因此发展缓慢. 此外, 受经典力学的影响, 当时的人们更喜欢对系统中所有分子的状态做出完备的描述. 在这个分子运动论雏形已出现、等待成熟的过程中, 概率论作为统计力学所需的数学工具, 已经于十九世纪初开始发展了. 例如, 十九世纪二十年代, 高斯 (Gauss) 提出了高斯分布.

统计力学是热学的微观理论, 它从宏观体系由大量微观粒子组成这一事实出发, 通过微观粒子的集体表现来理解宏观物理量. 当微观粒子数目足够多时, 它们符合统计规律, 从而让理论处理变得方便. 在统计力学出现和发展的过程中, 熵的本质被玻尔兹曼 (Boltzmann) 清晰地指出. 从那以后, 人们逐渐接受了熵是衡量一个系统无序程度的物理量.

统计力学的框架由玻尔兹曼和麦克斯韦 (Maxwell) 开始构建, 由包括吉布斯在内的一批人完善. 1860 年, 麦克斯韦将统计引入物理, 给出了平衡状态下气体分子的速度分布律. 麦克斯韦的工作让我们理解了分子的平均动能与温度成正比 ($E \sim k_{\mathrm{B}}T$), 帮助我们建立了温度与能量的关系. k_{B} 就是著名的玻尔兹曼常量, 它是 2019 年新国际单位制的基石. 1865 年, 麦克斯韦通过实验验证了自己关于气体黏滞性的预测, 为分子运动论提供了证据. 1920 年, 施特恩 (Stern) 的实验验证了麦克斯韦的速度分布律.

玻尔兹曼是斯特藩 (Stefan) 的学生, 他们共同总结了热辐射的基本定律 —— 斯特藩 – 玻尔兹曼定律. 玻尔兹曼至少从 1872 年就已经开始思考由概率组成的世界, 他可能于 1868 年引入了各态遍历的假设, 于 1869 年引入了系综的概念, 于 1871 年提出 H 定理 (即熵增加原理的微观对应). 对于熵这个概念来说, 玻尔兹曼给出了它的定量表示. 1877 年, 玻尔兹曼指出熵与概率有关, 但是, 当时的主流观点是热力学第二定律与随机性无关. 在这个学术争论中, 玻尔兹曼是毫无疑问的少数派, 这些不认可让他痛苦且两度尝试自杀, 并于 1906 年不幸地成功了. 在这之前, 爱因斯坦刚刚解释了布朗 (Brown) 运动, 这是涨落现象和随机现象最好的例子, 但是玻尔兹曼应该毫不知情. 在那个不幸的时间点, 玻尔兹曼的支持者即将大量出现, 例如, 佩兰 (Perrin) 将在几年内用实验证实分子的存在. 而玻尔兹曼曾参与培养的能斯特 (Nernst) 和阿伦尼乌斯 (Arrhenius) 最终成了世界知名的科学家. 对于现在的我们, 玻尔兹曼统计是热学中最重要的统计. 与之对应的还有玻色统计和费米 (Fermi) 统计. 前者由玻色提出, 适用于光子, 爱因斯坦将之推广, 因此这个统计常被称为玻色 – 爱因斯坦统计. 后者由费米和狄拉克 (Dirac) 提出, 适用于电子和质子, 常被称为费米 – 狄拉克统计.

量子力学的先行者普朗克 (Planck) 在热学领域也有巨大的贡献, 事实上, 普朗克的一生主要献给了热力学. 1900 年, 他总结了黑体辐射定律, 他所引入的玻尔兹曼常量 k_B 开始为人熟知. 大约在 1933 年, 普朗克将熵写为

$$S = k_B \ln \Omega, \tag{0.1}$$

其中, Ω 是体系的微观状态数目, 其最小值为 1. 在克劳修斯的定义中, 熵的定义可以偏差一个常量, 普朗克将这个常量定为零, 以此确定的熵也被称为绝对熵. 式 (0.1) 将宏观物体的性质与微观粒子联系了起来. 自此之后, 熵这个热力学中定义模糊的态函数有了非常明确的物理意义. 一部分想发明第二类永动机的人应该不是刻意欺骗大家, 因为 "不可能把热量从低温物体传递到高温物体而不产生其他影响" 的说法跟生活直觉有一些距离. 但是, 如果从普朗克提出的熵和微观状态数目的角度考虑热学过程中的时间方向, 那么我们的生活经历应该有所帮助: 溶解和混合等常见现象的无序化过程都能帮助我们理解熵增加的规律.

2. 热力学第三定律

1702 年, 阿蒙东 (Amontons) 预测过绝对零度的存在, 他测量了空气压强随温度下降而下降的关系, 因为压强最终只能降到零, 所以他判断存在一个气体无法逾越的极限温度. 这样的绝对零度的概念已经体现在开尔文等人建立的热力学温标之中了. 二十世纪初期, 能斯特在探索低温化学反应的方向时总结了热力学第三定律. 量子力学出现之后, 玻色 – 爱因斯坦凝聚和电子比热等结论都支持第三定律. 第三定律是经验性的, 我不知道其理论证明的存在. 曾有人提出过与第三定律不一致的理论模型, 不过该模型因过于理想化而与事实不符.

在能斯特和其他人关于热力学第三定律的表述中, 一种说法是绝对零度可以逼近但无法到达. 这个规律在人类尝试降温的过程中已经有所体现, 虽然它的成立无法通过实验验证. 哪怕热力学第三定律没有被总结出来, 任何一个在极低温参数空间边界尝试挑战极限的科研人员都不该相信自己可以获得绝对零度, 因为每个人都得面临如何处理漏热的现实问题. 换句话说, 不论热力学第三定律是否出现, 都不太可能改变当年一批低温科研人员对降温的学术兴趣. 从数学处理上, 人们把绝对零度作为极限, 用

对数尺度去看待逼近绝对零度的降温过程, 从概念上理解这个降温之路咫尺天涯, 这些也不是什么新鲜的做法.

热力学第三定律的另一种表述是绝对零度时的熵为零. 在经典力学的框架内, 人们可能更容易去猜测绝对零度下的能量趋于零, 而不是从熵的角度出发来联系零温极限. 对于二十世纪二十年代初期的科研人员, 从气体到液体再到固体的转变是温度下降后物相变化的典型路径, 而且从能量的角度来说, 固体的能量最低. 当我们从熵出发来考虑这个问题, 如果绝对零度只代表某种极致的有序, 那么绝对零度下完全可以出现非零的能量值. 因为熵在绝对零度下趋于零, 且熵是 $\dfrac{C\mathrm{d}T}{T}$ 的积分, 为了使熵取有限值, 我们还能得到任何体系的零温比热都趋于零的结论.

下面我们以永久液体和超流来讨论热力学第三定律令人深思的地方. 二十世纪初期, 人们曾猜测液氦在更低的温度下存在液晶相、准晶相和晶相. 从量子力学的角度来看, 虽然普朗克提出的零点能概念至少在 1923 年还没有直接的证据, 但是当时看似令人困惑的零点能很好地解释了永久液体的存在. 从热力学第三定律的角度来看, 绝对零度下的液体需要零熵, 但是, 液体在零温极限下出现有序不像固体那样有那么清晰的理由, 因为液体从定义和直观感受上就是无序形式的凝聚态. 对于液氦, 它在接近绝对零度之前发生了超流相变, 如果将超流当作玻色 - 爱因斯坦凝聚的结果, 则在零温极限下原子从占据各种量子态变成占据单个量子态, 从而实现了一种新形式的有序. 换言之, 对于永久液体, 量子力学告诉我们液体无法固化的原因, 而热力学第三定律告诉我们常规流体转变为非常规流体的合理性.

3. 熵与温度

通过熵, 我们可以重新定义温度, 也即将温度当作系统体积不变时内能关于熵的变化率. 因为实际上使用的温标需要逐点定义, 并且温标每隔几十年就会被重新定义, 所以有人想用熵替代温度作为热学的基本单位. 目前这样的想法还没法实现. 我们通过能量和温度, 可以获得熵的改变量, 但是想获得熵的绝对数值, 将涉及比热的积分. 而热学量很难被高精度测量, 误差的存在将通过积分传递. 从实验测量的角度来说, 对实验数据做微分的分析方法和通过对实验数据做积分的物理量转化都是需要极为慎重的, 因为实验误差可能在数据处理之后被放大.

那么, 什么样的实验数据容易被信任? 我们之前介绍了低温环境下的多个意外发现, 许多低温实验给出的测量证据是如此直观, 以至于人们可以很快相信这些打破了积年经验的现象存在. 曾经发生过的意外实验发现和被理论驱动产生的实验验证, 给了人们足够强的信心去获得更好的极低温测量环境.

熵和热力学第三定律帮助人们理解实验现象, 它们所设定的零温极限从未阻止人们对新极低温环境的追求和在新参数空间中的探索. 基于对熵和温度的理解, 人们想出了新的制冷方法, 并获得了当今的宏观制冷极限.

0.3.2 降温还是制冷

在氦提供了前级预冷环境的基础上, 一些巧妙的制冷手段被提出和使用, 最终为我们今日的科学研究提供了室温以下 8 个数量级的温度参数空间.

虽然液体 ^{4}He 的蒸发可以获得 1 K 以下的低温环境, 但其蒸气压随温度下降而迅速降低, 因此通过 ^{4}He 蒸发制冷非常难以进入 1 K 以下的温区. 在我们如今普遍采用的 ^{3}He 蒸发制冷出现之前, 绝热去磁的制冷方式已经于 1926 年被提出了, 并于 1933 年被实现, 成为当时获得 1 K 以下温度的主流手段. 绝热去磁制冷利用了顺磁体的熵可以同时由温度和外磁场调控的特点, 在等温条件下提高磁场, 再在绝热条件下降低磁场, 从而获得一个比预冷环境更低的温度. 这个制冷方式中的制冷剂是具有非零电子磁矩的顺磁盐, 所以也被称为电绝热去磁. 通过采用磁有序温度不同的顺磁盐, 电绝热去磁可以获得从 4.2 K 到 mK 温区的低温环境.

二十世纪五十年代 ^{3}He 蒸发制冷出现之后, 电绝热去磁不再是获得 300 mK 以上温区的优先制冷选择. 二十世纪六十年代稀释制冷技术出现以后, 电绝热去磁被其替代, 不再是主流的制冷手段. 二十世纪八十年代, 因为外太空探测对低温环境的需求, 不需要泵和气路的电绝热去磁制冷研究有所恢复. 二十一世纪以来, 电绝热去磁的技术研究和设备搭建迅速增加, 已经体现了部分替代 ^{3}He 蒸发制冷和稀释制冷的潜力, 为 ^{3}He 匮乏的今天提供了一个稳定获得极低温环境的途径.

稀释制冷技术统治了 mK 温区之后, 核绝热去磁技术提供了获得更低温度的方法. 所谓的核绝热去磁, 指的是用核自旋作为制冷剂的绝热去磁, 它的原理虽然和电绝热去磁类似, 但是在能获得的温区和设备搭建上有着非常显著的差异. 虽然核绝热去磁制冷的出现远早于稀释制冷, 但是因为没有合适的预冷环境而缺乏实用性. 在基于稀释制冷提供预冷环境的基础上, 核绝热去磁真正成了当今获得最低温度制冷环境的技术手段. 对于宏观物体, 核绝热去磁能提供的制冷环境接近 1 μK, 这是当前人类的宏观制冷极限. 如果不考虑制冷, 只考虑一个孤立系统的降温, 则核自旋本身可以被降到 1 nK 以下.

从核绝热去磁制冷开始, 我们需要进一步明确温度的定义. 两个热平衡的系统具有相同的温度, 或者说, 温度这个态函数反映了系统的热学宏观性质. 所谓的系统, 通常指的是由大量分子组成的宏观物体, 例如, 气体、液体和固体. 但是在足够低的温度下, 固体中的声子、电子和核自旋之间交换能量的速度过于缓慢, 哪怕固体处在宏观性质不随时间变化的稳定状态, 声子、电子和核自旋的平均热运动的情况也不相同. 也就是说, 它们三者的热能无法用一个整体的温度去表征, 而是需要分别用晶格温度、电子温度和核自旋温度来描述. 在有漏热的情况下, 这三者的温度可以互不相等.

铜是核绝热去磁过程中最好的制冷剂. 降磁场的过程使铜的核自旋降温, 铜的核自旋再对其电子和晶格降温, 以帮助其他与铜机械固定的宏观物体获得 μK 以上的极低温环境. 而作为最直接的被降温对象, 铜或者其他金属的核自旋可以被降到 0.1 nK 的数量级. 如果我们把被降温对象的数量减少到可计数的部分原子, 而不再考虑宏观体系的话, 那么冷原子技术甚至可以获得 10 pK 数量级的温度. 从这里开始, 我们需要区分降温和制冷的差异, 如果这些被降温的对象可以使宏观物体也降温, 那么我们称之为制冷 (见图 0.5). 对于绝大部分科研人员, 制冷比降温更加重要, 低温物理学更关心制冷.

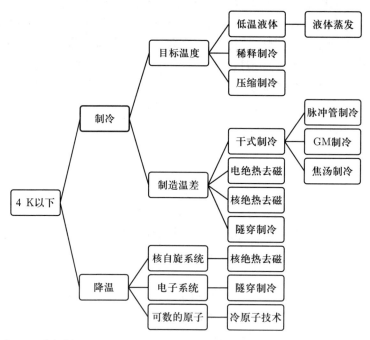

图 0.5   获得低于 4 K 温度的方法分类. 该分类带有个人主观性, 仅供参考

　　所有对宏观物体降温的制冷手段, 到目前为止均离不开对氦的使用. 人们要么利用氦作为工作物质获得约 4 K 的低温环境, 要么利用液氦蒸发产生的制冷能力, 要么利用氦同位素之间的相分离现象, 要么利用氦的固液共存相压缩制冷, 或者将以上方法当作其他制冷方法的前级预冷条件. 氦这个永久液体之所以是当之无愧的低温元素, 不仅仅因为它是最后一种被液化的元素, 也不仅仅因为它在低温下表现出丰富的量子力学现象, 更重要的是, 它允许我们从 K 温区来到 mK 温区, 并且和其他制冷手段一起为我们提供 μK 温区的制冷环境.

　　过去百年间的降温进程可以被称为对数降温时代 (见图 0.6), 以与图 0.2 的线性坐标做对照. 在图 0.6 中, 我将温区分为天然温区、氦温区、铜温区, 以及无法提供制冷能力的仅降温温区. 目前, 大部分的新物理探索正在天然温区和氦温区开展, 这是如今的前沿科研最重要的温区; 目前, 大部分的研究对象还没有在铜温区被系统探索; 目前, 只有极个别的孤立核系统和少量原子可以在低于 1 μK 的温度下进行研究, 该温区暂时还不能成为科学探索的普适低温环境. 图中的三条实心图标连线代表了历史上三条降温技术路线的发展脉络: 磁制冷、稀释制冷, 以及不依赖液氦供应的干式制冷.

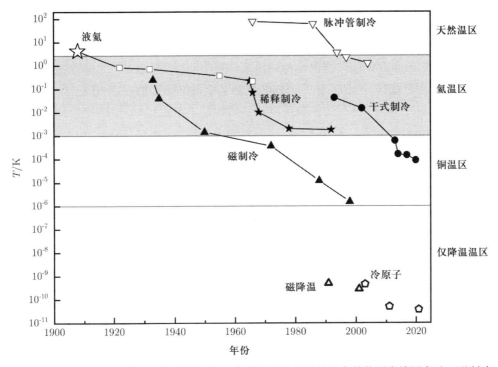

图 0.6 一些低温环境的获得时间举例. 图中将低温环境发展的几大趋势用点线图表示. "磁制冷" 包括电绝热去磁制冷和核绝热去磁制冷, "干式制冷" 指不基于液氦预冷的干式制冷机

　　低温物理学的价值不仅仅是开拓参数空间边界本身. 诚然, 能够被孤立降温的系统, 例如, 核自旋或者可数的原子, 本身就是一个极佳的研究对象. 但是, 从历史发展中我们得知, 低温不知不觉地成为了一种研究方法, 它为其他学科分支提供着研究环境. 仅仅将某一个孤立系统不断地降温到新极限也许可以获得特定的物理知识, 但是为所有研究对象提供普适的新低温环境肯定将拓宽人类的认知.

0.3.3 为何启程与何处止步

　　人类踏上低温之路已经约 300 年, 这个过程中收获的知识成了科学大厦不可或缺的地基、支架和砖石. 从不存在的永久气体到依然存在的永久液体, 从百年前超导的发现到今日的前沿研究, 低温物理学默默地陪着其他领域的研究前行.

　　当温度低到一定程度, 热运动不能破坏某种特定相互作用引起的有序时, 新物相就可能出现. 越是接近绝对零度, 越有机会体现更精细的相互作用. 这个研究方法已经是如此有效, 而且低温物理学与其他研究领域的交叉又是如此频繁, 以至于低温物理学这个学科有时会被人们忽略和淡忘. 1 mK 以上, 低温物理学贡献了足够多的科学发现, 也将预计有更多的科研产出, 因为二十一世纪以来, 这个温区的低温实验已经由科研人员搭建大部分仪器设备转变为科研人员购买大部分仪器设备, 也就是更多的科研人员可以参与低温环境下的实验测量了. 对于一线的科研人员, 追求更低温度的测量环境暂时不再是大部分人关注的目标, 他们需要的低温环境主要被用于服务其他科学需求. 伴随着商业化低温仪器设备的普及, 我们已经看到越来越多的测量在以往不容易踏入的更低温区开展. 不论是当初拓展低温极限之路上的发现, 还是如今在 1 mK 以上温区的驻足寻找, 已有的收获足以证明启程踏上低温之路的价值. 我仅简单列举一些与低温相关的获得诺贝尔奖的工作 (见图 0.7), 以此说明低温实验在当代物理进展中的贡献.

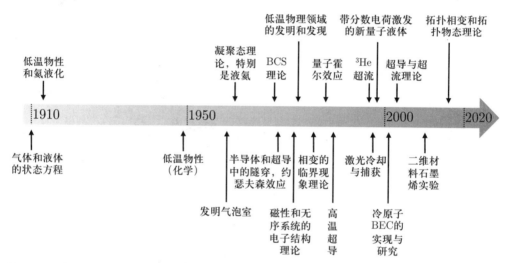

图 0.7　与低温直接或间接相关的获得诺贝尔奖的工作. "带分数电荷激发的新量子液体" 指的是分数量子霍尔效应, "低温物理领域的发明和发现" 表彰的是卡皮查的贡献

　　低于 1 mK 的低温环境已经存在很长时间了, 而低于 1 mK 的实验测量到目前为止却依然非常少. 首先, 低于 1 mK 的仪器设备无法商业购买且使用困难, 并且仅少数实验室有能力搭建和使用低于 1 mK 的仪器设备. 其次, 在干式制冷技术推广之前, 低于 1 mK 的制冷机对液氦的消耗量非常大, 其运行成本随着液氦价格上涨而逐渐难以被常规课题组承受. 再次, 拥有一个极低温环境不等于具备一批极低温下可以使用的测量手段, 每次抵达一个新的参数空间, 实验工作者都得重新分析和处理测量手段带来的漏热和降温困难等问题. 最后, 低温系统的平衡时间通常随着温度下降而增加, 1 mK 下测量的实验时间远远长于常规测量的等待时间, 对于需要依靠文章发表来体现科研成果的当代科研人员来说, 极低温下的实验代价较大.

低温物理学的历史记录和传递了这个分支走过的道路和获得的成就, 也帮助我们思考未来的前进方向. 我们关心低温物理学, 关心的是现象、定律、理论, 以及它们的应用. 定律是通过实验所发现并用于连接物理概念的关系; 而理论用尽量少且简单的关系, 将分离的规律集合为一个统一的整体, 以用于理解实验. 实验发现和理论探索是互补的, 它们的统一促成了物理学的进步. 实验现象如果缺乏理论解释, 我们则难以进一步了解和理解物理世界. 而对于低温物理学, 我们得拥有实验环境去观测可以被理论讨论的实验现象, 更低的温度为更多新发现提供了可能. 因此, 虽然更低温度下的实验测量非常困难, 但是我们依然对逼近零温极限过程中的物理有所期待, 例如, 除了超流外, 还存在哪些完美有序的宏观物态?

热力学第三定律所总结的规律, 使得我们可以想象一些未知的新物态和新物理必然存在. 以液体 ^{3}He 和液体 ^{4}He 相分离之后的 ^{3}He 稀相为例, 玻色背景下的一群费米子在足够低的温度下必须考虑相互作用, 从而形成一个零温极限下的新有序状态. 以固体中一定存在的杂质和缺陷为例, 它们是否会在零温极限下给我们带来新的物理也是一个值得思考的有趣问题. 以我们了解得很少的新领域为例, 逼近零温极限时, 我们还能研究量子热动力学, 因为微纳加工工艺的发展不仅允许我们构建超导量子比特, 还为我们提供了用量子电路和介观输运研究量子热机和量子制冷机的机会. 以新测量分辨率为例, 声子、准粒子和暗物质中弱相互作用粒子的探测能力也许在更低的温度下能够被显著改善, 从而给我们带来全新的物理. 最后, 如果回顾低温物理学的发展过程, 那么更激动人心的新现象也不该出现在我的想象之中.

在现在的时间点, 对于是否应该去持续逼近零温极限这个问题, 并不值得我们去特别纠结, 因为有一堆具体问题摆在我们面前. 一、如何将对特定对象的降温转化为一个能为所有宏观物体降温的制冷环境? 我们对孤立体系降温的能力远远强于为宏观物体提供制冷环境的能力, 而我们需要的却是一个冷源而不只是一个孤立的低温微观体系. 二、如何在不破坏制冷环境的前提下应用实验工作者需要的具体技术? 我们有现成的极低温环境和大量在更高温度下可以使用的测量技术, 但是测量技术本身会带来额外的漏热. 三、如何在极低温下准确方便地测量温度? 我们有大量的温度测量手段, 但是能给出绝对温度的方法少之又少, 它们在极低温环境下使用困难且难以推广, 这影响了实验与含温理论的对照. 四、针对不同的用途, 如何能寻找到更理想的结构材料和固定材料? 我们的宏观实验需要机械支架的支撑和固定, 泛泛而言, 一个实用的理想低温材料需要容易购买、价格合理、物性可预期并且均匀, 实践中对于不同的用途我们有一些习惯使用的材料, 但是效果并不理想. 五、如何减小温度降低后的漏热影响和热平衡时间? 对于 1 mK 以下的极低温环境, 所有已知的材料都会产生足以影响温度的持续漏热, 并且热平衡时间长到足以打消很多科研人员对极低温环境的使用热情. 六、最后, 可能也是最重要的一点, 即新的理论指导何时可以出现? 当前最重要的两种降温手段 (稀释制冷和磁制冷), 都是先有理论思路再有具体实践的, 新的降温对象和制冷思路终归会突破现有的温度限制. 解决了这些具体问题, 我们当前的低温实验会容易很多、实用很多, 自然而然, 我们也就会更逼近零温极限. 最终, 热接触随着温度下降而变差, 以及低温材料产生的漏热将给我们实际逼近制冷极限的道路尽头划上一道鸿沟.

　　一个低温实验室的参数空间拓展, 离不开实验室之外的科研人员获得的理论进展和实验进展. 换言之, 经验能帮低温实验工作者不犯不必要的错误, 而前沿科学进展时不时地帮助他们有所创新. 例如, 基于新材料的发现和新技术的提出, 人们陆续实现了各种新的实验条件. 这些物性的研究、规律的总结, 以及新思路和新物理的提出, 存在于不同的期刊中. 有些期刊可能已经被现在的科研人员遗忘, 有些如今依然极为活跃并且受到广泛关注. 因为网络提供的便利, 对于那些不再属于主流的期刊, 我们依然有机会获得其电子资料, 不怎么受限于某个科研机构图书馆对纸质版藏书的选择. 尽管一些低温物性的数据被有计划地收集和整理, 但在极低温领域, 物性的数据极不完整, 人们只有少数材料的局部温区信息. 另外, 目前我们也还缺乏对材料在低温下性质和结构的可靠的定量预测手段, 对于那些未被系统测量过的参数, 我们只能根据零散的已有测量结果进行预判. 我们必须坦率地承认, 过去半个世纪, 创新后的收获主要在于使低温之路更宽、更结实, 就逼近低温极限而言, 我们一直在等待核绝热去磁制冷之后的下一个突破.

　　我自己的学习和工作比较依靠从期刊 (见表 0.1) 零散报道的数据和规律中获得需要的信息, 因此本书的正文将尽量提供我自己工作中曾需要或者感兴趣的实验结果. 因为缺乏系统的数据和教学体系, 并且极低温环境下的试错成本太高, 所以我的另外一个获得信息的渠道是其他科研人员的介绍和推荐. 低温实验是一个高度依赖工作人员经验的领域, 毕竟不是所有的技术细节都能体现在文章发表之中.

表 0.1　部分可以了解低温物理学所需要信息的期刊

Advances In Cryogenic Engineering	Physica B
Applied Physics Letters	Physical Review
Cryogenics	Physical Review B
Journal de Physique Colloques	Physical Review Letters
Journal of Low Temperature Physics	Proceedings of the Physical Society
Low Temperature Physics	Proceedings of the Royal Society of London
Nature	Progress in Low Temperature Physics
Nature Communications	Review of Scientific Instruments
Nature Physics	Reviews of Modern Physics
Physica	Science

　　注: 从这个清单可以看出, 受限于作者的教育经历和工作经历, 工程相关的期刊较少. 一些优秀的专业书籍推荐总结于附录一.

二十一世纪以来, 极低温实验技术的发展趋势是极低温设备的干式化. 受限于 ^{4}He 供应的不稳定和价格持续上涨, 越来越多的科研人员倾向于用不消耗 ^{4}He 的干式制冷为更低温度的测量环境提供预冷, 以取代液体 ^{4}He. 对于极低温设备而言, 这个技术路线的改变并不是简单地用干式制冷的预冷替换掉液氦杜瓦, 因为极端条件下的低温设备需要整体设计, 一个局部被忽略的漏热会破坏设计者和使用者在其他方面的努力. 这些极低温设备相关的整体考虑较少出现于传统的低温实验教科书和工具书中.

二十一世纪以来, 随着商业化制冷机的普及, 越来越多的科研人员开始接触低温设备, 有了解低温物理学的需求. 在常规的本科生和研究生教学体系中, 低温实验几乎没有出现的机会, 学生们也没有合适的中文版的低温学教材. 本书冗长的第○章尝试去整理低温物理学的发展轨迹, 这个历史告诉我们新实验方法和新参数空间的重要性. 但是商业化仪器设备的研制人员不直接接触前沿科研, 而长期使用商业化仪器设备的实验工作者在快节奏的科研氛围下很少有系统完成设备搭建的经历. 基于以上原因, 我逐渐根据自己的学习经历和工作经验整理出这本书, 希望能对这个领域的新参与人员有所帮助. 同时, 我也借这个机会重新梳理了自己的知识结构, 作为教学和科研之余的一项娱乐.

综上所述, 基于对低温实验的个人理解, 本书将先介绍核心元素氦的特殊性质, 再以其他常规材料的低温物性和温度测量作为基本知识储备, 接着讨论部分重要的制冷手段和作为辅助的实验方法, 最后介绍一些与低温实验有关的实际例子.

第○章人物信息

说明: 此处给出第○章所涉及的部分科研人员的中英文名称与生卒年, 以方便读者查阅他们的生平.

John Allen	约翰·艾伦	1908—2001
Guillaume Amontons	纪尧姆·阿蒙东	1663—1705
Thomas Andrews	托马斯·安德鲁斯	1813—1885
Svante Arrhenius	斯万特·阿伦尼乌斯	1859—1927
Daniel Bernoulli	丹尼尔·伯努利	1700—1782
Johann Bernoulli	约翰·伯努利	1667—1748
Joseph Black	约瑟夫·布莱克	1728—1799
Ludwig Boltzmann	路德维希·玻尔兹曼	1844—1906
Satyendra Bose	萨蒂延德拉·玻色	1894—1974
Ismael Boulliau	伊斯梅尔·布略	1605—1694
Edmond Bouty	埃德蒙·布蒂	1846—1922
Robert Boyle	罗伯特·玻意耳	1627—1691

Louis–Paul Cailletet	路易 - 保罗·卡耶泰	1832—1913
Sadi Carnot	萨迪·卡诺	1796—1832
Henry Cavendish	亨利·卡文迪什	1731—1810
Anders Celsius	安德斯·摄尔修斯	1701—1744
Jean–Pierre Christin	让 - 皮埃尔·克里斯汀	1683—1755
Emile Clapeyron	埃米尔·克拉珀龙	1799—1864
Georges Claude	乔治·克洛德	1870—1960
Rudolf Clausius	鲁道夫·克劳修斯	1822—1888
Samuel Collins	塞缪尔·柯林斯	1898—1984
William Cullen	威廉·卡伦	1710—1790
John Dalton	约翰·道尔顿	1766—1844
Humphry Davy	汉弗莱·戴维	1778—1829
Charles de la Tour	夏尔·德拉图尔	1777—1859
James Dewar	詹姆斯·杜瓦	1842—1923
Paul Dirac	保罗·狄拉克	1902—1984
Pierre Dulong	皮埃尔·杜隆	1785—1838
Albert Einstein	阿尔伯特·爱因斯坦	1879—1955
Daniel Fahrenheit	丹尼尔·华伦海特	1686—1736
Michael Faraday	迈克尔·法拉第	1791—1867
Enrico Fermi	恩里科·费米	1901—1954
John Fleming	约翰·弗莱明	1849—1945
Joseph Fourier	约瑟夫·傅里叶	1768—1830
Johan Gadolin	约翰·加多林	1760—1852
Galileo Galilei	加利莱奥·伽利略	1564—1642
Johann Gauss	约翰·高斯	1777—1855
Josiah Gibbs	乔赛亚·吉布斯	1839—1903
William Hampson	威廉·汉普森	1854—1926
Hermann von Helmholtz	赫尔曼·冯·亥姆霍兹	1821—1894
Robert Hooke	罗伯特·胡克	1635—1703
Kang–Fuh Hu	胡刚复	1892—1966
James Joule	詹姆斯·焦耳	1818—1889
Pyotr Kapitza	彼得·卡皮查	1894—1984
Willem Keesom	威廉·凯索姆	1876—1956
Kelvin (也叫 William Thomson)	开尔文 (也叫威廉·汤姆森)	1824—1907
Lev Landau	列夫·朗道	1908—1968
Pierre–Simon Laplace	皮埃尔 - 西蒙·拉普拉斯	1749—1827

Antoine Lavoisier	安托万·拉瓦锡	1743—1794
Carl von Linde	卡尔·冯·林德	1842—1934
Fritz London	弗里茨·伦敦	1900—1954
Martin van Marum	马丁·范·马伦	1750—1837
James Maxwell	詹姆斯·麦克斯韦	1831—1879
Julius Mayer	尤利乌斯·迈尔	1814—1878
Don Misener	唐·米塞纳	1911—1996
Gaspard Monge	加斯帕尔·蒙热	1746—1818
Walther Nernst	瓦尔特·能斯特	1864—1941
Isaac Newton	艾萨克·牛顿	1642—1727
Karol Olszewski	卡罗尔·奥尔谢夫斯基	1846—1915
Kamerlingh Onnes	卡末林·昂内斯	1853—1926
Jean Perrin	让·佩兰	1870—1942
Alexis Petit	亚历克西斯·珀蒂	1791—1820
Philo Mechanicus (也记为 Philo of Byzantium)	机械师菲洛 (也记为拜占庭的菲洛)	公元前三世纪
Raoul–Pierre Pictet	拉乌尔 – 皮埃尔·皮克泰	1846—1929
Max Planck	马克斯·普朗克	1858—1947
Joseph Priestley	约瑟夫·普里斯特利	1733—1804
William Ramsay	威廉·拉姆齐	1852—1916
William Rankine	威廉·兰金	1820—1872
John Rey (也叫 Jean Rey)	约翰·雷伊 (也叫让·雷伊)	约1583—1645
Rumford (也叫 Benjamin Thompson)	伦福德 (也叫本杰明·汤普森)	1753—1814
Daniel Rutherford	丹尼尔·卢瑟福	1749—1819
Carl Scheele	卡尔·舍勒	1742—1786
Josef Stefan	约瑟夫·斯特藩	1835—1893
Otto Stern	奥托·施特恩	1888—1969
Robert Stirling	罗伯特·斯特林	1790—1878
László Tisza	拉斯洛·蒂萨	1907—2009
Charles Tripler	查尔斯·特里珀	1849—1906
Frederick Trouton	弗雷德里克·特鲁顿	1863—1922
James Watt	詹姆斯·瓦特	1736—1819
Zygmunt Wroblewski	齐格蒙特·弗罗布莱夫斯基	1845—1888
Thomas Young	托马斯·杨	1773—1829

第一章 低温液体

在传统的低温实验中, 低温液体是最主要的冷源. 尽管现在的干式制冷技术可以直接提供 K 数量级的低温环境, 但是低温液体依然是低温实验中重要的组成部分, 它是低温预冷环境的提供者, 是重要制冷手段中的制冷剂, 还是低温实验中的辅助工具和研究对象. 低温物理学开始于对这些低温液体的液化, 也在对低温液体的研究中获得了发展. 虽然低温物理学的范围远远超出了氦物理学, 但不论是对于低温实验的发展过程、低温下的物理, 还是制冷技术, 氦都是需要被最先关注的对象. 本章关注低温实验工作者需要优先了解的部分低温液体, 侧重于介绍其与低温实验有关的常识和性质. 低温液体与制冷有关的内容将在第四章介绍.

1.1 液 体 ^{4}He

低温物理学一般指 120 K 以下低温环境的产生和该低温环境对物质的影响. 当温度高于 120 K 时, 大气中的常见元素保持气态. 早在十九世纪, 氧气和氮气已经被液化, 1908 年, 最后一个元素氦也被成功液化. 氦的液化是低温物理学发展的一座里程碑, 它开启了低温物理学的量子力学时代. 随后, 在低温环境的发展、应用和对低温物性的研究中, 氦一直是最核心的元素. 基于氦提供的低温环境, 超导、整数量子霍尔效应、分数量子霍尔效应等耳熟能详的物理现象被发现了. 氦独一无二的宏观超流现象也为人们认知物理世界提供了无可替代的贡献.

氦的原子序数是 2, 它是宇宙中第二多的元素. 尽管宇宙中的氦很多, 但是地球上的氦却不多. 空气 78% 的组分是氮气、21% 的组分是氧气, 只有 5 ppm (ppm 是 parts per million (百万分之一) 的简写, 即 10^{-6} 的数量级) 是氦气. 空气中的氦因为密度低的原因持续流向太空. 地壳中的氦更少, 丰度仅为 ppb (ppb 是 parts per billion (十亿分之一) 的简写, 即 10^{-9} 的数量级) 数量级. 1868 年, 氦通过光谱分析被发现, 1882 年, 在维苏威火山爆发后的火山岩光谱分析中, 人们曾发现氦存在的证据, 但是在 1895 年寻找氩的过程中, 氦才被首次提取和获得. 地球上绝大部分的氦是 ^{4}He, 它有 2 个质子、2 个中子, 通常提到氦, 人们指的都是 ^{4}He.

本节讨论的很多参数, 例如, 氦的密度、热导率、黏滞系数等, 均在很多年前就已被实验测量, 现在的文献和参考书中已经很少系统地给出这部分数据了, 而这些信息在现在的低温实验中依然被使用. 因此本节将尽量呈现这部分可能已经不那么方便查找的数据, 以供实验工作者参考. 此外, 氦物理已经被研究超过百年, 受限于本书的篇幅, 本节尽量讨论氦物理的基本知识, 以及实验技术上比较频繁涉及的物性.

1.1.1 氦的介绍

氦气无色无味, 它是最简单的惰性气体, 非常稳定. 因其稳定性, 氦气可以作为保护气体, 例如, 保护金属在高温条件下不被氧化. 因为氦气的高热导率使得其便于实现稳定的温度控制, 且其化学性质极不活跃, 因此它被广泛应用于高质量的冶金工艺和晶体生长, 包括单晶硅 (Si) 的生长. 氦气的质量轻、在空气中的含量低, 所以氦气可以作为真空检漏的特征气体. 因为其密度小, 所以生活娱乐用途中的气球常用氦气填充. 因为氦气黏滞系数的大小合适, 所以可与氧气混合或者与氧气、氮气一起混合, 作为医疗用的呼吸混合气. 氦气的特色用途是与低温相关的应用, 例如, 因为氦气的沸点低, 所以氦气可用于置换火箭推进器中的液氧和液氢, 例如, 用氦气将这些液体挤压后排空, 或者用氦气清洗这些重要腔体, 以及置换其中的残余气体. 生活中, 液氦为核磁共振成像设备中的超导磁体提供低温环境. 如果以用户作为分类标准的话, 那么氦的主要非科研消耗为医疗、半导体、电子学工业、空间项目和气球等方面的需求; 科研人员并不是氦消耗的最主要用户.

对于科研人员, 氦是逼近绝对零度、研究低温物理现象不可或缺的原材料和制冷剂. 在 ^{4}He 被成功液化之后, 1911 年, 超导体的零电阻现象在 4 K 附近被发现. 通过对 ^{4}He 的减压蒸发, 低于 2 K 的低温环境被获得了. 1932 年, 这个制冷方法曾获得低至 0.71 K 的温度. 对液体 ^{4}He 的减压蒸发制冷是人类文明的一个重要突破. 自然界提供的已知最低温度是宇宙背景辐射的 2.73 K, 低温是罕见的我们能在实验室内轻松突破自然界极限的参数. 人类实现不了比自然界更高的温度、更大或更小的尺度、更长或更短的时间, 但是在低温这个极限条件上, 人类已经击败了自然界. 从液氦被获得开始, 一些不会在自然界存在的量子现象可以在实验室中轻松呈现. 1938 年, 液氦的超流现象在 2 K 附近被发现了.

氦被液化之后, 在液氦提供的低温环境作为前级制冷保护的基础上, 多种获得更低温度的制冷手段被提出并实现, 科研人员凭此将物理知识边界扩展到更加极端的低温环境. 利用磁场使电子磁矩有序化, 并随后在绝热条件下撤去磁场, 人们获得了 0.25 K 的低温环境, 此制冷方式利用了顺磁材料在绝热去磁过程后吸收热量的原理. 之后, 基于核自旋的核绝热去磁技术被实现, 它可以获得 1 mK 以内的低温环境, 是目前能为其他宏观物体提供最低温度环境的制冷技术. 例如, 人们曾在 2000 年利用该技术获得了 1.5 μK 的低温环境.

电绝热去磁和核绝热去磁都是单次降温过程, 只能在有限时间内实现低温环境. 利用氦的同位素在低温下相分离的特性, 人们发明了可以不间断地提供 mK 数量级低温环境的稀释制冷机, 这是目前低温基础研究中最常见的设备, 在包括超导量子计算在内的低温环境应用需求中, 稀释制冷机也是重要的工具. 基于氦提供的低温条件, 许多未曾预料的物理现象, 如整数量子霍尔效应和分数量子霍尔效应, 被人们观测与理解. 低温实验的学习离不开对氦的基本信息的了解.

作为研究对象, ^{4}He 有许多独一无二的特点. 它的原子半径是 31 pm, 它是体积最小的原子. 它的电离能最大, 高达 24.6 eV. 它具有最简单的电子结构, 两个电子填满第一壳层, 电子的分布具有球对称性. 尽管氦因为电子分布的球对称而没有固定电偶极矩, 但是零点能的涨落依然引起电偶极矩的涨落, 从而引起近邻氦原子互相吸引. 这个涨落非常微弱, 所以氦的结合能也非常小. 结合能与零点能的竞争决定了液体的量子特性是否明显, 零点能高, 相当于动能大、粒子间的排斥作用强. 如果以零点能与结合能的比值来判定原子的量子特性是否显著, 则氦是量子特性最明显的元素, 其次是氢.

从空气中获得氦的成本过于高昂, ^{4}He 一般通过开采少数富氦的天然气获得, 因此氦被认为是不可再生资源. 这些天然气中的氦可能来自岩石中天然铀 (U) 和天然钍 (Th) 的核反应, 并因为一些特殊岩石结构的存在而被局域在地表之下. 因此, 这种天然气矿资源并不是均匀分布在地球上的. 以美国为例, 氦来自得克萨斯州、俄克拉荷马州和堪萨斯州等少数区域. 除了地域分布不均匀外, 富氦天然气的含氦比例也是差异性很大, 不同来源的天然气有不一样的氦收集成本. 天然气中的氦含量如果超过 5%, 则提纯具有明确的经济效益; 如果超过 0.3%, 则可以被认为具有潜在的开采价值. 知名的氦来源通常介于这两者之间, 例如, 美国的新墨西哥油田的氦含量为 4.05%、得克萨斯油田的氦含量为 1.17%, 加拿大的阿尔伯塔油田的氦含量为 0.53%. 近年来, 南非新发现的天然气的氦含量可能高达 4%, 坦桑尼亚新发现的天然气的氦含量可能高达 10%. 目前氦的最大供应国是美国, 卡塔尔和阿尔及利亚是重要的供应补充, 其他供应国还包括俄罗斯和波兰.

氦不可再生又应用广泛, 而地球上的储量又有限, 所以氦的供应逐渐紧缺, 价格逐渐上涨. 1925 年, 出于战略目的, 美国建立了一个官方机构 —— 国家氦储备 (National Helium Reserve), 以保存氦资源. 早期的氦供应能力多于需求, 于是二十世纪七十年代该机构便不再购买氦. 1996 年, 美国逐渐将其战略氦储备市场化, 为市场提供了显著比例的氦, 连续多年让氦市场稳定在一个偏低的价格, 并计划在二十一世纪初卖完所有的氦储备. 二十一世纪氦的需求已经明显超过了生产能力, 并且人们预期美国的氦储备将被清空, 所以氦的价格迅速上涨. 大约在 2003—2008 年间, 氦的价格翻了一倍. 2014 年, 美国拍卖国家氦储备的一大笔氦, 最终成交价格为 2013 年市场价的两倍. 中国是氦的进口国, 氦的供应和价格都受到国际市场的影响.

目前世界各地对氦的需求中, 大约三分之二的需求是氦气, 三分之一的需求是液氦, 液氦利用其本身的低温度和气化时的潜热为其他物体提供冷源, 传统的低温环境非常依赖液氦的持续供应. 大约从 2006 年之后, 国际科研机构的低温设备运转多次受到液氦供应紧张的影响, 一直到 2019 年还有知名科研人员公开表示设备因缺乏液氦供应而停止运转. 2020 年, 气球用氦的需求急剧减少, 国际上的氦供应紧缺有所好转,但是氦的价格依然在持续上升. 在过去的氦供应紧缺和未来的氦供应能力有限的大背景下, 近年来干式制冷技术逐渐普及, 科研人员更喜欢使用不需要消耗液氦的设备, 或者利用干式制冷技术为消耗液氦的设备提供氦气的重新液化. 干式制冷设备还是需要氦元素的, 但其中的氦不是作为消耗品; 而在与之对比的传统设备中, 直接作为低温冷源的液氦是不停消耗的原材料. 常规的利用液氦的低温设备可类比为燃油汽车, 液氦可类比为燃油, 在使用中不停被消耗. 干式制冷设备可类比为电动汽车, 氦在干式制冷设备中的作用可类比为润滑油在电动汽车中的作用, 也许氦偶尔需要被补充, 但是它不是主要的消耗品. 如今的低温物理实验依然严重依赖于氦元素, 不过因为干式制冷技术的成熟和普及, 低温实验不再轻易被不稳定的氦供应和迅速上涨的氦价格而影响.

氦对人体的危害性很低. 虽然氦在生产和科研中被广泛使用, 但因氦而引起的致命事故却非常罕见, 几乎未曾被报道过. 有人非正式统计过, 美国 2000—2004 年仅有两例因氦致死的案例. 尽管氦气密集的环境存在氧气不足的可能性, 但是因为氦气的密度低, 所以它很难在人体脸部的高度密集, 并且人在氦气含量稍高的空气中能清晰地发现说话时声音异常. 液氦因为存储条件复杂并且潜热小, 也很难因为其低温特性而直接引起冻伤.

除了 ^{4}He 外, 氦的稳定同位素还有 ^{3}He, ^{3}He 有 2 个质子和 1 个中子. ^{3}He 和 ^{4}He 都是绝佳的物理研究对象, ^{4}He 是实验上容易研究的玻色子, ^{3}He 是除了电子之外实验上容易研究的费米子. 同时, 液体 ^{4}He 和液体 ^{3}He 是目前仅知的宏观超流液体. 在低温实验的应用上, 因为同样温度下液体 ^{3}He 的蒸气压高于液体 ^{4}He 的蒸气压, 所以蒸发液体 ^{3}He 可以获得比蒸发液体 ^{4}He 更低的温度, 温度可以低至 0.3 K 以下. 目前最主流的低温制冷技术 —— 稀释制冷 —— 用到了 ^{3}He 和 ^{4}He 的混合液. 在生活中, ^{3}He 可被用于肺部的实时成像. 地球上的 ^{3}He 比 ^{4}He 更加稀少, 大气中的 ^{3}He 仅是 ^{4}He 的 ppm 数量级, 天然气中的 ^{3}He 大约仅是 ^{4}He 的 0.1 ppm 数量级, 所以在地球上人们看不到收集和开采 ^{3}He 的可行性. 目前人们所用的 ^{3}He 来自核反应, 只有特定的供应源. 氦还有其他不稳定同位素, ^{6}He 的半衰期为 0.8 s, ^{8}He 的半衰期为 0.12 s, ^{7}He, ^{9}He 和 ^{10}He 的半衰期在 10^{-21} s 数量级, ^{5}He 和 ^{2}He 更加不稳定. 除了 ^{4}He 和 ^{3}He 之外的氦同位素均与低温实验无关.

1.1.2 相图与永久液体

液氦不仅能提供低温环境, 还具备独特的物理性质. 只要温度足够低, 寻常的液体都会变成固体, 然而, 即使在绝对零度下, 常压下的 ^{4}He 依然保持液态, 如相图 (见图 1.1) 所示. ^{4}He 的相图不存在固液气三相点, 在绝对零度时, 常压下的 ^{4}He 基态是液态. 同样在绝对零度下维持液态的宏观物质只有 ^{3}He. 液体 ^{4}He 和液体 ^{3}He 只在足够高的压强下固化, 所以被称为永久液体.

　　液体凝固为固体的温度取决于热运动产生的动能与势能之间的竞争, 液体中的动能与温度有关, 势能与范德瓦耳斯 (van der Waals) 力有关. 对于液氦, 常规的势能和动能都特别小, 零点能的作用非常显著. 人们常用零点能与粒子之间的结合能之比 λ 来描述一个粒子的量子特性, 即

$$\lambda = \frac{E_{\mathrm{zeropoint}}}{E_{\mathrm{binding}}}, \tag{1.1}$$

其中,

$$E_{\mathrm{zeropoint}} = \frac{h^2}{8ma^2}, \tag{1.2}$$

这里, a 是粒子占据空间的特征长度, 与 $\left(\dfrac{V_{\mathrm{m}}}{N_{\mathrm{A}}}\right)^{1/3}$ 有关, V_{m} 是摩尔体积, N_{A} 是阿伏伽德罗 (Avogadro) 常数. 比 ^{4}He 更加量子化的粒子仅有 ^{3}He, 排名第三的粒子是 H_2.

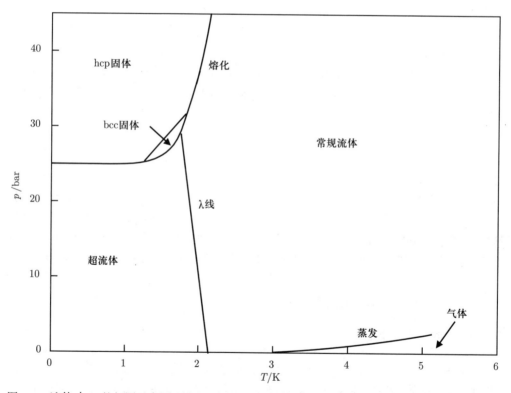

图 1.1　液体 ^{4}He 的相图示意图. 相边界仅起分隔区域的示意作用, 不是来自真实数据, 不具备数值参考价值. 图中的 "bcc" 指体心立方 (body–centered cubic), "hcp" 指六角密堆积 (hexagonal close–packed). 熔化压曲线并非单调变化, 而是在 0.78 K 附近有一个极小值. 临界温度 $T_{\mathrm{c}} = 5.20$ K, 临界压强为 2.28 bar

液体 ^{4}He 有 2 个相, 一个是常规流体, 通常被记为氦 I, 另一个是超流体, 通常被记为氦 II. 在足够低的温度下, 超流体出现, 且它出现的温度与压强有关. 相图中分隔常规流体和超流体的边界被称为 λ 线, 从常规流体到超流体的相变被称为 λ 相变. 在零压极限下, λ 线的最高温度处被称为 T_λ 点, 它位于 2.177 K 附近 (见图 1.2). 超流体中 "超流" 这个描述的由来是因为超流体的黏滞系数为零, 实验上体现为相变后液体的黏滞系数有几个数量级上的迅速下降, 此现象于 1938 年由卡皮查报道[1.1], 他把这种液体与超导体进行对比, 并将其命名为超流体. 该重要文献仅有一页纸、一张示意图. 同年, 艾伦发现液体 ^{4}He 随着温度变化有 1500 倍以上的黏滞系数变化[1.2]. 该重要文献同样是仅有一页纸, 但是有一张数据图和一张数据表格. 这个所谓的 "同年" 仅仅是 19 天的投稿时间差异. 事实上, 早在 1927 年凯索姆就从实验上判断 2.18 K 附近发生了相变, 并在 1933 年观测到该温度附近的液体 ^{4}He 的比热发生显著改变. 如今我们习惯的氦 I 和氦 II 就是来自凯索姆的命名. 此外, 二十世纪二十年代或者更早的时间, 昂内斯已经在 2.3 K 附近观测到液体 ^{4}He 的密度有一个极大值. 准确地说, 超流体的发现不只是来自一个课题组的贡献, 而是当时低温物理领域一批人的集体贡献. 永久液体和超流体的存在是 ^{4}He 量子特性最好的体现.

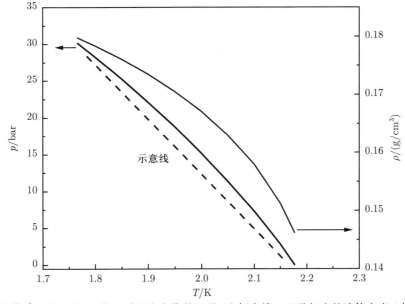

图 1.2　液体 ^{4}He 相图的 λ 线上随温度变化的压强 (左侧实线), 以及相应的液体密度 (右侧实线). 所谓的 λ 线并不是严格的直线, 虚线为示意直线, 以供对比. 饱和蒸气压下, T_λ 为 2.1768 K, 温度最低、压强最高的 T_λ 为 1.7673 K. 数据来自文献 [1.3]

超流是一个裸眼就可以观察的宏观量子力学现象, 它毫无争议地打破了量子效应只能出现在微观尺度的成见. 喷泉效应是一个展示液体 ^{4}He 奇特超流现象的方法, 其基本实验设计如图 1.3 所示. 历史上, 第一次超流喷泉效应由艾伦在 1938 年呈现[1.4].
如图 1.3 所示, 两个区域之间的常规流体被多孔材料塞分隔. 如果存在黏滞系数为零
的超流体, 那么它可以通过常规流体因具有非零的黏滞系数而无法通过的多孔材料塞,
区域 A 和区域 B 的超流体连接在一起. 区域 B 有稳定的液体 ^{4}He 供应; 区域 A 上方
开一个小孔通向气体空间, 当区域 A 被加热时, 由区域 B 进入区域 A 的部分超流体
将转化为常规流体, 然而常规流体无法通过多孔材料塞回到区域 B. 因此, 区域 A 的
液体总量持续增加, 最终将由上方的小孔处喷射而出.

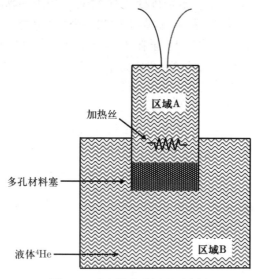

图 1.3　喷泉效应的原理示意图

相图 (见图 1.1) 的左上方是固态存在的区域. 固体 ^{4}He 仅在 25 atm 以上形成, 常
压下的 ^{4}He 在零温极限下依然保持液态. ^{4}He 的零点能大, ^{4}He 的晶格在足够高的压
强下才稳定, 所以液体 ^{4}He 不能轻易形成固体, 这也是液体 ^{3}He 难以形成固体的原因.
对于液体 H_2, 其分子间的范德瓦耳斯力大约是液体 ^{4}He 原子间的 12 倍, 所以液体 H_2
的结合能比零点能更重要, 在低温下可以形成固体. 其他分子比氢分子的质量大, 且有
更强的分子间相互作用, 因此氦是在零温极限下最难固化的物质. 固体氦的晶格结构
可以通过 X 射线实验和中子实验确认. 除了体心立方相和六角密堆积相的存在外, 在
相图未展示的高温高压区, 面心立方 (face-centered cubic, 简称 fcc) 固相曾在 15 K 以
上被报道过. 最初的面心立方固相实验证据来自比热异常, 随后的 X 射线实验确认该
固相结构的存在. 固体 ^{4}He 的原子虽然有周期性, 但是不那么局域, 原子偏离晶格的
平均振动距离超过了晶格常数的 1/4. 寻常的固体振动幅度达到晶格常数的约 10% 时
将会熔化, 也就是说, 固体 ^{4}He 的量子效应明显, 其中的 ^{4}He 原子的波函数容易交叠,
^{4}He 不一定只局域在晶格格点上 (更多讨论见 1.5.3 小节).

氦原子间的排斥来自硬核排斥, 吸引势来自单个原子电偶极矩涨落引起的瞬时 r^{-3} 静电势, 所以来自两个原子的相互作用产生 r^{-6} 项的贡献, 因此 ^{4}He 原子势能可以用伦纳德 – 琼斯 (Lennard–Jones) 12–6 半经验公式描述, 即

$$\Phi\left(r\right) = 4\varepsilon_0 \left[\left(\frac{r_0}{r}\right)^{12} - \left(\frac{r_0}{r}\right)^{6} \right]. \tag{1.3}$$

参考图 1.4, 我们可以知道该势能条件下的原子间距约为 0.3 nm. 如果不考虑零点能, 那么液体和固体 ^{4}He 的理论密度将比实际测量值更大. 考虑零点能后, 液体的能量更低, 我们也可以从这个角度理解为什么零点能使液氦成为永久液体.

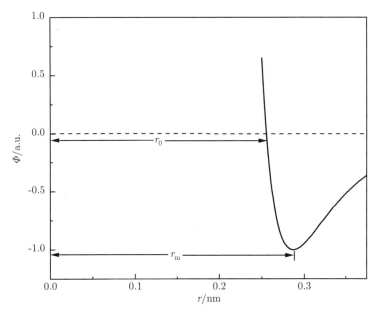

图 1.4   氦的伦纳德 – 琼斯 12–6 半经验公式示意图, 其中, $r_0 = 0.2556$ nm, $r_{\mathrm{m}} = 0.2869$ nm

相图 (见图 1.1) 的右下方是气态存在的区域. 因为氦原子间的相互作用较弱, 所以氦气是理想气体. 氦气偏离理想气体的位力系数也曾被测量. 对于氦气,

$$pV = nRT \left[1 + \frac{nB(T)}{V} \right], \tag{1.4}$$

其中,

$$B\left(T\right) = B_1 - B_2/T, \tag{1.5}$$

我们可以取 $B_1 = 23.05$ cm^3/mol, $B_2 = 421.77$ cm$^3\cdot$ K/mol[1.3,1.5]. 高温下, 吸引力影响弱, 分子间的排斥力显著, 压强升高, 此时 B 大于零. 低温下, 分子间的动能小, 吸引力显著, 压强降低, 此时 B 小于零. 对比 H$_2$, Ne 和 N$_2$ 等气体, 氦气的第二位力系数 B 在

温度高于 100 K 时变化缓慢, 如图 1.5 所示. 氦气的 $B(T)$ 曲线在 18 K 处过零点, 而 H_2, N_2 和 Ne 等气体的曲线在 100 K 以上过零点. 这样一个非理想气体表现得如同理想气体的特殊温度被称为玻意耳温度. 如果以范德瓦耳斯公式 $\left(p + \dfrac{a}{V^2}\right)(V - b) = nRT$ 来描述气体, 那么氦气中表征粒子间吸引力的参数 a 远远小于其他气体, 大约是 H_2 的 1/7, 大约是 N_2 和 O_2 的 1/40. 氦气还有一些有趣的特点, 它是最不容易溶于水的气体之一, 也是折射率最接近真空折射率的气体.

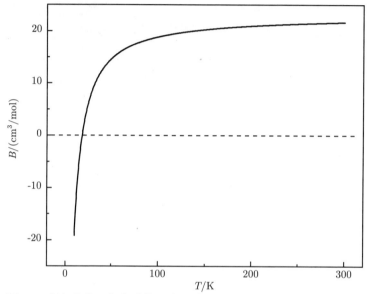

图 1.5 氦气的第二位力系数 B 与温度的关系图, 曲线依式 (1.5) 计算

1.1.3 常规流体性质

液体 ^{4}He 在进入超流态之前是常规流体, 它拥有与经典液体类似的性质, 又有自身的特点. 液体 ^{4}He 不论是作为被消耗的低温预冷耗材, 还是作为制冷剂和辅助材料, 又或是作为研究对象, 都在低温实验中频繁出现. 本小节介绍液体 ^{4}He 作为常规流体的一些简单性质, 以便于科研人员理解一些低温技术中 ^{4}He 的作用, 也便于科研人员估算低温实验中的部分简单参数.

与气体 ^{4}He 的性质近乎为理想气体一样, 常规流体 ^{4}He 近乎为最理想的液体. 在实际实验中, 液体 ^{4}He 的密度是实验工作者常需要关心的物理量, 它有两个特点需要额外注意. 首先, 对比水这个人们熟悉的液体, 常规流体 ^{4}He 的密度随温度变化非常剧烈. 如果液体 ^{4}He 从 4 K 降温至 3 K, 这 1 K 温度区间的密度变化约为 10%, 如图 1.6 所示. 与之对比, 如果水从 100 K 降温至 0 K, 这 100 K 温度区间的密度变化仅仅不到 5%. 超流相变发生后, 密度随温度的变化不再明显, 因此实验中人们通常更注意常规流体的密度变化. 其次, 低温液体在实际实验中常常处于不同的压强条件下, 密度也是压强的函数, 并且也同样随压强变化明显, 如图 1.7 所示. 以 4 K 时的液体 ^{4}He 为例, 压强从 1 atm 升高到 10 atm 时, 密度变化约为 17%. 无论是容器腔体的设计, 还是将液体 ^{4}He 作为制冷剂使用时的用量, 都将受其密度显著变化的影响.

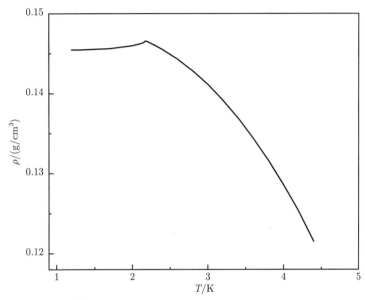

图 1.6　饱和蒸气压下液体 ^{4}He 的密度与温度的关系. 密度在 2.2 K 附近的明显改变来源于超流相变的发生. 数据来自文献 [1.6]. 更低温度下, 在大约 1.15 K 附近, 液体 ^{4}He 有一个密度的极小值

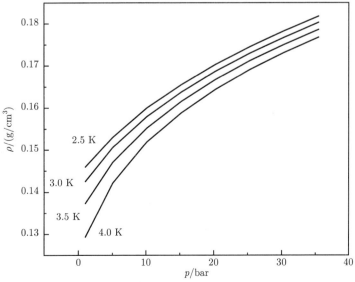

图 1.7　不同温度下液体 ^{4}He 的密度与压强的关系. 数据来自文献 [1.7]

蒸气压和潜热是液体 ^{4}He 的两个值得关注的重要性质. 蒸气压可以由克劳修斯 – 克拉珀龙方程描述, 即

$$\frac{\mathrm{d}p}{\mathrm{d}T} = \frac{S_{\mathrm{g}} - S_{\mathrm{l}}}{V_{\mathrm{m,g}} - V_{\mathrm{m,l}}}, \tag{1.6}$$

其中, S 是熵, V_{m} 是摩尔体积. 考虑到气体的密度远小于液体的密度, 所以此处可忽略液体的摩尔体积, 将式 (1.6) 的分母根据理想气体状态方程近似表示为 RT/p, 而分子中的气态熵和液态熵的差值可通过潜热表示为 L/T, 于是蒸气压与温度之间满足

$$\frac{\mathrm{d}p}{\mathrm{d}T} \approx \frac{Lp}{RT^2}, \tag{1.7}$$

整理得

$$p \approx \mathrm{e}^{-L/(RT)}. \tag{1.8}$$

蒸发制冷时, 制冷量正比于潜热与流量. 当固定抽气条件时, 蒸发制冷的流量与蒸气压相关. 如图 1.8 所示, 1.2 K 以下的蒸气压已经低于 100 Pa, 并且压强继续随温度迅速降低, 所以对液体 ^{4}He 直接抽气很难获得更低的温度.

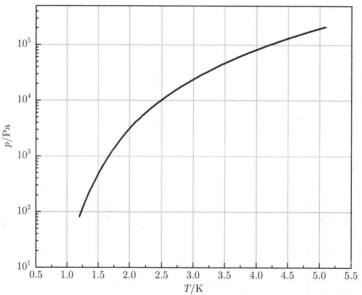

图 1.8　液体 ^{4}He 的蒸气压与温度的关系. 数据来自国际温标 ITS[①]–90

液体 ^{4}He 作为低温冷源, 其潜热非常小, 该数值不到 100 J/mol (见图 1.9), 约为水的 1%, 液体 H_2 的1/20, 液体 N_2 的 1/10. 液体 ^{4}He 难以保存不仅仅是因为其温度与空气温度的差异大, 还因为其潜热小. 因此, 当需要用液体 ^{4}He 维持低温环境或者预冷环境时, 不仅要从固体导热、气体导热和辐射等方面尽量减少漏热, 还需要尽量

[①]ITS 是国际温标的英文名称 International Temperature Scale 的简写, 相关内容见 3.4.2 小节.

利用好气化后的低温气体的制冷能力. 将同样一块铜从 77 K 冷却到 4 K, 如果理想条件下充分利用气体比热和潜热时需要 1 L 的液体 ^{4}He, 则只利用潜热时需要约 10 L 的液体 ^{4}He. 将另外一块铜从 300 K 冷却到 4 K, 如果理想条件下充分利用气体比热和潜热时需要 1 L 的液体 ^{4}He, 则只利用潜热时需要约 35 L 的液体 ^{4}He. 通常情况下, 液体的潜热与沸点之间满足经验公式 —— 特鲁顿规则, 即潜热与沸点的比值近似为 88.2 J/(mol·K) 的常量. 该经验公式对大部分液体在 30% 的误差范围内成立, 可被用于潜热的数量级估算. 例如, 水的估算值与测量值差了 23%, 液体 N_2 的估算值与测量值差了 18%, 液体 O_2 的估算值与测量值差了 14%, 液体 Ar 的估算值与测量值差了 17%. 但是此经验公式对特别低温的液体不适用, 4 K 时液体 ^{4}He 的潜热仅约为估算值的 1/4, 20 K 时液体 H_2 的潜热仅约为估算值的 1/2.

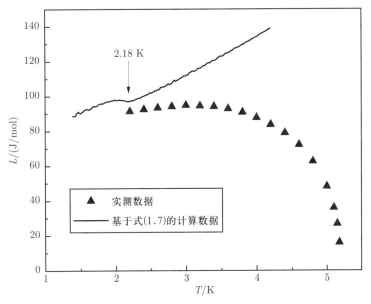

图 1.9 饱和蒸气压下液体 ^{4}He 的潜热与温度的关系. 曲线为通过式 (1.7) 计算得到的潜热, 仅在数量级上有参考意义. 温度越低、蒸气压越低, 曲线与实测数据[1.8]越接近. 曲线在 2.18 K 附近的明显改变来自超流相变

在式 (1.7) 和式 (1.8) 的推导中, 潜热被当作一个与温度无关的常量, 真实液体 ^{4}He 的潜热与温度有关, 如图 1.9 所示. 高于 3 K 时, 气体温度越低、蒸气压越低, ^{4}He 的潜热越大, 并且可供制冷的低温气体 ^{4}He 的初始温度越低. 尽管液体 ^{4}He 的潜热随温度变化明显, 但考虑到其因为潜热而吸收热量的能力远小于因为低温气体升温而吸收热量的能力, 这个特性并不值得在液体 ^{4}He 存储中被特别关注. 实际的液体 ^{4}He 在存储和运输时, 保持一个高于大气压的压强可以防止空气和水汽进入实验杜瓦和移动杜瓦.

　　理想气体的黏滞系数与 $\sqrt{T}$ 成正比, 但是考虑相互作用后的真实气体不满足此规律, 而是满足萨瑟兰 (Sutherland) 定律. 通常而言, 气体的黏滞系数随温度升高而增大, 液体的黏滞系数随温度升高而减小, 与压强的关系不大. ^{4}He 的黏滞系数是温度和压强的函数, 部分温区的液体和气体 ^{4}He 的黏滞系数见图 1.10 和图 1.11. 在液体 ^{4}He 作为制冷剂的情况下, 其液态和气态的黏滞系数对于制冷机的管道设计有参考价值. 此处

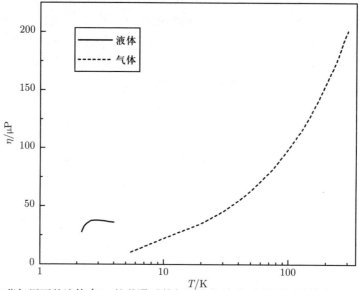

图 1.10　饱和蒸气压下的液体 ^{4}He 的黏滞系数与温度的关系. 实线所示数据来自文献 [1.9]. 虚线为 1 atm 下的气体 ^{4}He 的黏滞系数, 仅作为对照参考

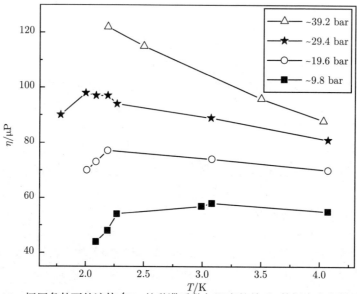

图 1.11　恒压条件下的液体 ^{4}He 的黏滞系数与温度的关系. 数据来自文献 [1.10]

的黏滞系数 (也称黏度) η 是力黏滞系数 (也称动黏性), 指的是牛顿黏滞定律 (也称牛顿摩擦定律) 中的系数, 即单位面积受力与两个界面之间速度梯度的比值. 该物理量在 CGS[①] 单位制中的单位为 P (1 P = 0.1 Pa·s). 大多数流体满足牛顿黏滞定律, 被称为牛顿流体. 血液是一个非牛顿流体的例子. 人们有时也将黏滞系数用液体的密度归一化, 归一化后的物理量记为 k, 代表运动黏滞系数 (也称运动黏度或比黏度). 在可以忽略黏滞系数的理想流体中, 法向应力的大小只与位置有关, 而与面元的取向无关, 因此我们可以定义压强. 当液体具有非零的黏滞系数时, 如果流速不大, 那么方向差异引起的压强变化在定量上只是一个小量, 因此在液体中依然可以定义压强. 以水为例, 在 1 atm 下的水流中, 压强可被认为只与位置有关, 而与方向无关. 对于常规密度的气体, 我们也可以认为压强与方向无关. 因此, 在流动的液体和气体 ^{4}He 中, 我们可以继续沿用压强的概念. 无量纲的普朗特 (Prandtl) 数 Pr 常被用于表征质量输运与热输运的相对强弱, Pr 为

$$Pr = \frac{\eta c_p}{\kappa}, \tag{1.9}$$

其中, η 是黏滞系数, c_p 是定压比热, κ 是热导率. 如果 Pr 值远远小于 1, 说明热输运比质量输运的效果更显著. 气体的 Pr 值接近 0.7, 通常液体的 Pr 值在 $1 \sim 10$ 之间, 但是液态金属的 Pr 值在 $0.001 \sim 0.01$ 之间, 常规流体 ^{4}He 的 Pr 值为 1.15.

最后, 在实际使用中, 常规流体 ^{4}He 的热导率 (见图 1.12) 的数量级也是经常需要

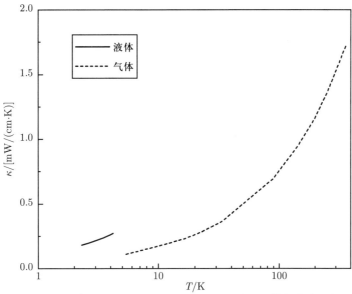

图 1.12 约 1 atm 下的液体 ^{4}He 的热导率与温度的关系. 实线所示数据来自文献 [1.11]. 虚线为约 1 atm 下的气体 ^{4}He 的热导率, 仅作为对照参考

[①]CGS 是厘米 – 克 – 秒的英文名称 centimeter–gram–second 的简写, CGS 单位制即基于厘米、克和秒的单位制.

查找的数据. 在高温端超流相变发生之前, 液体 ^{4}He 因为密度低, 其输运行为与经典气体类似, 热导率大约是同样温度下铜的热导率的 $1/10000 \sim 1/1000$. 因为常规流体 ^{4}He 的导热能力弱, 所以它在蒸发时内部有剧烈的冒泡现象. 而在相变点附近, 超流 ^{4}He 的导热能力近乎于无限好, 因此冒泡现象很难产生. 关于超流体的热输运性质将在 1.1.5 小节中介绍.

以上这些氦作为常规流体的特点和气体的性质均在低温制冷设备的研发和低温实验的设计中有所体现. 例如, 在制冷机的参数预估、杜瓦的设计、温度计定标等工作中, 实验工作者均需要仔细考虑 ^{4}He 的包括密度、蒸气压、潜热和黏滞系数等参数在内的具体数值, 或者估算它们的数量级.

1.1.4 超流与二流体模型

1938 年, 液体 ^{4}He 的超流现象被发现以后, 便经常与玻色 – 爱因斯坦凝聚一起被讨论. 如果玻色子在足够低的温度下都凝聚在它们的基态上, 那么其宏观性质与单个玻色子显著不同, 1938 年, 伦敦从这个角度考虑超流相变[1.12], 并获得了 3 K 的超流相变温度, 高于实验测量值. 同年, 蒂萨在一系列工作中提出二流体模型 (见图 1.13), 认为经历了玻色 – 爱因斯坦凝聚的原子可以无阻力地流动, 但是液体中还有一部分常规流体[1.13,1.14]. 对于二流体模型中的这两种成分, 本书分别称为常规流体成分和超流体成分.

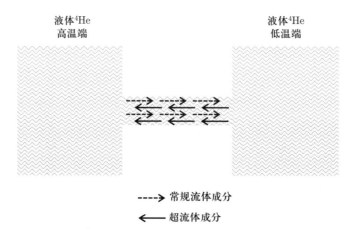

图 1.13 二流体模型示意图. 高温端常规流体成分的比例比低温端的比例高, 所以常规流体成分向低温端流动. 低温端超流体成分的比例比高温端的比例高, 所以超流体成分向高温端流动. 这两种流体独立存在并且无相互作用

1941 年和 1947 年, 朗道提出了关于二流体模型更具体的理论, 并提出液体 ^{4}He 的准粒子除了声子外还有旋子, 这样的激发谱于 1971 年被中子实验证实[1.15~1.18]. 在

朗道的理论中, 绝对零度下超流体成分是 "背景", 而常规流体成分来自准粒子的激发, 温度越高, 准粒子激发越多. 朗道在 1941 年的工作还预言了第二声的声速 (相关内容见 1.1.6 小节), 解释了黏滞系数的差异 (见图 1.14) 和喷泉效应 (见图 1.3), 并提出通过测量转动惯量以计算常规流体成分的比例. 这些理论进展在超流现象的理解上具有独一无二的贡献, 是我们今日解释超流现象的核心. 朗道和蒂萨两人的二流体模型看似一致, 但是有内在的本质区别: 朗道的常规流体成分是准粒子的激发, 而蒂萨的常规流体成分是未被凝聚的理想气体.

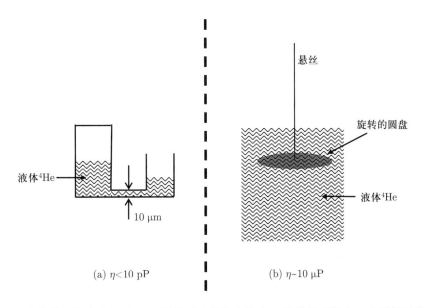

(a) $\eta < 10$ pP   (b) $\eta \sim 10$ μP

图 1.14 二流体模型的实验基础. (a) 测量到比常规流体 ^{4}He 的黏滞系数小 6 个数量级的黏滞系数的实验方式, (b) 测量到与常规流体 ^{4}He 同数量级的黏滞系数的实验方式

　　二流体模型的提出与实验测量密切相关. 超流相变温度之下的液体 ^{4}He 流经狭缝时, 其被探测到的黏滞系数比常规流体 ^{4}He 的黏滞系数小 6 个数量级, 这似乎意味着液体 ^{4}He 流过狭缝时毫无流阻 (如图 1.14(a) 所示). 还有实验发现在宽度为 0.1 μm 的狭缝中, 1.2 K 的液体 ^{4}He 的流速与压强无关, 这也意味着液体 ^{4}He 在 1.2 K 时的黏滞系数为零. 可是, 如果测量浸泡在液体 ^{4}He 中的圆盘的旋转衰减 (如图 1.14(b) 所示) 或者测量液体 ^{4}He 中的细丝振动时, 液体的黏滞系数依然能在超流相变温度之下被探测到. 因此二流体模型认为液体 ^{4}He 在超流相变温度之下存在两种共存的流体: 常规流体成分, 它有非零黏滞系数和非零熵, 超流体成分, 它有零黏滞系数和零熵, 两者的密度之和为液体 ^{4}He 的密度, 两者的独立流动构成了液体的整体流动, 即满足

$$\rho = \rho_{\mathrm{n}} + \rho_{\mathrm{s}}, \tag{1.10}$$

$$J = \rho_n V_n + \rho_s V_s, \tag{1.11}$$

$$\eta_n = \eta_n(T), \quad \eta_s = 0, \tag{1.12}$$

$$S_n = S_n(T), \quad S_s = 0. \tag{1.13}$$

黏滞系数的测量结果在不同测量方式上的差异和二流体模型可以通过著名的安德罗尼卡什维利 (Andronikashvili) 实验来理解 (见图 1.15). 该实验测量旋转圆盘组的转动惯量, 圆盘间距仅 0.21 mm, 这个间距足以让圆盘间的常规流体 ^{4}He 跟着圆盘旋转. 因此, 在超流相变温度之上, 实验测量到的转动惯量包含了圆盘结构和常规流体的转动惯量. 圆盘间距的选择考虑了黏滞穿透深度, 即

$$d = [2\eta_n/(\rho_n \omega)]^{1/2}, \tag{1.14}$$

其中, η_n 是二流体中常规流体成分的黏滞系数, 它与超流相变前的液体 ^{4}He 的黏滞系数为同一数量级 (见图 1.10), 且在 1.8 K 附近有一个极小值; ω 是角速度. 二流体中的超流体成分的黏滞系数为零, 因此不贡献转动惯量. 也就是说, 当超流相变发生后, 随着常规流体成分逐渐转化为超流体成分, 安德罗尼卡什维利实验所测量到的圆盘结构和液体的转动惯量之和逐渐减小为仅由圆盘结构贡献的转动惯量. 该实验观测到了如二流体模型所期待的液体的转动惯量在超流相变后逐渐消失的现象.

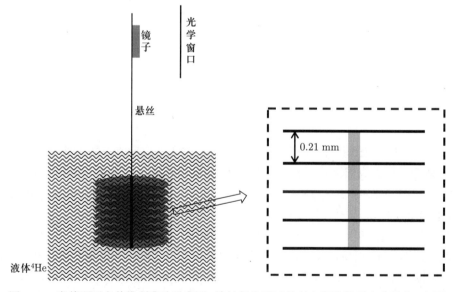

图 1.15 安德罗尼卡什维利实验示意图. 旋转行为通过悬丝上侧的镜子和光学窗口测量

超流体成分的密度和温度的依赖关系可参考图 1.16, 1 K 以下, 液体 ^{4}He 可以被认为只存在超流体成分. 常规流体成分在二流体模型中的比例也可以用经验公式

$\rho_{\mathrm{n}}/\rho = (T/T_\lambda)^{5.6}$ 进行估算, 其中, T_λ 是超流相变温度. 5.6 这个数值来自此温区范围内熵与温度的经验依赖关系: $S \sim T^{5.6}$. 由于超流相变后液体 ^{4}He 的熵仅来自常规流体成分 (见式 (1.13)) 且相变前液体 ^{4}He 的熵变化缓慢, 因此常规流体的密度随温度的变化关系近似与熵随温度的变化关系一致. 如图 1.16 所示, 此经验公式与实际测量结果吻合得很好.

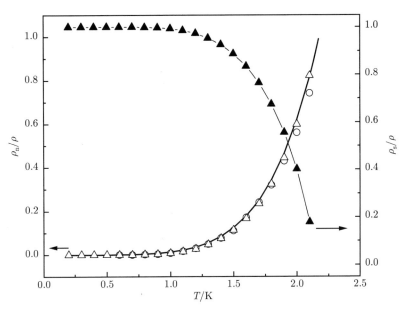

图 1.16 常规流体成分和超流体成分的比例示意图. ^{4}He 超流相变后, 超流体与常规流体成分的比例随温度的变化关系用三角形表示, 空心图标代表常规流体成分的比例, 实心图标代表超流体成分的比例. 数据来自文献 [1.19]. 空心圆圈的数据来自第二声的测量. 数据来自文献 [1.7], 相关介绍见 1.1.6 小节. 实线是 $(T/2.177)^{5.6}$

尽管朗道发展了二流体模型, 但他不支持模型中理想气体的玻色 – 爱因斯坦凝聚引起超流的猜想. 然而, 1947 年波哥留波夫 (Bogoliubov) 证明了朗道提出的准粒子激发谱是弱排斥相互作用下玻色系统凝聚的结果[1.20]. 二十世纪五十年代中期, 费曼 (Feynman) 不再将 ^{4}He 作为低密度的玻色气体对待, 而是真正将 ^{4}He 作为液体处理且给出了其波函数, 并讨论了该理论工作与二流体模型的联系[1.21,1.22]. 超流波函数可以表示为

$$\Psi\left(\boldsymbol{r}, t\right) = \Psi_0\left(\boldsymbol{r}, t\right) \exp\left[\mathrm{i}S\left(\boldsymbol{r}, t\right)\right], \tag{1.15}$$

且有

$$\boldsymbol{v}_{\mathrm{s}} = \frac{\hbar}{m}\nabla S, \tag{1.16}$$

其中, S 是相位, v_s 是超流体的速度. 这个波函数覆盖了整个液体容器而不只是描述单个原子.

从定义上看, 超流体是无旋流体. 如果超流体无旋, 那么将其装在一个容器中旋转, 其径向液面高度曲线将随温度变化, 然而实验结果表明其液面形状呈抛物线, 与常规流体一致并且与温度无关, 所以超流体可以在有限角速度下旋转[1.23]. 这个现象可以通过涡旋的存在解释, 并且涡旋的存在随后也被实验证实了[1.24,1.25]. 涡旋可以在超流 ^{4}He 中通过成像手段进行观测, 且其随着角速度变化, 人们曾观测到单个到复数个涡旋的图案[1.26,1.27]. 装着液体 ^{4}He 的容器缓慢旋转时, 常规流体跟着容器旋转, 而超流体保持静止; 在临界角速度之上, 容器中的每个原子都将获得量子化的角动量, 超流体也可以旋转.

液体 ^{4}He 无色透明, 而超流体成分在液体 ^{4}He 中又与常规流体成分无法区分, 因此如何在实验上观测超流体存在恒定流动的现象是个挑战. 利用超流现象对角速度的响应特性, 1964 年, 液体 ^{4}He 的恒定流动被观测到了[1.28]. 在这个设计精妙的实验中 (见图 1.17), 当低于超流相变温度时, 悬挂着的容器先被高速旋转, 以带动液体 ^{4}He 整体旋转. 随后, 利用磁学手段使容器缓慢停止旋转, 那么常规流体也随之停止旋转, 如果超流体存在, 则其维持恒定流动. 接着, 实验者通过光学手段对液氦加热, 当液体 ^{4}He

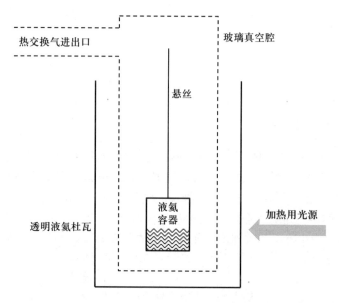

图 1.17　超流体恒定流动现象的实验观测示意图. 实际的液体 ^{4}He 容器中放置了类似于图 1.15 的间距为 0.3 mm 的堆叠圆形薄片, 以用于提高超流体的临界角速度. ^{4}He 在液氦容器封闭前已被提前放入. 用于驱动旋转和停止旋转的磁结构未在此图中画出, 它位于悬丝上方

的温度高于超流相变温度时, 超流体转化为常规流体, 不再维持恒定流动. 因为悬挂着的液体 ^{4}He 和容器的总角动量守恒, 所以实验者将观测到容器旋转, 从而探测到升温前恒定流动存在时的角动量.

在对超流的理论理解过程中, 超流和玻色 – 爱因斯坦凝聚的联系并不是显然成立的. 玻色 – 爱因斯坦凝聚对应三级相变, 而实验上的超流相变是二级相变. 低温下实际测量到的超流 ^{4}He 的比热与温度成 T^3 的依赖关系, 与玻色 – 爱因斯坦凝聚的预测不相符. 从玻色 – 爱因斯坦凝聚的角度理解超流现象的重要工作发表于 1956 年[1.29], 该理论工作认为超流是由不到 10% 的氦原子在绝对零度下发生玻色 – 爱因斯坦凝聚引起的. 在现在的普遍认知中, 尽管玻色 – 爱因斯坦凝聚不意味着超流, 但超流还是被认为属于一种广义玻色 – 爱因斯坦凝聚[1.30]. 或者说, 尽管朗道的理论中不涉及玻色子或者费米子的区别, 但是在现在的理论认知中, 超流一定与玻色统计有关. 综上所述, 关于超流的理论认知主要起源于伦敦和朗道的理解. 我们可以引用列格特 (Leggett) 的话[1.30]来评论这个领域理论发展的贡献来源: "将伦敦的理论与朗道的理论融为一体的连贯结合, 同时经过众多后续工作者的完善与扩展." 更多相关讨论见 0.2.2 小节.

超流现象也被期待在固体 ^{4}He 中发生. 在伦敦提出超流可能与玻色 – 爱因斯坦凝聚有关系不久, 沃尔夫克 (Wolfke) 于 1939 年便提出类似的超流相可能也存在于固体 ^{4}He 中, 后来这样一个相被称为超固体或超固态. 二十世纪七十年代开始, 关于超固体更仔细的理论考虑和估算研究被开展了. 1970 年, 列格特提出可以利用测量固体 ^{4}He 的转动惯量异常来证明超固体的存在[1.31]. 2004 年, 通过测量固体氦的转动惯量, 超固体存在的证据被报道了[1.32,1.33], 文献提出了超固体在总固体中的比例约为 1% 数量级. 然而后续的工作发现此类关于转动惯量的实验可能存在其他解释, 目前比较被认可的结论是至少在转动惯量测量百万分之四的精度上没有超固体 ^{4}He 存在的证据. 尽管转动惯量的测量结果不再能证明超固体的存在, 但固体 ^{4}He 在其他实验中也被观测到了一些奇怪的性质. 例如, 固体 ^{4}He 具有极低温下的比热峰[1.34], 又如, 超流体可以通过固体 ^{4}He 流向另一个区域的超流体[1.35], 这些发现都意味着固体 ^{4}He 还值得继续开展与超流相关的研究. 除了液体 ^{4}He 外, 目前能确认发生超流现象的宏观物质只有液体 ^{3}He.

1.1.5 超流液体的性质

比热的实验测量在理解超流的历史上起了极为重要的作用. 如今比热具体数值的价值主要体现在 ^{4}He 作为制冷剂的应用中. 超流相变的比热峰呈现出如希腊字母 λ 的形状 (见图 1.18), 这也是该相变被称为 λ 相变及图 1.1 中两液态分隔线被称为 λ 线的原因. 虽然 λ 相变可能以超流相变最为出名, 但 λ 相变在其他体系中也存在, 例如, β 黄铜发生相变时的比热峰也是 λ 形状.

超流 ^{4}He 的比热来自声子和旋子两种激发模式. 在相变点附近, 10 nK 的温度分

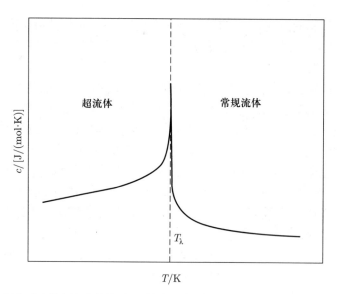

图 1.18　发生 λ 相变时比热与温度的关系. 比热峰非常尖锐, 实际测量到的峰值超过 100 J/(mol·K), 我们在简易估算时可以把 λ 相变附近的比热值近似为 20 J/(mol·K)

辨精度的比热曾被测量和分析[1.36]. 然而, 实验工作者通常只需要对液体 ^{4}He 的比热进行估算. 在 0.6 K 以下, 声子激发占主导, 液体 ^{4}He 的比热与温度是 T^3 关系, 如图 1.19 所示. 绝缘体中比热与温度关系的讨论可以参考 2.1.2 小节. 经验上, 在 0.6 ∼ 1.1 K 之间, 比热与温度近似为 $T^{6.7}$ 关系, 在 1.1 K 以上, 近似为 $T^{5.6}$ 关系. 值得注意的是, 液体 ^{4}He 的比热也是压强的函数, 比热的具体数值的计算可以参考图 1.20 中的系数. 相同压强条件下, 固体 ^{4}He 的声子比热比液体 ^{4}He 的声子比热更大, 33 bar 下的数值可以参考图 1.21. 液体 ^{4}He 和固体 ^{4}He 的比热测量比常规样品复杂: ^{4}He 需要被装在一个容器中测量, 然而耐高压的金属容器的比热在极低温下远大于液体 ^{4}He 和固体 ^{4}He 的声子比热, 因此背景热容远大于测量对象的热容 (相关内容见 6.3 节).

　　超流相变发生之后, 流经毛细管的液体 ^{4}He 的量与压强差异无关, 这个流速被称为最大速度, 也被称为临界速度. 对于常规流体, 最大速度与管道直径正相关; 但是对于超流体, 在直径越小的管道中, 临界速度越大. 常规流体的总流量与管道长度负相关. 超流体的总流量近乎与管道长度无关, 如图 1.22 所示. 因此, 在极低温下的热交换器中, 毛细管的长度参数选择有非常大的余地.

　　人们常误以为理想条件下的超流体的热导率无限大. 在相变温度附近, 超流体的热导率确实大于任何其他已知物质, 然而其热导率随着温度降低而减小, 最终成为热的不良导体. 超流 ^{4}He 的热导率可以是常规流体 ^{4}He 的 10^6 倍以上, 具体倍数依赖于温度, 如图 1.23 所示. 由于超流体和常规流体在导热能力上的巨大差异, 因此超流相变发生的一个特征是从被气泡剧烈扰动的常规流体变为平静无气泡的超流体, 此现象

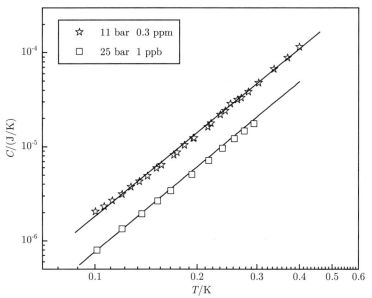

图 1.19　液体 ^{4}He 在 0.4 K 以下的热容测量数据, 直线为 T^3 的拟合曲线. 数据来自文献 [1.37]. ^{4}He 含有 0.3 ppm 或 1 ppb 的 ^{3}He 杂质, 这两组数据中的 ^{3}He 杂质的影响可以忽略, 因为它们均没有超过常规 ^{4}He 研究中正常的 ^{3}He 杂质的比例

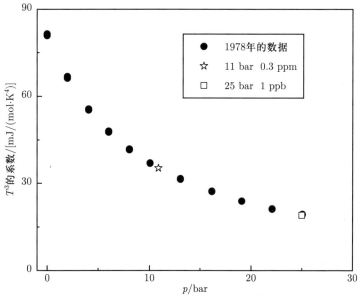

图 1.20　液体 ^{4}He 比热的 T^3 的系数与压强的关系. 数据来自文献 [1.37]. ^{4}He 含有 0.3 ppm 或 1 ppb 的 ^{3}He 杂质

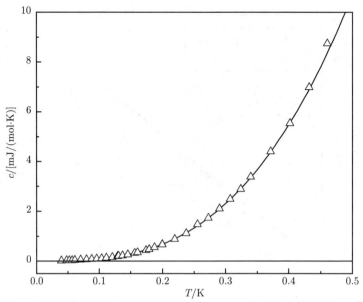

图 1.21   固体 ^{4}He 比热的数值参考, 该固体的压强为 33 bar, 实线代表了比热与 T^3 的关系. 数据来自文献 [1.37]. ^{4}He 含有 0.3 ppm 的 ^{3}He 杂质

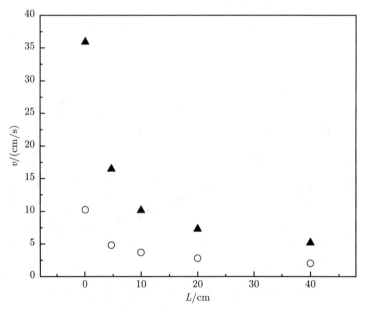

图 1.22   毛细管中流速与管道长度的关系. 两套数据对应两个不同的压强条件[1.38]

于 1932 年之前就已经被观测到了 (更多内容见 0.2.2 小节). 接近 1 atm 时, 管道中超流液体 ^{4}He 在 0.4 K 以内的热导率可以参考如下经验公式:

$$\kappa \approx 20dT^3, \tag{1.17}$$

其中, 热导率 κ 的单位是 W/(cm·K), d 是以 cm 为单位的管道直径, T^3 关系是因为只考虑声子的贡献. 对于导热能力较好的金属, 价带中的自由电子起主要导热作用, 该导热机制比通常绝缘体中的声子导热能力强. 需要额外说明的是, 超流体的导热行为非常复杂[1.3], 其导热能力大小还跟通过液体的总热量有关, 热导率数值会随着热流量增加而减小, 但可以比金属的导热能力强. 超流 ⁴He 作为绝缘体, 其相变点附近近乎无限的导热能力与 1.1.6 小节讨论的声学模式有关.

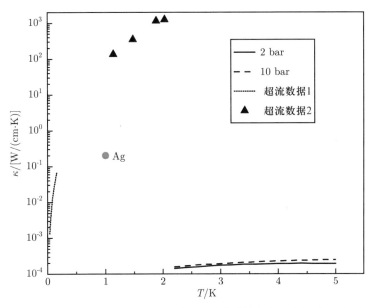

图 1.23　超流体与常规流体的热导率对比. 实线和虚线[1.3]来自常规流体 ⁴He, 圆点为银 (Ag) 在 1 K 时的热导率, 以供定性比较. 超流体的两套热导率数据分别来自两篇不同的文献 [1.39, 1.40]

1.1.6　声学模式

　　超流液体 ⁴He 的超高热导率与液体中的声学模式有关, 本小节介绍与 ⁴He 相关的声学模式.

　　当液体中存在压强差异时, 超流体成分和常规流体成分同向移动. 当液体中存在温度差异时, 由于不同温度下的超流体成分的比例不同 (温度越高, 超流体成分的比例越小), 因此超流体成分流向高温端, 而常规流体成分则流向低温端 (如图 1.13 所示). 第一种情况下, 两种流体成分的密度同相位振动, 被称为第一声, 也就是常规流体里面的声学模式. 第二种情况下, 液体的总密度随空间变化近乎没有改变, 然而两种流体成分的密度都在振荡, 因此液体呈现出温度波, 被称为第二声 (见图 1.24). 如式 (1.21)

所示, 二流体模型中两种流体的比例也可以通过第二声的实验测量获得. 在 $1 \sim 2$ K 之间, 第二声的声速大约是第一声的 1/10 (见图 1.25). 第二声的声速也是压强的函数, 压强越低, 声速越小. 图 1.25 中的数据对应约 1 atm 下的液体, 在 1 K 和 250 bar 时, 第二声的声速接近 13 m/s. 总体来说, 有如下关系:

$$\frac{\partial^2 \rho}{\partial t^2} = \nabla^2 p, \tag{1.18}$$

$$\frac{\partial^2 S}{\partial t^2} = \frac{\rho_s}{\rho_n} S^2 \nabla^2 T, \tag{1.19}$$

$$c_1^2 = \left(\frac{\partial p}{\partial \rho}\right)_s, \tag{1.20}$$

$$c_2^2 = \frac{\rho_s}{\rho_n} S^2 \left(\frac{\partial T}{\partial S}\right)_\rho. \tag{1.21}$$

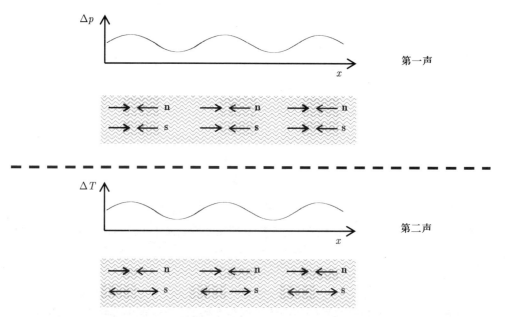

图 1.24   第一声与第二声的定性对比示意图. 第一声中超流体成分和常规流体成分同向移动, 形成密度分布. 第二声中超流体成分和常规流体成分反向移动, 密度不变, 但是存在温度分布, 温度高的区域常规流体成分密集, 温度低的区域超流体成分密集

1944 年, 利夫希茨 (Lifshitz) 提议通过温度振荡的手段引起第二声. 1946 年, 佩什科夫 (Peshkov) 在实验上测量到第二声, 并且通过第二声实验获得了常规流体成分的比例, 与安德罗尼卡什维利实验获得的结果一致 (见图 1.15 和图 1.16). 1947 年, 利用第二声在液体中的振荡引起的气体振荡, 人们测量了第二声的声速与温度的关

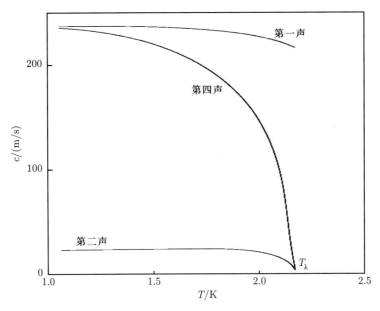

图 1.25 第一声、第二声和第四声的声速对比示意图. 曲线数值仅供定性参考. 第二声的声速在 1 K 左右开始上升, 理论预言在 0.5 K 以下声速稳定在约 140 m/s (此图中未画出). 0.5 K 以下的实验测量不到第二声, 此时的常规流体成分的比例非常低 (见图 1.16), 可能不足以支撑第二声的存在

系[1.41], 这个实验结果让朗道修改了他的早期理论[1.15~1.17]. 在朗道最初的理论中, 声子和旋子是独立的两支激发, 在更新后的理论中, 两者来自同一支激发, 并且旋子的能量极小值出现在非零的动量处. 1971 年被中子实验证实的激发谱与更新后的理论吻合[1.18].

声学模式的测量曾在理论验证和实验参数的获得中起了重要作用. 例如, 第二声被用于测量常规流体成分的比例. 又如, 第二声的实验数据实质上结束了朗道、蒂萨和莱恩 (Lane) 等人之间一些不愉快的观点争议. 这些不愉快有一小部分原因来自当时科研成果交流的不容易. 莱恩在他的实验工作中将朗道提出的公式当成是蒂萨提出的, 并认为蒂萨的理论比朗道的理论更可信. 也许是前者更容易激怒朗道, 也许是两者都让他不愉快, 他将莱恩等人称为 "物理掠夺者". 朗道也提出因为战争的关系, 他直到 1943 年才能读到蒂萨在 1940 年的关于二流体模型更多细节的文章. 然而, 巴利巴尔 (Balibar) 曾根据他掌握的信息, 判断朗道不管是否读过这篇文章都应该知道该文章的存在. 在 *Physical Review* 期刊两封公开发表的信件上, 朗道与蒂萨各自表达了自己的理论观点. 朗道觉得蒂萨的理论从微观层面到热力学层面全错了, 蒂萨觉得朗道的理论没那么可信. 事实上, 关于超流现象的物理理解在很大程度上围绕着伦敦、蒂萨和朗道之间的分歧, 也就是超流和玻色 – 爱因斯坦凝聚是否需要联系在一起. 唐纳利 (Donnelly) 曾经说过: "朗道显然从未引用过伦敦的任何一项工作." 另一方面, 伦敦也曾这么评价过朗道的理论: "基于虚构的旋子的不可靠基础之上." 更多的相关内容可以参考 0.2.2 小节和 1.1.4 小节.

就第二声这一物理现象而言, 在朗道发展二流体模型的理论工作之前, 蒂萨在 1938 年提出二流体模型时也预言过第二声的声速:

$$c_2 = 26 \sqrt{\frac{T}{T_\lambda} \left[1 - \left(\frac{T}{T_\lambda} \right)^{5.5} \right]} \, (\text{m/s}). \tag{1.22}$$

尽管此公式如今已经被很多人忽略了, 但最早的 1 K 以上声速的实验测量结果与该公式吻合. 如果基于朗道的理论, 那么第二声的声速在零温极限下是 $c_1/\sqrt{3}$, 大约为 140 m/s, 而蒂萨预言的第二声的声速在零温极限下趋于零. 最终, 佩什科夫在更低的温度下开展了第二声的声速测量, 为以上的第二声的声速公式分歧画上句号: 尽管蒂萨所预言的声速公式跟早期实验数据吻合, 但在更低温度下, 它与新数据有明显偏差, 实验结果与利夫希茨基于朗道的声子旋子理论的预测一致. 现在人们已经知道式 (1.22) 的问题所在: 蒂萨猜测常规流体成分的密度与熵成正比, 然而这是错误的, 该密度的计算公式是一个包含温度在内的复杂积分. 高温端, 旋子的密度恰好和熵的温度依赖关系类似, 因此蒂萨的声速公式只在低温端与实验数据不符. 抛开那些不那么愉快的争议, 第二声的理解过程本身很具有低温物理实验的精神: 如果暂时的实验结果无法区分不同的理论, 那么就到更低的温度下去测量新的数据.

第三声和第四声由阿特金斯 (Atkins) 在 1959 年预言[1.42]. 第三声和第四声都是只来自超流体成分的声学模式. 第三声中的常规流体成分在薄膜表面因黏滞系数的存在而被固定, 第四声中的常规流体成分在多孔材料中因黏滞系数的存在而被固定. 第四声的声速由第一声和第二声共同贡献:

$$c_4^2 = \frac{\rho_s}{\rho} c_1^2 + \frac{\rho_n}{\rho} c_2^2, \tag{1.23}$$

其中, c_4, c_1 和 c_2 分别代表第四声、第一声和第二声的声速, 所以第四声在超流相变点附近的声速接近第二声, 在更低温处的声速接近第一声 (见图 1.25). 第三声的声学模式与浅水中因重力产生的波一致, 但在 ^{4}He 薄膜中其回复力是范德瓦耳斯力, 体现为表面波 (见图 1.26), 也即是薄膜厚度的振荡, 声速大约为 0.5 m/s. 如果不考虑第三声中的蒸发和冷凝, 则第三声有更为普遍的表示公式, 被称为第五声.

1962 年, 第四声被实验观测到; 1964 年, 第三声被实验观测到; 1979 年, 第五声被实验观测到. 值得一提的是, 假如固体中存在超流行为, 那么常规流体成分因为晶格结构而被固定, 超固体中允许存在第四声. 目前还没有固体中第四声存在的实验证据. 零声是费米液体中的能量波, 与本小节讨论的声学模式没有直接联系, 相关内容将在 1.2 节中简单涉及.

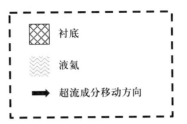

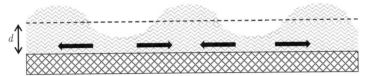

图 1.26 第三声的示意图. 波的前进方向沿着水平方向, d 为薄膜厚度

1.1.7 ^{4}He 薄膜

当固体的表面与气体 ^{4}He 接触时, 固体表面会被覆盖上 ^{4}He 薄膜. 因为 ^{4}He 特殊的量子性质, 这层薄膜可能具备常规薄膜不具备的超强流动能力. 我们可以基于二流体模型如下理解: 虽然常规流体成分因为非零的黏滞系数而被固定在固体表面, 但是超流体成分依然可以自由移动. 超流 ^{4}He 薄膜发生相变的温度低于液体 ^{4}He, 如图 1.27 和图 1.28 所示. 在这样的超流 ^{4}He 薄膜中, 尽管薄膜厚度可能只有几个原子层, 但是薄膜依然可能可以产生如 1.1.6 小节所讨论的第三声和第五声.

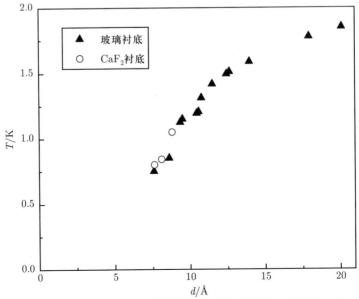

图 1.27 超流相变温度与薄膜厚度的关系. 数据来自文献 [1.43]

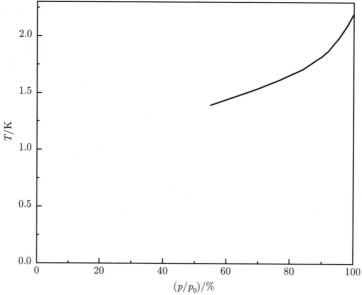

图 1.28 薄膜超流相变温度与蒸气压的关系. 100% 处为饱和蒸气压, 压强越低, 薄膜厚度越小. 数据来自文献 [1.44]

如果样品腔开口放置, 那么超流 ^{4}He 会产生如图 1.29 所示的薄膜爬升现象, 薄膜的爬升在实验室尺度无视重力的存在, 有时这种薄膜也被称为罗林 (Rollin) 薄膜. 这个现象早在 1938 年就被当特 (Daunt) 观测到[1.45]. 1938 年的 *Nature* 期刊频繁刊登与液氦有关的进展, 包括超流的几个早期的重要实验. 从实验观测上, 容器内外液面初始

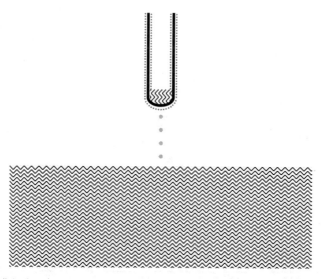

图 1.29 超流薄膜爬升示意图. U 形代表开口容器的器壁, 容器中有少量液体, 通过薄膜滴入下方液体中

的高度差异为 5 cm, 该高度差异在大约 40 min 时间内消失, 并且液面下降的速度恒定. 超流薄膜的测量促进了对二维超流问题的理论研究. 1973 年, 科斯特利茨 (Kosterlitz) 和索列斯 (Thouless) 证明了长程有序允许二维超流的出现[1.46], 基于这个理论基础, 超流薄膜被预言在相变时有超流相密度的突变, 并随后被实验证实[1.47].

超流薄膜的质量输运能力与容器开口区域最窄处的周长有关, 与液面高度差异无关, 与容器的材料无关. 质量输运能力与通道最小周长有关这一现象, 可以从薄膜厚度不变予以理解. 恒温条件下, 因为超流薄膜爬升能力的存在, 开口放置的超流液体最终将重新出现在高度更低的液体聚集区. 在实际的低温实验中, 一定存在温度差异, 超流薄膜因其爬升能力可以由超流相变温度之下的区域移动到更高温度区域, 并在更高温度区域蒸发. 对于无额外冷源的液体 ⁴He, 这将引起液体 ⁴He 的迅速流失; 对于有额外冷源的封闭实验腔体, 液体的高温远程蒸发和低温重新冷凝将引起实验环境的温度振荡. 常规的制冷机真空腔中, 这样的温度振荡以约 10 min 为周期.

习惯上, 超流薄膜被分为饱和薄膜和非饱和薄膜. 固体, 如金属样品腔的内壁, 与低于饱和蒸气压的气体 ⁴He 接触所形成的薄膜被称为非饱和薄膜, 此时的固体附近没有液体 ⁴He. 而当样品腔中的一部分空间装有液体 ⁴He 时, 例如, 图 1.29 中的容器的器壁, 液面上方的容器内壁所形成的薄膜被称为饱和薄膜. 固体表面与 ⁴He 原子间存在范德瓦耳斯力, 与液体 ⁴He 接触的低温固体表面覆盖有约 30 nm 厚的饱和 ⁴He 薄膜. 饱和薄膜和非饱和薄膜分别在 1939 年和 1952 年被证明存在超流现象. 超流薄膜也可以存在于多孔材料中, 相变后超流体成分的比例如图 1.30 所示. 超流相变温度和

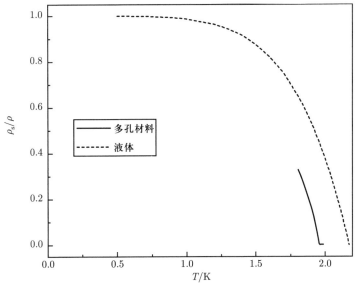

图 1.30　多孔材料 Vycor 中的超流体成分的比例与液体 ⁴He 超流体比例的对比示例. 多孔材料中的相变发生于更低的温度, Vycor 数据来自文献 [1.48], 具体实验中的数值依赖于材料、孔径、表面性质和薄膜厚度

超流体成分的密度受到薄膜厚度和具体界面的影响, 如表 1.1 所示.

表 1.1   多孔材料中超流体成分密度与温度的关系

多孔材料	d/nm	比例/%	T_c/K	$\rho_{s0}/(10^{12}\ \text{g/cm}^3)$	ξ
Vycor (满填充)	< 10	∼ 30	1.952	1.03	0.67
Vycor (薄膜填充)	< 10	∼ 30	0.076	0.02	0.63
Xerogel (满填充)	∼ 10	60	2.088	7.48	0.89
Xerogel (薄膜填充)	∼ 10	60	1.031	1.22	0.84
Aerogel (满填充)	变动大	94	2.167	40.7	0.813
液体 ^{4}He	无	100	2.172	35.0	0.674

注: d 代表孔径, % 代表多孔材料中可填充空间体积占总体积的比例. 超流体成分密度可通过如下公式计算: $\rho_s = \rho_{s0}(1 - T/T_c)^\xi$, 其中, T_c 是相变温度, ρ_{s0} 是常量, ξ 是超流密度指数. 本表的数据仅供定性参考, 具体数值将依赖于薄膜厚度等参数. 数据整理自文献 [1.48].

在低温实验中, 超流薄膜的物理性质需要被重视和了解, 因为超流薄膜是最难处理的低温漏热源之一. 不管是真空腔中的意外 ^{4}He 漏气 (相关内容见 5.4 节), 还是制冷中涉及超流的 ^{4}He 循环 (相关内容见 4.1 节和 4.5 节), 或是热交换气的使用 (相关内容见 5.5.1 小节), 均可能在低温环境下产生超流薄膜, 并引起实验设计之外的额外漏热和温度振荡. 超流薄膜的存在不仅影响了低温环境的稳定, 还干扰了高精度的测量. 对此问题的处理方法根据具体 ^{4}He 来源而不同, 但是对于少量残余的 ^{4}He, 我们可以利用超流薄膜的超流相变温度与薄膜厚度有关的特点, 通过引入表面积大的多孔材料来抑制超流薄膜的出现. 如图 1.31 所示, 超流相变温度随着薄膜厚度变小而迅速下

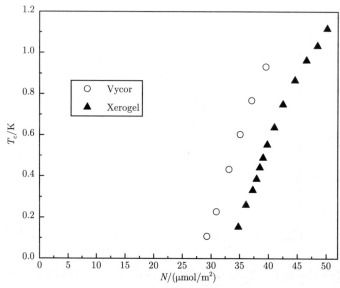

图 1.31   多孔材料中超流相变温度与薄膜厚度的关系举例. 横坐标是薄膜覆盖量, 薄膜越薄, 相变温度越低. 此测量中, 薄膜在 27.5 μmol/m² 以内观测不到超流现象. 数据来自文献 [1.49]

降, 当存在少量 ^{4}He 残余时, 合适表面积的多孔材料可以将 ^{4}He 局域为常规薄膜, 使其不再产生温度振荡. 关于残余 ^{4}He 的具体实验抑制手段可以参考 5.5.1 小节.

1.2　液　体　^{3}He

室温下的 ^{3}He 是惰性气体, 也近乎是理想气体, 它与气体 ^{4}He 在物理性质上几乎没有区别. 除了 ^{1}H 之外, ^{3}He 是唯一一个质子数大于中子数的稳定原子. ^{3}He 价格昂贵, 一升室温气体的市场价格可高达几万人民币. ^{3}He 来自氚 (T) 的 β 衰变, 是核反应的副产品. 不迟于 1948 年, 科研人员已经可以公开获得 ^{3}He 了.

现在科学研究和低温制冷并不是 ^{3}He 的主要用途. ^{3}He 可以与中子发生反应产生氚和质子, 因此被用于中子探测器. 医学上, ^{3}He 可被用于肺部的成像, 这个技术利用气体 ^{3}He 的两个特点: 有自旋所以容易被核磁共振方法探测, 质量小所以容易扩散. 这个成像方法在二十世纪九十年代成型, 目前已经投入应用. ^{3}He 还有作为核聚变原料的潜在价值. 核聚变原料可以使用氘 (D) 和氚, 但是反应产生的中子降低了能量利用率, 而 ^{3}He 作为燃料的聚变所产生的质子更容易被捕捉. 关于 ^{3}He 近年来的供应紧张, 相关内容见 4.3.5 小节.

作为研究对象, ^{3}He 的费米液体性质和超流体性质是教科书式的凝聚态多体问题. 在低温物理实验中, ^{3}He 是优秀的制冷剂 (相关内容见 4.3 节和 4.5 节)、热交换的媒介 (相关内容见 5.5.1 小节和 5.6.1 小节) 和传递压强的媒介 (相关内容见 6.7 节和 6.6 节). 近些年随着拓扑物态研究的发展, 超流 ^{3}He 的研究领域也相应扩展了[1.50].

1.2.1　相图

^{3}He 于 1948 年被液化. 与 ^{4}He 一样, 它也是在绝对零度下可以维持液态的永久液体, 并且也拥有超流相 (见图 1.32). ^{3}He 在超流相变发生之前, 既是理想的经典液体, 也是难得的、也许是唯一的无净电荷而有相互作用的宏观费米液体. 费米液体和经典液体之间并没有明确的分界线. 大致以 0.2 K 为边界, 低于此温度常规流体 ^{3}He 可以被当作费米液体对待, 高于此温度可以被当作经典液体对待. 在更低温度下, 大约 1 mK 附近, 常规流体 ^{3}He 进入超流相, 该相于 1972 年由奥谢罗夫 (Osheroff)、理查森 (Richardson) 和李 (Lee) 发现. 当时奥谢罗夫等人在液体 ^{3}He 中观测到两个新相, 随后这两个新相被知道是超流相, 并分别被命名为 A 相和 B 相. A 和 B 的命名仅仅是来自字母排序, 但后来恰好对应了相关相的重要理论工作者的名字的首字母: 安德森 – 布林克曼 – 莫雷尔 (Anderson–Brinkman–Morel, 简称 ABM), 巴利安 – 韦塔默 (Balian–Werthamer, 简称 BW). 奥谢罗夫等人的实验初衷并不是寻找液体中的超流相, ^{3}He 的超流相是一个因为参数边界的扩展而被发现的新物理现象.

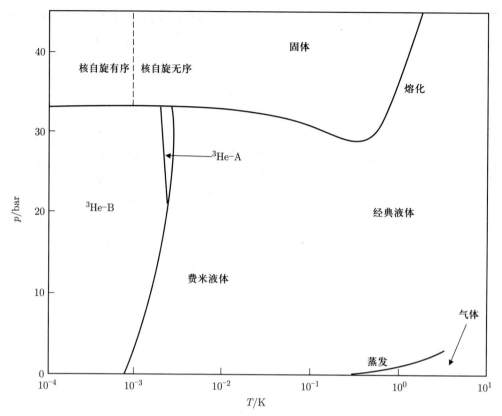

图 1.32 ^{3}He 的相图示意图. 相边界仅起分隔区域的示意作用, 不是来自真实数据, 不具备数值参考价值. ^{3}He 也有体心立方、六角密堆积和面心立方等结构, 此图中均未提供相关信息

与 ^{4}He 相比, ^{3}He 更轻, 它的零点能更重要, 原子之间的间隔更大, 密度更小 (见图 1.33). 从零点能和结合能之比 (见式 (1.1)) 考虑, ^{3}He 应该是量子现象最明显的原子, 然而它的超流相变发生在比 ^{4}He 超流相变更低的温度. 这是由于 ^{4}He 是玻色子, 而 ^{3}He 是费米子, 因此超流 ^{3}He 与 ^{4}He 的物理图像不一致, 它更类似于超导中的电子配对. 除了影响超流现象外, 玻色子和费米子的区别还引起了常规液体 ^{4}He 和常规液体 ^{3}He 之间的性质差异.

^{3}He 的超流性质除了在凝聚态领域一直被研究到今天外, 还出现在其他物理学领域的研究工作中[1.51]. 超流 ^{3}He 可以被用于暗物质的探测. 因为量子场论中的超流和基本粒子有相似性, 所以也有人用旋转的超流 ^{3}He 中涡旋的产生模拟宇宙大爆炸. 超流 ^{3}He 接近零温极限, 近乎没有杂质, 而且它的实验研究可以与不同理论进行比对, 因而拥有一系列其他研究体系不具备的特性. ^{3}He 的研究和其中的超流研究涉及凝聚态、高能、等离子体、宇宙学等物理领域[1.52,1.53].

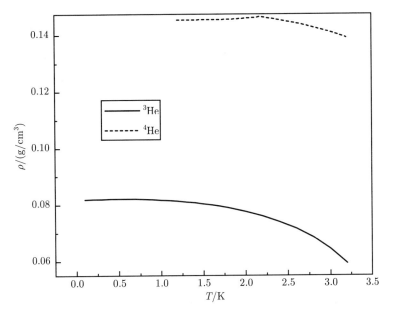

图 1.33　饱和蒸气压条件下的液体 ^{3}He 的密度与温度的关系. 实线所示数据来自文献 [1.54]. 虚线为 ^{4}He 的密度, 以做对比

　　^{3}He 于 1951 年被固化. 与固体 ^{4}He 一样, 因为 ^{3}He 的零点能重要, 所以 ^{3}He 原子之间的波函数有交叠并且允许原子交换. ^{3}He 有 3 个固相, 这一点也与 ^{4}He 一样. 体心立方相出现在低压端, 六角密堆积相和面心立方相在 100 bar 以上才出现, 相图 1.32 中没有提供固相的详细信息. 对于考虑两体相互作用时的常规惰性气体, 其固体的最稳定结构为六角密堆积, 但是氦的最稳定结构为面心立方. 实验上, 固体 ^{3}He 由六角密堆积相转变为面心立方相的相变温度在 18 K 附近. 在高压端, 固体 ^{3}He 和 ^{4}He 的物性非常类似, 包括晶格结构和比热的数值. 在低压端, 例如, 在液态附近, 固体 ^{3}He 的体心立方相与固体 ^{4}He 的体心立方相有明显区别: ^{3}He 的体心立方相占据了相图中显著比例的区域. 在密度接近的情况下, 六角密堆积相 ^{3}He 的热导率显著大于体心立方相 ^{3}He 的热导率, 它们在 1 K 附近可以有一个数量级以上的差别. 这些固相的研究与低温条件下的原位压强测量技术有关, 相关实验技术的介绍可以参考 6.5 节.

　　对比固体 ^{4}He, 固体 ^{3}He 的最特别之处在于其磁性质. 在高温端, ^{3}He 的核自旋无序, 贡献 $R\ln 2$ 的熵, 理论预言的自旋有序相变温度范围低至 0.1 μK, 高至 100 mK, 最终比较被认可为在 2 mK 附近. 1974 年, 这个相变最终通过波梅兰丘克 (Pomeranchuk) 制冷 (相关内容见 4.4 节) 确认. 实验中, 熵的信息可以由体积变化和熔化压曲线获得, 即

$$S_{\mathrm{s}} = S_{\mathrm{l}} - \Delta V \frac{\mathrm{d}p}{\mathrm{d}T}, \tag{1.24}$$

其中, $\dfrac{\mathrm{d}p}{\mathrm{d}T}$ 的斜率为负数, 所以固体的熵更大, 该公式本质上只是克劳修斯 – 克拉珀龙方程的变形.

气体 ^{3}He 不仅是理想气体, 还是理想的费米气体. 绝对零度下, 考虑泡利 (Pauli) 不相容原理时, 满填充的能量为费米能 E_F, 对应的费米温度为 $T_\mathrm{F} = E_\mathrm{F}/k_\mathrm{B}$. 参考常见统计物理教科书, 可以得到

$$E_\mathrm{F} = \frac{\hbar^2}{2m}\left(\frac{3\pi^2 N}{V}\right)^{2/3}, \qquad (1.25)$$

其中, N/V 可以通过液体密度获得, m 为质量, 其余量为已知数. 伦敦曾通过计算得到气体 ^{3}He 的费米温度为 4.9 K. 我们可以预设 ^{3}He 的比热在 $T_\mathrm{F}/10$ 以下与温度近似成线性关系.

对于制冷技术而言, ^{3}He 远高于 ^{4}He 的蒸气压是一项重要参数 (见图 1.34). 这个性质被应用于 ^{3}He 制冷机和稀释制冷机, 人们将 ^{3}He 作为制冷剂, 获得比蒸发 ^{4}He 更低的温度. 从图 1.34 中可以看出, 在 1.5 K, ^{3}He 的蒸气压比 ^{4}He 高了约一个数量级,

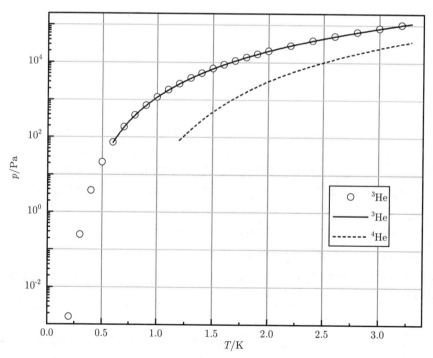

图 1.34　液体 ^{3}He 的蒸气压与温度的关系. 虚线为 ^{4}He 的蒸气压 (来自图 1.8), 以做对比. 实线所示数据来自国际温标 ITS–90, 离散数据点来自文献 [1.7]

而且随着温度降低, 压强差异的比例变大. 这是 ³He 制冷机能获得更低温度的原因 (相关内容见 4.3 节), 也是稀释制冷机中蒸馏室选择特定温区抽气的原因 (相关内容见 4.5 节).

1.2.2 经典液体与费米液体

常规流体 ³He 的性质需要用两个不同的模型理解: 高温端的常规流体 ³He 被当作经典液体, 低温端的常规流体 ³He 被当作费米液体 (见图 1.32). 与超流 ⁴He 一样, 液体 ³He 也得到了朗道的关注, 1956 年, 朗道提出了费米液体理论, 并计算了 ³He 的有效质量. 朗道将 ³He 作为大量准粒子形成的非理想气体, 这些气体的粒子数目与 ³He 原子数目一致, 并且有相互作用, 服从费米统计, 所以极低温下 ³He 的行为与理想费米气体一样, 但是 ³He 有比实际质量更大的有效质量 m^*. 饱和蒸气压下, 液体 ³He 的有效质量大约是 ³He 原子的三倍. 另一个更常见的费米液体是金属中的导电电子. 之后朗道考虑费米液体中波的传播并预言了零声. 在他的理论中, 因为准粒子的平均自由程在零温极限下发散, 所以常规声波的波长小于平均自由程, 因此无法传播. 1966 年, 人们通过测量声速和声衰减, 发现了从常规声波到零声的现象变化[1.55], 这个实验支持朗道的费米液体理论.

费米液体理论中的一些简单关系可以根据

$$p_{\mathrm{F}} = \hbar(3\pi^2 N/V)^{1/3} = 2.76 \times 10^{-26} V^{-1/3} \ (\mathrm{kg \cdot m/s}), \tag{1.26}$$

$$v_{\mathrm{F}} = \frac{p_{\mathrm{F}}}{m^*} = \frac{1.997 \times 10^{26} p_{\mathrm{F}}}{\dfrac{m^*}{m}} \ (\mathrm{m/s}), \tag{1.27}$$

$$T_{\mathrm{F}} = \frac{p_{\mathrm{F}}^2}{2m^* k_{\mathrm{B}}} \tag{1.28}$$

计算[1.56], 其中, 摩尔体积 V 和有效质量 m^* 的数据可以参考图 1.35. 描述费米动量的式 (1.26) 可以从三维条件下的态密度推导而出. 式 (1.27) 从定义到数值的换算只是简单地把质量从 ³He 的摩尔质量 3.016 g/mol 换为单个 ³He 原子的质量. 费米液体的有效质量与原子质量之比随着压强升高逐渐上升, 25 atm 下的数值大约为 5.

下面我们分经典液体和费米液体讨论液体 ³He 中常用到的几个物理性质: 比热、黏滞系数和热导率. 尽管 ³He 因为是费米液体而被频繁提起, 但实际的低温实验和制冷机设计中, ³He 作为经典液体的性质可能更常遇到. 图 1.36 给出了 $p(T_{\mathrm{F}})$ 分界线, 但是这条线刻意不被画在相图 1.32 中, 因为经典液体和费米液体之间的区分并不严格依赖这个分界线. 定性而言, 根据朗道理论获得的费米温度是约 1.5 K, 低于 $T_{\mathrm{F}}/10$ 时, 费米液体的性质一定需要被考虑. 高温区, 经典液体 ³He 的性质接近理想液体, 有时候也可以被当成高浓度的理想气体近似处理.

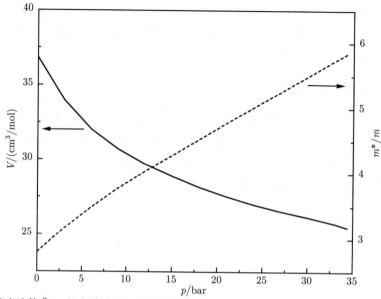

图 1.35   费米液体 ^{3}He 的有效质量与压强的关系. 本图还提供了对应压强的摩尔体积的数值. 数据来自文献 [1.57]

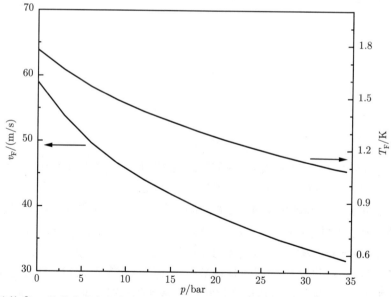

图 1.36   液体 ^{3}He 的费米速度和费米温度与压强的关系. 图中曲线可以根据图 1.35 中的数据通过式 (1.26) ~ (1.28) 计算[1.56]

1. 比热

在高于 0.5 K 的高温端, 经典液体 ^{3}He 的比热既有液体本身的贡献, 又有来自自

旋的贡献 (见图 1.37). 在 0.5 ~ 1.7 K 之间, 经典液体 ³He 的比热可以根据

$$c = 2.414 + 1.623T + 0.256T^3 \ [\mathrm{J/(mol \cdot K)}] \tag{1.29}$$

计算[1.58], 其中, T 和 T^3 关系与金属比热的行为类似, 但该公式本身没有明确的理论意义. 就数值本身而言, 在 0.5 ~ 1 K 之间, 常量项为液体 ³He 比热的主要来源. 不同温度条件下液体 ³He 的比热与压强的关系见图 1.38.

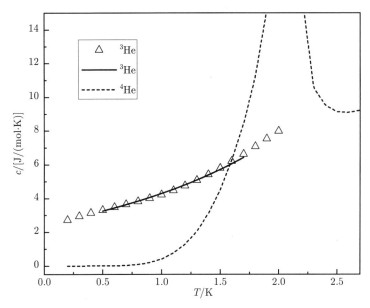

图 1.37 液体 ³He 在饱和蒸气压条件下的比热与温度的关系. 数据来自文献 [1.7]. 虚线为 ⁴He 的比热, 以做对比, 实线为根据式 (1.29) 计算的结果. 此图展示 ³He 作为经典液体的比热性质

在低于 5 mK 的低温端, 假如按照费米液体模型简单计算的话, 液体 ³He 的比热为

$$c = \frac{\pi^2 k_{\mathrm{B}}^2 NT}{2E_{\mathrm{F}}} \tag{1.30}$$

或

$$c = \gamma RT. \tag{1.31}$$

也就是说, 比热与温度成线性关系, 其中, γ 与压强有关 (见图 1.39). 因为费米能与有效质量有关, 所以根据极低温下液体 ³He 的线性比热系数可以得到有效质量的信息. 该线性比热行为类似于金属中的电子比热 (相关内容见 2.1.2 小节), 它们背后的物理机制都是费米统计. 实际测量数据中, 50 mK 以下的常规流体 ³He 的比热与温度近似成线性关系. 在 50 mK 时, ³He 的摩尔比热比铜高 4 个数量级. 也就是说, 在不考虑热导率差异的情况下, 低温下对同样质量的液体 ³He 降温比铜困难 5 个数量级. ³He

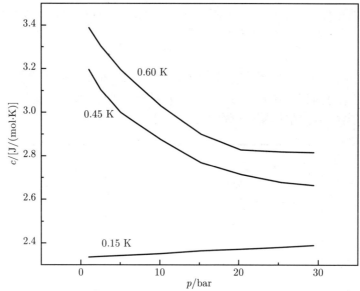

图 1.38 不同温度条件下液体 ^{3}He 的比热与压强的关系. 数据来自文献 [1.7]. 这部分数据来自比较早期的测量, 仅供定性参考. 比热随压强升高可以递增也可以递减, 变化关系取决于具体温度

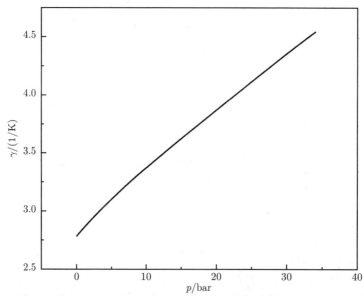

图 1.39 费米液体中的线性比热系数与压强的关系. 数据来自文献 [1.57]. 超流相变温度到 5 mK 之间, ^{3}He 的比热可以根据式 (1.31) 计算, 误差在 2% 以内. 20 mK 以内, ^{3}He 的比热可以根据式 (1.31) 大致估算. 更高温度的液体 ^{3}He 的比热可以参考式 (1.32) 计算

比金属的比热大多个数量级看似奇怪, 但是可以根据式 (1.30) 理解: 铜的费米温度在 10^4 K 数量级, 比 ³He 高了 4 个数量级, 反之比热就小了 4 个数量级. 低温实验对 ³He 的需求很少超过克的数量级, ³He 对低温整体热容的影响类似于多一铜块. 1 g 的 ³He 在低温下大约与 500 kg 的铜的热容差不多, 1 cm³ 的液体 ³He 在低温下大约与 5 dm³ 铜的热容差不多.

在高温端和低温端之间, ³He 除了有来自费米液体性质的比热外, 还需要特别考虑来自核自旋的比热. 假如不存在相互作用, 那么费米统计的不相容原理优先让自旋的排布反平行. 而 ³He 存在原子间的短程排斥力, 从而让有相互作用的 ³He 原子选择反对称的轨道波函数, 于是核自旋倾向于平行排布. 核自旋平行和反平行排布之间的竞争产生了顺磁子的自旋涨落现象, 从而贡献了线性项之外的比热. 因此液体 ³He 的比热在 20 ∼ 100 mK 区间可以表示为

$$c = \gamma RT + \Gamma RT^3 \ln \frac{T}{\theta}. \tag{1.32}$$

式 (1.32) 的第二项代表了自旋涨落, 其数值在该温区内一直小于线性项. 参数与压强的关系见图 1.40, 零压下的比热数据见图 1.41. 式 (1.32) 第二项的比热贡献与式 (1.29) 中自旋贡献的机制不一样, 这样一个来自顺磁子的比热贡献曾被预计仅在 25 mK 以内才存在, 但是实验测量发现该项在 100 mK 时还跟实验数据在 0.4% 的误差范围之内吻合[1.59].

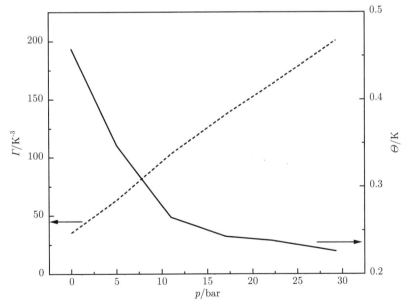

图 1.40   中间温区的液体 ³He 比热的计算参数, 适用温区为 20 ∼ 100 mK. 数据来自文献 [1.59]. 式 (1.32) 中所需的 γ 数据在 22 bar 以内可以参考图 1.39 中的数据

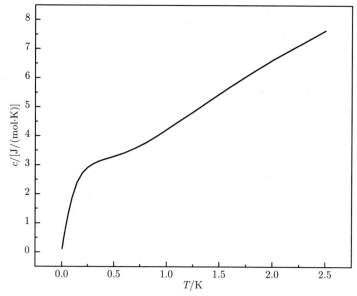

图 1.41 广温区的约 0 bar 条件下的液体 ^{3}He 的比热数据. 数据来自文献 [1.59]. 其他压强条件下的比热可以根据图 1.39 和图 1.40 的曲线估算

2. 黏滞系数

黏滞系数和热导率的数值主要应用于将 ^{3}He 作为制冷剂的制冷机参数估算, 包括 ^{3}He 制冷机 (相关内容见 4.3 节) 和稀释制冷机 (相关内容见 4.5 节), 也应用于涉及 ^{3}He 的实验, 以及将 ^{3}He 作为媒介的气体热开关 (相关内容见 5.6.1 小节). 因为 ^{3}He 的价格远高于 ^{4}He, 并且 ^{4}He 在更高温度进入超流相, 所以在实际的制冷技术中, 常规流体 ^{3}He 的黏滞系数和热导率的具体数值有时候更加值得被关注. 液体 ^{3}He 的黏滞系数 (见图 1.42) 在 1.2 ∼ 3.3 K 之间可以通过

$$\eta = 18.7 \times (3.35/T)^{0.38} \ (\mu P) \tag{1.33}$$

估算[1.9]. 与之对比, 常规气体由碰撞交换动量产生的黏滞系数与温度的关系为 $(1/T)^{1/2}$, 而流体流经势垒产生的黏滞系数与温度的关系为 $e^{A/T}$, 其中, A 为与势垒有关的常量.

按照费米液体理论, 在约 1 K 之下, ^{3}He 的黏滞系数与温度的关系是 T^{-2}, 与常规流体的行为不一样. 然而, 仅在更低的温度, 如 100 mK 以内, ^{3}He 黏滞系数的实验数据才逐渐接近理论预测的 T^{-2} 关系. 哪怕当温度再降低一个数量级, 如 10 mK 以内, ^{3}He 的黏滞系数依然偏离严格的 T^{-2} 关系. 图 1.43 给出不同压强条件下费米液体 ^{3}He 的黏滞系数的近似数值计算方法, 通过该方法计算得到的数值与测量数值的偏差可以参考图 1.44. 图 1.44 中的数据来自将测量数值用

$$\eta T^2 = \frac{1}{A + B/T^2} \tag{1.34}$$

进行拟合得到的结果, 其中, A 和 B 为拟合参数, 不具备特殊的物理意义. 在图 1.43 的简便数值计算方法中, B 的数值被直接近似为零.

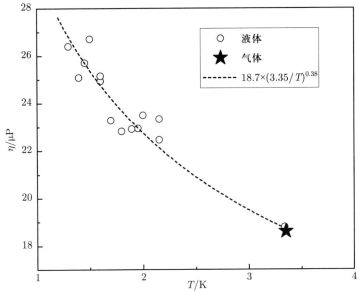

图 1.42 液体 ³He 的黏滞系数与温度的关系. 数据来自文献 [1.9]. 此图展示 ³He 的经典液体的性质

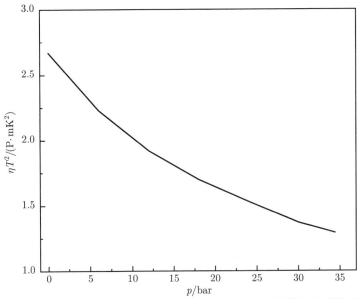

图 1.43 费米液体 ³He 的黏滞系数在 10 mK 以内不同压强条件下的估算辅助. 数据来自文献 [1.56]. 注意: 纵坐标涉及温度的单位是 mK

³He 的黏滞系数在降温到 mK 温区后迅速上升, 从经典液体到费米液体的温度依

赖关系可以参考如下几个温度点的数据: 3 K 时约 10 μP, 0.4 K 时约 50 μP, 0.2 K 时约 100 μP, 0.1 K 时约 500 μP, 0.04 K 时约 2000 μP, 0.004 K 时约 100000 μP. 与之对比, 水在 0 ~ 100 °C 之间的黏滞系数变化大约是 5 倍, 常规流体 ^{4}He 的黏滞系数在超流相变前是 10 μP 数量级 (见图 1.10). ^{3}He 这个费米液体的特性为我们提供了一个通过黏滞系数测量温度的方法 (相关内容见 3.2.3 小节). 当我们在极低温下使用 ^{3}He 时, 其大幅度变化的黏滞系数是一个需要被认真考虑的参数. 参考表 1.2, 如果考虑黏滞系数, 那么 mK 温区的液体 ^{3}He 已经不适合再被当作气体近似对待了.

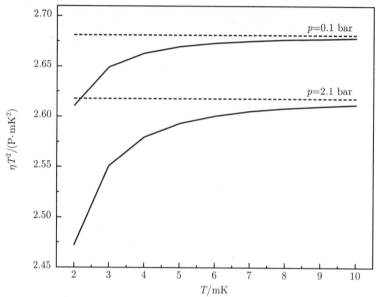

图 1.44 ^{3}He 的黏滞系数在 10 mK 以内相对于费米液体行为的偏离. 虚线来自图 1.43 的数据, 实线中的数据点来自实际测量数值的拟合. 数据来自文献 [1.60]. 注意: 纵坐标涉及温度的单位是 mK

表 1.2   黏滞系数的定性对比

不同温度条件下的气体或液体	黏滞系数的数量级/P
4 K的气体 ^{4}He	~ 10^{-6}
4 K的液体 ^{4}He	~ 10^{-5}
4 K的液体 ^{3}He	~ 10^{-5}
1 K的液体 ^{3}He	~ 10^{-5}
0.2 K的液体 ^{3}He	~ 10^{-4}
室温空气	~ 10^{-4}
室温丙酮 (CH_3COCH_3)	~ 10^{-3}
室温水	~ 10^{-2}
0.004 K的液体 ^{3}He	~ 10^{-1}
室温油	~ 1
室温蜂蜜	~ 10

3. 热导率

费米液体的热导率随温度下降而上升, 热导率与温度满足 T^{-1} 关系. 由于高温端的 ^{3}He 是经典液体, 热导率随温度下降而下降, 因此 ^{3}He 的热导率有一个极小值, 大约出现在 0.2 K 附近. 如表 1.3 所示, 当进行与制冷机相关的参数估算时, 极小值附近恰好是人们对液体 ^{3}He 的热导率特别关心的温区. 此时的液体 ^{3}He 的热导率可以参考表 1.3 中的数值, 其在数量级估算允许的范围内近似为常量. 如果我们需要 1 K 以上的液体 ^{3}He 的热导率, 则可以按照它介于液体 ^{4}He 的热导率和气体 ^{4}He 的热导率之间估算 (见图 1.12), 或者按照它与 $\sqrt{T}$ 成正比估算 (见图 1.45). 对于显著低于极小值的温度区间, 费米液体的热导率的 $1/T$ 行为需要被考虑.

表 1.3　液体 ^{3}He 在不同压强下的热导率估计

压强/bar	最低热导率温度/K	最低热导率/[W/(cm·K)]	常量估算误差 (0.3 K 处)	常量估算误差 (0.5 K 处)
0.11	0.225	5.86×10^{-5}	$\sim 2\%$	$\sim 15\%$
6.87	0.185	5.00×10^{-5}	$\sim 5\%$	$\sim 25\%$
27.36	0.113	3.92×10^{-5}	$\sim 15\%$	$\sim 40\%$

注: 数据来自和计算自文献 [1.61]. 对于低压液体 ^{3}He, 在 0.3 K 附近, 热导率可以近似为常量. 表中的误差指 0.3 K 和 0.5 K 的热导率与最低热导率之间的差异.

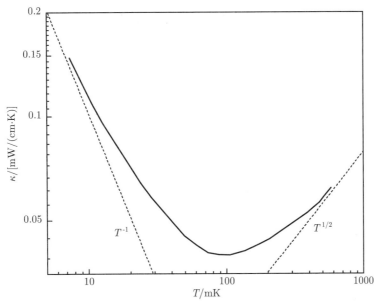

图 1.45　液体 ^{3}He 的热导率与温度的关系. 数据来自文献 [1.62], 图中数据的密度为 0.11 g/cm^3, 对应压强约 30 bar, 虚线分别为 $\sqrt{T}$ 和 $1/T$ 行为的示意线

对于实际的低温实验应用而言, 经典液体和费米液体的差异并不重要, 重要的是热导率随压强的数值变化. 对于液体 ^{3}He, 在极小值附近, 热导率随压强上升而下降, 这与通常的热导率行为不一样. 对于常规气体, 黏滞态时的热导率与黏滞系数有关, 与比热有关, 与压强无关; 分子态中的热传导过程被称为自由分子传导, 假如平均自由程远大于容器的特征长度, 则实际的平均自由程为常量, 此时的热导率与压强成线性关系. 如果我们对比液体 ^{4}He, 可以发现, 当压强从 1 atm 上升到 10 atm, 其热导率大约增大 30%.

液体 ^{3}He 的热导率在 0.2 K 以下的上升行为, 以及比热随温度的近似线性下降行为, 使得液体 ^{3}He 自身的热平衡在 0.2 K 以下反而迅速加快, 有利于低温实验的开展. 与之对比, 金属的热导率随温度下降而下降 (相关内容见 2.2.2 小节). 在 mK 温区, 常规流体 ^{3}He 的热导率最终上升到与铜接近, 因此 ^{3}He 是一个优秀的热开关填充物 (相关内容见 5.6.1 小节). 10 mK 以内的费米液体 ^{3}He 的热导率数据可参考图 1.46.

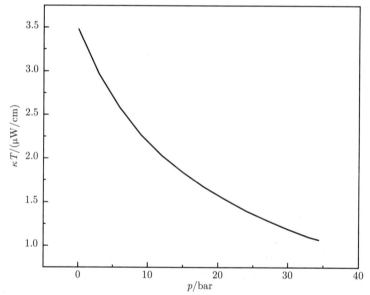

图 1.46   10 mK 以内的费米液体 ^{3}He 的热导率数据. 数据来自文献 [1.63]

4. 其他压强依赖关系

低温液体的物性数值与压强密切相关, 除了上文所提供的数据之外, 还有如下几个例子. 在实际实验中, ^{3}He 几乎没有敞口放置的机会, ^{3}He 所在的封闭实验腔体和引入 ^{3}He 的方式 (相关内容见 5.10.1 小节) 都将影响液体 ^{3}He 的实际物理特性. 例如, 压强从 1 atm 上升到 25 atm 时, 液体 ^{3}He 在不同温度下的声速变化接近 50%, 具体比例取决于温度. 液体 ^{3}He 的密度也依赖于压强, 如图 1.47 所示, 与 ^{4}He 的行为类似 (见图 1.7). 液体 ^{3}He 的密度在几十个大气压的变化下就可以改变 50%, 因此, 在实际使用中, 低温实验腔体的设计和 ³He 的用量的选择需要考虑具体压强.

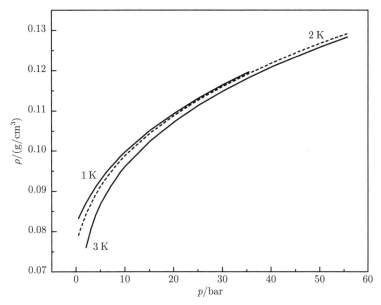

图 1.47 不同温度条件下的液体 ³He 的密度与压强的关系. 数据来自文献 [1.7]. 在低温实验关心的参数区间, 密度主要随压强变化

1.2.3 超流 ³He

低温实验中, 最常涉及的 ³He 性质是其常规流体的性质, 超流 ³He 的研究非常多、应用非常少. ³He 的熔化压曲线 (相关内容见 3.2.3 小节、3.4.3 小节和 6.10.2 小节) 涉及 ³He 的超流特性 (见图 1.48), 是如今最重要的极低温温标.

从 ³He 相变时的比热跃变上可以看出, ³He 的超流相变 (见图 1.49) 更像超导相变 (见图 2.5), 而不像超流 ⁴He 的 λ 相变 (见图 1.18). 基于 ³He 是费米子, 也基于超流 ⁴He 与玻色 – 爱因斯坦凝聚有关的理念, 人们曾长期认为 ³He 不该出现超流现象. 因为超导 BCS (BCS 是巴丁 (Bardeen)、库珀 (Cooper)、施里弗 (Schrieffer) 三个人的姓氏首字母的简写) 理论的巨大成功, ³He 配对引起超流的理论预言先于 ³He 超流的发现被提出, 并且理论预言相变温度低于 0.1 K[1.65]. 零压下, ³He 的相变比热跃变在 2% 的精度上与 BCS 理论吻合[1.57]. ³He 比热数据的仔细测量依赖于核绝热去磁制冷 (相关内容见 4.7 节).

在仔细测量相变时的比热之前, 人们利用另外一种制冷手段发现了 ³He 超流的证据. 1964 年, 一个 5 mK 附近的比热峰曾被发现, 但是随后更可靠的实验证明 3.5 mK 以上没有 ³He 超流存在的证据[1.66]. ³He 超流的实验发现依赖于压缩制冷实现的约 1 mK

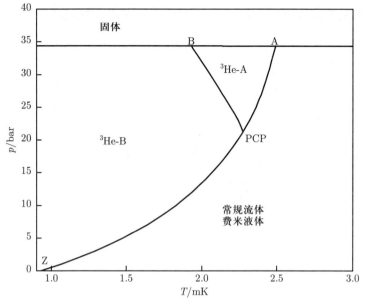

图 1.48 ³He 超流的局部相图. 数据来自 PLTS[①]–2000 和文献 [1.57]. 更大区域相图的示意图请参考图 1.32. 固体 ³He 的物相本书不详细讨论, 相图中未提供具体信息. 图中的 "PCP" 指共临界点 (polycritical point). A, B, PCP 和 Z 的参数见表 1.4

表 1.4   图 1.48 中特征点的压强和温度

特征点	压强/bar	温度/mK
A	34.3	2.44
B	34.3	1.90
PCP	21.5	2.24
Z	0	0.92

注: 数据来自文献 [1.64].

的极低温环境. 如图 1.50 和相图 (见图 1.32) 所示, ³He 的熔化压曲线在 315 mK 附近有一个极小值, 压强在 29 atm 附近. 1959 年, 在极小值附近的熔化压曲线被仔细测量[1.67], 该测量验证了波梅兰丘克关于压缩液体 ³He 可以降温的猜想 (相关内容见 4.4 节). 这个工作为随后 ³He 超流的发现建立了技术基础.

　　³He 超流被实验观测到时, 实验者奥谢罗夫、理查森和李一开始以为是发现了一个新的 ³He 固相, 所发表的文章[1.68]标题就是 "固体 He³ 新相的证据 (Evidence for a new phase of solid He³)"[②]. 在该实验中, ³He 被压缩制冷, 其熔化压曲线被观测到存

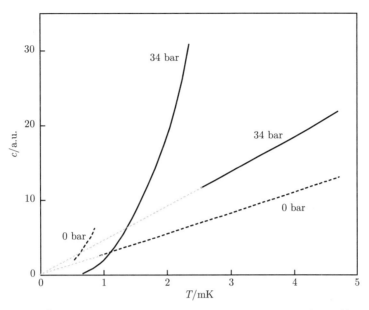

图 1.49 不同压强下 ³He 超流相变的比热跃变示意图. 细虚线为延长线. 常规流体的比热与温度成线性关系, 相变发生时比热有 BCS 型跃变, 与超流 ⁴He 的 λ 相变 (见图 1.18) 明显不同. 不同压强下超流相变的比热跃变可以参考实验数据[1.57]. 相变后, 超流 A 相和超流 B 相中的比热与温度依赖关系不一样, $c_A(T) \sim T^3$, c_B 的表达式形式复杂, 可以近似认为趋于零温时成指数衰减

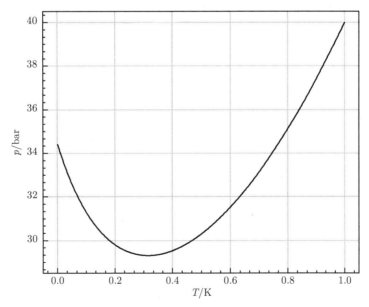

图 1.50 ³He 的熔化压曲线. 数据来自温标 PLTS-2000

在两个异常点, 并且这两个异常点的数据可以重复, 异常行为与 ^{3}He 固液共存相中的固液比例无关. 随后, 奥谢罗夫等人同年的核磁共振实验发现之前的工作可能观测到了液体中的新现象[1.69], 该文章中的致谢明确记录了古坎德 (Goodkind) 和维金斯基 (Vvedensky) 指出熔化压曲线上的异常可能来自液体 ^{3}He 中的相变. 相变引起的曲线形状改变示例见图 1.51. 同年, 列格特指出奥谢罗夫观测到的新物理来自 BCS 理论中的库珀对, 对应液相[1.70], 文章的标题是 "3 mK 下 He^3 最新结果的解释: 一种新的液相? (Interpretation of recent results on He^3 below 3 mK: A new liquid phase?)", 意思也非常直接. 在该文章的致谢中, 列格特感谢了理查森, 明确说明了理查森在实验数据未发表之前已经和他有过讨论.

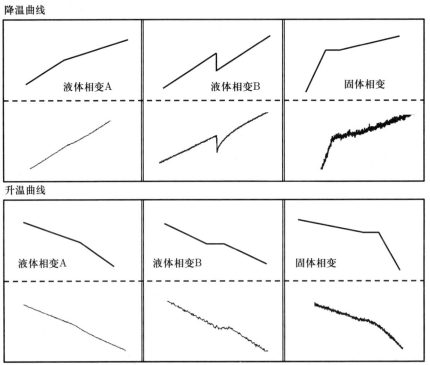

图 1.51　三个相变的压强曲线形状改变示例. 图中曲线的纵轴为压强, 横轴为时间, 因为实际体系存在温度弛豫, 所以升降温两条曲线的形状不完全一样, 特别是对于液体相变 B. 降温和升温曲线中, 上方三个图形为示意图, 下方三个图形来自文献 [1.71] 中核绝热去磁制冷机的真实测量数据

在奥谢罗夫等人的核磁共振实验之后, 更多的实验指出 1972 年观测到的 ^{3}He 熔化压曲线异常与固体无关、与液体有关. 最有说服力的一个证据来自振动细丝实验, 细丝的振动行为与液体黏滞系数有关, 该实验发现相变 A 与相变 B 发生时的细丝振动行为有显著变化, 因此 A 相和 B 相对应液相而不是固相. 1985 年, A 相和 B 相中的恒定流动都被实验观测到了[1.72]. 此外, 种种熔化压曲线之外的实验现象都指出液

体 A 相和液体 B 相是两个不同的 ³He 相. 例如, A 相的磁学性质几乎与温度无关, 而 B 相的磁化率随温度下降而迅速下降; A 相中涡旋的临界速度也比 B 相中涡旋的临界速度小非常多.

列格特提出图 1.48 中的相变 A 是个二级相变, 源于 BCS 中库珀对的自旋三重态配对 ($l = 1$), 但是 A 相仅允许自旋选择安德森和莫雷尔预测的 $S_z = \pm 1$, 而不允许选择 $S_z = 0$. 安德森和莫雷尔在 1961 年的工作由安德森和布林克曼在 1973 年推广到高压下的 ³He, 因此这个物态也被称为 ABM 态. 列格特还认为相变 B 可能是一级相变, 但是其机制不是三重态的 BCS, 于是他预测 B 相是一个理论上尚未知道的自旋单态 BCS. 在后续一系列迅速跟进的理论和实验进展下, B 相被理解为巴利安和韦塔默提出的总角动量为零的 BW 态, 这是一个包含所有线性组合的完整三重态, 并于 1974 年被实验证实. ³He 中的超流态还有更多相, 例如, 磁场下出现的 A1 相, 这些超流态的具体机制几乎不体现在低温实验技术的应用之中.

³He 的超流也一样可以用二流体模型描述 (见式 (1.10)), 并且常规流体成分比例的计算可以参照超导体中正常态电子比例的计算, 但是该计算需要再加上来自费米液体的修正. 二流体模型中的常规流体 ³He 成分比例的计算公式为

$$\frac{\rho_{\mathrm{n}}}{\rho} = \frac{\left(1 + \dfrac{F_1}{3}\right) Y(T)}{1 + \dfrac{F_1}{3} Y(T)}, \tag{1.35}$$

其中, F_1 为朗道的费米液体参数, $Y(T)$ 为吉田 (Yosida) 函数[1.73,1.74], 代表了费米面附近的有效态密度[1.75]. 吉田函数也代表了唯象理论中的正常态电子比例与温度的关系, 实验上可以通过超导相变后的归一化磁化率与温度的关系获得, 因为在最简单的单态配对条件下, 配对后的电子不再贡献磁化率, 所以归一化的磁化率可以直接给出正常态电子的比例:

$$Y(T) = \frac{\chi(T)}{\chi_{\mathrm{n}}} = \frac{\rho_{\mathrm{n}}}{\rho}. \tag{1.36}$$

该式比较复杂[1.76], 逼近零温极限时, Y 的数值随温度下降以指数形式趋于零, 逼近相变温度时, BCS 理论下的温度依赖关系是 $1 - 2\left(1 - \dfrac{T}{T_{\mathrm{c}}}\right)$. 式 (1.36) 不适用于 ³He 的磁化率. 虽然 ³He 的磁化率与温度的依赖关系也需要涉及费米液体引起的修正, 但是其表达式与式 (1.35) 不一样, 修正涉及的朗道的费米液体参数也不相同. ³He 的常规流体成分的比例还可以通过第四声的测量获得, 在实验测量中, 相变附近常规流体成分的比例与温度的关系为

$$\frac{\rho_{\mathrm{n}}}{\rho} \sim 1 - \left(1 - \frac{T}{T_{\mathrm{c}}}\right)^{\alpha}, \tag{1.37}$$

其中, α 的数值在 $1.1 \sim 1.3$ 之间[1.63], 如果把 α 的数值近似为 1, 则实际测量的常规流体成分的比例与未经费米液体修正的 BCS 理论在斜率上 (见图 1.52) 有区别. 不论

是否考虑费米液体的修正, ^{3}He 的超流体成分比例与温度的依赖关系明显区别于 ^{4}He 超流. 以上的讨论回避了大量细节, 具体的比例依赖于温度、压强和其他参数. 例如, ^{3}He 的超流体成分比例与温度的关系还依赖于磁场方向[1.77]. 本小节仅定性地解释了常规流体成分比例随温度的变化在 ^{3}He 超流和 ^{4}He 超流中的差异.

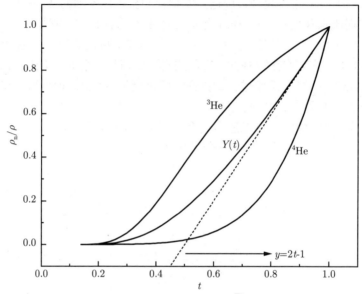

图 1.52 ^{3}He 和 ^{4}He 的常规流体成分比例的示意图. t 为 $\dfrac{T}{T_c}$, y 为 $\dfrac{\rho_n}{\rho}$. ^{3}He 的数据根据式 (1.35) 计算而得, 图中的 F_1 取数值 6. F_1 的取值范围见图 1.53. 中间的曲线是超导相变后的正常态电子比例 $Y(t)$. 数据来自对超导体中的磁化率计算[1.56,1.78], 依照式 (1.36) 获得. 虚线是函数 $y = 2t - 1$. ^{4}He 的常规流体成分比例曲线为经验公式 $t^{5.6}$, 实验测量数据见图 1.16. 本图仅供定性参考, 实际比例依赖于更多细节

在 ^{4}He 的超流实验研究中, 旋转的液体为理解超流现象提供了许多线索 (例如, 图 1.17 和一系列与涡旋有关的工作). ^{3}He 因为其超流现象发生的温度过于低, 所以在制冷机中旋转超流 ^{3}He 的实验不易开展. 转动惯量的测量可以用扭转振荡器的方法来回地旋转液体 (相关内容见 6.4 节), 但是在制冷机中恒定地旋转超流 ^{3}He 在实际实验中过于困难, 所以旋转 ^{3}He 的可行做法是旋转制冷机或者整个实验室. 赫尔辛基低温实验室于二十世纪八十年代首次成功实现了这样的旋转条件[1.79], 旋转速度可以达到 1.5 rad/s. 在这个设计中, 最低一级的制冷方式是核绝热去磁, 制冷机可以实现 1 mK 以内的低温环境; 核绝热去磁单元由稀释制冷机提供前级预冷, 稀释制冷机的抽气功能在旋转过程中临时由低温吸附泵替代. 设计这样的核绝热去磁制冷机需要克服的困难远远超过了增加一个抽气方式的切换, 可能这代表了低温制冷机的最高搭建难度. 即使到了今天, 这样的制冷机整体旋转的实验条件也非常罕见. 固体 ^{4}He 的转动惯量

测量也曾经在这样的恒定旋转制冷机中开展[1.80].

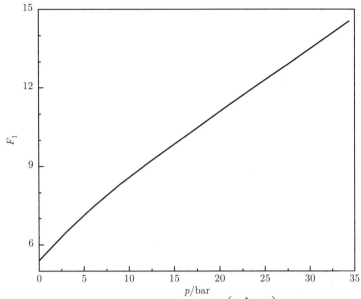

图 1.53 朗道的费米液体参数 F_1 与压强的关系. $F_1 = 3\left(\dfrac{m^*}{m} - 1\right)$, 本图数据根据图 1.35 的数据计算而得

1.3 ^{3}He–^{4}He 混合液

对于低温实验, ^{3}He–^{4}He 混合液最特殊的价值在于其相分离的特性. 所谓的 ^{3}He–^{4}He 相分离, 指的是 ^{3}He–^{4}He 混合液随着温度下降不再能以任意比例互溶的现象. 基于 ^{3}He–^{4}He 相分离, 稀释制冷技术被提出并实现, 这是目前最常见、最重要的极低温制冷技术. 了解 ^{3}He–^{4}He 混合液的相分离和其他物性, 主要是为了理解稀释制冷机的原理和了解稀释制冷机的维护、优化、改造和搭建细节.

存在少量 ^{3}He 杂质的液体 ^{4}He 的超流性质会被轻微影响. 在液体 ^{4}He 背景下的少量 ^{3}He 依然展现出费米统计的性质. 超流 ^{4}He 背景下的超流 ^{3}He 还曾被用于 p 波配对的研究. 与之对比, 存在少量 ^{4}He 杂质的液体 ^{3}He 较少被关注, 部分原因可能是零温极限下的 ^{3}He 浓相就是纯 ^{3}He 液体: 绝对零度极限下只存在 100% 纯度的液体 ^{3}He 和含 6.6% 的 ^{3}He 杂质的液体 ^{4}He.

1.3.1 ^{3}He–^{4}He 的相分离

随着 ^{3}He 含量的逐渐增加, 混合液的超流相变温度与 ^{3}He 比例的关系不再是一条平滑的曲线, 而是在约 0.9 K 以下经历一个特殊的温度点, 低于这个温度点 ^{3}He–^{4}He 相分离的现象可以发生. 历史上, ^{3}He–^{4}He 的相分离现象通过核磁共振实验被发现[1.81].

之后, 爱德华 (Edward) 等人通过实验观测[1.82]提出零温极限下的超流 ^{3}He–^{4}He 混合液中存在非零比例的 ^{3}He, 基于这个现象稀释制冷机被发明了, 并成为当今最主流的极低温商业化设备.

在混合液中, 如果以 N_3 标记 ^{3}He 的原子数, 以 N_4 标记 ^{4}He 的原子数, 则混合液的浓度在本书中被定义为

$$x = \frac{N_3}{N_3 + N_4}. \tag{1.38}$$

$x = 0$ 即纯 ^{4}He 液体, $x = 1$ 即纯 ^{3}He 液体, $x = 0.05$ 即 5% 的 ^{3}He 和 95% 的 ^{4}He 组成的混合液. 如图 1.54 所示, 在 0.87 K 以上[1.83], 液体 ^{3}He 和液体 ^{4}He 可以以任意比例互溶, 也就是 x 的取值可以在 $0 \sim 1$ 之间. 在温度低于 0.87 K 时, 相分离现象发生, 给定温度下 x 只能有 2 个特定取值, 且取值仅来自图中的曲线 A 和曲线 B. 零温极限下, x 的取值为 1 和 0.066, 也就是只存在纯 ^{3}He 液体和约 6.6% 的 ^{3}He 杂质的 ^{4}He 液体.

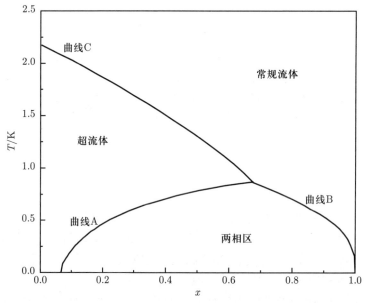

图 1.54　^{3}He–^{4}He 混合液的相分离示意图. 曲线 A 是超流相与两相区的交界, 曲线 B 是常规流体相与两相区的交界, 曲线 C 是超流相与常规流体相的交界. 150 mK 以下, 曲线 A 可以用经验公式 $x(T) = x_{0\,K}\left(1 + \beta T^2\right)$ 描述. 270 mK 以上, 曲线 B 可以用经验公式 $1 - x(T) = 0.85 T^{3/2} \mathrm{e}^{-0.56/T}$ 描述[1.84]

以 ^{3}He 稀相 ($x < 0.5$) 为例, 不管从怎样比例的超流混合液开始降温, 当温度足够低时, 给定温度下只允许存在一种特定 x 取值的超流混合液, 如图 1.55 所示. 实验中不存在同时满足 "禁区" 内温度条件和 x 取值的 ^{3}He–^{4}He 混合液. 如果在 1 K 条件下存在 x 值为 0.0810, 0.0992 和 0.1202 的三种超流体, 则当它们被降温到 0.1 K 时, 混合液中的超流体都由约 7% 的 ^{3}He 和约 93% 的 ^{4}He 组成. 除了这个特定比例的超流

混合液外, 余下的 ³He 和 ⁴He 以另一个固定比例形成常规流体. 这个常规流体一定是
³He 浓相 ($x > 0.5$). 稀相和浓相的 x 值在给定压强下是温度的函数, 如图 1.54 中的曲
线 A 和曲线 B 所示. 图 1.55 中的实线就是图 1.54 中的曲线 A 的一部分.

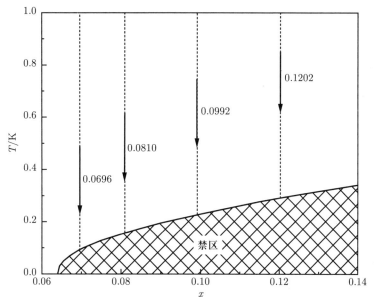

图 1.55　³He–⁴He 混合液的超流相在极低温条件下从允许不同 x 取值变为在给定温度下只允许特
定 x 取值. 数据来自文献 [1.82]

在通常的相图中, 杠杆定则可以被用于两相成分比例的计算. 以两相的气液相图
为例, 初始比例为 y_0 的非氦二元体系在温度为 T_1 时存在比例为 y_1 的液相和比例为
y_2 的气相 (见图 1.56), 因为质量守恒, 所以

$$n_{\text{total}}y_0 = n_{\text{liquid}}y_1 + n_{\text{gas}}y_2, \tag{1.39}$$

$$n_{\text{total}} = n_{\text{liquid}} + n_{\text{gas}}, \tag{1.40}$$

$$n_{\text{liquid}}(y_0 - y_1) = n_{\text{gas}}(y_2 - y_0), \tag{1.41}$$

$$n_{\text{liquid}} \times CD = n_{\text{gas}} \times CE. \tag{1.42}$$

参照以上计算, 我们可以知道初始比例为 x_0 的混合液相分离时 ³He 稀相 (超流体) 的
物质的量 n_{s} 和 ³He 浓相 (常规流体) 的物质的量 n_{n} 在温度为 T_2 时满足

$$n_{\text{s}} \times SP = n_{\text{n}} \times SQ. \tag{1.43}$$

考虑到超流相变的存在和氦作为永久液体的特性, ³He–⁴He 的相图独一无二, 因
为其他两组分液体体系的相图随着温度下降必然出现固相. 如果忽略氦的超流相变和
永久液体这两个特点, 则相分离这个现象并不是只能在 ³He–⁴He 混合液中出现. 在两
组分的液体体系中, 液体随着温度改变从完全互溶变为部分互溶是很常见的现象, 并

且相分离不一定非得发生在低温端. 两相区的最高点被称为最高会溶温度, 最低点被称为最低会溶温度. 此外, 还存在没有会溶温度的双液体体系, 即两种液体在所有温区都是完全互溶的. 生活中我们熟悉的完全互溶体系的例子包括了水与乙醇 (C_2H_6O). ^{3}He–^{4}He 混合液相分离的相图类似于图 1.57(a), 拥有最高会溶温度的例子还包括水与 $C_6H_5NH_2$ 体系; 拥有最低会溶温度的例子包括水与 $(C_2H_5)_3N$ 体系, 如图 1.57(b) 所示; 水与 $C_{10}H_{14}N_2$ 体系同时具有最高会溶温度和最低会溶温度, 如图 1.57(c) 所示.

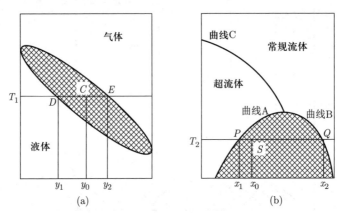

图 1.56   相图成分计算方法示意图. (a) 两相的气液相图示意图, 其中, y 代表气液成分的比例. (b) ^{3}He–^{4}He 混合液相分离示意图, 其中, 曲线 A 代表 ^{3}He 稀相, 曲线 B 代表 ^{3}He 浓相

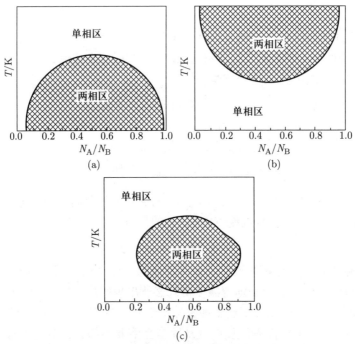

图 1.57   不同形式的互溶双液体体系相图的示意图

我们可以通过两组分体系的一些常规分析方法理解 ³He–⁴He 混合液的相分离, 比如吉布斯相律. 假如多元复相系由 k 个组元组成, 共有 φ 个相, 则吉布斯相律中的自由度数为

$$f = k + 2 - \varphi. \tag{1.44}$$

对于 ³He–⁴He 混合液, 其组元数 k 为 2, 因此自由度数 $f = 4 - \varphi$. 因为相数 φ 至少为 1, 所以体系的状态可以由 3 个独立变量决定. 上面所举的例子中, 相图中代表相分离特性的温度与比例的关系曲线还是压强的函数 (见图 1.58).

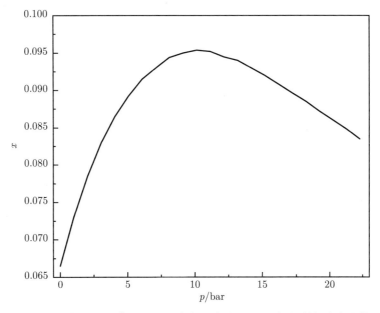

图 1.58　50 mK 条件下的 ³He 极限比例与混合液压强的关系. 数据来自文献 [1.85]

1.3.2　³He 稀相的比热和超流相变

基于 ³He 稀相 ($x < 0.5$) 在稀释制冷中的特殊价值, 本小节单独讨论它的低温比热性质和超流相变.

1948 年后, 尽管科研人员开始可以获得 ³He 了, 但能获得的数量非常少. 可能因为 ³He 的稀缺, 朗道和波梅兰丘克讨论了超流 ⁴He 背景下的少量 ³He 的行为. 在超流态的 ³He 稀相中, 存在声子、旋子和 ³He 三种激发. 如果在超流 ⁴He 中加入 ³He, 则混合液的超流相变温度被预测低于纯 ⁴He 液体的超流相变温度. 人们在实验上观测到了这个现象, 随后发现了 ³He–⁴He 混合液的相分离. 混合液的超流相变温度随着 ³He 成分比例的增加而下降的比热测量和其他实验证据[1.86~1.88]见图 1.59 和图 1.60. 当 ³He 稀相混合液的超流相变发生时 (见图 1.59), 其比热峰形状类似于 ⁴He 超流相变 (见图

1.18), 与发生 ^{3}He 超流相变时的比热峰形状显著不同 (见图 1.49).

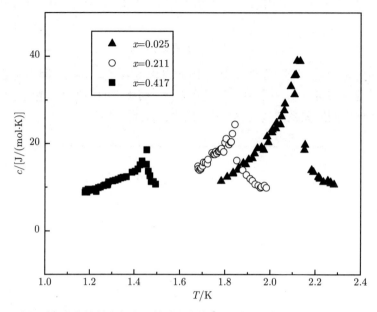

图 1.59　^{3}He 稀相混合液中的超流相变比热峰. 随着 ^{3}He 成分比例的增加, 超流相变温度降低、比热峰的峰值减小. 数据来自文献 [1.87]

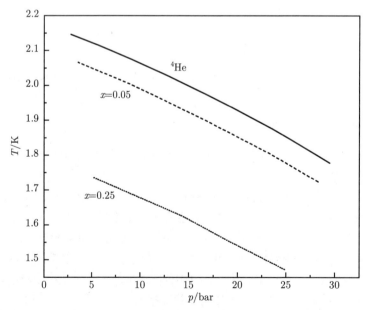

图 1.60　随着液体 ^{4}He 中的杂质 ^{3}He 的比例增加, 超流相变温度逐渐降低. 数据来自声学测量[1.88]

³He 稀相混合液从 2.5 K 开始降温的过程中, 将经历从常规流体到超流体的相变 (见图 1.54 中的曲线 C), 再发生相分离 (见图 1.54 中的曲线 A), 如图 1.61 所示. 值得强调的是, 虽然发生相分离后超流体和常规流体同时存在, 但这个现象并不等同于二流体模型. 在相分离发生之后, ³He 含量少的相是超流体, ³He 含量多的相是常规流体, 唯象上存在三种不同成分. 第一种出现在 ³He 含量多的常规流体中, 其中仅有常规流体成分. 第二种和第三种都出现在 ³He 含量少的超流体中, 其中同时存在二流体模型中的超流体成分和常规流体成分. 也即是说, 发生相分离后出现了两个常规流体成分, 它们的 x 值是不相等的. 此外, 二流体模型中的超流体成分和常规流体成分在空间上是不可区分的, 然而发生相分离后的超流体和常规流体不能互溶, 因为密度的区别使得它们在有重力的条件下分层, 所以发生相分离后出现的两个常规流体成分在空间上可以区分.

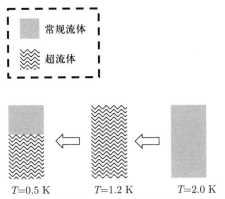

图 1.61 1:1 的 ³He–⁴He 混合液随温度变化的示意图. 随着温度下降, 混合液从常规流体变成超流体, 再发生相分离变成超流体和常规流体的混合. 具体的相变温度和 ³He–⁴He 比例可以参考图 1.54

在含有少量 ³He 的超流混合液中, ⁴He 可以被当作真空. 也有人将超流 ⁴He 的背景称为 "以太", 其中的 ³He 可以根据所处的具体温度区间被当作理想气体或者有弱相互作用的费米气体. ³He 的能量可以近似写为

$$E_3 = -E_0 + \frac{p^2}{2m^*}, \tag{1.45}$$

即类似于一个有效质量为 m^* 的准粒子在深度为 E_0 的势阱中自由移动.

在 0.5 K 附近, ⁴He 的比热在相变后随温度下降而迅速下降, 快速趋于零, 而少量掺杂的 ³He 可以被当作理想气体, ³He 原子贡献 $\frac{3k_{\mathrm{B}}}{2}$ 的比热. 因此, 此时来自少量掺杂 ³He 的总热容远大于背景 ⁴He 的声子的总热容, ³He 稀相混合液的比热在 0.5 K 附近近似为常量. 这个比热在数值上近似为理想气体的比热乘以 x, 如图 1.62 所示. 该比热特性不存在于纯 ⁴He 液体和纯 ³He 液体中, 仅在 x 远小于 1 的混合液中成立. 当

$x = 1$ 时, 尽管常量项依然是该温区液体 ^{3}He 的主要比热 (见式 (1.29)), 但是常量项的大小显著小于将全部 ^{3}He 当作理想气体时的比热.

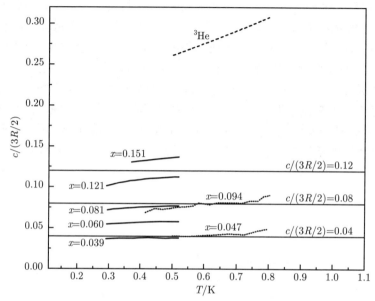

图 1.62　^{3}He 稀相混合液中的常量比热示意图. ^{3}He 含量越少, 混合液中 ^{3}He 的比热越接近 $\dfrac{3k_{\mathrm{B}}}{2}$. 数据来自文献 [1.89, 1.90]

当温度显著低于 0.5 K 时, ^{3}He 稀相混合液的比热体现 ^{3}He 的费米统计性质, 即与温度满足线性关系 (见图 1.63), 费米液体比热的相关讨论可以参考 1.2.2 小节. 该线性比热的系数与 x 有关, 考虑符合费米统计的混合液的比热与 x 的关系, 可将比热定性地表示为

$$c \sim \sqrt[3]{x}T. \tag{1.46}$$

不论 ^{3}He 稀相混合液中的 ^{3}He 被当作理想气体还是费米气体处理, 实验上当混合液中的 ^{3}He 比例越少时, 单个 ^{3}He 贡献的比热越多. 对于最重要的 $x = 0.066$ 稀相, 每摩尔 ^{3}He 的混合液的比热在 40 mK 内可表示为[1.40]

$$c\,(x = 0.066) \approx 106T \,\{\mathrm{J}/[\mathrm{mol}(^3\mathrm{He}) \cdot \mathrm{K}]\}, \tag{1.47}$$

而每摩尔混合液的比热可表示为

$$c\,(x = 0.066) \approx 7T \,[\mathrm{J}/(\mathrm{mol} \cdot \mathrm{K})]. \tag{1.48}$$

混合液薄膜不仅存在类似于图 1.63 的从常量比热向线性比热的平滑过渡, 而且存在从常量比热向线性比热的突变 (相关热容数据见图 1.64), 该现象可能与薄膜中的 ^{3}He 由均匀分布转变为局部凝聚有关[1.92], 薄膜越厚、x 值越大, 越不容易发生该相变.

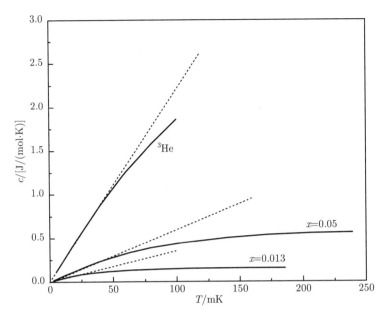

图 1.63　³He 稀相混合液中的线性比热示意图. 温度越低时混合液的比热与温度越接近线性关系. 数据来自文献 [1.91]

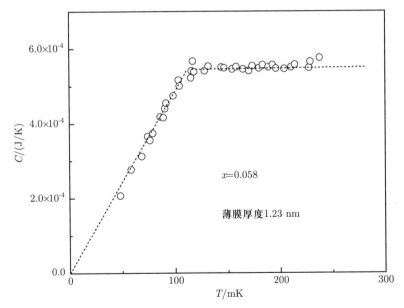

图 1.64　混合液薄膜中的线性热容示意图. 该实验数据从常量热容突变为线性热容, 中间没有平滑过渡. 图中虚线为示意线, ³He 均匀分布的薄膜的热容理论曲线远比两条示意线处的转折变化缓慢. 数据来自文献 [1.92]

1.3.3 混合体系的其他性质

^{3}He 稀相的行为可以根据有弱相互作用的费米气体进行预测. 除了超流相变外, ^{3}He–^{4}He 混合液的其他常用性质更接近于液体 ^{3}He, 与液体 ^{4}He 有较为明显的区别. 本小节将简单介绍 ^{3}He–^{4}He 混合气的黏滞系数和热导率, 以及 ^{3}He–^{4}He 混合固体中的相分离.

^{3}He 稀相的黏滞系数与 T^2 成反比, 与纯 ^{3}He 液体一致. 尽管早期的实验发现纯 ^{3}He 液体的黏滞系数 $\eta \sim T^{-2}$, 但是有文献报道了 $x = 0.0107$ 和 $x = 0.0514$ 两个混合液的黏滞系数符合 $\eta \sim T^{-1.5}$ 的现象[1.93]. 随后, 更有说服力的实验很快支持混合液黏滞系数的温度依赖行为与 ^{3}He 液体一致[1.94~1.96]. 例如, 对于一个 $x = 0.0612$ 的混合液, 其黏滞系数在约 $4 \sim 20$ mK 之间的实验结果可以用

$$\eta T^2 = 0.27 \ (\mathrm{P} \cdot \mathrm{mK}^2) \tag{1.49}$$

进行拟合[1.97]. 实验测量发现式 (1.49) 的结论在 20 bar 之内与压强无关, 这可能是因为该混合液在 20 bar 之内的费米温度近乎与压强无关. 随着混合液中 x 值的增大, ηT^2 与压强的依赖关系逐渐变得明显, 此时的式 (1.49) 仅能供数值估算参考. ηT^2 除了是压强的函数外, 还显然是 x 的函数, 如图 1.65 所示. 在稀相侧的低温端, 黏滞系数与 x 的关系[1.97] 近似为

$$\eta \sim x^{5/3}. \tag{1.50}$$

在 50 mK 以上, 黏滞系数随温度变化相对缓慢, 数据可以参考表 1.5.

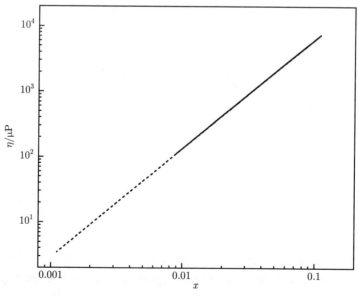

图 1.65　10 mK 下混合液的黏滞系数与 x 的关系. 实线范围与实验数据接近[1.97], 虚线为延长线. 结合 ηT^2 关系, 我们可以估算 ^{3}He 稀相混合液在 20 mK 以内的黏滞系数

表 1.5　特征比例混合液的黏滞系数 η 与温度的关系

	0.05 K	0.1 K	0.2 K	0.4 K	0.6 K
$x = 0.013$	~ 34	~ 31	~ 29	~ 27	~ 28
$x = 0.05$	~ 178	~ 67	~ 35	~ 20	~ 18

注: 表中 η 数据的单位为 μP, 来自文献 [1.98] 的计算. 计算数值与实验测量值之间有出入, 仅供定性参考和数量级估算. 随着温度升高, 黏滞系数随温度变化相对缓慢. 纯 ^{4}He 液体和纯 ^{3}He 液体的黏滞系数参考表 1.2 中的数值.

在足够低的温度下, ^{3}He 稀相的热导率与温度成反比, 与纯 ^{3}He 液体一致, 如图 1.66 所示 (相关内容见 1.2.2 小节). 随着温度升高, 图 1.66 所示混合液的热导率经历与图 1.45 类似的极小值, 然后逐渐随温度升高而增大. x 的数值越小, 极小值出现在越高的温度. 对于 $x = 0$ 的纯 ^{3}He 液体, 极小值出现在 200 mK 附近, 依赖于压强 (见表 1.3). 随着温度继续升高, 混合液的热导率与温度的关系变得复杂, 除了声子、旋子和 ^{3}He 原子的扩散外, 常规流体流动对导热的贡献随着温度升高而逐渐变得更加重要. 在 1.4 K 以上, 混合液的热导率定性地与 $1/x$ 成正比. 最终 ^{3}He 稀相在超流相变处经历热导率的迅速变化 (见图 1.23). 关于混合液热导率的定性描述可以采用如下简化结论: 在高温端混合液的热导率不如纯 ^{4}He 液体, 在低温端混合液的热导率不如纯 ^{3}He 液体. 当 x 值显著大于 0 后, 超流相变发生时的热导率变化并不像 $x = 0$ 的纯 ^{4}He 液体相变那么显著 (见图 1.23), 如图 1.67 所示.

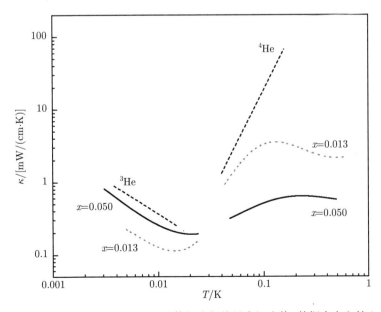

图 1.66　饱和蒸气压下的混合液的费米液体行为与热导率极小值. 数据来自文献 [1.39, 1.99]

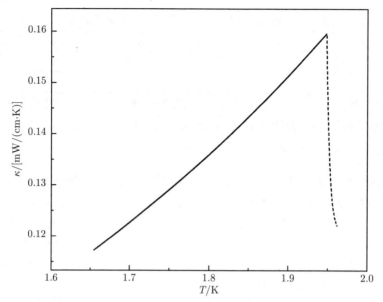

图 1.67 $x = 0.15$ 的混合液在超流相变附近的热导率与温度的关系. 数据来自文献 [1.100]. 虚线为常规流体, 实线为超流体

    ^{4}He 与 ^{3}He 的气体性质都接近于理想气体, 因此 ^{3}He–^{4}He 混合气的性质介于两者之间. 如图 1.68 和图 1.69 所示, 1:1 的 ^{3}He–^{4}He 混合气的黏滞系数和热导率近乎为两

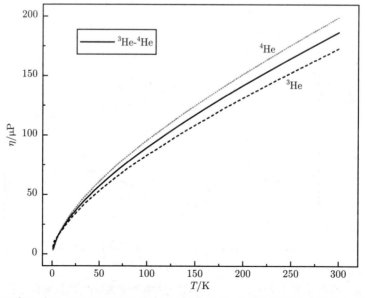

图 1.68   1:1 的 ^{3}He–^{4}He 混合气的黏滞系数与温度的关系. 此部分数据来自计算, 不是来自实际测量[1.101]. ^{3}He 气体和 ^{4}He 气体的数据仅供参考

种气体的平均值. 在稀释制冷机的气路中, 主要的循环气体是 ³He, 如果制冷机在特殊运行模式下涉及混合气的循环或者质量输运, 那么我们可以参考气体 ⁴He 的性质、气体 ³He 的性质和两种气体的比例, 对混合气的性质进行预估.

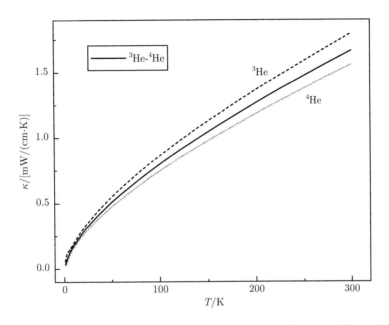

图 1.69   1:1 的 ³He–⁴He 混合气的热导率与温度的关系. 此部分数据来自计算, 不是来自实际测量[1.101]. ³He 气体和 ⁴He 气体的数据仅供参考

在 ³He–⁴He 混合固体中也会发生相分离现象, 因为混合固体相图的复杂性[1.102], 以下仅简单讨论 ³He 稀相的行为. 在 ³He 稀相侧, 相分离温度随 ³He 比例的增加而上升 (如图 1.70 所示), 即

$$T = \frac{A\left(1 - 2x\right) + B}{\ln\left(\dfrac{1}{x} - 1\right)}, \tag{1.51}$$

其中, A 为与压强有关的常量, B 为考虑固体 ³He 和固体 ⁴He 的晶格结构不同而引入的能量差异修正. 在比热测量上, 相分离的实验特征体现为一个额外的比热信号, 该信号有伴随温度的迟滞, 并且升温过程的比热信号总是大于降温过程的比热信号 (见图 1.71). 比热峰的最大值与 ³He 比例有关 (见表 1.6), 但是固体中的 x 值通常不等于用于生长固体的 ³He–⁴He 混合气的 x 值 (相关内容见 5.10 节). 混合固体中的实际 ³He 原子比例依赖于样品系统的具体设计和具体生长过程而有一个空间分布, 因此混合固体相分离中的 x 值只是一个名义组分.

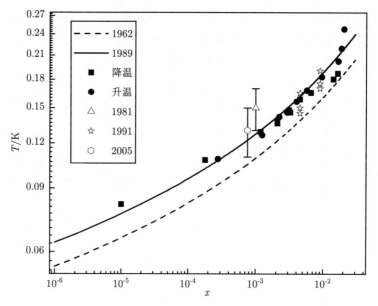

图 1.70 混合固体中 ^{3}He 稀相侧的相分离温度与 x 的关系. 本图采用一批在 30 bar 附近的实验测量数据和理论计算数据做对比, 图中数据和相应引文来自文献 [1.37]. 实线所示用于理论计算的公式来自文献 [1.102], 其中的参数 B 来自文献 [1.103]

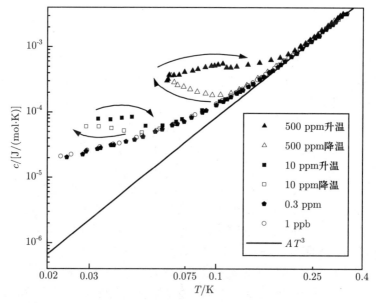

图 1.71 混合固体中 ^{3}He 稀相侧发生相分离时, 比热测量中的迟滞现象. 数据来自文献 [1.104]

表 1.6　混合固体中 ³He 稀相侧的相分离发生时, 比热异常信号大小和相分离温度与 x 的关系

x (名义组分)/ppm	比热峰值/[μJ/(mol·K)]	相分离温度/mK
5	4	无可靠数值
10	37	63
10	59	74
30	90	76
100	34	66
100	160	86
500	450	109
760	640	130
1000	30000	150
9000	700000	170 ~ 190

注: 混合固体中局部的 x 值受样品生长过程影响, ³He 和 ⁴He 的比例难以准确确定, 表中所给出的 x 仅为名义组分. 数据来自文献 [1.37].

1.3.4　⁴He 供应的纯度与提纯

混合体系中的 x 值通常取决于室温条件下 ⁴He 气体和 ³He 气体的定量混合, 然后再通过低温氦样品制备方法在低温下形成液体或者固体 (相关内容见 5.10.1 小节). 对于一些 x 值特别小或者特别大的样品, 杂质可能来自商业化气体供应本身, 如图 1.71 中的 0.3 ppm. 含这样的 ppm 数量级的 ³He 杂质的 ⁴He, 在实验中常被当作纯 ⁴He 对待 (见图 1.19 ~ 1.21). 本小节介绍商业化来源的 ⁴He 中的杂质, 并简单介绍 ⁴He 的提纯方法.

⁴He 因为用途广泛, 有多种可能的购买渠道, 供应商们对于商业化来源的 ⁴He 的命名方式并不统一. 在实际购买中, 实验工作者可能会见到如 "科学级 (scientific grade)" "半导体级 (semiconductor)" 和 "激光级 (laser)" 等不同描述, 同样的标识方式即使在同一个供应源中也可能对应不同的货品编号. 表 1.7 提供了一些商业化来源的 ⁴He 气体的命名方式, 从中可以看出, 单纯依靠名称判断气体质量不如直接查看纯度数据. 以 "高纯 (high purity)" 这个级别的气体为例, 不同来源的气体杂质含量可能相差 3 倍, 而 "超高纯 (ultra high purity)" 是不同供应源间最有共识的产品, 纯度均为 99.999% (有时记为 5N 或者 5.0, 相关内容见 2.8.1 小节).

对于作为实验对象的 ⁴He 而言, 最糟糕的杂质是 ³He. 1.3.2 小节和 1.3.3 小节已介绍了少量 ³He 杂质如何显著地改变液体 ⁴He 的性质. 对于作为制冷辅助的 ⁴He 而言, 最糟糕的杂质是 H₂, 涉及毛细通道的制冷结构可能因此堵塞 (相关内容见 1.5.4 小节和 4.1.2 小节). 然而, 商业化 ⁴He 的来源通常不会标识这两个杂质的含量, 前者根据 ⁴He 来源的矿井不同而不同, 后者甚至可能会在运输过程中增加. 因此, 针对低温实验对 ⁴He 的纯度需求, 下文分用途逐类讨论.

表 1.7   商业化 ^{4}He 供应的命名举例

中文名称	英文名称	^{4}He/%	备注
气球气体	balloon gas	97	主要杂质为空气
高纯	high purity	99.99	该来源也称为 scientific grade
高纯	high purity	99.997	另一来源
高纯 4.8	high purity 4.8	99.998	另一来源
技术级	technical	99.996	
零级	zero	99.998	
超高纯	ultra high purity	99.999	
超高纯	ultra high purity	99.999	另一来源, 该来源也称其为 scientific grade
超高纯	UHP	99.999	另一来源, 只用首字母称呼
超高纯 5.0	ultra high purity 5.0	99.999	另一来源
激光级	laser	99.999	该来源与同公司 UHP 的主要区别在于 N$_2$ 杂质少
激光星级 5.5	laser star 5.5	99.9995	
半导体级	semiconductor	99.999	该来源与同公司 UHP 的区别在于气瓶接口不同
半导体级 5.5	semiconductor 5.5	99.9995	
半导体级 6.0	semiconductor 6.0	99.9999	
最好级别	premier	99.9992	
超纯供应	ultra pure carrier	99.9995	
微量分析级	trace analytical	99.9995	
色谱级	chromatographic	99.9999	
色谱级	chromatographic	99.9999	另一来源
科研级	research	99.9999	
科研级	research	99.9999	另一来源
6.7	6.7	99.99997	该来源对逐个气瓶提供杂质分析

注: 纯度信息来自供应源网站, 第二列为不同商业化来源对其供应的 ^{4}He 气体的命名方式, 可以看到命名方式并不统一. 其中的 "ultra high purity" 即低温实验中常使用的 UHP 级别 ^{4}He. ^{4}He 中的常见杂质有 O$_2$, N$_2$ 和 H$_2$O. 关于液氦中 H$_2$ 杂质的讨论见 1.5.4 小节.

作为制冷材料, ^{4}He 有预冷环境耗材、干式制冷压缩气体和制冷剂三种用途. 实验工作者对于作为预冷环境耗材用的液氦的纯度要求较低. 部分商业化来源液体 ^{4}He 的纯度大于 99%, 其中的杂质主要以固体颗粒的形式存在. 如果制冷系统不存在供部分液氦通过的毛细管, 则杂质对制冷机没有明显影响, 预冷环境耗材不需要使用高纯 ^{4}He 源. 如果制冷系统存在毛细管, 例如, 制冷机采用了蒸发腔 (相关内容见 4.1.2 小节), 则实验工作者需要留意液氦中的 H$_2$ 杂质, 该杂质的来源和比例与 ^{4}He 的产地、运输过程和使用过程有关 (相关内容见 1.5.4 小节和 4.1.2 小节), 难以简单体现在纯度或者货物编号等信息中. 在当前广泛使用的干式制冷技术中, 压缩机的工作物质是 ^{4}He 气体,

并且需要偶尔补充, 压缩机通常对待补充的 ⁴He 气体的纯度最低要求是 99.999%. ⁴He
还作为制冷剂用于制冷机中, 例如, 闭循环的 ⁴He 蒸发制冷系统 (相关内容见 4.2.5 小
节和 6.9 节) 和稀释制冷机都可能需要由科研人员补充 ⁴He, 此时的 ⁴He 用量很少, 建
议采用 UHP 级别的 ⁴He.

作为降温过程中的辅助, ⁴He 也可用作液氦传输过程中的外部增压气体、杜瓦清
洗中的置换气体 (相关内容见 5.8.1 小节)、检漏 (相关内容见 5.4.10 小节), 以及降温
过程中的热交换气 (相关内容见 5.5.1 小节). 这些操作对 ⁴He 纯度的要求都不高 (见
表 1.8). 在需要少量使用气体 ⁴He 时, 因纯度不同而引起的价格差异可以被忽略, 我
建议科研人员在更便利的前提下直接使用更高纯度的气体. 例如, 当检漏和放置热交
换气这两个操作需要少量低纯度的 ⁴He 气体时, 我们可以直接使用其他用途、更高纯
度的氦气源, 而不需要专门为这两个操作准备单独的气瓶. 在少量低纯度气体的需求
中, 我们使用高纯气体看似浪费, 但节省了时间和空间.

表 1.8   低温实验常见 ⁴He 用途的纯度建议

用途	建议纯度 /%
预冷用的液氦	99 或更低
干式制冷压缩机用的 ⁴He	99.999
制冷机中的制冷剂	99.999
液氦传输	99.99
杜瓦清洗	99.99 或更低
检漏	99.99 或更低
热交换气	99.99 或更低
常规 ⁴He 科研	99.999
涉及低浓度 ³He 的 ⁴He 科研	根据需求或 1 ppb

注: 本表仅供参考, 具体纯度请参考设备说明书或考虑具体实验需求.

当人们用低温实验研究 ⁴He 时, 常选择纯度为 99.999% 的 UHP 货源. 在这种货
源中, 主要杂质有 5 ppm 的 N_2、1 ppm 的 O_2 和 1 ppm 的 H_2O. 这部分杂质难以影
响通常的液体或固体 ⁴He 实验, 因为在 ⁴He 样品生长过程中 (相关内容见 5.10 节),
这些杂质无法进入样品所在腔体的空间, 所以 ⁴He 相关的实验中影响最大的杂质是
³He, 但是常见的 ⁴He 供应来源不直接提供其产品中的 ³He 含量, 因为这个数据依赖
于 ⁴He 的开采地点. 在少数产氦的大油田中可以查到其产物的 ³He/⁴He 比例, 该比
例通常从 0.1 ～ 10 ppm 不等. 得克萨斯油田产的 ⁴He 曾被报道其 ³He 含量[1.105]为
0.206 ppm, 北海油田产的 ⁴He 曾被报道其 ³He 含量在 0.384 ～ 0.521 ppm 之间[1.106],
黄石公园油田产的 ⁴He 曾被报道其 ³He 含量[1.107]为 22.7 ppm. 有些科研文献在讨论
UHP 级别 ⁴He 时标注了 ³He 杂质的含量为 0.3 ppm, 与其说 0.3 ppm 是一个可信的数
值, 不如说它是一种习惯写法, 仅具备数量级上的参考价值. 文献 [1.34] 中所使用 1 ppb

杂质含量的 ^{4}He 不是来自商业化来源, 而是辗转来自美国矿业局 (Bureau of Mines, 后来更名为土地管理局 (Bureau of Land Management)), 此处的 1 ppb 不代表真实杂质含量, 而是杂质含量的上限. 在实践中, 如果确实需要确定 ^{3}He 含量, 那么 ppt (ppt 是一万亿分之一的英文 parts per trillion 的简写, 即 10^{-12} 的数量级) 数量级的 ^{3}He 杂质含量也曾被探测到; 最佳杂质分辨率[1.108]可达 0.01 ppt. 与之对比, 在低温测量的各种非 ^{4}He 的样品制备过程中, 用于化学合成的原材料的杂质通常不低于 10 ppm; 分子束外延生长的靶材的杂质通常不高于 10 ppm; 集成电路中使用的硅中的杂质通常不高于 1 ppb.

^{4}He 来自富氦的天然气, ^{4}He 的开采方式主要是利用合适的方法对天然气进行提纯, 但是它在天然气中的比例通常低于 5%. 早在二十世纪二十年代, 美国矿业局在得克萨斯州建立的氦收集工厂就可以通过低温液化天然气的方法[1.109]提纯 ^{4}He. 科研人员所购买的液氦, 在一些传统工厂生产时经历天然气预处理 (去除固体杂质, 以及 H_2O, CO_2, H_2S 等)、初步冷却去除杂质 (这是液化天然气生产流程的一个附带结果)、提纯、最终液化等流程. 被低温方法初步纯化后的 ^{4}He 含有 H_2 杂质, 这个杂质可以通过催化氧化和低温吸附等方法去除. 随着技术发展, 在二十世纪中期, 基于扩散的 ^{4}He 纯化方案也被实践了. 目前的大型 ^{4}He 提纯工厂位于美国、阿尔及利亚、卡塔尔、俄罗斯和波兰等国家, 其中美国的产量约占全球总产量的 70%. 部分商业化来源的提纯工厂见表 1.9. 现代的氦分离工艺有三个比较重要的流程: 低温分离, 可以获得纯度约 90%

表 1.9　部分氦提纯工厂信息

建立时间	经营者	地点	备注
1966	Exxon−mobile	美国	
1977	Polish Oil Gas Co.	波兰	
1980	Nitrotec	美国	
1993	Pioneer	美国	仅提供粗气
1995	C.I.G.	美国	仅提供粗气
1995	Helios	阿尔及利亚	
1996	Keyes Helium	美国	
1997	Pioneer	美国	仅提供粗气
1998	BP Amoco	美国	仅提供粗气
2001	Philips Petroleum	美国	仅提供粗气
2005	Ras Gas	卡塔尔	
2006	Helison	阿尔及利亚	
2009	Linde	澳大利亚	
2011	Cimarex	美国	

注: 表中内容来自文献 [1.110] 的整理. 由于供应来自境外, 因此我保留英文名称不翻译, 以便于读者参考.

的 ⁴He; 压强变化吸附, 主要被用于天然气初步处理, 提前去除杂气, 也可被用于低温分离后的提纯; 薄膜分离, 该技术利用不同气体的扩散能力差异提纯. 压强变化吸附流程中的常用的多孔材料包括 Zeolite (一种沸石, 属于多孔材料) 和活性炭. 如今的薄膜分离还不能替代前两个流程, 但是它将来有望在更低成本条件下独立分离 ⁴He.

实验室使用的小型纯化装置现在也有商业化的产品. 有些设备可以从 15% 杂质含量的 ⁴He 开始纯化, 有些设备可以提供最终 0.1 ppm 杂质含量的 ⁴He. 对于小型商业化纯化设备所需要处理的气体, ⁴He 已经是主要成分, 因此这些设备的工作流程相对简单, 主要是分离液态的 H_2O, N_2 和 O_2 后, 再让待处理气体通过低温吸附材料.

低温吸附的方法可以将 ⁴He 提纯到 0.1 ppm 级别, 但该方法无法有效去除 ³He. 或者说, 不管商业化供应的 ⁴He 用什么方法纯化、纯度有多高, 气体中总含有 ³He, 它可能干扰实验结果. 当实验需要的 ⁴He 纯度要求没法通过商业化供应满足时, 我们可以考虑利用 ³He 难以随着超流体移动的特点在高温端收集更高纯度的 ⁴He. 该方法被称为热冲洗, 其原理如图 1.72 所示, 它可以将 ³He 杂质含量 $x \approx 0.1$ ppm 的 ⁴He 液体提纯到杂质含量[1.111]小于 1 ppt. 1.3.5 小节所介绍的分馏法也可以被用于实验室内的 ⁴He 提纯, 曾获得杂质含量[1.112]小于 1 ppb 的 ⁴He. 对于提纯 ⁴He, 分馏法可以结合薄膜分离应用于大规模纯化的生产过程, 但是在小型实验室尺度, 分馏法比起热冲洗法没有显著的优点, 读者可以仅关注分馏法在提纯 ³He 中的应用 (相关内容见 1.3.5 小节).

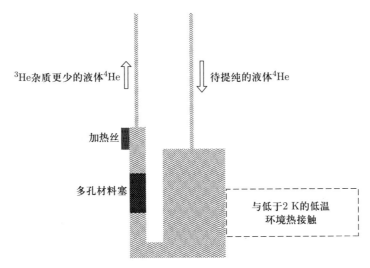

图 1.72　利用热冲洗方法提纯 ⁴He 的原理图. 本图中的设计无法提供持续提纯能力, 可以连续运转的设计请参考文献 [1.111]

1.3.5 ^{3}He 供应的纯度与提纯

^{3}He 供应来源的选择远少于 ^{4}He, 价格也远高于 ^{4}He. ^{3}He 中最主要的杂质是 ^{4}He. 表 1.10 中列出部分 ^{3}He 气体供应来源的主要成分. ^{3}He 作为制冷剂时 (相关内容见 4.3 节和 4.5 节), 人们采用 99.7% 纯度的货源就足够了. 基于目前 ^{3}He 购买困难的现状 (相关内容见 4.3.5 小节), ^{3}He 不再建议被用作热交换气 (相关内容见 5.5.1 小节).

表 1.10　^{3}He 气体供应的纯度举例

中文名称	英文名称	^{3}He/%	(^{3}He+^{4}He)/%
制冷级	refrigeration	99.7	99.998
99.8%	99.8%	99.8	99.995
^{3}He	helium-3	99.8	99.995
标准级	standard	99.9	99.999
高纯	high purity	99.991	99.999
超高纯	ultra high purity	99.995	99.9995

注: 纯度信息来自货源网站, 同一来源的气体纯度信息随着货源和时间可能变动.

当需要从 ^{3}He–^{4}He 混合气中回收 ^{3}He 或者购买不到足够纯度的 ^{3}He 时, 我们可以在不考虑经济效益的前提下, 利用 ^{3}He 和 ^{4}He 的以下两个特点来提纯. 首先, ^{3}He 在极低温下的蒸气压远高于 ^{4}He (见图 1.34). 例如, 在 0.5 K 时, ^{3}He 的蒸气压是 ^{4}He 的约 10000 倍. 我们通过此特性可以从 ^{3}He 稀相中去除大部分 ^{4}He. 其次, 我们可以通过 ^{3}He–^{4}He 混合液相分离的特性简单提纯 ^{3}He (见图 1.54), 在零温极限下的 ^{3}He 浓相的纯度趋近于 100%. 270 mK 时, ^{3}He 浓相的纯度已经接近 0.99 了, 并且纯度随温度下降而迅速提高. 100 mK 时, ^{3}He 浓相的纯度预计为 0.99997.

利用极低温环境的 ^{3}He 分离方法的经济代价大, 不适合大规模使用, 特别是不适合对于 x 初始数值特别小的混合体系使用. 如果考虑更为经济的分离手段的话, 那么我们可以在超流混合液中建立温度差异, 利用 ^{3}He 难以随着超流体移动的特点在低温端收集 ^{3}He (见图 1.13 和图 1.73). 这个方法被称为热冲洗, 也被用于提纯 ^{4}He (相关内容见 1.3.4 小节). 热冲洗方法有时也被称为超流渗透, 其优点是仅需要约 2 K 的温度, 其缺点是通常只能获得纯度为百分之几的 ^{3}He, 混合液中依然是 ^{4}He 为主, 所以该方法通常被用于 ^{3}He 稀相混合液的第一步 ^{3}He 收集. 早在二十世纪五十年代, 费尔班克 (Fairbank) 等人就可以在有 0.1 ppm 数量级的 ^{3}He 杂质的 ^{4}He 液体中将 ^{3}He 含量提高到约 0.005 的纯度[1.113].

以上方法可以被推广到其他工作模式, 例如, 在超流体中放置不允许常规流体成分通过的多孔材料塞 (见图 1.3), 然后在低温端收集 ^{3}He. 实践中的多孔材料的孔径不大于 1 μm. 该利用超流体特性的做法获得的混合液的 ^{3}He 纯度在 10% 以内[1.114]. 如果忽略成本差异, 那么通过加大混合液内部的温度差异, 该方法获得的 ^{3}He 纯度可超过 20% (见表 1.11)[1.115].

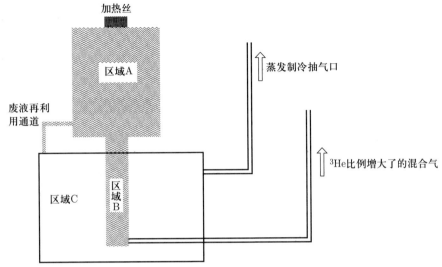

图 1.73   利用热冲洗方法提纯 ^{3}He 的一个设计巧妙的实例原理图. 利用区域 A 和区域 B 的温度差异富集 ^{3}He, 区域 A 的废液在下次热冲洗前进入区域 C, 用于区域 B 的降温. 这个方案看似没有利用 ^{3}He 和 ^{4}He 的密度差异 (见图 1.33), 实际上因为 ^{3}He 富集后的浓度依然很低, 所以区域 A 和区域 B 的液体密度差异不明显; 此外, 区域 A 实际上还有一个进液通道和一个蒸发制冷通道没有画出, 这两个通道也会影响布局的设计

表 1.11   超流渗透方法中多孔材料塞两端的温度差异与提纯效果的关系

低温端/K	高温端/K	^{3}He 纯度/%
1.2	~ 2.2	~ 22
1.4	~ 2.2	~ 18
1.6	~ 2.2	~ 14

注: 数据来自文献 [1.115].

分馏法应用于大量混合液体系中的成分分离, 其核心机制是利用混合液中不同成分间的沸点差异. 以 ^{3}He–^{4}He 混合液为例, ^{3}He 的沸点低、蒸气压高 (见图 1.1、图 1.32 和图 1.34), 它在混合液被加热时优先从混合液中气化. 在利用超流体特性的基础上, 分馏法可以被用于低浓度 ^{3}He 第一步收集后的再次提纯. 如果存在多次蒸馏和再凝结过程, 则下一次蒸馏所获得混合液中的 ^{3}He 比例将增大, 这个实现多次蒸馏和再凝结过程的空间被称为分馏柱. 在分馏柱中, ^{3}He–^{4}He 混合气在上升的过程中 x 值逐渐增大、沸点逐渐降低, 因而分馏柱只要设计合理, 则可以利用合适的温度梯度提供反复多次的简单蒸馏. 在不到 10% 的 ^{3}He 纯度的初步收集基础上, 该方案可最终获得 99.9%

纯度的 ^{3}He, 仅需要 1.6 K 的环境[1.114], 其工作原理如图 1.74 所示, 并且该方法原则上可以应用于月球的低重力环境[1.116].

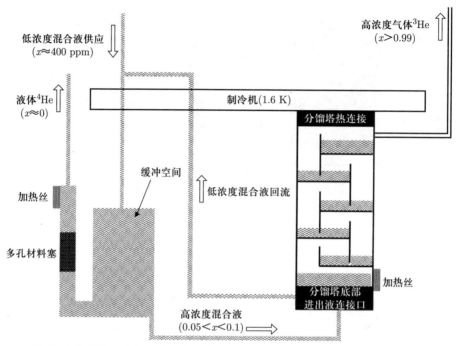

图 1.74　利用超流体特性和分馏法获得高纯 ^{3}He 的一个设计实例原理图. 该实例从 400 ppm 开始提纯, 实际操作可以从更低浓度的混合液开始工作

不论是图 1.73 和图 1.74 的原理图, 还是分馏的做法本身, 均涉及对富 ^{3}He 液体的抽气, 该做法本质上与利用蒸气压差异提纯 ^{3}He 的思路不同. 如果 ^{3}He 被富集后, 对混合液在 2 K 附近的条件下抽气, 则 ^{3}He 和 ^{4}He 的蒸气压差异之比仅约为 6 倍, 如果在 1.6 K 附近的条件下抽气, 则 ^{3}He 和 ^{4}He 的蒸气压差异之比仅约为 11 倍, 均无法获得 99.9% 纯度的 ^{3}He. 温度越低, 制冷机的制冷功率越低, 越不利于其推广使用. 0.5 K 时的蒸气压差异提纯和稀释制冷温区的相分离提纯, 仅适用于不计成本时的少量 ^{3}He 需求.

设计和验证以上方案的部分驱动来自前往月球收集 ^{3}He (相关内容见 4.3.5 小节). 然而, 如果地球上现有 ^{4}He 供应中的 ^{3}He 都能被提纯后收集, 那么我们可以每年额外获得 20000 L 以上的 ^{3}He 气体.

1.4　液　氮

低温液体除了 ^{4}He 和 ^{3}He 外, 还包括液体 O$_2$, Ar, N$_2$, Ne 和 H$_2$. 本节简单介绍

低温实验中最常见的液体 N_2.

1883 年, 氮被成功液化, 这是人类第一次获得 100 K 以内的低温环境. 液体 N_2 被称为液氮, 有时也会被记为 LN_2 或者 LN. 液氮在 1 atm 下的沸点为 77.2 K, 它不易发生化学反应, 不可燃且无色无味. 液氮与其他低温液体的特征温度对比参考表 1.12.

表 1.12 部分低温液体在 1 atm 下的沸点、熔点、三相点和临界点

气体	沸点/K	熔点/K	三相点/K	临界点/K
O_2	90.1	54.4	54.4	154.6
Ar	87.2	83.8	83.8	150.7
N_2	77.2	63.3	63.2	126.2
Ne	27.1	24.5	24.6	44.5
H_2	20.3	14.0	14.0	33.2
^{4}He	4.2	无	无	5.2
^{3}He	3.2	无	无	3.3

注: 本表数据来自文献 [1.40] 的整理. ^{4}He 和 ^{3}He 不存在常规意义上的三相点, 见图 1.1 和图 1.32.

氮有两种稳定的同位素 ^{14}N 和 ^{15}N, ^{14}N 的比例为 99.64%. 氮在空气中约占比 78%, 所以液氮可以直接从空气中液化和分离, 其价格极为便宜而且无毒, 在低温实验中被广泛使用. 除了作为实验中的低温液体外, 液氮还可以在实验中作为氮气的来源, 特别是作为干燥氮气的来源. 在生活中, 液氮可被用于冰冻和保存食物、烹调中的食物处理、精子和卵子的储藏、异常皮肤的冷冻切除, 甚至可以为牲口打烙印. 因为液氮的用途广泛, 为了查询方便, 图 1.75 和图 1.76 提供低温下 N_2 的相图分界线. 考虑液氮常

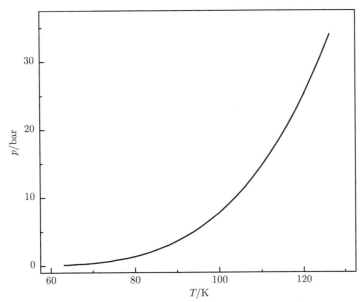

图 1.75 N_2 的气化曲线. 数据来自文献 [1.117]

于高压条件下存储, 图 1.77 还提供了 N₂ 的三相点和临界点与压强的关系.

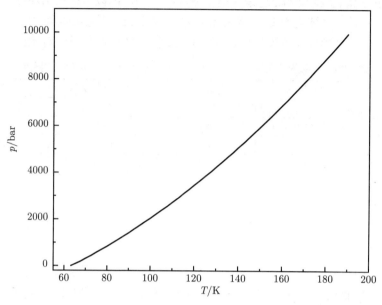

图 1.76   N₂ 的熔化压曲线. 数据来自文献 [1.117]

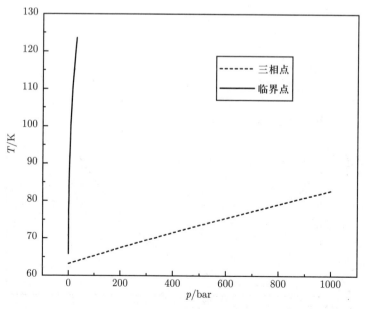

图 1.77   N₂ 的三相点 (虚线) 和临界点 (实线) 与压强的关系. 数据来自文献 [1.117]

　　液氮可以为吸附杂质的冷阱提供冷源, 或者为更低温度的实验提供预冷. 冷阱可被用于防止少量的 H_2O 和 N_2 杂质堵塞制冷机中的毛细管 (相关内容见 4.5.11 小节), 也可被用于改善真空环境的真空度和防止油泵的返油 (相关内容见 5.3 节). 液氮冷阱可以由实验者自行设计和焊接, 也有现成的商业化产品. 液氮冷阱从液面至室温的管道材料可以选择不锈钢 (stainless steel, 本书的图中简写为 SS, 关于不同型号不锈钢的介绍见 2.8.1 小节), 冷阱中的吸附材料可以选择不易掉粉末的活性炭.

　　液氮的潜热远大于液氦的潜热. 同等体积下, 液氮的热容大约是液氦热容的 60 倍. 此外, 大部分低温材料在 77 K 以下的比热显著小于其室温比热. 在使用液氦作为冷源前, 让液氮将待降温对象预冷到液氮温度是节省液氦的合适做法. 同样一块铜, 如果对比两种情况, 一种是从 300 K 用液氦降温到 4 K, 另一种是从 77 K 用液氦降温到 4 K, 那么前者的液氦用量是后者的约 15 倍[1.118]. 考虑实际购买中液氮和液氦的价格差异, 将待降温对象先用液氮从 300 K 预冷到 77 K 能节省大量的实验经费. 因此, 在低温实验中, 液氮常被用于将设备预冷到 77 K, 而液氦或者干式制冷机再完成从 77 K 到更低温度的降温过程. 实践中, 在容器中引入液氮时需要先将液氮排空 (相关内容见 5.8.1 小节), 所以低温容器在灌液氮时的温度不应该恰好是 77 K. 从表 1.13 可见, 从 120 K 开始灌液氮的话, 液氮消耗量也显著少于从室温直接灌液氮的消耗量. 如果在容器中引入液氮之前, 我们没有将液氮排空, 那么液氮的降温和固化将显著增加液氮的消耗量, 甚至让容器中完全无法形成液氮的积累.

表 1.13　降温需要的液体体积需求估算

初始温度	冷源	只利用潜热			充分利用潜热和低温气体		
		铜	铝 (Al)	不锈钢	铜	铝	不锈钢
300 K	^{4}He/L	27	58	29	0.8	1.6	0.8
180 K		12	24	12	0.5	1.0	0.5
120 K		5	10	5	0.3	0.5	0.3
77 K		1.9	3	1.4	0.2	0.2	0.1
300 K	N_2/L	0.5	1	0.5	0.3	0.6	0.3
180 K		0.2	0.4	0.2	0.15	0.3	0.14
120 K		0.06	0.12	0.06	0.06	0.11	0.06

　　注: 表中数据计算自文献 [1.119], 以 L 为衡量单位, 3 种常用材料的质量都取 1 kg, 从给定温度降低到低温液体的沸点. 实际的液体消耗在只利用潜热和充分利用低温气体制冷能力两种极端情况之间. 如果实验工作者将金属提前用液氮预冷, 则液氦的消耗量将大幅度减少. 液氮因为价格便宜并且显热不占主导地位, 所以可以仅使用其潜热降温.

　　低温气体本身也是一种冷源, 从正常沸点到 300 K, 这部分气体的制冷能力被称为显热. 低温氦气的显热远比低温氮气的显热更重要, 实验工作者不应该只依靠液氦的潜热提供降温能力. 在实际使用中, 被低温液体保护的低温环境和实验工作者所处的室温环境之间一定存在温度梯度. 在这个温度梯度所在的空间中, 气体的显热可以逐步减少外界对液氦的漏热, 因此我们不该浪费冷氦气的制冷能力. 对比液氦, 液氮的潜热大、显热小, 再加上液氮便宜, 所以我们在实际使用中不需要在意冷氮气的制冷能力. 如果我们充分利用氦气的制冷量, 则从 300 K 到 77 K 的降温大约只能省 1/3 的液氮; 如果我们充分利用氦气的制冷量, 则从 77 K 到 4 K 的降温大约能节省 9/10 的液氦.

液氮还可以为液氦温区的实验提供力学相关的提前测试. 固体大约 90% 的低温收缩在液氮温区以上完成, 因而被用于 4 K 低温环境下的结构值得提前在 77 K 下测试. 例如, 对于低温下的真空腔封口或者脆弱的引线连接位置, 它们被降温到液氮温区时如果不产生引起漏气或断线的形变, 则它们大概率可以在更低的温区下使用. 在这种液氮提前测试中, 为了更好地测试性能, 人们通常使被测对象反复快速地热循环, 以苛刻地模拟升降温条件, 确保被测对象在降温成本显著增加的 4 K 温区还可以继续使用.

液氮可以像水一样直接倾注. 在使用液氮的过程中, 我们经常可以看到莱顿弗罗斯特 (Leidenfrost) 效应: 由于室温下的固体温度远高于液氮的温度, 因此液氮在接触到室温固体表面时迅速气化, 形成一层隔热气体. 例如, 当少量液氮被泼在地面时, 我们可以看到许多掠过地面的液体小颗粒, 如同热锅上的水滴. 同样基于莱顿弗罗斯特效应, 皮肤在接触液氮的一瞬间并不会被冻伤, 人们甚至不会明显感觉到寒冷, 因而带来安全隐患. 液氮转化为气体后, 其体积膨胀约 700 倍, 当大规模使用液氮时, 室内缺氧是另一种安全隐患. 此外, 长期敞口存放的液氮中会积累液氧.

低温气体与低温液体总是共存的, 而且液氮与预冷对象接触后气化, 所以低温氮气的性质也值得我们了解. 表 1.14 提供了气液共存相下的气液性质比较. 可以看到, 当液氮气化后, 其比热变化不到一个数量级, 而其密度、黏滞系数和热导率均有显著变化. 图 1.78、图 1.79 和图 1.80 分别提供了氮气的比热、黏滞系数和热导率信息.

表 1.14   部分温度下 N_2 气液共存相的液体性质和气体性质比较

温度/K	密度比	定压比热比	黏滞系数比	热导率比
66	802.3	1.88	55.3	24.3
70	443.9	1.89	43.1	21.6
74	261.9	1.87	34.2	19.4
78	163.1	1.83	27.8	17.4
82	106.2	1.79	22.7	15.5
86	71.5	1.75	18.8	13.7

注: 表中所提供比例值为液体数值除以气体数值, 计算自文献 [1.117] 中的数据. 平常使用中, 液氮的密度可以按 0.81 g/cm³ 计算.

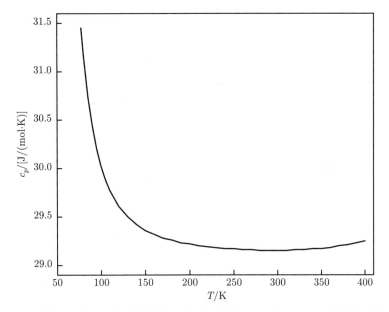

图 1.78 1 atm 下的氮气的定压比热与温度的关系. 数据来自文献 [1.117]. 我们在估算时可将不同温度下的氮气比热当作常量

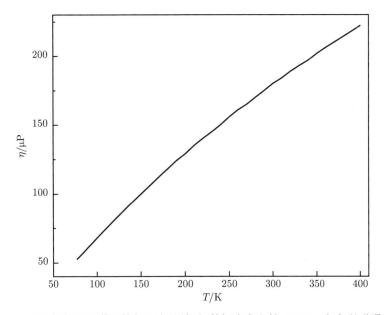

图 1.79 1 atm 下的氮气的黏滞系数与温度的关系. 数据来自文献 [1.117]. 氦气的黏滞系数参考图 1.10

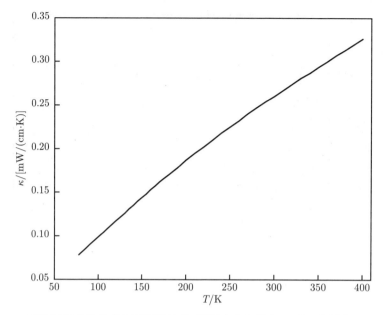

图 1.80   1 atm 下的氦气的热导率与温度的关系. 数据来自文献 [1.117]. 对比图 1.12 可知, 氦气的导热能力更好

1.5   液   氢

氢常见的 3 种同位素的相对原子质量分别为 1, 2 和 3, 它们非常罕见地有独立的名称. 氕只有 1 个质子, 也常被直接称为氢, 符号为 H 或 ^{1}H. 氘有 1 个质子和 1 个中子, 也被称为重氢, 符号为 D 或 ^{2}H. 氚有 1 个质子和 2 个中子, 符号为 T 或 ^{3}H. 氚具有放射性, 经 β 衰变后生成 ^{3}He, 半衰期为 12.32 y. 氢的不常见同位素 (从 ^{4}H 到 ^{7}H) 的衰变也是经氚后最终生成 ^{3}He. 稳定的氢中超过 99.98% 的成分为 ^{1}H, 本书中提到的氢或者 H, 在未加额外说明的情况下都是指 ^{1}H.

氢 (^{1}H) 只有 1 个质子, 经自然界的强键 H–H 键形成氢气 (H_2). 由氘形成的气体记为 D_2, 由氢和氚形成的气体记为 HD. 氢与氧的结合形成我们生命中重要的物质 H_2O; 氘与氧的结合形成重水 (D_2O). 重水比水约重了 10%, 少量饮用不致死, 可被用于核磁共振的检查. 重水也是核反应堆的减速剂和冷却剂, 同时可以作为核聚变的燃料. 有人估计 1 L 海水中的重水理论上可以产生约 300 L 汽油的能量. 氢气无色无味, 是已知的最轻气体, 氢气在被降温到 20 K 附近形成液氢.

液氢有出色的储能密度, 它是优秀的火箭和航天飞机的推进剂, 也可以作为运输工具的清洁能源. 当液氢被用作火箭燃料时, 常与液氧一起使用. 在美国国家航空航天局 (National Aeronautics and Space Administration, 即 NASA) 的历史回顾中, 液氢的使用被认为是 NASA 最重要的技术成就之一[1.120]. 早在二十世纪, 汽车公司已生产过将液氢作为燃料的产品. 飞行器的研发也尝试过将液氢作为能源, 并且在无人机的测试中曾实现约 24 h 的连续飞行. 除了储能密度外, 氢还有作为能源的其他明显优点: 它可以从易得的水资源中获得, 并且从燃烧产物上看是个显而易见的清洁能源.

液氦和液氮作为低温液体最主要的功能是提供低温环境, 而出于安全性的考虑, 液氢并不方便成为 4 K 液氦和 77 K 液氮之间的过渡冷源. 氢气易燃易爆, 空气中的氢含量超过 4% 时有燃烧或爆炸的风险. 此外, 氢气在空气中的最小点火能量比常规氢碳化合物小一个数量级, 而液氢本身是非常好的绝缘体, 易积累静电. 因此液氢的使用需要格外完善的安全措施. 在干式制冷技术 (相关内容见 4.2 节) 已经普及的现在, 把液氢作为实验室冷源已经完全失去了必要性和合理性. 下文主要将氢作为研究对象及液氢中的杂质讨论.

1.5.1 仲氢和正氢

氢原子是由电子和原子核通过静电相互作用形成的稳定系统, 这个体系的求解常见于量子力学的教科书. 2 个氢原子通过共价键形成氢分子. 当 2 个氢原子靠近时, 总波函数近似写为电子自旋波函数和空间波函数的乘积. 考虑泡利不相容原理, 电子自旋波函数和空间波函数的乘积是交换反对称的. 空间波函数为偶函数时, 2 个原子核的库仑 (Coulomb) 势能小于空间波函数为奇函数时的势能, 电子云集中在 2 个原子核中间. 如果只考虑电子自旋波函数和空间波函数, 则电子自旋反平行的状态更稳定[1.121].

虽然氢分子的 2 个电子自旋反平行, 但是 2 个质子的自旋可以是反平行的, 也可以是平行的. 前者被称为仲氢 (Para–H$_2$), 也被称为单态 ($I = 0; m = 0$); 后者被称为正氢 (Ortho–H$_2$), 也被称为三重态 ($I = 1; m = -1, 0, 1$). 核自旋状态不同引入的能量差异远小于电子自旋引入的能量差异. 在室温条件下, 热扰动显著大于核自旋不同排布引起的能量差异, 因而氢分子近乎等概率地处于正氢和仲氢的 4 种可能状态, 于是三重态的正氢含量约为 3/4, 而单态的仲氢含量约为 1/4 (见图 1.81). 以温度为单位定量表示的话, 正氢和仲氢的基态能量差异约为 170 K (见图 1.82), 而正氢三重态之间的能量差异[1.40]约为 2 K. 低温极限下, 氢分子的基态为仲氢 (见图 1.82). 在氢分子从高温到低温的降温过程中, 仲氢的理论比例将逐渐从约 25% 增加到约 100%. 77 K 时, 仲氢和正氢的比例正好接近 1:1, 而氢经历气液相变时, 平衡条件下仲氢的比例为 99.8%. 在给定温度下正氢和仲氢的比例符合平衡比例的氢被称为平衡氢.

在氢分子的降温过程中, 仲氢的理论比例增大, 这伴随着正氢向仲氢转化的放热过程. 低温下单位摩尔数的正氢转化热 (见图 1.83) 大于液氢的气化潜热 (见图 1.84), 因而正氢低温下的转化将引起液氢的显著消耗. 在氢气的降温过程中, 正氢向仲氢的转化非常缓慢, 在没有特殊处理的情况下, 刚刚被液化的液氢可以认为与室温下氢气的正氢和仲氢比例接近. 在完全绝热的理想条件下, 未经特殊正氢到仲氢转化处理的液

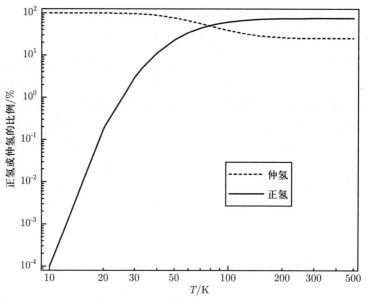

图 1.81   双对数坐标下的平衡状态下正氢或仲氢的比例. 数据来自和计算自文献 [1.122]. 为避免与式 (1.38) 中的 ^{3}He 在混合液中的比例 x 混淆, 本小节统一用百分比 (%) 表示正氢和仲氢的比例

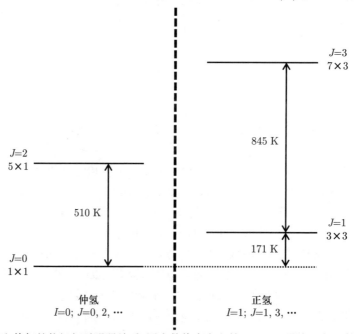

图 1.82   正氢和仲氢的能级相对强弱关系. 图中数值来自文献 [1.123]. 通常正氢和仲氢指的是它们的总角动量最小、能量最低的量子态. 对于正氢, $J = 1$; 对于仲氢, $J = 0$. 显然, 在满足波函数对称性的前提下, J 可以取其他值

氢, 第一天的静置就将因为转化热而消耗约 1/4 的液体总量 (见图 1.85). 在不考虑外界漏热的理想情况下, 液氢如果完全转化到平衡条件, 则将气化超过 60% 的液体[1.118]. 因此, 尽量让仲氢的比例在降温过程中接近平衡状态 (见图 1.81) 有利于液氢的存储和使用.

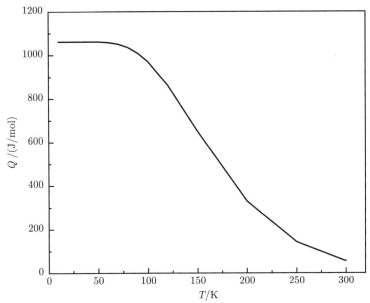

图 1.83　正氢和仲氢的转化热与温度的关系. 数据计算自文献 [1.122]

　　假如忽略安全性和可获得的最低温度的差异, 液氢的潜热比液氦的潜热 (见图 1.9) 大, 表面上液氢似乎更适合作为低温液体. 如果我们将 1 kg 铜从 300 K 冷却到液氢温度, 只依靠潜热需要约 2.4 L 的液氦, 从 77 K 冷却只需要 0.17 L 的液氢[1.119], 将该数据与表 1.13 中的数据对比可知, 液氢消耗约是液氦消耗的 1/10; 如果充分利用冷氢气的制冷能力降温, 那么理想情况下液氢的消耗可以减少约 3/4. D_2 的潜热大约比 H_2 多 50%. 然而, 忽略安全性和温度差异的比较是没有意义的.

　　正氢和仲氢之间转化的机制与正氢分子间的磁相互作用有关, 因而转化效率与正氢比例的平方相关. 原子核磁矩小, 相互作用微弱, 室温下的平衡时间以天为数量级. 如果我们为转化提供催化剂, 则转化效率可以大幅度提高, 因为催化剂的磁矩远大于正氢中的核磁矩, 此时转化效率主要与正氢比例的一次方有关, 不再与正氢比例的平方相关. 催化剂可以选择带磁性的凝胶盐. 凝胶是具有空间网状结构的胶体, 性质介于固体和液体之间, 具有一定的弹性, 但是结构强度有限、容易被破坏. 凝胶的一个例子是豆腐.

　　通常在被液化之前, 氢气在冷却过程中已经通过催化剂完成大部分转化, 以仲氢为主. 例如, 只需要 1 h 的时间, 1 L 合适的催化剂足够对 100 L 液氢完成 90% 到 95%

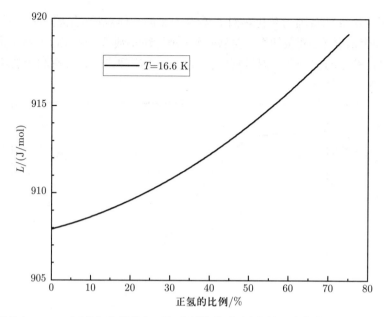

图 1.84　液氢在 16.6 K 下的气化潜热与正氢比例的关系. 图中的经验曲线来自文献 [1.124]. 本图的数据仅提供趋势参考, 1 atm 和沸点处 (20.3 K, 见表 1.12) 的液氢潜热约为 890 J/mol. 定性而言, 正氢比仲氢的潜热大, 而且温度越高, 液氢的潜热越小

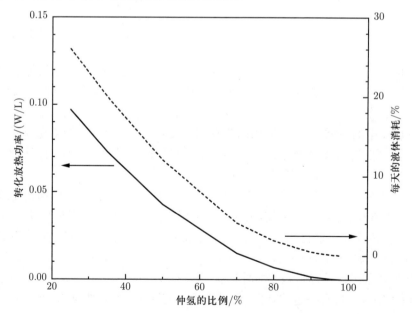

图 1.85　正氢和仲氢的转化放热功率, 以及放热引起的液体消耗与仲氢比例的关系. 数据来自文献 [1.125]. 本图是图 1.83 的实用版本

的正氢转化[1.122]. 如果在极低温条件下需要小规模使用氢, 文献 [1.126] 采用了容易获得的催化剂 FeO(OH), 也提供了催化的设计方案和参数. 例如, 催化剂更适合放置在 20 K 环境, 而不是操作上更容易实现的 77 K 环境[1.127]. 在实践中, 10 K 以上的正氢到仲氢的转化率显著大于 1 K 时的转化率.

1.5.2 其他气液性质

除了正氢和仲氢转化产生低温下的持续放热外, 在常规的气液性质上, 正氢和仲氢也有不影响它们作为低温液体使用的轻微差异, 例如, 两者的密度差异[1.123] 不到 2%. 本小节提供了部分正氢和仲氢的物性参数对比, 并且提供了部分忽略正氢和仲氢差异的气液性质. 表 1.15 总结了特征温度点的差异, 图 1.86 给出了气化曲线的差异.

表 1.15 正氢、仲氢和正 D_2 特征温度点的信息比较

	沸点		三相点		临界点	
	温度/K	压强/bar	温度/K	压强/bar	温度/K	压强/bar
正氢	20.390	1.01	13.957	0.072	33.19	13.1
仲氢	20.268	1.01	13.803	0.070	32.976	12.9
正 D_2	23.7	1.01	18.69	0.17	38.3	16.6

注: 氢的数据来自文献 [1.122], D_2 的数据来自文献 [1.40]. 本表为表 1.12 的补充. 文献中的部分温度数值基于温标 IPTS①–68, 温标经过多年的演化 (相关内容见 3.4 节), 表中数值与现在温标下的数值有偏差. 本书中采用的温度数值全都基于文献所采用温标, 因为温标变化的特殊性, 所以温度数据无法简单地统一换算 (相关内容见 3.4 节). 本表为了展示正氢和仲氢的数值差异, 采用了文献 [1.122] 的完整数值, 尽管最后一位数值如今已经不再能体现合适的精度.

气液共存时, 气体和液体的性质有显著差异, 例如, 液体 H_2 的密度远大于气体 H_2、液体 H_2 的黏滞系数远大于气体 H_2、液体 H_2 的热导率远大于气体 H_2. 然而, 液体 H_2 的比热小于气体 H_2. 表 1.16 简单提供了几个温度下的液气参数对比, 图 1.87 和图 1.88 简单提供了液体 H_2 的密度和低温比热, 均未对正氢和仲氢的性质做区分.

表 1.16 气液共存相上的液气参数对比

温度/K	密度比	定压比热比	黏滞系数比	热导率比
18	~ 106	~ 0.74	~ 16	~ 6.4
20	~ 57	~ 0.78	~ 12	~ 5.9
22	~ 33	~ 0.83	~ 9	~ 5.3
24	~ 20	~ 0.86	~ 7	~ 4.6

注: 此部分数据未严格区分正氢和仲氢, 仅供简单定性参考. 其中, 比热的液气比小于数值1. 数据来自文献 [1.122]. 平常使用中, 液氢的密度可以按 0.071 g/cm^3 计算.

---

①IPTS 是国际实用温标的英文名称 International Practical Temperature Scale 的简写, 相关内容见 3.4.2 小节.

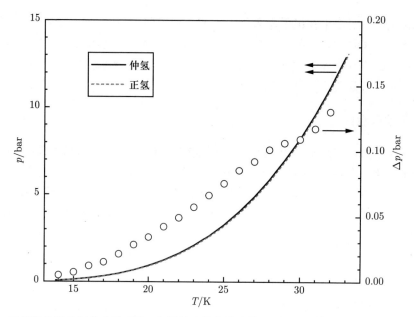

图 1.86 正氢和仲氢的气化曲线对比. 左纵轴为线条代表的压强, 右纵轴为空心圆圈代表的仲氢压强值减去正氢压强值. 数据来自文献 [1.122]

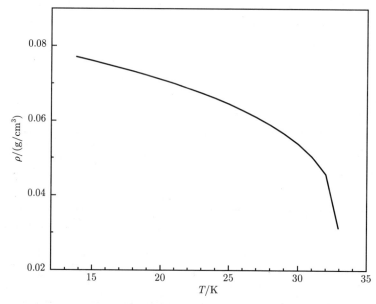

图 1.87 气液共存相上的液氢密度与温度的关系. 此部分数据未严格区分正氢和仲氢, 仅供简单定性参考. 数据来自文献 [1.117]

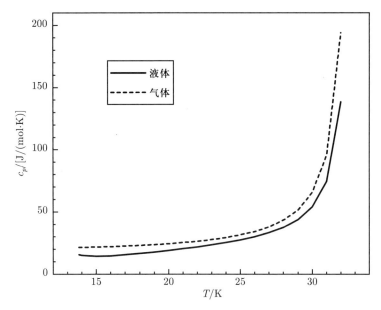

图 1.88 气液共存相上的氢定压比热. 此部分数据未严格区分正氢和仲氢, 仅供简单定性参考, 以说明液体和气体的比热相对大小. 数据来自文献 [1.117]

在低温实验中, 我们需要额外关注氢在金属中的溶解. 铌 (Nb) 的晶格中可以允许大量氢原子的存在, 它们形成铌氢化物. 在其他常用的低温金属中, 例如, 铜、银和铝 (相关内容见 2.8.1 小节), 氢的含量并没有那么高. 以 304 不锈钢为例, 氢杂质大约占据总质量的 10^{-5} 比例[1.128]. 这部分氢除了引起我们不希望发生的金属脆化外, 其正氢到仲氢转化还会引起极低温下可以观测到的发热. 极低温下最重要的低温金属是铜, 99.99% 纯度的铜中, 实验曾发现氢以半径约 0.1~0.2 μm 的气泡存在, 气泡间的间隔[1.129,1.130]约 2 μm, 这些铜中预期存在 10 ppm 数量级的氢. 在一台核绝热去磁制冷机中, 人们曾发现随着设备运转时间的增加, 铜中的氢转化引起的发热量[1.131]减少了约 80%. 99.99% 纯度的无氧铜曾被发现在 1 K 附近还有发热现象, 初始降温时发热量接近 500 pW/g, 500 h 后还存在 10 pW/g 数量级的氢转化热[1.127]. 综上所述, 虽然常用低温金属中的氢只在 10 ~ 100 ppm 数量级, 但这些氢足以影响极低温下的实验.

因为 HD 和 D_2 很少在低温实验室使用, 所以本小节不讨论它们的气液性质. 读者可以在文献 [1.124] 中获得部分相关信息.

1.5.3 超流氢的寻找

金属氢在二十世纪三十年代被预言存在, 近年来金属氢是否在实验上存在得到了较多的关注. 超流氢是关于氢的另外一个重要预言, 它早在二十世纪七十年代就被提出了[1.132]. 在氢的这两个可能存在的性质中, 超流氢与低温实验密切相关, 本小节简单讨论与超流氢相关的实验探索.

假如我们简单地认为超流 ⁴He 与玻色 – 爱因斯坦凝聚有关, 那么超流相变应该发生在 3 K 附近, 这个预测的温度高于约 2 K 的实际相变温度, 因此超流和玻色 – 爱因斯坦凝聚的直接对应关系并不显然 (更多讨论见 1.1.4 小节). 然而, 在这个大图像下, 人们终归可以预期在足够低的温度下玻色液体允许发生超流现象. 假设这个预期正确, 我们也很难获得合适的新实验对象, 因为除了永久液体 ³He 和 ⁴He 外, 其他材料在过低的温度下都会固化. 液体仲氢最初被预测的超流相变发生在 6 K 附近[1.132], 远低于仲氢的三相点温度 13.8 K (见表 1.15 和图 1.89). 按照同样的计算方法[1.132], 正氢的超流相变预计发生在 3 K 附近[1.133]. 也有理论预测氢的超流相变发生在 1 K 附近[1.134]. 所以超流氢探测的一个可见的实验困难是如何获得温度足够低的液体.

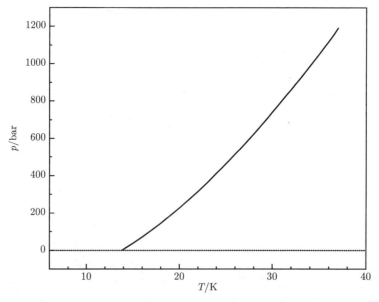

图 1.89   固液共存相下氢的压强曲线. 此部分数据未严格区分正氢和仲氢, 仅供简单定性参考. 数据来自文献 [1.117]. $y = 0$ 的虚线用于示意

过冷的实验方法可获得比固液曲线更低的液体温度. 通过过冷, 人们曾尝试研究低于 13.8 K 的液氢, 但在 10 K 附近还未获得超流现象存在的证据[1.135]. 获得过冷液氢的方式跟常规过冷液体类似, 可以从凝结的角度降低温度[1.136]. 也有人提议过在固体表面施加强电场, 让固体氢的表面熔化[1.137]. 人们也尝试在薄膜体系[1.138,1.139]和多孔材料[1.140~1.142]低于常规熔点的参数空间中寻找超流氢, 但均未获得有说服力的实验结果.

近年来, 超流氢的研究在小粒子数的团簇中有一些进展. 理论计算认为仲氢在小于 20 个原子尺度上的行为可能类似于液体[1.143], 例如, 13 ～ 18 个氢分子可能在 2 K

下呈现超流现象[1.144]. 实验上, 人们发现当 $14 \sim 16$ 个仲氢分子被包裹在液氦中时, 在 0.15 K 下存在与超流现象不矛盾的红外光谱学现象[1.133]. 需要强调的是, 十几个氢原子就算展现了超流现象, 也不等同于液氢中存在超流现象, 并且如何在 0.15 K 的温度下维持宏观液相的困难依然存在. 不论如何, 这个方法为超流氢的研究提供了新的方向, 是该领域值得关注的突破.

在氢中寻找超流有明确的理由, 因为凝聚态下的氢是量子性质仅次于氦的元素. 我们可以对比不同元素间的零点能与势能之比, 以比较不同元素的量子化程度. 采用伦纳德 – 琼斯 12–6 半经验公式, 势能可表示为[1.64]

$$E_{\text{pot}} = \frac{1}{2} \int_0^\infty \Phi\left(r\right) 4\pi^2 n\left(r\right) \mathrm{d}r, \tag{1.52}$$

其中, $n\left(r\right)$ 为沿着径向的密度函数, $\Phi\left(r\right) = 4\varepsilon_0 \left[\left(\dfrac{r_0}{r}\right)^{12} - \left(\dfrac{r_0}{r}\right)^6\right]$ (见式 (1.3)), 参数见表 1.17. 零点能 (见式 (1.2)) 可以根据不确定原理

$$\Delta x \cdot \Delta p \geqslant \frac{\hbar}{2} \tag{1.53}$$

或者无限深方势阱模型理解. 在式 (1.2) 中, a 为粒子占据空间的特征长度, m 为粒子质量. 例如, a 可近似取为

$$a = \sqrt[3]{V_{\text{m}}/N_{\text{A}}}, \tag{1.54}$$

其中, V_{m} 为摩尔体积, N_{A} 为阿伏伽德罗常数. 对于氦和氢等元素, 零点能显著改变了物质的性质. 人们引入一个表征动能和势能之比[1.40]的参数 λ (λ 被称为德布尔 (de Boer) 参量)[1.145]:

$$\lambda = \frac{h}{r_0 \sqrt{m\varepsilon_0}}, \tag{1.55}$$

其中, m 为粒子质量, r_0 和 ε_0 的定义与式 (1.3) 相同. λ 为零时, 量子力学的影响可以被忽略[1.145].

表 1.17   伦纳德 – 琼斯 12–6 半经验公式的参数

元素	ε_0/K	r_0/nm
$^4\text{He}, ^3\text{He}$	10.2	0.256
H_2, D_2	37	0.292
Ne	35.6	0.274
N_2	91.5	0.368
O_2	113	0.343
Ar	119.3	0.345
Kr	163	0.365
Xe	232	0.398

注: 本表数据整理自不同文献 [1.3, 1.123, 1.146], 数值仅供定性参考. 曲线样例见图 1.4.

　　伦纳德 – 琼斯 12-6 半经验公式的参数表征分子间相互作用力, 因而同位素的数值相等[1.147]. 根据式 (1.55) 可知, ^{3}He 的量子化程度高于 ^{4}He, 两者的 λ 不同的原因在于它们的质量差异, 数值之比为 $\sqrt{\dfrac{4}{3}} \approx 1.155$; 而 D_2 的量子化程度低于 H_2, 两者的 λ 数值之比为 $\sqrt{\dfrac{2}{4}} \approx 0.707$. 代表量子化程度的德布尔参量 λ 的值总结于图 1.90, ^{3}He, ^{4}He 和 H_2 是量子化程度最高的凝聚态体系.

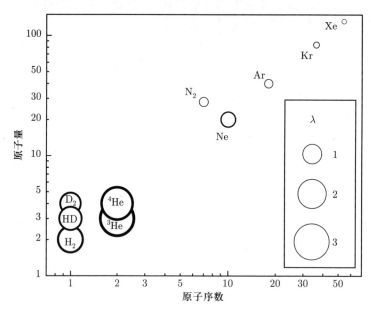

图 1.90　λ 值的对比. 图中圆圈的面积代表 λ 值的大小, 部分圆圈有交叠, λ 值按完整的圆圈面积画图; ^{3}He 所在圆圈面积最大. 数据来源于文献 [1.40, 1.123, 1.148]

　　除了在液氢中寻找超流外, 人们也在固体氢中寻找超流. 固态的氦和氢代表了一类非常特殊的量子晶体, 它们晶格上的粒子因零点能所引起的空间涨落并不远小于格点间距. 以氢为例, 其空间涨落[1.126] 可达格点间距的 18%. 常规晶体中, 如此剧烈的不稳定性已经引起固体熔化. 1910 年, 林德曼 (Lindemann) 曾提出一个晶体熔化规律 —— 林德曼判据, 也即格点上粒子的热涨落大于一定数值时晶体熔化. 一开始林德曼认为当格点上粒子的振动位移大于格点间距的 50% 时晶体熔化. 很快, 人们认识到这个规律更适合用位移涨落的均方根表示, 即

$$L = \frac{\sqrt{\langle (\Delta r)^2 \rangle}}{a},\tag{1.56}$$

通常人们认为 L 值大于 14% 时晶体应该熔化[1.149]. 式 (1.56) 中, L 为林德曼系数, Δr 代表了相对于平衡位置的偏移, a 为格点间距. 不同低温元素的空间涨落与量子数的

关系总结于图 1.91. 零压下的固体氢还具备高度的可压缩性, 当施加约 10000 bar 的压强时, 固体氢的体积减小一半, 而常规固体仅改变百分之几的体积[1.123], 这也是氢作为一个量子固体的特殊表现.

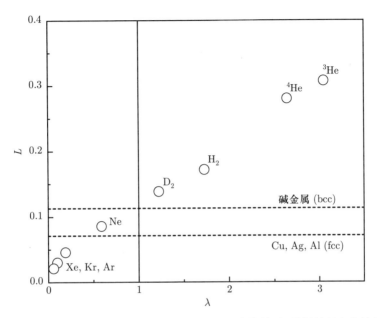

图 1.91   晶格中粒子的零点能引起的空间涨落与量子化程度的关系. 数据整理自文献 [1.40, 1.123, 1.150]. 图中两条横虚线分别代表碱金属和铜、银、铝等常规金属熔化的条件, 竖线强调 $\lambda = 1$ 的位置, 量子化系数大于 1 的固体不再服从常规的熔化规律

在高涨落的量子晶格里面, 不同粒子的波函数更容易交叠, 因而有可能展现宏观的量子性质. 因此人们也通过测量转动惯量变化的方式在固体氢中寻找超流现象. 尽管实验上曾发现低于 0.1 K 时有疑似约 0.1% 的转动惯量丢失的现象, 但是观测者们在细致的分析后采用了一个常规解释. 观测者们认为所测量到的异常信号并非来自超流, 而是与固体中正氢和仲氢的转化有关[1.148].

综上, 迄今为止, 宏观超流现象仅在 ^{4}He 和 ^{3}He 中被确认, 其他体系未能提供足够有说服力的超流证据.

1.5.4   液氦中的氢杂质

氦中少量的氢杂质可能严重影响 4 K 以下低温设备的正常使用. 在低于 4 K 的低温设备中, 一个常见的制冷或者预冷手段是让液氦通过毛细管进入一个腔体后蒸发降温, 通常可以获得 2 K 以下的温度或者为更低温的制冷手段提供预冷 (相关内容见 4.1.2 小节). 当液氦中有杂质时, 杂质堵塞毛细管将影响制冷机的运转.

这种毛细管的进口通常不在液氦容器的底部, 密度大于液氦的常规杂质不一定会堵塞毛细管 (见表 1.18). 于是密度较小、难以去除的氢成了堵塞毛细管的关键杂质, 这些氢主要以溶解状态存在. 在液氦被抽气制冷的过程中, 溶解在氦中的氢可能在更低温度下固化, 从而堵塞毛细管. 此外, 固体氢也有可能在液氦中存在, 它会浮于液氦表面. 如果设备被升温到 20 K 或者 30 K 之后, 堵塞现象好转或者消失, 则我们基本可以确认设备运转受到了氢杂质的干扰.

表 1.18   一些物质与液氦的密度对比

物质	状态	温度/K	密度/(g/cm³)	压强/Pa
^{4}He	液体	4.2	0.125	$\sim 10^5$
H_2	溶解	5.2	无	$\sim 10^{-2}$
H_2	溶解	4.2	无	$\sim 10^{-5}$
H_2	固体	4.2	0.089	无
D_2	固体	4.2	0.206	无
N_2	固体	无	1.03	无
O_2	固体	无	1.43	无
H_2O	固体	无	0.92	无
地上的灰尘	固体	无	~ 1.7	无
橡胶粉末	固体	无	~ 1.4	无
悬浮灰尘	固体	无	~ 1.0	无
水泥粉尘	固体	无	~ 0.8	无
塑料粉末	固体	无	~ 0.7	无
炭灰	固体	无	~ 0.6	无
面粉	固体	无	~ 0.5	无
细木粉末	固体	无	~ 0.3	无
速溶咖啡	固体	无	~ 0.3	无
奶粉	固体	无	~ 0.2	无

注: 液体 ^{4}He 的密度来自图 1.6, 氢的密度为 4.2 K 下的实验数据[1.151], 其余物质的密度不是低温条件下的密度. 氦中的氢溶解蒸气压数据来自文献 [1.152]. 高纯氦气供应中的杂质见表 1.7. 生活中的常见粉末的密度与粉末具体来源相关, 本表所列数值仅供参考.

比起其他元素, 氢更容易在液氦中残留. 除了氢外, 其他杂质在 4.2 K 下的溶解能力非常弱, 我们均可以忽略[1.152]. 实践中, 实验室使用的液氦总有一定量的氢存在, 氢杂质有多种可能的来源. 这些氢可能来自产氦的油田本身, 它们未被完全提纯、分离和去除; 也可能来自氦的使用、生产和运输过程中的容器, 因为氢易于在金属和塑料容器中进出; 甚至可能来自实验设备本身的泵中的泵油和回收设备的压缩机中的机油.

2005 年和 2006 年, 美国、欧洲和亚洲的多个实验室发生了通液氦的毛细管堵塞现象. 这些实验室普遍具有多年的液氦使用经验, 而且之前并没有集中遭遇类似的设备问题. 因此, 当时引起毛细管堵塞现象的氢可能来自液氦的生产和运输过程. 氦和氢这种低密度物质, 以液态形式长距离运输远比以高压气态形式运输经济, 如果在生产和运输过程中液氢和液氦接触了相同的金属界面, 那么氢将有机会通过以溶解于金属再释放的形式污染氦.

2006 年前后, 低温领域的工作人员先是猜测杂质来自大气环境, 但实验杜瓦维持氦环境正压和安装过滤器后, 毛细管堵塞现象并没有改善. 在过去十几年的经验积累中, 人们逐渐判断从 2005 年之后时不时出现的毛细管堵塞现象更可能来自氢杂质 (见图 1.92). 在毛细管的两侧, 液氦的温度差异大于 1 K, 而这个温区恰好是氢溶解度足够大并且随着降温迅速下降的温区. 随着从 4 K 到 3 K 的降温过程, 氢的饱和溶解比例从 10^{-10} 下降到 10^{-14}. 实践中, 因为固体氢的存在, 10^{-7} 数量级的杂质也曾被观测到[1.153]. 如果氦中有饱和溶解的氢杂质, 则几小时到几天的时间就足以产生堵塞常规低温设备中毛细管的固体氢[1.153]. 对于商业购买的气体, UHP 级别 (纯度为 99.9999%, 相关内容见 1.3.4 小节) 氦气中的氢杂质比例[1.152] 可能高达 5×10^{-7}, 有机会高于液氦的 4 K 饱和溶解能力. 实践中, 不一定所有降温产生的固体氢都停留在毛细管中, 因而各个低温设备的堵塞时间不统一. 我在 2006 年前后频繁遇到毛细管堵塞现象, 堵塞

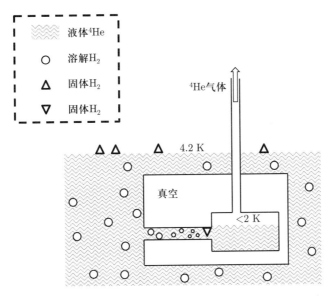

图 1.92 经过有温度差异的毛细管后氢堵塞毛细管的示意图. 为画图方便, 图中不论是氢的比例还是毛细管直径, 均远大于实际情况. 毛细管的直径根据具体设备而有很大的数值差异. 部分设备的毛细管直径约 50 μm, 部分设备采用大直径毛细管中填充金属丝的设计, 部分设备采用大幅度增加大直径毛细管的长度的方式控制流阻

大约在初始降温一周或数周后发生. 在传输液氦的过程中, 即使我添加孔道为微米级别的过滤器, 也未能延缓毛细管的堵塞. 设备常常不需要升温到 77 K, 我就发现堵塞现象消失或者缓解了.

　　针对氢杂质, 液氦的纯化方案也被研发出来, 但是没有被大规模推广, 因为商业化的液氦供应质量起起伏伏, 并不是总会引起流阻的堵塞. 纯化的方案除了包括常规的低温去除杂质外, 还包括引入易吸附氢的合金材料[1.152,1.154]. 实践中, 如果用可控的针尖阀替代毛细管, 当针尖阀被局部堵塞后, 我们再调节针尖阀, 也可以在液氦的氢杂质含量高的情况下延长低温设备的使用时间.

第一章参考文献

[1.1] KAPITZA P. Viscosity of liquid helium below the λ-point[J]. Nature, 1938, 141: 74.

[1.2] ALLEN J F, MISENER A D. Flow of liquid helium II[J]. Nature, 1938, 141: 75.

[1.3] VAN SCIVER S W. Helium cryogenics[M]. 2nd ed. New York: Springer, 2012.

[1.4] ALLEN J F, JONES H. New phenomena connected with heat flow in helium II[J]. Nature, 1938, 141: 243-244.

[1.5] KELLER W E. Helium-3 and helium-4[M]. New York: Plenum Press, 1969.

[1.6] KERR E C. Density of liquid He^4[J]. The Journal of Chemical Physics, 1957, 26: 511-514.

[1.7] WILKS J. The properties of liquid and solid helium[M]. London: Oxford University Press, 1967.

[1.8] BERMAN R, MATE C F. Some thermal properties of helium and their relation to the temperature scale[J]. The Philosophical Magazine: A Journal of Theoretical Experimental and Applied Physics, 2006, 3: 461-469.

[1.9] TAYLOR R D, DASH J G. Hydrodynamics of oscillating disks in viscous fluids: Viscosities of liquids He^3 and He^4[J]. Physical Review, 1957, 106: 398-403.

[1.10] TJERKSTRA H H. The influence of pressure on the viscosity of liquid helium I[J]. Physica, 1952, 18: 853-861.

[1.11] GRENIER C. Thermal conductivity of liquid helium. I[J]. Physical Review, 1951, 83: 598-603.

[1.12] LONDON F. The λ-phenomenon of liquid helium and the Bose-Einstein degeneracy[J]. Nature, 1938, 141: 643-644.

[1.13] BALIBAR S. Laszlo Tisza and the two-fluid model of superfluidity[J]. Comptes Rendus Physique, 2017, 18: 586-591.

[1.14] TISZA L. Transport phenomena in helium II[J]. Nature, 1938, 141: 913.

[1.15] Complete list of L D Landau's works[J]. Physics-Uspekhi, 1998, 41: 621-623.

[1.16] LANDAU L. The theory of superfluidity of helium II[J]. Journal of Physics (USSR), 1941, 5: 71.

[1.17] LANDAU L. On the theory of superfluidity of helium II[J]. Journal of Physics (USSR), 1947, 11: 91.

[1.18] COWLEY R A, WOODS A D B. Inelastic scattering of thermal neutrons from liquid helium[J]. Canadian Journal of Physics, 1971, 49: 177-200.

[1.19] BENDT P J, COWAN R D, YARNELL J L. Excitations in liquid helium: Thermodynamic calculations[J]. Physical Review, 1959, 113: 1386-1395.

[1.20] BOGOLUBOV N. On the theory of superfluidity[J]. Journal of Physics (USSR), 1947, 11: 23-32.

[1.21] FEYNMAN R P. Atomic theory of the two-fluid model of liquid helium[J]. Physical Review, 1954, 94: 262-277.

[1.22] FEYNMAN R P, COHEN M. Energy spectrum of the excitations in liquid helium[J]. Physical Review, 1956, 102: 1189-1204.

[1.23] OSBORNE D V. The rotation of liquid helium II[J]. Proceedings of the Physical Society, 1950, A63: 909-912.

[1.24] VINEN W F. The detection of single quanta of circulation in liquid helium II[J]. Proceedings of the Royal Society of London, 1961, A260: 218-236.

[1.25] RAYFIELD G W, REIF F. Evidence for the creation and motion of quantized vortex rings in superfluid helium[J]. Physical Review Letters, 1963, 11: 305-308.

[1.26] WILLIAMS G A, PACKARD R E. Photographs of quantized vortex lines in rotating He II[J]. Physical Review Letters, 1974, 33: 280-283.

[1.27] YARMCHUK E J, GORDON M J V, PACKARD R E. Observation of stationary vortex arrays in rotating superfluid helium[J]. Physical Review Letters, 1979, 43: 214-217.

[1.28] REPPY J D, DEPATIE D. Persistent currents in superfluid helium[J]. Physical Review Letters, 1964, 12: 187-189.

[1.29] PENROSE O, ONSAGER L. Bose-Einstein condensation and liquid helium[J]. Physical Review, 1956, 104: 576-584.

[1.30] LEGGETT A J. Superfluidity[J]. Reviews of Modern Physics, 1999, 71: S318-S323.

[1.31] LEGGETT A J. Can a solid be "superfluid"?[J]. Physical Review Letters, 1970, 25: 1543-1546.

[1.32] KIM E, CHAN M H W. Probable observation of a supersolid helium phase[J]. Nature, 2004, 427: 225-227.

[1.33] KIM E, CHAN M H W. Observation of superflow in solid helium[J]. Science, 2004, 305: 1941-1944.

[1.34] LIN X, CLARK A C, CHAN M H W. Probable heat capacity signature of the supersolid transition[J]. Nature, 2007, 449: 1025-1028.

[1.35] ORNES S (原作者), 林熙 (编译). 超固体的回归 [J]. 物理, 2017, 46: 106-107.

[1.36] LIPA J A, SWANSON D R, NISSEN J A, et al. Specific heat of helium confined to a 57-μm planar geometry near the lambda point[J]. Physical Review Letters, 2000, 84: 4894-4897.

[1.37] LIN X. Specific heat of solid ^{4}He [D]. University Park: Pennsylvania State University, 2008.

[1.38] ALLEN J F, MISENER A D. The properties of flow of liquid He II[J]. Proceedings of the Royal Society of London, 1939, A172: 467-491.

[1.39] ABEL W R, WHEATLEY J C. Experimental thermal conductivity of two dilute solutions of He^3 in superfluid He^4[J]. Physical Review Letters, 1968, 21: 1231-1234.

[1.40] POBELL F. Matter and methods at low temperatures[M]. 3rd ed. Berlin: Springer, 2007.

[1.41] LANE C T, FAIRBANK H A, FAIRBANK W M. Second sound in liquid helium II[J]. Physical Review, 1947, 71: 600-605.

[1.42] ATKINS K R. Third and fourth sound in liquid helium II[J]. Physical Review, 1959, 113: 962-965.

[1.43] RUDNICK I. Critical surface density of the superfluid component in ^{4}He films[J]. Physical Review Letters, 1978, 40: 1454-1455.

[1.44] BREWER D F, MENDELSSOHN K. Transfer of the unsaturated helium II film[J]. Proceedings of the Royal Society of London, 1961, A260: 1-12.

[1.45] DAUNT J G, MENDELSSOHN K. Transfer of helium II on glass[J]. Nature, 1938, 141: 911-912.

[1.46] KOSTERLITZ J M, THOULESS D J. Ordering, metastability and phase transitions in two-dimensional systems[J]. Journal of Physics C: Solid State Physics, 1973, 6: 1181-1203.

[1.47] BISHOP D J, REPPY J D. Study of the superfluid transition in two-dimensional ^{4}He films[J]. Physical Review Letters, 1978, 40: 1727-1730.

[1.48] CHAN M H W, BLUM K I, MURPHY S Q, et al. Disorder and the superfluid transition in liquid ^{4}He [J]. Physical Review Letters, 1988, 61: 1950-1953.

[1.49] FINOTELLO D, GILLIS K A, WONG A, et al. Sharp heat-capacity signature at the superfluid transition of helium films in porous glasses[J]. Physical Review Letters, 1988, 61: 1954-1957.

[1.50] FU H, WANG P, HU Z, et al. Low-temperature environments for quantum computation and quantum simulation[J]. Chinese Physics B, 2021, 30: 020702.

[1.51] VOLOVIK G E. Cosmology, particle physics, and superfluid 3He [J]. Czechoslovak Journal of Physics, 1996, 46 S6: 3048-3055.

[1.52] VOLOVIK G E. Baryon asymmetry of universe: View from superfluid ^{3}He [J]. Journal of Low Temperature Physics, 1998, 110: 23-37.

[1.53] ZUREK W H. Cosmological experiments in superfluid helium?[J]. Nature, 1985, 317: 505-508.

[1.54] KERR E C, TAYLOR R D. Molar volume and expansion coefficient of liquid He^3[J]. Annals of Physics, 1962, 20: 450-463.

[1.55] ABEL W R, ANDERSON A C, WHEATLEY J C. Propagation of zero sound in liquid He^3 at low temperatures[J]. Physical Review Letters, 1966, 17: 74-78.

[1.56] DOBBS E R. Helium three[M]. Oxford: Oxford University Press, 2000.

[1.57] GREYWALL D S. ^{3}He specific heat and thermometry at millikelvin temperatures[J]. Physical Review B, 1986, 33: 7520-7538.

[1.58] ROBERTS T R, SYDORIAK S G. Thermodynamic properties of liquid helium three. I. The specific heat and entropy[J]. Physical Review, 1955, 98: 1672-1678.

[1.59] GREYWALL D S. Specific heat of normal liquid ^{3}He[J]. Physical Review B, 1983, 27: 2747-2766.

[1.60] CARLESS D C, HALL H E, HOOK J R. Vibrating wire measurements in liquid ^{3}He. I. The normal state[J]. Journal of Low Temperature Physics, 1983, 50: 583-603.

[1.61] ANDERSON A C, CONNOLLY J I, VILCHES O E, et al. Experimental thermal conductivity of helium-3[J]. Physical Review, 1966, 147: 86-93.

[1.62] GREYWALL D S. Thermal conductivity of normal liquid ^{3}He[J]. Physical Review B, 1984, 29: 4933-4945.

[1.63] WHEATLEY J C. Experimental properties of superfluid ^{3}He[J]. Reviews of Modern Physics, 1975, 47: 415-470.

[1.64] ENSS C, HUNKLINGER S. Low-temperature physics[M]. Berlin: Springer, 2005.

[1.65] EMERY V J, SESSLER A M. Possible phase transition in liquid He^3[J]. Physical Review, 1960, 119: 43-49.

[1.66] ABEL W R, ANDERSON A C, BLACK W C, et al. Absence of superfluidity in low-pressure liquid He^3 above 0.0035 °K[J]. Physical Review Letters, 1965, 14: 129-131.

[1.67] BAUM J L, BREWER D F, DAUNT J G, et al. Measurements of the melting curve of pure He^3 below the minimum[J]. Physical Review Letters, 1959, 3: 127-128.

[1.68] OSHEROFF D D, RICHARDSON R C, LEE D M. Evidence for a new phase of solid He^3[J]. Physical Review Letters, 1972, 28: 885-888.

[1.69] OSHEROFF D D, GULLY W J, RICHARDSON R C, et al. New magnetic phenomena in liquid He^3 below 3 mK[J]. Physical Review Letters, 1972, 29: 920-923.

[1.70] LEGGETT A J. Interpretation of recent results on He^3 below 3 mK: A new liquid phase?[J]. Physical Review Letters, 1972, 29: 1227-1230.

[1.71] YAN J, YAO J, SHVARTS V, et al. Cryogen-free one hundred microkelvin refrigerator[J]. Review of Scientific Instruments, 2021, 92: 025120.

[1.72] PEKOLA J P, SIMOLA J T. Persistent currents in superfluid ^{3}He [J]. Journal of Low Temperature Physics, 1985, 58: 555-590.

[1.73] SAUNDERS J, WILDES D G, PARPIA J, et al. The normal fraction density in superfluid ^{3}He-B[J]. Physica, 1981, 108B: 791-792.

[1.74] YOSIDA K. Paramagnetic susceptibility in superconductors[J]. Physical Review, 1958, 110: 769-770.

[1.75] LEGGETT A J. Theory of a superfluid Fermi liquid. I. General formalism and static properties[J]. Physical Review, 1965, 140: A1869-A1888.

[1.76] EINZEL D, WÖLFLE P, HIRSCHFELD P J. Transverse surface impedance of pair-correlated Fermi liquids. Application to normal and superfluid ^{3}He[J]. Journal of Low Temperature Physics, 1990, 80: 31-68.

[1.77] BERTHOLD J E, GIANNETTA R W, SMITH E N, et al. Determination of the ^{3}He superfluid-density tensor for the A and B phases[J]. Physical Review Letters, 1976, 37: 1138-1141.

[1.78] MÜHLSCHLEGEL B. Die thermodynamischen funktionen des supraleiters[J]. Zeitschrift für Physik, 1959, 155: 313-327.

[1.79] HAKONEN P J, IKKALA O T, LSLANDER S T, et al. Rotating nuclear demagnetization refrigerator for experiments on superfluid He^3[J]. Cryogenics, 1983, 23: 243-250.

[1.80] CHOI H, TAKAHASHI D, KONO K, et al. Evidence of supersolidity in rotating solid helium[J]. Science, 2010, 330: 1512-1515.

[1.81] WALTERS G K, FAIRBANK W M. Phase separation in He^3-He^4 solutions[J]. Physical Review, 1956, 103: 262-263.

[1.82] EDWARDS D O, IFFT E M, SARWINSKI R E. Number density and phase diagram of dilute He^3-He^4 mixtures at low temperatures[J]. Physical Review, 1969, 177: 380-391.

[1.83] GRAF E H, LEE D M, REPPY J D. Phase separation and the superfluid transition in liquid He^3-He^4 mixtures[J]. Physical Review Letters, 1967, 19: 417-419.

[1.84] NAKAMURA M, SHIROTA G, SHIGEMATSU T, et al. Solubility of ^{4}He in liquid ^{3}He at very low temperatures[J]. Physica B, 1990, 165&166: 517-518.

[1.85] WATSON G E, REPPY J D, RICHARDSON R C. Low-temperature density and solubility of He^3 in liquid He^4 under pressure[J]. Physical Review, 1969, 188: 384-396.

[1.86] DOKOUPIL Z, VAN SOEST G, WANSINK D H N, et al. Specific heats of pure ^{4}He and of a mixture of ^{4}He with 2.50% of ^{3}He between 1 °K and 2.3 °K[J]. Physica, 1954, 20: 1181-1188.

[1.87] DOKOUPIL Z, KAPADNIS D G, SREERAMAMURTY K, et al. Specific heat of mixtures of ^{4}He and ^{3}He between 1° K and 4° K[J]. Physica, 1959, 25: 1369-1375.

[1.88] VIGNOS J H, FAIRBANK H A. Sound measurements in liquid and solid He^3, He^4, and He^3-He^4 mixtures[J]. Physical Review, 1966, 147: 185-197.

[1.89] DE BRUYN OUBOTER R, TACONIS K W, LE PAIR C, et al. Thermodynamic properties of liquid ^{3}He-^{4}He mixtures derived from specific heat measurements between 0.4° K and 2° K over the complete concentration range[J]. Physica, 1960, 26: 853-888.

[1.90] EDWARDS D O, BREWER D F, SELIGMAN P, et al. Solubility of He^3 in liquid He^4 at 0° K[J]. Physical Review Letters, 1965, 15: 773-775.

[1.91] ANDERSON A C, EDWARDS D O, ROACH W R, et al. Thermal and magnetic properties of dilute solutions of He^3 in He^4 at low temperatures[J]. Physical Review Letters, 1966, 17: 367-372.

[1.92] BHATTACHARYYA B K, GASPARINI F M. Phase transition of two-dimensional ^{3}He from a dilute to a dense phase[J]. Physical Review B, 1985, 31: 2719-2724.

[1.93] RITCHIE D A, SAUNDERS J, BREWER D F. Momentum transfer between ^{3}He quasiparticles and surfaces: The effective viscosity of dilute solutions of ^{3}He in ^{4}He [J]. Physical Review Letters, 1987, 59: 465-468.

[1.94] BRADLEY D I, OSWALD R. Viscosity of the ^{3}He-^{4}He dilute phase in the mixing chamber of a dilution refrigerator[J]. Journal of Low Temperature Physics, 1990, 80: 89-97.

[1.95] ZEEGERS J C H, DE WAELE A T A M, GIJSMAN H M. Viscosity of saturated ^{3}He-^{4}He mixture below 200 mK[J]. Journal of Low Temperature Physics, 1991, 84: 37-47.

[1.96] KÖNIG R, POBELL F. Temperature, pressure, and concentration dependence of the viscosity of liquid ^{3}He-^{4}He mixtures at low temperatures[J]. Physical Review Letters, 1993, 71: 2761-2764.

[1.97] KÖNIG R, POBELL F. Fermi liquid behaviour of the viscosity of ^{3}He-^{4}He mixtures[J]. Journal of Low Temperature Physics, 1994, 97: 287-310.

[1.98] UM C-I, YOO S-K, LEE S-Y. First viscosity of dilute ^{3}He-^{4}He mixtures below 0.6 K[J]. Journal of Low Temperature Physics, 1994, 94: 145-160.

[1.99] ABEL W R, JOHNSON R T, WHEATLEY J C, et al. Thermal conductivity of pure He^3 and of dilute solutions of He^3 in He^4 at low temperatures[J]. Physical Review Letters, 1967, 18: 737-740.

[1.100] AHLERS G. Thermal conductivity of a He^3-He^4 mixture near the superfluid transition[J]. Physical Review Letters, 1970, 24: 1333-1336.

[1.101] HURLY J J, MOLDOVER M R. Ab initio values of the thermophysical properties of helium as standards[J]. Journal of Research (NIST), 2000, 105: 667-688.

[1.102] EDWARDS D O, BALIBAR S. Calculation of the phase diagram of ^{3}He-^{4}He solid and liquid mixtures[J]. Physical Review B, 1989, 39: 4083-4097.

[1.103] GAN'SHIN A N, GRIGOR'EV V N, MAĬDANOV V A, et al. Phase separation curve of dilute ^{3}He-^{4}He hcp solid solutions[J]. Low Temperature Physics, 2000, 26: 869-873.

[1.104] LIN X, CLARK A C, CHENG Z G, et al. Heat capacity peak in solid ^{4}He : Effects of disorder and ^{3}He impurities[J]. Physical Review Letters, 2009, 102: 125302.

[1.105] BROWN R H. Unique enigmatic helium[J]. Origins, 1998, 25: 55-73.

[1.106] BALLENTINE C J, O'NIONS R K, COLEMAN M L. A magnus opus: Helium, neon, and argon isotopes in a north sea oilfield[J]. Geochimica et Cosmochimica Acta, 1996, 60: 831-849.

[1.107] MARCANTONIO F, KUMAR N, STUTE M, et al. A comparative study of accumulation rates derived by He and Th isotope analysis of marine sediments[J]. Earth and Planetary Science Letters, 1995, 133: 549-555.

[1.108] MUMM H P, HUBER M G, BAUDER W, et al. High-sensitivity measurement of ^{3}He-^{4}He isotopic ratios for ultracold neutron experiments[J]. Physical Review C, 2016, 93: 065502.

[1.109] WILSON R W, NEWSOM H R. Helium: Its extraction and purification[J]. Journal of Petroleum Technology, 1968, 20: 341-344.

[1.110] RABADI S A, GWINNER M. A generic concept for helium purification and liquefaction plant[J]. Jordanian Journal of Engineering and Chemical Industries, 2019, 2: 51-58.

[1.111] HENDRY P C, MCCLINTOCK P V E. Continuous flow apparatus for preparing isotopically pure ^{4}He [J]. Cryogenics, 1987, 27: 131-138.

[1.112] TULLY P C. Isotopic purification of helium by differential distillation below the lambda-point[R]. Amarillo: Bureau of Mines, 1975.

[1.113] SOLLER T, FAIRBANK W M, CROWELL A D. The rapid separation of He^3 from He^4 by the "heat flush" method[J]. Physical Review, 1953, 91: 1058-1060.

[1.114] WILKES W R, WITTENBERG L J. Isotopic separation of ^{3}He/^{4}He from solar wind gases evolved from the lunar regolith[R]. Madison: Wisconsin Center for Space Automation and Robotics, 1992.

[1.115] LISTERMAN T W. Equilibrium properties of a superfluid separator for enriching the concentration of ^{3}He [J]. The Journal of Chemical Physics, 1969, 51: 4330-4335.

[1.116] MENDELL W W. Lunar bases and space activities of the 21st century[M]. Houston: Lunar and Planetary Institute, 1985.

[1.117] YOUNGLOVE B A. Thermophysical properties of fluids. I. Argon, ethylene, parahydrogen, nitrogen, nitrogen trifluoride, and oxygen[J]. Journal of Physical and Chemical Reference Data, 1982, 11: 1-353.

[1.118] 阎守胜, 陆果. 低温物理实验的原理与方法 [M]. 北京: 科学出版社, 1985.

[1.119] JACOBS R B. Liquid requirements for the cool-down of cryogenic epuipment[J]. Advances in Cryogenic Engineering, 1963, 8: 529-535.

[1.120] DAWSON V P, BOWLES M D. Taming liquid hydrogen: The centaur upper stage rocket 1958-2002[R]. Washington: National Aeronautics and Space Administration, 2004.

[1.121] 朱栋培. 量子力学基础 [M]. 合肥: 中国科学技术大学出版社, 2012.

[1.122] MCCARTY R D. Hydrogen: Its technology and implications III, hydrogen properties[M]. Boca Raton: CRC Press, 1975.

[1.123] SILVERA I F. The solid molecular hydrogens in the condensed phase: Fundamentals and static properties[J]. Reviews of Modern Physics, 1980, 52: 393-452.

[1.124] WOOLLEY H W, SCOTT R B, BRICKWEDDE F G. Compilation of thermal properties of hydrogen in its various isotopic and Ortho-Para modifications[J]. Journal of Research of the National Bureau of Standards, 1948, 41: 379-475.

[1.125] COX K E, WILLIAMSON K D. Hydrogen: Its technology and implications II, transmission and storage[M]. Boca Raton: CRC Press, 2018.

[1.126] CLARK A C, CHENG Z G, BOWNE M, et al. Influence of Ortho-H_2 clusters on the mechanical properties of solid Para-H_2[J]. Journal of Low Temperature Physics, 2010, 158: 867-881.

[1.127] KOLÁČ M, NEGANOV B S, SAHLING S. Low temperature heat release from copper: Ortho-Para conversion of hydrogen[J]. Journal of Low Temperature Physics, 1985, 59: 547-559.

[1.128] LI X, MA X, ZHANG J, et al. Review of hydrogen embrittlement in metals: Hydrogen diffusion, hydrogen characterization, hydrogen embrittlement mechanism and prevention[J]. Acta Metallurgica Sinica (English Letters), 2020, 33: 759-773.

[1.129] WAMPLER W R, SCHOBER T, LENGELER B. Precipitation and trapping of hydrogen in copper[J]. Philosophical Magazine, 1976, 34: 129-141.

[1.130] KOLÁČ M, NEGANOV B S, SAHLING A, et al. Ortho-Para conversion in hydrogen bubbles in copper[J]. Journal of Low Temperature Physics, 1986, 63: 459-477.

[1.131] SCHWARK M, POBELL F, HALPERIN W P, et al. Ortho-Para conversion of hydrogen in copper as origin of time-dependent heat leaks[J]. Journal of Low Temperature Physics, 1983, 53: 685-694.

[1.132] GINZBURG V L, SOBYANIN A A. Can liquid molecular hydrogen be super-fluid?[J]. Journal of Experimental and Theoretical Physics Letters, 1972, 15: 242-244.

[1.133] GREBENEV S, SARTAKOV B, TOENNIES J P, et al. Evidence for superfluidity in para-hydrogen clusters inside helium-4 droplets at 0.15 kelvin[J]. Science, 2000, 289: 1532-1535.

[1.134] APENKO S M. Critical temperature of the superfluid transition in Bose liquids[J]. Physical Review B, 1999, 60: 3052-3055.

[1.135] SEIDEL G M, MARIS H J, WILLIAMS F I B, et al. Supercooling of liquid hydrogen[J]. Physical Review Letters, 1986, 56: 2380-2382.

[1.136] MARIS H J, SEIDEL G M, HUBER T E. Supercooling of liquid H_2 and the possible production of superfluid H_2[J]. Journal of Low Temperature Physics, 1983, 51: 471-487.

[1.137] SMOLYANINOV I I. Supercooling molecular hydrogen down through the superfluid transition[J]. Physical Review Letters, 2000, 85: 2861-2864.

[1.138] LIU F C, LIU Y M, VILCHES O E. Specific heat and phase diagrams of H_2 adsorbed on D_2-or HD-plated graphite[J]. Physical Review B, 1995, 51: 2848-2856.

[1.139] WIECHERT H. Ordering phenomena and phase transitions in the physisorbed quantum systems H_2, HD and D_2[J]. Physica B, 1991, 169: 144-152.

[1.140] BRETZ M, THOMSON A L. Search for supercooling and possible superfluidity of molecular hydrogen in a vycor matrix[J]. Physical Review B, 1981, 24: 467-468.

[1.141] BREWER D F, RAJENDRA J C N, THOMSON A L. Thermal anomalies in molecular hydrogen supercooled in vycor porous glass[J]. Journal of Low Temperature Physics, 1995, 101: 317-322.

[1.142] SCHINDLER M, DERTINGER A, KONDO Y, et al. Hydrogen in porous vycor glass[J]. Physical Review B, 1996, 53: 11451-11461.

[1.143] KWON Y, WHALEY K B. Nanoscale molecular superfluidity of hydrogen[J]. Physical Review Letters, 2002, 89: 273401.

[1.144] SINDZINGRE P, CEPERLEY D M, KLEIN M L. Superfluidity in clusters of p-H_2 molecules[J]. Physical Review Letters, 1991, 67: 1871-1874.

[1.145] DE BOER J. Quantum theory of condensed permanent gases I the law of corresponding states[J]. Physica, 1948, 14: 139-148.

[1.146] NOSANOW L H. Quantum theorem of corresponding states and spin-polarized quantum system[J]. Journal de Physique Colloquec7, 1980, 41: 1-12.

[1.147] ATKINS K R. Liquid helium[M]. London: Cambridge University Press, 1959.

[1.148] CLARK A C, LIN X, CHAN M H W. Search for superfluidity in solid hydrogen[J]. Physical Review Letters, 2006, 97: 245301.

[1.149] CLARK B K, CEPERLEY D M. Off-diagonal long-range order in solid ^4He [J]. Physical Review Letters, 2006, 96: 105302.

[1.150] STILLINGER F H, WEBER T A. Lindemann melting criterion and the Gaussian core model[J]. Physical Review B, 1980, 22: 3790-3794.

[1.151] MEGAW H D, SIMON F. Density and compressibility of solid hydrogen and deuterium at 4.2 °K[J]. Nature, 1936, 138: 244.

[1.152] GABAL M, ARAUZO A, CAMÓN A, et al. Hydrogen-free liquid-helium recovery plants: The solution for low-temperature flow impedance blocking[J]. Physical Review Applied, 2016, 6: 024017.

[1.153] WILL J, HABERSTROH C. Hydrogen contamination in liquid helium[J]. IOP Conference Series: Materials Science and Engineering, 2020, 755: 012117.

[1.154] MIGUEL G, JAVIER S, CONRADO R, et al. The 14th Cryogenics IIR International Conference[C]. Dresden: Curran Associates, Inc., 2017.

第二章   低 温 固 体

由于低温液体的物性差异过于明显, 因此第一章按照液体的种类讨论它们在低温下的物性. 本章按照物性的分类讨论常见的低温固体, 主要讨论物性与温度的关系.

我们在日常生活中形成的关于材料物性的直觉往往不适用于低温环境, 因而不特意区分室温物性和低温物性容易使低温实验出现意外. 我们需要在对数坐标的尺度上看待温区, 在不同的对数温区开展实验的低温工作者有需要额外关注的不同物性.

低温环境已被广泛应用于科研前沿之中, 因而存在大量不同来源的低温物性数据, 然而, 低温实验工作需要的物性数据无法从单一来源获得. 对于较常关注的物性, 我尽量归纳和整理其低温信息, 以便于读者们查阅数据. 需要强调的是, 极低温下的物性测量数据存在大量空白, 许多材料的使用完全依赖于经验, 因而 2.8 节也将泛泛地介绍常见的低温固体.

2.1   比   热

比热是本章介绍的第一个重要物性. 制冷机低温部件和被降温对象的总热容决定了降温过程所需要的总制冷量. 由于低温比热测量的困难, 因此温度越低的比热数据越局限于个别高纯单质.

2.1.1   热容与比热概述

热容指系统在无穷小过程中改变单位温度所对应的能量, 即

$$C = \frac{\text{d}Q}{\text{d}T},\tag{2.1}$$

热容的单位为 J/K. 因为热量与过程有关, 不是态函数, 所以其微分符号带有横杆.

热容的大小与温度改变的过程有关, 热容仅在确定的过程中才有确定的数值. 例如, 普通物理教材会讨论定压条件下和定容条件下的理想气体热容, 并将它们分别称为定容热容 C_V 和定压热容 C_p. 当用态函数表示时, 它们可分别记为

$$C_V = \left(\frac{\partial U}{\partial T}\right)_V,\tag{2.2}$$

$$C_p = \left(\frac{\partial H}{\partial T}\right)_p,\tag{2.3}$$

其中, U 为内能, H 为焓. 对于理想气体, 内能仅仅是温度的函数, 因而式 (2.2) 不需要规定体积. 这两个热容不相等, 其差值为

$$C_p - C_V = T\left(\frac{\partial p}{\partial T}\right)_V \left(\frac{\partial V}{\partial T}\right)_p, \tag{2.4}$$

对于每摩尔理想气体, 该差值为普适气体常量 R. 对于一个可以用压强 p 和体积 V 描述的简单系统, 根据热力学第一定律, 以及熵与热量的关系:

$$\mathrm{d}S = \frac{\text{đ}Q}{T}, \tag{2.5}$$

可以得到

$$T\mathrm{d}S = \mathrm{d}U + p\mathrm{d}V. \tag{2.6}$$

再将熵记为内能 U 和体积 V 的函数, 可得

$$\left(\frac{\partial S}{\partial U}\right)_V = \frac{1}{T}, \tag{2.7}$$

$$\left(\frac{\partial S}{\partial V}\right)_U = \frac{p}{T}. \tag{2.8}$$

将式 (2.5) 代入式 (2.1), 我们可以得到热容在某个参量 x 不变时的表达式:

$$C_x = T\left(\frac{\partial S}{\partial T}\right)_x. \tag{2.9}$$

随着温度趋于绝对零度, 热容应该趋于零. 我们可以通过热力学第三定律来理解这个结论. 以定容热容为例, 由于绝对零度下的熵为零, 而有限温度下的熵由热力学系统的微观状态数决定, 因此 $\left(\frac{\partial S}{\partial T}\right)_V$ 无法为无穷大, 所以定容热容在温度趋于零时也为零, 即

$$\lim_{T\to 0} C_V = \lim_{T\to 0}\left(\frac{\partial U}{\partial T}\right)_V = \lim_{T\to 0} T\left(\frac{\partial S}{\partial T}\right)_V = 0. \tag{2.10}$$

历史上, 热力学第三定律的形成过程驱动了固体热容的低温测量[2.1,2.2].

严格来说, 由于热膨胀现象的存在, 固体的定容热容无法被直接测量, 因此通常意义下的固体的热容指的是定压热容. 然而, 低温环境下的固体默认处于真空环境下, 所以人们在低温实验中主要讨论真空条件下的定压热容, 或者某个远大于大气压的压强下的定压热容. 对于高压条件下的低温固体热容, 人们需要明确给出外部压强的数值. 当理论分析需要严格考虑归一化后的定容热容时, 式 (2.4) 为我们提供了两者的换算途径. 固体的 C_p 和 C_V 在室温下的差异[2.3~2.5]通常不到 5%, 在 $\Theta_D/2$ (Θ_D 被称为德拜 (Debye) 温度) 下的差异[2.6] 仅约为 1%. 图 2.1 是固体铝的定压热容与定容热容的

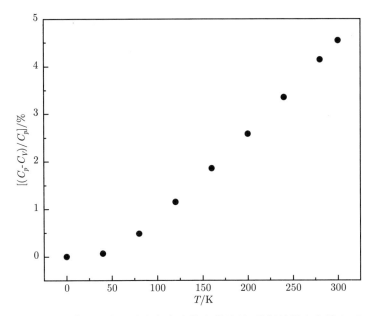

图 2.1 固体铝的定压热容与定容热容的差异. 数据计算自文献 [2.2]

差异随温度变化的例子. 当低温实验中涉及真空条件下固体的热容时, 由于两者的差异随着温度下降迅速趋于零, 因此人们不再特意区分定压条件和定容条件.

系统的热容与质量成正比, 是一个广延量, 人们常以质量对其进行归一化处理, 并称该归一化后的物理量为比热, 这是一个更便于在不同材料间进行比较的强度量. 本节主要提供比热的数据, 而实际工作中人们更应该关注热容. 以摩尔数归一化的热容被称为摩尔热容, 单位为 J/(mol · K), 常见于物理模型的讨论. 以质量归一化的热容常出现于实际使用的场合. 在本书中, 对摩尔数或质量做 "比值" 的归一化热容都被简称为比热.

2.1.2 晶格比热和电子比热

由于德拜的比热模型深入人心, 因此人们可能会误认为德拜模型准确提供了低温固体的比热数值, 事实上, 德拜模型仅提供了部分固体在有限温区内的比热信息. 导体是低温环境下最常遇到的固体, 电子的比热是其总比热的重要组成部分. 如果导体发生超导相变, 则配对后电子的比热随着温度下降而迅速减小.

1. 杜隆 – 珀蒂定律

1819 年, 杜隆和珀蒂测量了 13 种固体的室温比热, 发现它们的数值都接近 25 J/(mol·K), 并且与温度无关[2.2]. 这个经验规则被称为杜隆 – 珀蒂定律, 它指出固态单质的摩尔热容几乎相等. 1871 年, 玻尔兹曼为该现象提供了理论解释: 如果晶格中有 6 个自由度, 每个自由度贡献 $k_BT/2$ 的能量, 则固体的总比热为 $3R$, 其中, 普适气体常量 R 的数值为 8.314 J/(mol·K).

杜隆 – 珀蒂定律有其适用范围. 首先, 部分硬度高的 "轻" 元素不符合杜隆 – 珀蒂定律, 例如, 硼 (B) 和金刚石形态的碳 (C), 它们的比热只有在温度高于室温之后才会接近 $3R$. 其次, 对于化合物, 这个规律存在但是数值有明显的差异, 例如, 氯化钠 (NaCl) 和氯化银 (AgCl) 等双原子化合物的室温比热约为表 2.1 中数值的 2 倍. 化合物的形式越复杂, 室温比热越大, 且近似为 1 mol 化合物中所有元素的比热之和[2.1].

表 2.1　部分常见固体的室温比热

固体	比热/[J/(mol·K)]	固体	比热/[J/(mol·K)]
Ag	25.4	Nb	24.7
Al	24.4	铅 (Pb)	26.6
金 (Au)	25.4	铂 (Pt)	25.9
Cu	24.4	Si	20.0
铁 (Fe)	25.1	锡 (Sn)	26.4
锗 (Ge)	23.4	钛 (Ti)	25.0
铟 (In)	26.7	锌 (Zn)	25.4

注: 数据计算自文献 [2.7].

2. 爱因斯坦模型与德拜模型

人们对低温固体比热的探索至少可以追溯到 1872 年[2.8,2.9]. 显然, 杜隆 – 珀蒂定律的经验数值在低温下不应该成立. 1906—1907 年, 爱因斯坦引入了能量量子化的概念, 第一次提出了量子热容理论, 解释了比热随温度的下降.

比热本质上是能量在物质内部分布的描述. 固体中的原子位于晶格格点, 并且在平衡位置附近振动. 类似于气体的热运动, 振动也是能量的一种形式. 晶格简谐振动的能量是量子化的, 考虑能量的统计平均之后, 爱因斯坦给出了能量与温度的关系, 从而可以计算出比热与温度的关系. 假设了原子沿着三个方向振动之后, 爱因斯坦模型的高温极限与经典结果 —— 杜隆 – 珀蒂定律 —— 一致. 在爱因斯坦模型中, 比热与一个特征温度 T_E 有关, 即

$$c \approx 3R\left[1 - \frac{1}{12}\left(\frac{T_E}{T}\right)^2 + \frac{1}{240}\left(\frac{T_E}{T}\right)^4\right], \tag{2.11}$$

其中, 高温端的零阶项为 $3R$, 第一个小量为 $\left(\dfrac{T_E}{T}\right)^2$ 项[2.2], 而 T_E 取决于固体的密度和压缩率. 金刚石的 T_E 约为常规金属单质的 6 倍[2.1], 这也解释了金刚石的室温比热偏小. 低温端, 当热运动的能量与简谐振子能量可比拟之后, 杜隆 – 珀蒂定律就不成立了.

1912 年, 德拜改进了爱因斯坦关于振动频率的假设, 将原本的单一频率振动修正为一套频率分布, 并且假设低于某个频率的短波不存在, 这个模型与实验数据吻合得更好. 特征频率 ω_{m} 对应的特征温度被称为德拜温度 Θ_{D}:

$$\Theta_{\mathrm{D}} = \frac{\hbar\omega_{\mathrm{m}}}{k_{\mathrm{B}}}. \tag{2.12}$$

德拜温度在数值上接近 300 K (见表 2.2), 弹性模量较大、密度较低的单质晶体有更高的德拜温度. 在德拜模型下, 比热为

$$c \approx 3R\left[1 - \frac{1}{20}\left(\frac{\Theta_{\mathrm{D}}}{T}\right)^2 + \frac{1}{560}\left(\frac{\Theta_{\mathrm{D}}}{T}\right)^4\right], \tag{2.13}$$

其中, 高温端的零阶项依然为 $3R$, 第一个小量为 $\left(\dfrac{\Theta_{\mathrm{D}}}{T}\right)^2$ 项[2.2]. 德拜模型的合理性在于大部分晶体的振动频率[2.10]可高达 10^{13} Hz. 惰性气体形成的固体是验证德拜模型较好的实验对象[2.11].

表 2.2　部分常见固体的德拜温度

固体	德拜温度/K	固体	德拜温度/K
Ag	225	Nb	275
Al	428	Pb	105
Au	165	Pt	240
Cu	343	Si	640
Fe	467	Sn	199
Ge	370	Ti	420
In	108	Zn	327
AgCl	180	氧化镁 (MgO)	800
氮化硼 (BN)	600	二硫化钼 (MoS$_2$)	290
氟化钙 (CaF$_2$)	470	NaCl	280
氯化钾 (KCl)	230	二氧化硅 (SiO$_2$)	255
氟化锂 (LiF)	680	硫化锌 (ZnS)	260

注: 数据来自文献 [2.1, 2.7].

金刚石的德拜温度[2.7]为 2230 K, 可能这是德拜温度最高的常见材料, 因而金刚石的室温比热偏小. 金刚石的德拜温度异常依然可以从密度低、弹性模量大的角度理解, 这类材料有更大的特征频率 ω_{m}, 因而有更高的德拜温度. 反之, 原子量大或结合力弱的固体的德拜温度较低. 例如, 铯 (Cs, 40 K) 和常规惰性气体形成的固体 (Xe, 64 K; Kr, 72 K; Ar, 92 K; Ne, 75 K) 的德拜温度都比较低[2.9]. 固体 ^{4}He 和固体 ^{3}He 的德拜温度取决于其密度和结构. ^{4}He 的德拜温度的典型数值在 30 K 附近, ^{3}He 的德拜温度的典型数值在 20 K 附近, 且均随着密度升高而升高[2.12].

爱因斯坦模型的低温端比热虽然随着温度下降而减小, 但是减小趋势与实验数据不符, 与之对比, 德拜模型与实验数据吻合得更好. 爱因斯坦模型和德拜模型的差异在于对频率分布的假设, 基于其他频率分布的比热模型也曾被提出过, 但是不如以上两个模型的影响力大. 显然, 爱因斯坦将所有的振动视为独立振动是重要的构思起点和突破, 德拜对其做了更合理的修正. 低温极限下, 德拜模型下的比热可写为

$$c = \frac{12\pi^4 R}{5} \left(\frac{T}{\Theta_D} \right)^3 = 1944 \left(\frac{T}{\Theta_D} \right)^3 \; [\text{J}/(\text{mol} \cdot \text{K})], \tag{2.14}$$

其中, 低温极限下的比热与 T^3 成正比, 这是德拜模型最重要的定性结论, 也被称为德拜 T^3 定律. 低温实验工作者常有的思维误区是将德拜 T^3 定律当作完整的德拜模型, 事实上, 低于 $\Theta_D/30$ 时 (见图 2.2), 晶格比热才可以近似由 T^3 描述. 其次, 由于频率分布难以准确知道, 因此德拜模型只能提供近似的比热信息.

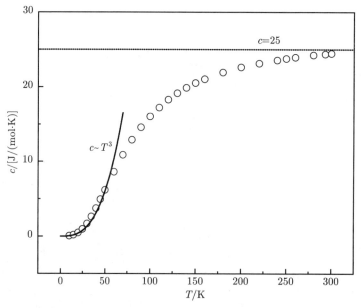

图 2.2 铜的比热随温度的变化. 数据来自文献 [2.13] 的整理, 曲线的 T^3 的系数来自文献 [2.14]

德拜模型给出的是指数规律, 其比热对于二维体系而言是 T^2 定律. 例如, 对于石墨这类层状材料, 在一定温区内其比热更接近 T^2 的依赖关系 (见图 2.3). 对于小颗粒粉末而言, 其表面积和体积之比较大, 因此比热由体贡献和表面贡献组成[2.1,2.15]:

$$c = A_1 V T^3 + A_2 S T^2, \tag{2.15}$$

其中, V 和 S 分别为小颗粒粉末的体积和面积, A_1 和 A_2 为系数. 另一个符合 T^2 关系的低温比热的例子是吸附气体形成的固体, 由于其很薄, 因此呈现出准二维的比热

关系[2.9].

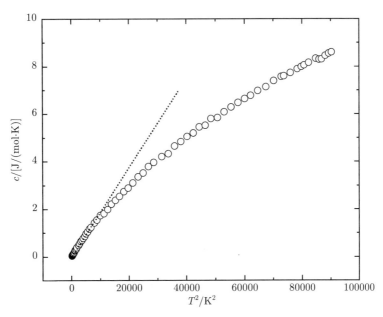

图 2.3　石墨的实测比热与 T^2 的关系. 数据来自文献 [2.16], 虚线表示低温下的 T^2 关系

　　因为德拜 T^3 定律深入人心, 所以人们把德拜温度定义为温度的函数而不是一个常量[2.17], 然后通过式 (2.14) 计算固体的比热. 图 2.4 提供了个别材料的德拜温度随

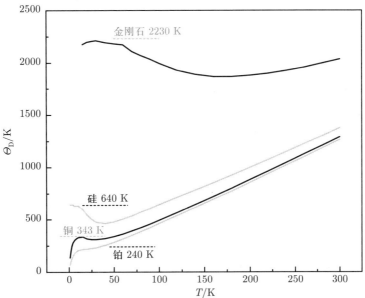

图 2.4　德拜温度与温度的关系. 数据计算自文献 [2.18] 中的信息

温度变化的示意图. 对于作为绝缘体的金刚石和硅, 由低温比热计算而得的德拜温度接近理论值. 而对于作为导体的铜和铂, 由于电子比热的存在, 低温极限下的 "有效" 德拜温度与表 2.2 中的数值有显著差异. 高温端, 硅的室温比热比 25 J/(mol·K) 略小 (见表 2.1), 因而其 "有效" 德拜温度比铜和铂略大.

3. 电子比热

金属中自由移动的电子对电导和热容都有贡献. 大约在 1900 年, 科研人员将电子当作在晶格中的自由气体, 并开始将气体的热学理论应用到金属中的电子[2.2]. 经典模型中的电子贡献 k_B 数量级的比热, 如果这个结论是正确的, 那么只体现晶格比热的杜隆 – 珀蒂定律就不应该成立, 看似导体应该有比绝缘体更大的高温比热. 事实上, 电子比热需要考虑量子力学的影响, 其数值远小于 k_B. 1928 年, 索末菲 (Sommerfeld) 用量子力学描述金属中的自由电子[2.1,2.2], 电子比热与经典值的差异开始可以得到解释了.

电子是费米子, 满足费米统计. 近自由电子的能量以 $\dfrac{k_B T}{E_F^0}$ 展开, 其中, E_F^0 为零温极限下的费米能. 当只保留常量项和最低指数项时, 电子的总能量与 $\left(\dfrac{k_B T}{E_F^0}\right)^2$ 有关, 所以电子比热与 T 有关. 我们可以基于物理图像来理解这个关系: 在给定的温度下, 只有 E_F^0 附近约 $k_B T$ 能量范围内的电子受到热激发, 而且激发能约为 $k_B T$. 金属的费米能对应的温度远高于室温 (例如, 铜为 8.16×10^4 K, 见表 2.3). 考虑室温与费米温度的实际值, 室温电子比热大约只是晶格比热的 1%. 也就是说, 由于受激发的电子数目远小于总电子数目, 电子比热远小于经典值, 因此, 电子比热在室温下不重要, 对杜隆 – 珀蒂定律没有影响.

表 2.3　一些常见金属单质的费米温度

金属	费米温度/(10^4 K)
Ag	6.38
Al	13.6
Au	6.42
Cu	8.16
In	10.0
Nb	6.18
Pb	11.0
Sn	11.8

注: 数据来自文献 [2.19].

估算时, 电子比热可近似为[2.17,2.20]

$$c_e = 1.36 \times 10^{-4} \times V^{2/3} N^{1/3} T \ [\text{J}/(\text{mol} \cdot \text{K})], \tag{2.16}$$

其中, V 指以 cm^3/mol 为单位的摩尔体积, N 指每个原子中的自由电子数目, 一个取巧的做法是做数量级估算时将这两个量都直接取为 1. 这个近似公式忽略了电子之间的长程相互作用, 也忽略了电子与晶格之间的相互作用, 因而计算结果与实际测量值有差异. 当考虑了电子与晶格等的相互作用之后, 自由电子模型将由准粒子模型替代, 准粒子有不同于电子质量的有效质量 (相关讨论见 2.2.2 小节). 常规金属的电子有效质量约为电子质量的 $1 \sim 2$ 倍. 一些复杂化合物的电子有效质量可高达电子质量的几百倍, 因此这些材料也被称为重费米子材料.

上述讨论其实非常粗糙, 忽略了内层电子和能带等大量必须考虑的细节, 但是不妨碍我们认为导体中的电子比热与温度满足线性关系, 而晶格比热满足 T^3 关系, 因而温度越低电子比热越重要. 具体来说, 当温度低于约 10 K 时, 导体中的电子比热逐渐开始不能被忽略. 习惯上, 人们把金属的比热写为

$$c = \gamma T + \beta T^3, \tag{2.17}$$

其中, γ 和 β 分别代表电子比热和晶格比热的系数. γ 也被称为索末菲常量, 部分金属的 γ 值见表 2.4. 对于这类数据, 一个习惯的绘图方法是用 c/T 作为纵坐标, 用 T^2 作为横坐标, 于是所得直线的截距是 γ、斜率是 β. 由于 γ 正比于载流子的有效质量, 因此重费米子材料的 γ 值远大于表 2.4 中的数值, 例如, $CeAlCu_4$ 的 γ 值超过 2 $J/(mol \cdot K^2)$[2.9]. 考虑到表 2.2 中的德拜温度数据和 1/30 这个经验比例, 对于金属而言, 比热满足 T^3 关系的区间非常有限.

表 2.4　部分金属的 γ 值

金属	$\gamma/[0.1 \text{ mJ}/(mol \cdot K^2)]$	金属	$\gamma/[0.1 \text{ mJ}/(mol \cdot K^2)]$
Ag	6.46	锰 (Mn)	92.0
Al	13.5	Nb	77.9
Au	7.29	镍 (Ni)	70.2
钴 (Co)	47.3	Pb	29.8
铬 (Cr)	14.0	Pt	68
Cu	6.95	Sn	17.8
Fe	49.8	Ti	33.5
汞 (Hg)	17.9	钨 (W)	13
In	16.9	Zn	6.4
PrNi$_5$	400		

注: 数据来自文献 [2.6, 2.21]. $PrNi_5$ 是 4.7 节将讨论的制冷剂.

4. 超导体的电子比热

超导体的电子比热在超导相变之前与常规金属一致. 超导相变会引起比热的跃变, 超导相变后瞬间的比热大于相变前的常规金属的比热, 其改变量约为

$$c_{es} - c_{en} \sim 2\gamma T_c. \tag{2.18}$$

根据 BCS 理论的简单计算结果[2.19], γ 为 1.43, 具体跃变的 γ 值与材料有关 (见表 2.5),
也受超导体的形状和磁场方向的影响. 铅和汞的实验数值与理论数值的偏离较大[2.6].
低温实验中最常见的材料铟、锡和铅的比热跃变值[2.1,2.9]分别为 9.75 mJ/(mol·K),
10.6 mJ/(mol·K) 和 52.6 mJ/(mol·K). 铌在超导相变后的比热跃变的例子如图 2.5 所
示.

表 2.5   部分超导体的比热跃变信息

超导体	$(c_{es} - c_{en})/(\gamma T_c)$
Al	1.60
Hg	2.18
Sn	1.60
Zn	1.25

注: 数据来自文献 [2.1].

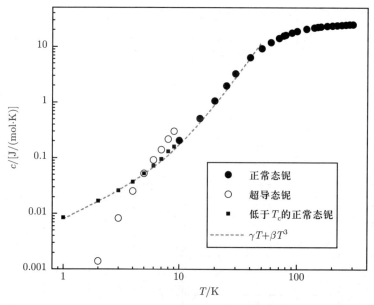

图 2.5   铌在超导相变后的比热跃变, 以及相变前的比热与温度的关系. 数据计算自文献 [2.9, 2.18],
曲线计算自表 2.2 和表 2.4 中的数据

超导相变之后, 电子比热随着温度下降而迅速下降. 超导体中载流子的比热来自
跨越超导能隙的热激发, 即

$$c_{es} = \gamma T_c \alpha \exp(-bT_c/T), \tag{2.19}$$

其中, α 和 b 为与超导体有关的参数. 文献曾报道过铝的 $\alpha = 6.93$, $b = 1.33$, 以及铅的 $\alpha = 14.6$, $b = 1.99$, 但是这些数值其实还受具体样品的品质影响[2.22]. 晶格比热的数值不受超导相变影响, 我们可以认为在远低于超导相变温度时, 超导体中的电子不再贡献比热, 晶格比热重新占据主导地位. 如果因为磁场的存在而不发生超导相变, 那么导体在低于零场相变温度时依然维持着比热与温度的线性关系. 以上讨论仅针对第一类超导体, 第二类超导体的比热更加复杂, 读者可参考文献 [2.22] 及其引文. 本书不讨论高温超导体的比热.

5. 定性总结

对于金属, 高温条件下的比热近似与温度无关, 低温条件下从晶格比热的 T^3 关系过渡到电子比热的 T 关系 (见图 2.6). 如果金属在低温下发生超导相变, 那么电子比热在短暂上升后迅速下降, 最终晶格比热重新占据主导地位 (见图 2.7).

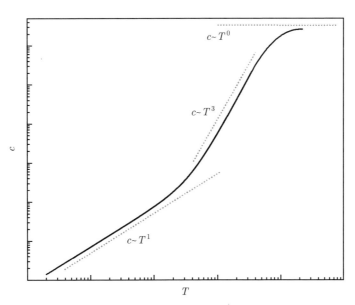

图 2.6 常规金属的比热与温度在双对数坐标系中的定性关系

2.1.3 其他比热贡献

1. 磁比热

磁场引起的能级劈裂贡献了额外的比热. 以等简并度的二能级系统为例, 我们可以写出能量与温度之间的关系式, 从而可以计算出比热:

$$c_{\mathrm{M}} = k_{\mathrm{B}} \left(\frac{\Delta E}{k_{\mathrm{B}} T} \right)^2 \exp \left(\frac{\Delta E}{k_{\mathrm{B}} T} \right) \Big/ \left[1 + \exp \left(\frac{\Delta E}{k_{\mathrm{B}} T} \right) \right]^2, \tag{2.20}$$

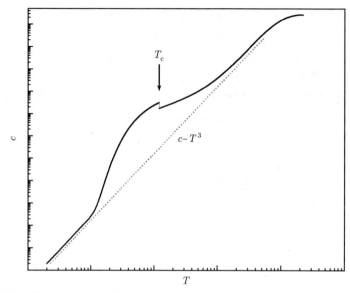

图 2.7 超导体的比热与温度在双对数坐标系中的定性关系. 此图和图 2.6 的纵轴对应了不同数量级的比热

其中, ΔE 为能级间距. 式 (2.20) 给出的磁比热在高温端与温度满足 T^{-2} 关系, 在低温端随温度成指数衰减. 由于通常的磁分裂能小于热能, 因此磁性金属材料的比热常呈现为[2.23]

$$c = \delta T^{-2} + \gamma T + \beta T^3. \tag{2.21}$$

式 (2.21) 并不违背热力学第三定律, 因为在更低的温度下, T^{-2} 将由一个温度的指数衰减项取代 (见图 2.8).

上述结论虽然计算自二能级系统, 但是该定性结论对于多能级系统和能级简并度不相等的情形也是成立的. 1922 年, 肖特基 (Schottky) 考虑了这个问题的通用模型, 因而这个形式的比热峰也被称为肖特基异常. 大部分材料的比热随着温度下降而减小, 因而有利于降温, 但极低温下具有肖特基异常的材料的降温比常规材料困难. 康铜和锰铜在 0.1 K 附近的比热依然随着温度下降而增大[2.23]. 不锈钢的比热在 $70 \sim 700$ mK 之间可以近似表示为[2.6]

$$c_{\mathrm{M}} = 465T + 0.56T^{-2} \ [\mu\mathrm{J}/(\mathrm{g} \cdot \mathrm{K})]. \tag{2.22}$$

对于具有非简单分立能级的磁系统, 其比热不再满足式 (2.20), 而是根据具体理论模型有大量不同的函数形式[2.22]. 例如, 对于磁饱和的铁磁态材料, 其磁比热近似满足 $T^{3/2}$ 关系[2.24,2.25]. 由于常见的磁性材料是金属, 因此比热的 $T^{3/2}$ 关系很难见到, 它在高温端被晶格比热掩盖, 低温端被电子比热掩盖. 反铁磁材料的磁比热近似满足 T^3

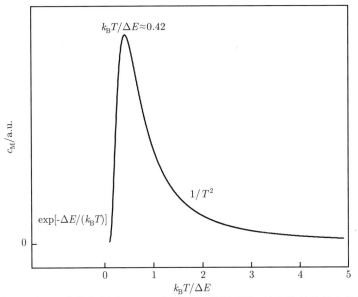

图 2.8 磁比热的示意图. 曲线根据式 (2.20) 计算自二能级系统, 该系统的比热在热能约为能隙的一半时出现最大值

关系, 它与晶格比热的温度依赖行为一致[2.26]. 稀磁合金的低温比热近似满足温度的指数关系, 文献 [2.27]报道了满足 $T^{0.57}$ 关系的比热数据. 当人们提到磁比热时, 常指式 (2.20) 的比热峰行为或者它的高温端 T^{-2} 近似.

2. 缺陷

每个原子都严格位于晶格格点的理想晶体并不存在, 所有的真实材料都存在大量的缺陷.

第一, 真实材料的体积有限, 严格的周期性条件不可能被满足. 参考前文关于石墨的晶格比热与 T^2 关系的讨论, 对于过小的样品, 不能忽略表面的比热贡献.

第二, 绝大部分材料是多晶, 一个真实材料由许多不同朝向甚至性质不同的小晶粒组合而成, 不是按照单一朝向排列的. 晶粒的大小、构型、特征排列方向等细节都会影响多晶的性质. 由于多晶由各种取向的大量晶粒组成, 因此多晶呈各向同性. 晶粒之间的交界面被称为晶粒间界, 也常被简称为晶界. 晶界就是晶体内部的二维缺陷, 其厚度只有几个原子层, 但是靠近晶界的晶粒内部有畸变. 晶粒的表面积与体积之比 (S/V) 可被用于定量表征二维缺陷. 金属晶粒的表面积与体积之比[2.2]常在 $10 \sim 1000 \text{ cm}^{-1}$ 范围内.

第三, 晶粒内部也存在缺陷, 一维缺陷被称为线缺陷或者位错. 固体氦中典型的位错密度为 10^9 cm^{-2} (相关内容见 5.10.2 小节), 这是位错大量存在的一个例子. 低质量金属的位错密度约为 10^{12} cm^{-2}, 退火后的铝和铜的位错密度[2.2]曾被报道为约 10^6 cm^{-2}.

第四, 即使以上缺陷都不存在, 晶体中的原子也不都位于晶格格点上, 这是一种零维缺陷. 零维缺陷也被称为点缺陷, 缺少原子的格点被称为空位, 存在于格点间隙中的原子被称为间隙原子. 空位和间隙原子并不是仅存在于非公度[①]固体中. 在真实固体中, 空位和间隙原子可以同时存在, 这种成对出现的缺陷被称为弗仑克尔 (Frenkel) 缺陷.

第五, 零维缺陷也包括杂质. 这显然也是存在于所有真实固体中的缺陷. 非杂质类型的点缺陷数目原则上随着温度下降而减少, 而杂质类型的点缺陷数目与温度无关. 需要强调的是, 对于非杂质类型的点缺陷, 其运动能力随着温度下降而迅速变弱, 因而点缺陷可能在低温条件下被冻结, 从而无法移动和消失. 与之对应, 人们将高纯金属材料升温到足够接近其熔点的温区, 以期空位和间隙原子移动并消失, 也期望位错减少, 同时期望部分杂质在高温环境下被氧化, 这个过程被称为退火. 直接测量宏观体材料点缺陷数目的实验方法可能不存在, 但点缺陷数目肯定多于杂质原子的数目.

3. 晶体中的缺陷比热

真实材料的体积参数基本不影响比热. 二维缺陷的比热近似与 T^2 成正比[2.28]. 一维缺陷的比热近似与 T 成正比[2.28,2.29]. 一维缺陷的比热形式相当复杂, 依赖于具体的模型. 例如, 螺位错和刃位错对比热的贡献不同[2.30]. 对于本书主要讨论的高纯晶体, 零维缺陷基本不影响比热. 一般而言, 缺陷对低温固体的比热影响很小, 但对低温固体的热导影响很大 (相关内容见 2.2.2 小节).

4. 非晶态比热

玻璃和聚合物是非晶态固体的典型代表, 它们的原子并不成周期性排布, 因此贡献了额外的比热[2.31]. 尽管非晶态比热已存在理论上的理解, 但是具体材料的数值只能依靠实验测量.

由于玻璃结构上的无序, 因此原子有多个能量接近的位置构型. 如果玻璃中亚稳态的构型改变并不是通过 "跨越障碍" 的热激发而是 "穿越障碍", 那么这种隧穿模型下的额外比热与 T 成正比[2.32,2.33]. 虽然玻璃的比热与温度之间的线性关系已存在理论上的解释, 但所有的玻璃态材料都有不依赖于微观构型的相近的比热值和温度依赖行为却没有很好的解释[2.34]. 实际测量到的玻璃态材料的额外比热的系数并不为 1, 其形式为

$$c = \alpha T^{1+\delta} + \beta T^3, \tag{2.23}$$

其中, δ 是一个小量, 而 β 的数值大于德拜模型给出的 T^3 比热的系数. 值得一提的是, 玻璃态材料在低温环境下的热平衡时间可能非常长, 而且测量到的比热等物理量随时间变化[2.35], 它的热平衡时间甚至可能长达宇宙寿命的尺度[2.36], 这种情形下如何定义比热和温度都是一个问题. 经验上, 足够低温度下玻璃态材料的比热大约是同一批分子组成的晶体比热的 1000 倍[2.34].

---

①非公度指的是单位晶格中不包含整数数量的原子.

高度有序的聚合物比热近似满足德拜模型, 但是不满足杜隆 – 珀蒂定律, 它们的高温比热近似与温度成正比. 不定型的聚合物比热随温度变化的行为非常复杂, 定性来说, 无序增大了比热. 聚合物比热在不同温区根据不同的模型可能满足 $T, T^3, T^{1/2}, T^{3/2}$ 或 $T^{5/3}$ 关系[2.37], 其中, $T^{5/3}$ 关系来自分形的贡献. 总体而言, 聚合物的比热对于有序度比较敏感, 在 100 K 以内对于具体化学组分并不敏感[2.37].

5. 其他比热异常

对于相变贡献的额外比热, 本节不展开讨论. 一些体系中存在未被充分理解的热激发, 它们可能引起比热异常, 通常体现为一个小温区内的额外比热. 如果一个体系中存在一个对应着 $k_B T$ 数量级的未知能隙, 那么温度远低于 T 时热激发难以发生, 温度远高于 T 时两个能级都被均匀占据, 因此仅温度与能隙相对应时比热呈现出异常. 例如, 实验上, 固体氦在 0.2 K 附近存在一个比热峰[2.38,2.39], 我们至今不清楚其背后的物理.

所谓的异常, 总是对比着某个程度上的正常, 因而对比热异常的定义也随着人们对物性理解的深入而不断改变. 磁比热引起的比热峰如今不再归为异常了. 现在已经理解但曾经认为的异常还包括集体行为 (超导、超流) 引起的比热峰、有序和无序之间的相变、铁电性质引起的比热峰等. 例如, 超流中著名的比热峰 (见图 1.18) 也可以在有序 – 无序相变时被观测到, 并不仅属于超流.

我们可以从另一个角度考虑比热异常和极低温测量的意义. 随着温度趋于绝对零度, 我们似乎对自由度和熵有更充分的理解, 物质之间的差异似乎变得不再重要. 极低温下的比热异常恰好可以告诉实验工作者某一类未被了解的熵在某个温区存在, 从而便于人们开展新量子现象的探索.

2.1.4 比热数据整理

本小节整理一些常用材料的低温比热信息, 以供读者做估算时快速查阅. 出于实用性考虑, 本小节统一将热容以质量归一化, 用 J/(g·K) 作为单位. 由于曲线重叠和交叉, 因此比热与温度的关系分温区、分材料类别展示. 深浅线条在部分区域交替使用, 以便于读者分辨不同曲线. 仅个别常用材料有广温区且足够密集的比热测量数据, 因此图中各种材料的温区并不完全一致. 当德拜函数被拟合时, 图中曲线采用了文献 [2.40] 中的公式近似.

图 2.9 ~ 2.18 中的比热数据仅能作为参考, 由于测量准确度和材料来源不同, 因此不同文献来源的数据有一定的差异. 在足够低的温度下, 具体比热数值还受杂质和晶体质量的影响[2.41]. 文献 [2.42] 提供了 1 ppm 数量级的各种杂质对于在 30 mK 下的铜比热测量产生显著干扰的例子. 文献 [2.43] 提供了 10 ppm 数量级的铁杂质对于在 1 mK 下的铂比热测量产生显著干扰的例子. 简单的结论是, 哪怕对于铜和铂这种常用的高纯金属, 我们也不应该轻易预设它们的比热在趋于零温极限的过程中单调下降.

1. 30 ~ 300 K 的比热数据

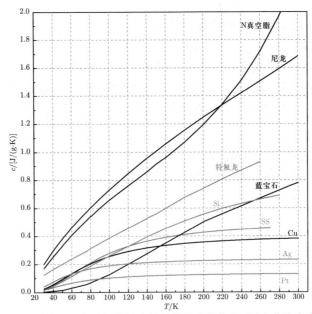

图 2.9　30 K 以上的比热数据 1. 本图提供较常见材料的比热信息. 图中曲线来自对文献 [2.1, 2.4 ~ 2.6, 2.14, 2.18, 2.21, 2.44 ~ 2.48] 及其中引文数据的整理、分析和局部拟合. 关于 N 真空脂、尼龙、特氟龙 (Teflon) 和 SS 的描述见 2.8 节

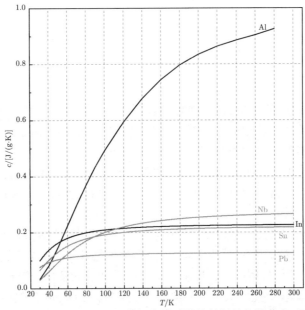

图 2.10　30 K 以上的比热数据 2. 本图提供部分单质超导材料的比热信息. 图中曲线来自对文献 [2.5, 2.6, 2.18, 2.44 ~ 2.46, 2.49] 及其中引文数据的整理、分析和局部拟合. 此图的纵坐标范围为图 2.9 的 50%

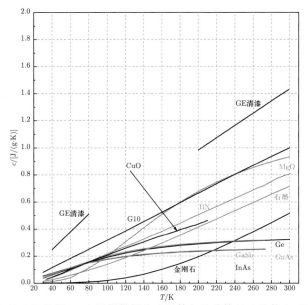

图 2.11 30 K 以上的比热数据 3. 本图提供部分半导体与绝缘体的比热信息. 图中曲线来自对文献 [2.1, 2.6, 2.16, 2.18, 2.44 ~ 2.46, 2.50 ~ 2.52] 及其中引文数据的整理、分析和局部拟合. Ge 和砷化镓 (GaAs) 的比热接近, 锑化镓 (GaSb) 和砷化铟 (InAs) 的比热接近, 两套数据大约在 70 K 附近相交. 关于 GE 清漆 (GE varnish) 和 G10 的描述见 2.8 节

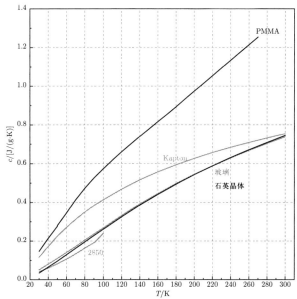

图 2.12 30 K 以上的比热数据 4. 本图提供部分绝缘体的比热信息. 图中曲线来自对文献 [2.1, 2.4 ~ 2.6, 2.18, 2.21, 2.37, 2.44, 2.46, 2.53 ~ 2.55] 及其中引文数据的整理、分析和局部拟合. 100 K 以上, 玻璃和石英晶体的比热接近, 低温端石英晶体的比热更小. 此图的纵坐标范围为图 2.9 的 70%. 关于 PMMA, Kapton, 2850 和玻璃的描述见 2.8 节

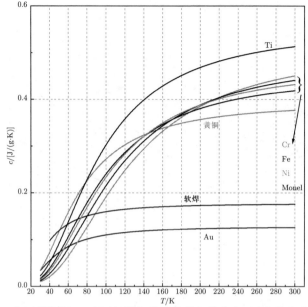

图 2.13　30 K 以上的比热数据 5. 本图提供部分导体的比热信息. 图中曲线来自对文献 [2.1, 2.5, 2.6, 2.18, 2.44 ～ 2.48] 及其中引文数据的整理、分析和局部拟合. 此图的纵坐标范围为图 2.9 的 30%. 关于黄铜的描述见 2.8 节, 关于软焊的描述见 5.4.6 小节, 关于 Monel 的描述见 5.8.1 小节

2. 30 K 以下的比热数据

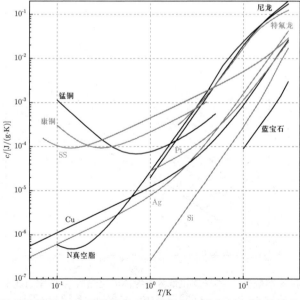

图 2.14　30 K 以下的比热数据 1. 本图提供较常见材料的比热信息. 图中曲线来自对文献 [2.1, 2.4 ～ 2.6, 2.14, 2.18, 2.21, 2.44 ～ 2.48, 2.56] 及其中引文数据的整理、分析和局部拟合. 关于锰铜和康铜的描述见 2.8 节

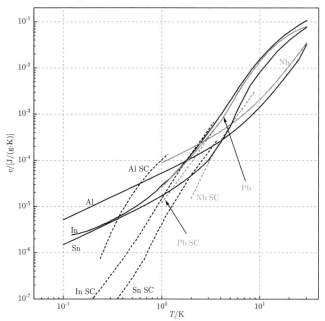

图 2.15 30 K 以下的比热数据 2. 本图提供部分单质超导材料的比热信息. 图中的 "SC" 代表超导态, 用虚线表示. 无此后缀的实线则代表正常态. 图中曲线来自对文献 [2.5, 2.6, 2.18, 2.44 ∼ 2.46, 2.49, 2.57] 及其中引文数据的整理、分析和局部拟合

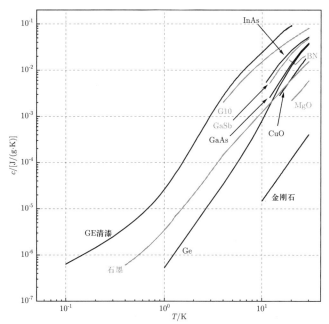

图 2.16 30 K 以下的比热数据 3. 本图提供部分半导体与绝缘体的比热信息. 图中曲线来自对文献 [2.1, 2.6, 2.16, 2.18, 2.44 ∼ 2.46, 2.50, 2.51, 2.58] 及其中引文数据的整理、分析和局部拟合

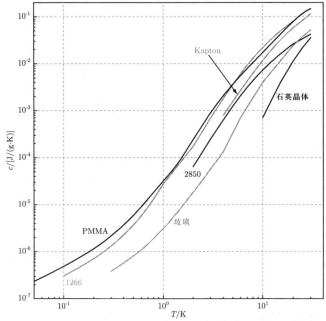

图 2.17　30 K 以下的比热数据 4. 本图提供部分绝缘体的比热信息. 图中曲线来自对文献 [2.1, 2.4 ∼ 2.6, 2.18, 2.21, 2.37, 2.44, 2.46, 2.53, 2.54] 及其中引文数据的整理、分析和局部拟合. 关于 1266 的描述见 2.8 节

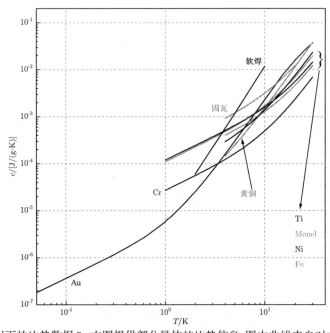

图 2.18　30 K 以下的比热数据 5. 本图提供部分导体的比热信息. 图中曲线来自对文献 [2.1, 2.5, 2.6, 2.18, 2.44 ∼ 2.48] 及其中引文数据的整理、分析和局部拟合. 关于因瓦 (Invar) 的描述见 2.4 节

3. 空气与冰的比热

空气与冰是低温腔体中常见的额外物质, 其比热与温度的关系见图 2.19. 在 $10 \sim 100\ \mathrm{K}$ 这个重要的降温区间, 固体空气的单位质量比热远大于其他所有常见低温材料, 这是初始降温时不可忽略的制冷量消耗途径. 冰的比热在 $300\ \mathrm{K}$ 以内大于绝大部分常见低温材料.

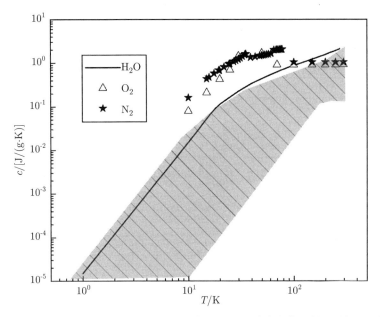

图 2.19　水和空气在降温后的比热与温度的关系. 灰色阴影区域代表常见低温材料的比热参数空间. H_2O, O_2 和 N_2 的比热数据来自文献 [2.7, 2.18, 2.46, 2.59]

2.2　热　　导

热导是本章介绍的第二个重要物性. 热容和热导决定了低温固体的内部平衡时间, 也即许多实验的等待时间, 这可能是对所有实验工作者而言最 "公平" 也最重要的实验限制条件.

尽管 2.1 节的标题是比热, 但本节的标题却不是热导率. 低温固体的热导受其尺寸等具体因素影响, 并不完全与热导率相关; 与之相反, 常见低温固体材料的比热与体积满足线性关系. 因此我们更关心具体材料在低温条件下的热导而非热导率, 尽管本书只能通过热导率来比较材料之间的差异. 热导率大的材料有助于增加低温实验的温度均匀性, 并且有利于导走测量所产生的热量, 热导率小的材料有助于维持温度梯度, 以及减少漏热.

2.2.1 热导与热导率概述

热量的传递有三种基本方式: 传导、对流和辐射 (见表 2.6). 传导或者热传导是指一个内部温度不均匀物体的局部物质在没有宏观位移的条件下, 因直接接触而产生的热量传递. 本节仅讨论在固体内部的热传导, 2.3 节将讨论两个固体之间的热传导. 第一章简单讨论了液体的热传导, 5.1 节将讨论气体的热传导. 由于自身的温度而产生电磁辐射的热量传递将在 4.1 节简单讨论. 本书不讨论宏观运动引起的对流导致的热量传递.

表 2.6 热量传递方式的简要分类、媒介及其主要载热方式

热量传递方式	媒介	主要载热方式
传导	气体	分子
	液体	分子
	绝缘晶体	声子
	常规金属	电子
	半导体	声子、电子、空穴
	远低于超导相变温度的超导体	声子
	非晶固体	局部振动
	聚合物	局部振动和分子链上的振动
对流	液体、气体	本节不讨论
辐射	透明固体、液体、气体、真空	本节不讨论

当固体内部存在温度梯度时, 热量会流过固体, 我们可以猜测热流 $\dot{Q}$ 与温度差异 ΔT 有关, 并与固体的某个导热特性有关, 我们将之称为热导 K, 于是热流 $\dot{Q}$ 满足

$$\dot{Q} = \frac{\mathrm{d}Q}{\mathrm{d}t} = -K\Delta T. \tag{2.24}$$

我们还可以猜测流经某个截面的热流 $\dot{Q}$ 与其横截面积成正比. 假如我们进一步简化讨论, 即只考虑一个长度为 L 且材质均匀的固体, 其横截面积固定为 A, 则具体材料的导热能力应该与横截面积无关, 与长度无关, 我们将该导热能力记为热导率 κ. 然后我们再一并考虑物体的长度和温度差异, 把每一处的温度梯度记为 $\frac{\mathrm{d}T}{\mathrm{d}x}$, 则式 (2.24) 可改写为

$$\dot{Q} = -\kappa A \frac{\mathrm{d}T}{\mathrm{d}x}. \tag{2.25}$$

式 (2.25) 被称为傅里叶定律, 这是热传导的基本规律. 热导率 κ 有时也用符号 λ 表示, 由于本书讨论热导率时也需要一并讨论平均自由程, 因此用 κ 表示热导率、用 λ 表示自由程. 我们可以根据式 (2.25) 的形式猜测, 以下讨论都仅针对热量的扩散输运, 因为公式中热量的大小由温度梯度决定, 而不是由温度差异决定. 或者说, 这也意味着我

们假设了能量的传播过程是一个随机过程, 而不是弹道输运. 这个公式形式也暗示着我们认为温度可以在局部定义 (更多关于温度定义的讨论见 3.1 节). 假如固体两端的温度分别为 T_1 和 T_2, 则对式 (2.25) 分离变量后积分可得

$$T_1 - T_2 = \frac{L}{\kappa A}\dot{Q}. \tag{2.26}$$

将式 (2.26) 与电磁学中的欧姆 (Ohm) 定律 $U = RI$ 做对比可知, 温度可类比于电压, 热流可类比于电流, 因而与

$$R = \frac{L}{\kappa A} \tag{2.27}$$

同单位的物理量被称为热阻. 这个类比假设了热量和电荷在稳定状态的流动过程中守恒, 故而热量的传递也可以采用串联和并联的分析方法. 然而, 在实际使用中, 对 "热路" 的分析远远难于对电路的分析, 其中, 最直接的原因在于欧姆定律中的电阻不是电压的函数, 而热阻一定是温度的函数 (见表 2.7). 考虑到 κ 实际上为 $\kappa(T)$, 我们忽略热流的方向性, 式 (2.25) 和式 (2.26) 对于一个横截面积不变的物体可改写为

$$\dot{Q} = \frac{A}{L}\left|\int_{T_1}^{T_2}\kappa(T)\mathrm{d}T\right|. \tag{2.28}$$

部分资料提供热导率从某个温度 T_0 开始的热导率的积分数值, 例如, $T_0 = 4$ K, 于是热流还可根据如下公式进行计算:

$$\dot{Q} = \frac{A}{L}\left|\int_{T_0}^{T_2}\kappa(T)\mathrm{d}T - \int_{T_0}^{T_1}\kappa(T)\mathrm{d}T\right|. \tag{2.29}$$

人们另一个习惯的做法是维持式 (2.26) 的形式, 但引入平均热导率:

$$\bar{\kappa} = \int_{T_1}^{T_2}\kappa(T)\,\mathrm{d}T/(T_2 - T_1). \tag{2.30}$$

人们通常采用的平均温度区间为 $300 \sim 77$ K 或 $300 \sim 4.2$ K.

表 2.7　热与电的对比, 以及习惯使用的符号

热			电		
热量	Q		电量	Q	
热流	$\dot{Q}$		电流	I	
温度	T		电压	U	
热阻	R		电阻	R	
热导	K		电导	G	
热容	C		电容	C	
常用关系	$K = 1/R$		常用关系	$G = 1/R$	
	$\Delta T \approx \dot{Q}R(T)$			$U = IR$	
	$C = \mathrm{d}Q/\mathrm{d}T$			$C = Q/U$	

　　热导率 κ 表征材料导热能力的强弱, 通常我们认为它仅是温度的函数, 然而, 我们将在后续的讨论中不断强调, 热导率还受其他大量因素影响. 例如, 如果我们将一根细长的具有正方形截面的棍子横剖为两根细长的具有长方形截面的棍子, 那么其总低温热导很可能发生变化. 而且, 比热没有方向性, 但导热能力各向异性. 我们的讨论仅针对大体积的无杂质单质, 且不考虑固体中的缺陷和晶格方向. 大部分材料在 100 K 附近温区的比热差异不大 (见图 2.19), 与之对比, 常用固体的热导率从低温端到室温端一直存在显著差异. 泛泛而言, 低温条件下, 纯金属的导热能力好于合金, 非金属的导热能力最差. 如果将固体与其他物态对比, 那么导热能力从强到弱依次为固体、液体、薄膜、气体和真空.

2.2.2　晶格热导和电子热导

　　固体由大量粒子以一定的规律组成, 粒子之间存在相互作用, 如果没有足够的规律性, 那么这将是一个复杂、无法严格求解的多体系统. 当讨论固体中的热导时, 我们需要了解激发态的信息, 特别是基态附近的低激发态信息. 这些低激发态可以被认为是一批独立激发单元的集合, 也即是允许我们用单体的视角看待复杂的多体问题. 被近似独立看待的基本激发被称为元激发, 近年来人们更习惯用准粒子这个名字称呼它们. 在简谐近似下, 声子振动的不同模式之间是独立的, 其携带的能量是量子化的, 晶格振动集体激发的准粒子被称为声子. 基于这个知识背景, 我们在以下的讨论中把晶体原子的小振动系统作为由声子组成的气体处理.

　　对于金属, 自由电子理论将导体中的电子作为均匀分布正电背景下的无相互作用的自由电子气体. 显然, 电子之间存在库仑相互作用, 电子与电子之间互相排斥, 从而在电子周围形成一层屏蔽电荷云, 电子与周边电荷云组合成为准粒子之后, 由于电荷云体现了库仑相互作用, 因此新的准粒子近似形成自由的准电子气体. 准电子的数目与电子数目一致, 并同样服从费米统计, 因而习惯上人们也直接称之为电子. 电子的相互作用被考虑之后, 其差异体现在有效质量不等于静止电子的质量.

　　气体中的分子、晶格中的声子和金属中的电子这三者在热量传递上有高度相似的地方, 如果晶格导热和电子导热分别对应于大量准自由声子和准自由电子在温度梯度下的移动, 则三者都是基于密度的不均匀、由个体的无规运动引起的整体平均定向移动. 气体的热导率正比于比热、平均自由程和热运动平均速度 (相关内容见 5.1 节). 我们可以定性地理解这个结论: 微观上, 气体分子从高温区移动到低温区时, 通过碰撞把较高的能量传递给低温区的分子, 所以气体分子在其平均自由程范围内交换与自身比热大小有关的能量, 交换的快慢由分子平均速度决定. 类似地, 我们可以从比热、平均自由程和速度这三者定性理解声子和电子的热导.

　　声子的热运动平均速度为固体中的声速, 为 1000 m/s 数量级. 声速是一个由力学性质决定的物理量, 由于低温固体在我们关心的温区中的力学性质没有数量级上的显

著改变 (相关内容见 2.5 节), 因此低温下的声速基本与温度无关. 对于电子, 仅费米面附近的电子对热输运有贡献, 而费米速度也是近似与温度无关的物理量. 因此我们较为简单地仅采用比热 $c(T)$ 与平均自由程 $\lambda(T)$ 随温度的变化关系定性理解固体的热导随温度的变化关系. 下文关于热导的讨论将基于

$$K(T) \sim \lambda(T)c(T). \tag{2.31}$$

1. 声子的平均自由程

声子的碰撞过程包括声子动量没有发生变化的正规过程 (也叫 N 过程), 这种碰撞主要改变动量的分布但对热导影响很小, 也包括翻转过程 (也叫 U 过程), 这种碰撞明显影响热导. 忽略这些细节之后, 我们定性认为单个声子碰撞的机会越小并且声子携带的总能量越多, 则晶格热导越大, 也即是我们在用式 (2.31) 的形式分析晶格热导. 晶格比热已经在 2.1.2 小节中被讨论了, 因而此处我们仅需要讨论平均自由程. 声子的平均自由程由声子之间的相互作用决定, 也受固体缺陷对声子散射的影响.

受声子碰撞影响的平均自由程与声子数目成反比. 由于晶体中可以同时激发任意数目的全同声子, 声子是满足玻色统计的准粒子, 因此在给定温度 T 下声子的平均数目满足

$$N \sim \frac{1}{\exp(A/T) - 1}, \tag{2.32}$$

其中, A 为参数, N 的高温展开与温度成正比, 于是平均自由程与温度成反比.

2. 绝缘体的高温晶格热导与低温晶格热导

大部分固体的比热在室温下满足杜隆 – 珀蒂定律, 为与温度无关的常量, 因而室温固体的晶格热导由平均自由程决定. 温度越高, 声子的平均自由程越小, 因而高温晶格热导随着温度升高而减小. 这是一个可能违反直觉的结论, 通常我们总是感觉温度越高则固体的导热能力越强.

低温晶格比热满足 T^3 关系, 随着温度下降而迅速下降. 而声子的平均自由程随着温度下降而迅速增大, 之后成为一个由杂质和边界决定的常量. 因此低温晶格热导随着温度下降而减小.

由于低温晶格热导和高温晶格热导随温度变化的趋势不同, 因此晶格热导必然存在一个极大值, 这个极大值由晶体的细节决定并且受缺陷的影响. 经验上, 热导极大值出现的温区比德拜温度低一个数量级.

3. 晶格热导的复杂性

由于热导与固体中的声速有关, 而晶格具有各向异性, 因而热导率也具有各向异性. 以石墨为例, 其热导率取决于具体的材料来源, 其层内和层间的热导率差异可超过三百倍[2.60]. 图 2.20 提供了单晶锡和特定来源的石墨的热导率的各向异性的实测数据. 实际使用的材料并不以单晶形式存在, 我们所获得的热导率数据常常不需要包含

各向异性的信息, 也就是说, 同样纯度的实际材料受缺陷的影响比受各向异性的影响更大.

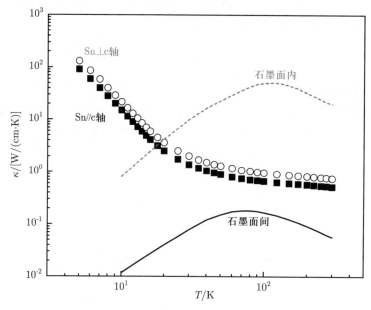

图 2.20 热导率各向异性的例子. 数据来自文献 [2.61]

固体中的缺陷包括不均匀性、点缺陷 (零维)、位错 (一维) 和晶界 (二维) (相关内容见 2.1.3 小节). 当声子的波长大于缺陷的线度时, 声子不再被散射. 不均匀性对热导的影响并不存在明确统一的结论, 定性来说, 它削弱材料的导热能力. 杂质对热导的影响取决于其密度和种类, 通常人们认为零维缺陷对平均自由程的限制约满足 T^{-4} 关系, 其 T^{-4} 关系类似于光学中的瑞利 (Rayleigh) 散射, 而频率与能量成正比因而与温度成正比. 一维缺陷对平均自由程的限制约满足 T^{-1} 关系, 其物理图像类似于将位错线当作振动的弦[2.62]. 二维的多晶晶界对平均自由程的限制为固定值, 这个结论没有一个综合的全面理论可以解释[2.9], 但并不妨碍我们在直觉上认可它.

我们可以获得如下几个推论. 第一, 尺寸小的样品的平均自由程上限小, 热导更小, 一个固体被切割之后的热导率变小. 因此, 比起热导率, 热导更好地描述了固体特征; 而比起热容, 比热更好地描述了固体特征. 第二, 温度越低则声子能量越低, 不严格来说, 对应着更大的声子波长, 所以低温晶格热导主要由比热的 T^3 关系决定. 第三, 化合物晶体的晶格不完全匹配也会贡献散射, 我们可以将之理解为带大量杂质和缺陷的单质晶体, 类似地, 合金的热导率总是小于任意一种组成合金的金属单质的热导率.

最后, 我再给出一个可能令人意外的观测结果来说明晶格热导的复杂性. 热导还跟具体样品的表面粗糙度有关, 对于高纯度的高热导金属单质, 光滑表面样品的热导率略微大于粗糙表面样品的热导率[2.2,2.9].

4. 晶格热导的定性结论

一种热载流子有不同的导热机制, 大部分温区中, 仅其中一种导热机制主导固体的导热能力. 在本节, 我们继续基于式 (2.31) 和 2.1.2 小节的框架讨论. 如果载流子有多种散射机制, 则总平均自由程受到最短平均自由程的限制, 记为

$$\frac{1}{\lambda_{\text{carrier}}} \approx \frac{1}{\lambda_{\text{phonon}}} + \frac{1}{\lambda_2} + \frac{1}{\lambda_1} + \frac{1}{\lambda_0}, \tag{2.33}$$

其中, 下标 "carrier" 标记载流子种类, 此处指声子. λ_{phonon} 指仅由声子散射决定的平均自由程, λ_2, λ_1 和 λ_0 分别指声子仅受二维、一维和零维缺陷散射时的平均自由程. 于是平均自由程最小的机制是最重要的热阻机制, 同一类热载流子的导热能力由热阻最大的散射机制决定, 而比热只与温度有关, 与散射机制无关, 因此一种载流子的热导率由最小的散射机制 κ_{min} 主导, 即

$$\frac{1}{\kappa_{\text{carrier}}} \approx \frac{1}{\kappa_{\text{phonon}}} + \frac{1}{\kappa_2} + \frac{1}{\kappa_1} + \frac{1}{\kappa_0} \approx \frac{1}{\kappa_{\text{min}}}. \tag{2.34}$$

对于绝缘晶体, 由于平均自由程受样品尺寸和晶界的限制, 因此低温极限下的声子热导最终只由比热的 T^3 关系决定; 高温端的热导受声子散射引起的 T^{-1} 关系和常量比热关系影响. 声子受散射的基本温度依赖关系总结于表 2.8, 热导率受杂质密度和尺寸大小的定性趋势影响如图 2.21 和图 2.22 所示. 需要强调的是, 本节的上述讨论忽略了声子的正规过程散射, 它的平均自由程满足 T^{-5} 关系, 对热导的贡献不能直接套用近似式 (2.33). 正规过程和翻转过程都影响式 (2.33) 中的 λ_{phonon}, 高温条件下由于声子动量大, 翻转过程更重要, 随着温度降低, 正规过程逐渐变得重要起来, 但是平均自由程开始由零维缺陷主导.

表 2.8 绝缘体中的声子散射机制对平均自由程和热导的温度依赖关系的影响总结

散射机制	平均自由程	热导的温度依赖关系	
		低温端	高温端
样品尺寸	常量	T^3	/
晶界	常量	T^3	/
位错	T^{-1}	T^2	/
点缺陷	T^{-4}	T^{-1}	/
声子	T^{-1} (高温近似)	/	T^{-1}

注: 点缺陷根据不同模型存在其他的热导与温度依赖关系.

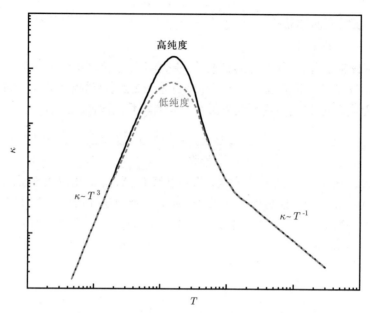

图 2.21 晶格热导率与杂质的双对数坐标定性关系

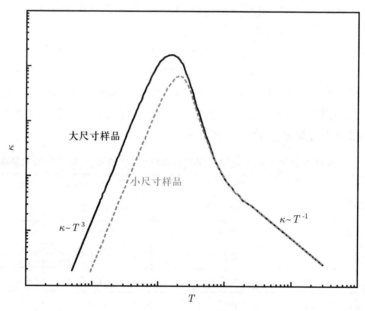

图 2.22 晶格热导率与尺寸的双对数坐标定性关系. 结合图 2.21, 我们可以想象随着位错密度的增大, 峰值热导率也随之减小, 并且本图低温端的斜率会变小, 略微偏离 T^3 关系

5. 常规导体的电子热导

一个固体可以有多种热载流子, 它们同时贡献导热能力, 导体是典型的例子. 我们在此处讨论常规导体的电子热导率. 总热导率为

$$\kappa_{\text{total}} \approx \kappa_{\text{carrier1}} + \kappa_{\text{carrier2}}, \tag{2.35}$$

这里, 下标 "carrier1" 和 "carrier2" 分别指常规导体中的声子和电子, 它们都参加了热量的传递过程.

经典的电子理论认为电子的平均自由程接近晶格常数, 但实际数值比经典值远大了几百倍, 这个矛盾已被量子力学解决. 按照能带论, 电子本征态的平均速度不随时间改变, 严格周期场中电子的平均自由程无限大. 原子振动或势场具有非理想的周期性, 所以实际固体的平均自由程有限. 由于晶格原子的振动或者缺陷等原因, 电子从一个状态变为另一个状态, 这种电子态变化被称为散射, 类比于气体中分子撞击其他气体分子, 只是晶格对电子的散射伴随着声子的吸收或发射.

与声子不同, 电子的数目守恒, 与温度无关, 因而电子的平均自由程受电子和声子相互作用影响. 高温端, 电子的平均自由程主要受电子和声子相互作用影响, 因而跟声子数目相关. 参考式 (2.32) 的高温展开, 高温电子的平均自由程与温度近似成反比. 以上对高温端自由程的讨论只是一种不严谨的参考图像, 正式讨论和详细推导可见各种固体物理教材中金属电导率与温度的关系. 低温下的声子数目迅速减少, 电子的平均自由程成为受晶体细节决定的常量, 它受晶格的缺陷限制, 但与温度无关. 低温电子和低温声子的自由程都受杂质的影响, 但是只有电子自由程不受温度影响, 我们可以从如下物理图像理解这个差异: 参与导热的电子是费米面附近的电子, 其波长不随温度变化.

电子从室温到低温环境的比热都与温度成一次方关系, 再结合以上关于电子自由程的信息, 我们最终可以得到如下定性结论: 高温电子热导为常量, 低温电子热导与温度成一次方关系. 在高温常量与低温一次方关系下降之间, 部分高热导金属的电子热导率存在一个极大值.

常规金属单质的电子热导远大于声子热导, 我们可忽略声子热导. 合金中的电子热导较小, 声子热导的贡献不能被忽略. 由于费米速度远大于固体中的声速, 因此大部分情况下导体的热导率大于绝缘体的热导率. 部分低缺陷晶体是一种特例, 它们的高温热导率不一定小于导体, 这种特例包括石英晶体、蓝宝石和金刚石.

6. 常规导体热导的定性结论

对于高热导率金属, 在高温端, 我们预期观测到不随温度改变的热导或热导率, 在低温端, 我们预期观测到与温度近似成线性关系的热导或热导率. 也就是说, 室温声子的比热贡献比电子的比热贡献重要, 而室温电子的热导贡献比声子的热导贡献重要. 从测量结果上判断, 大部分金属的热导几乎只由电子热导贡献, 仅载流子浓度特别低

的金属 (如锑 (Sb)、铋 (Bi)) 和半导体 (如锗) 的电子热导不显著大于声子热导[2.5].

电子受散射影响的基本温度依赖关系总结于表 2.9, 热导率随温度变化的定性趋势如图 2.23 所示. 如果需要极低温条件下的高热导材料, 那么我们应该选择最高纯度的金属. 数目相等的不同杂质对热导的影响差异很大, 因而纯度也无法表征晶格质量和热导率. 同一纯度下金属单质的导热能力差异可以通过它们的剩余电阻率 (residual resistance ratio, 简称 RRR) $R_{273}/R_{4.2}$ 判断, 剩余电阻率越高导热能力越强.

表 2.9   金属中电子的散射机制对平均自由程和热导的温度依赖关系的影响总结

散射机制	平均自由程	热导的温度依赖关系	
		低温端	高温端
缺陷	常量	T	/
晶格	T^{-1} (高温近似)	/	常量

注: 低温端的电子热导最终以 T 关系下降, 高温端的电子热导近似为常量.

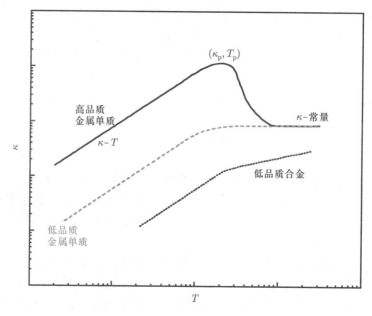

图 2.23   电子热导率与缺陷的定性关系

如果以图 2.23 中的 T_p 和 κ_p 做归一化, 则常见高纯金属的热导率满足

$$\frac{\kappa}{\kappa_p} = 3 / \left[\left(\frac{T}{T_p} \right)^2 + 2 / \left(\frac{T}{T_p} \right) \right]. \tag{2.36}$$

文献 [2.2, 2.5, 2.61] 及其引文提供了 22 种金属、83 个样品的热导率信息, 这批数据相对于该规律的偏差仅有 3.2%.

合金的电子热导较小, 并不显著大于声子热导, 其低温端的热导率形式上满足 $AT + BT^2$ 的关系, 其中, A 和 B 为与材料有关的系数. 此处的 T^2 的系数来自之前未讨论过的电子对声子的散射. 费米面附近的电子数目正比于温度, 因而声子受电子影响的自由程满足 T^{-1} 关系, 结合比热的 T^3 关系可以得到 T^2 关系. 对于与图 2.23 的曲线形状不一致、有热导率极大值的高品质合金, 全温区的热导率可以采用如下经验拟合形式[2.63]:

$$\kappa = T/(C + DT^3), \tag{2.37}$$

其中, C 和 D 为由拟合而得的系数.

7. 维德曼 – 弗兰兹定律

经验公式维德曼 – 弗兰兹定律 (Wiedemann–Franz law, 也被称为维德曼 – 弗兰兹 – 洛伦茨 (Lorenz) 定律) 指出, 电子的热导率和电导率之比与温度的一次方成正比, 即

$$\frac{\kappa}{\sigma} = \frac{\pi^2}{3}\left(\frac{k_B}{e}\right)^2 = L_0 T, \tag{2.38}$$

其中, L_0 被称为洛伦茨常量. 历史上, 德鲁德 (Drude) 计算洛伦茨常量时, 恰好犯了 2 个错误[2.19], 因而得到了贴近实验值的数值 2.22×10^{-8} W·Ω/K^2, 更合理的理论计算值[2.7]为 2.45×10^{-8} W·Ω/K^2. 我们对式 (2.38) 积分, 可得

$$\dot{Q}_e \sim \frac{1}{R}(T_1^2 - T_2^2), \tag{2.39}$$

也即是温度 T_1 和温度 T_2 之间的热流与温度的平方差成正比, 与导体的电阻 R 成反比.

式 (2.38) 成立的合理性在于, 电荷和热量都通过电子输运, 电荷数目只与电子数目有关, 热量与电子数目和电子比热都有关, 而电子比热与温度成一次方关系 (相关内容见 2.1.2 小节). 显然, 如果固体热导不是由电子热导主导, 而是包含了不可忽略的晶格热导贡献, 则式 (2.38) 不再成立. 其次, 式 (2.38) 还假设了电场不均匀和温度不均匀都对电子输运产生同样的散射影响, 其实这是不符合事实的.

实际导体并不严格遵循式 (2.38), 维德曼 – 弗兰兹定律仅在高温极限和低温极限近似成立, 而不是在所有温区都成立. 低温但是非零温极限下, 纯金属的实际洛伦茨常量小于理论计算值 (见图 2.24), 而合金则高于理论计算值[2.7]. 对于完美晶体, 洛伦茨常量随温度下降而减小, 但对于实际金属, 洛伦茨常量在低温条件下再次逼近 2.45×10^{-8} W·Ω/K^2, 金属纯度越高则逼近该数值的温度越低[2.6]. 高温端, 电子被高能声子散射, 低温端, 电子被缺陷散射, 这两个机制都同时影响导电和传热. 而在中间温区, 低能声子的非弹性散射对热流的干扰更明显[2.4,2.9,2.46,2.64].

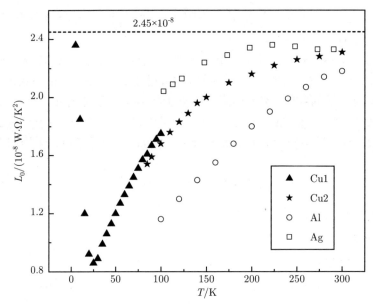

图 2.24   洛伦茨常量随温度下降偏离理论计算值又逼近理论计算值的实际数据例子. 图中铜的信息来自两个不同的样品. 数据来自文献 [2.65]

哪怕在维德曼 – 弗兰兹定律成立的温区, 不同材料的洛伦茨常量也不一致[2.66]. 例如, 由于近藤 (Kondo) 效应, 不同金属的实际洛伦茨常量有差异[2.6,2.21]. 银的低温极限下的实际 L_0 值比理论计算值小一个数量级[2.6,2.67]. 合金的实际洛伦茨常量大于理论计算值可以从声子热导无法被忽略理解, 因为通过式 (2.38) 计算而得的电子热导率仅部分体现了合金的导热能力.

在维德曼 – 弗兰兹定律成立的温区, 同一种材料的洛伦茨常量在数值上也不统一[2.67]. 从铜、银和铝在 10 K 以内的实验结果推测, 金属线的洛伦茨常量相对偏小, 而金属块和金属箔的洛伦茨常量相对偏大. 与上述结果矛盾的是, 当线材之间进行比较时, 缺陷少的线材似乎洛伦茨常量反而更小[2.67]. 在极低温条件下, 维德曼 – 弗兰兹定律只能给我们提供定性的热导率信息. 通常来说, 这种定性了解已经为我们的实验设计提供了足够的信息.

综上, 常规导体的热导和电导密切关联, 如果我们需要低温下的高热导材料, 则可考虑采用低温下电阻值尽可能小的高纯金属. 同时, 我们也可以通过电阻值预估更难测量的金属的热导率. 人们常用的办法是测量剩余电阻率, 剩余电阻率的数值 RRR 越大则金属缺陷越少、低温导热能力越强. 文献 [2.21, 2.63] 提供了两个重要材料在低温条件下的热导率经验公式:

$$\kappa_{\mathrm{Cu}} \approx \frac{T \cdot RRR}{76} \ [\mathrm{W/(cm \cdot K)}], \tag{2.40}$$

$$\kappa_{\mathrm{Ag}} \approx \frac{T \cdot RRR}{55} \, [\mathrm{W/(cm \cdot K)}]. \tag{2.41}$$

8. 超导体的电子热导

超导体中常规电子配对, 因此自由电子数目迅速减少, 比热也随着温度下降而迅速下降 (见式 (2.19)). 同时考虑热激发的电子数目, 以及自由电子贡献 T 关系的热导, 则超导体的电子热导率满足

$$\kappa \sim T \exp(-b T_{\mathrm{c}}/T), \tag{2.42}$$

其中, b 为式 (2.19) 中与材料有关的参数, 此热导率随着温度下降而趋于零. 因此, 随着温度下降, 超导体中晶格热导的贡献不再能被忽略, 超导体的最弱导热能力由晶格热导决定, 最终其导热能力与绝缘体等同, 成为极低温条件下的隔热物体. 以上讨论和式 (2.42) 仅代表理论上最简单的情况. 值得一提的是, 实际测量中人们还观测到了超导体的热导率的 T^2 关系[2.67]. 同一种材料在极低温条件下的超导电子热导率也跟剩余电阻率有关, 剩余电阻率越大则热导率越大[2.68].

超导体与常规导体之间的热导在低温极限下的差异本质上是电子热导与晶格热导之间的差异. 在足够低的温度下, 超导体是优秀的热绝缘体, 这个特性使其成为极低温条件下优秀的热开关. 例如, 在远低于超导相变温度的温区, 人们用外磁场调控超导材料的导热能力, 将之作为热开关的工作物质, 相关内容见 5.6.3 小节.

超导体的热导率最终随 T^3 关系变化是直观的理论图像. 考虑到常规金属热导率的 T 关系, 我们可以近似认为同一温度下的材料在超导相变前后的热导率之比 $\frac{\kappa_{\mathrm{s}}}{\kappa_{\mathrm{n}}}$ 满足 T^2 关系, 对于铝, $\frac{\kappa_{\mathrm{s}}}{\kappa_{\mathrm{n}}} \sim 6 \times 10^{-4} \, T^2$, 对于锡, $\frac{\kappa_{\mathrm{s}}}{\kappa_{\mathrm{n}}} \sim 3 \times 10^{-3} \, T^2$, 因而铝是开关比更好的材料[2.69,2.70].

2.2.3　其他影响导热的因素与热平衡时间

1. 玻璃、聚合物和陶瓷中的热导

玻璃中的声子不停被隧穿能级吸收和释放, 相当于玻璃中存在大量亚稳态散射声子, 这类无序使玻璃的导热能力低于由同一种分子组成的晶体, 两者间的热导率有成百上千倍的差异, 反而是由不同分子组成的玻璃间的热导率差异不大[2.31]. 低温极限下, 玻璃的热导率[2.6,2.71] 近似满足 T^2 关系, 这一点似乎与玻璃比热近乎线性的 T 关系和隧穿机制引起的自由程的 T^{-1} 关系[2.37]矛盾, 两者的乘积 (见式 (2.31)) 看似应该为常量. 然而, 玻璃中还存在 T^3 的比热小量, 它与自由程的乘积产生 T^2 的热导率关系. 随着温度升高, 玻璃的热导行为更加复杂. 升温到 10 K 附近时, 玻璃出现一个随温度近似不变的热导率平台[2.31,2.72], 这个热导率平台是非晶固体的共同特征, 但是缺乏被人们广泛接受的解释. 约 $20 \sim 30$ K, 玻璃的热导率开始随温度缓慢变化, 大约到

100 K 以上再随温度较快地变化. 文献 [2.73] 提供了晶格从有序到无序的热导率变化趋势的例子.

不同聚合物间的热导率差异比不同玻璃材料间的差异大. 总体而言, 聚合物和玻璃的室温热导率接近, 但聚合物的低温热导率更小[2.2]. 低温端, 非晶态的隧穿散射占主导地位, 热导率与温度的关系近似为 T^2; 高温端, 非晶态的界面散射占主导地位, 热导率与温度的关系近似为 T^m, 受有序程度的影响, m 的取值并不固定, 而是在 $0.3 \sim 3$ 之间[2.6,2.37].

陶瓷是热的不良导体, 其热导率与温度的依赖关系跟大块晶体中的声子一样, 都是 T^3. 由于陶瓷由大量细微颗粒混合而成, 其中声子的平均自由程小, 因此其热导率在全温区都很小[2.74]. 此处的陶瓷指晶格结构有序的复合物, 但玻璃有时也被认为是降温过快因而来不及结晶的陶瓷.

2. 其他热导影响

在透明的固体材料中, 传导并不是唯一的漏热途径. 辐射漏热还将伴随着吸收、散射和再发射等过程. 如果吸收和再发射等过程的平均距离远小于材料本身的线度, 则这种辐射漏热也存在有效自由程的概念, 其传播热量的过程也是无规过程, 很难与常规热导区分开. 当在低温环境下使用跨越温区的薄层透明材料时, 常规传导之外的辐射漏热不能被忽略.

磁场下的热导行为非常复杂, 此处我们仅针对低温金属以最简单的单电子受磁场的洛伦兹 (Lorentz) 力的影响进行讨论. 洛伦兹力使电子偏离前进方向, 于是电子在两次碰撞之间螺旋式前进. 如果平均自由程远小于螺旋半径, 则热导不受磁场影响, 也即是说, 高缺陷合金在弱磁场下的热导几乎不受磁场影响. 如果平均自由程远大于螺旋半径, 则电子被散射的机会增大, 因而导体的热导率随着磁场增大而减小. 对于强磁场中的高纯金属, 磁场显著削弱其导热能力. 例如, 对于剩余电阻率高达 1500 的铜, 热导率在约 8 T 的磁场下可能减小为原来的 1/4; 而对于剩余电阻率仅 107 的铜, 热导率在 8 T 的磁场下约减小一半[2.2]. 对于绝缘体, 声子的热导不直接受磁场影响. 总之, 当我们需要热绝缘时, 磁场不会改善隔热条件, 而当我们需要热连接时, 磁场会严重影响导热能力.

其他因素也会影响热导. 应力会影响热导, 形变越大则金属单质的导热能力越弱. 以定型了的铜线为例, 再拉长 30% 之后, 铜线在 20 K 附近的热导率大约减小了一半[2.2]. 中子轰击也会削弱铜的导热能力, 中子流密度越大则热导率越小. 总体规律就是所有的干扰都让高纯度、高热导金属的热导变得更差.

3. 热平衡时间

对照热容的单位 J/K 和热导的单位 W/K, 我们可以知道一个物体的热平衡时间与两者之比有关, 热容越小、热导越大的物体越容易热平衡. 热容与物体的质量 (指的是 mass) 有关, 因而其数值可以较容易地根据比热计算. 但热导与材料的几何构型有关, 在考虑热平衡时间时, 需要根据实际的热流方向选择横截面积和长度 (见式 (2.26)).

如果我们希望材料自身的热平衡时间短, 则其在传热方向上应该尽量薄或者横截面积尽量大. 例如, 当我们使用导热差的黏合材料时, 涂层越薄越好, 又如, 当我们对一个期待尽量恒温的铜块切缝时, 缝隙开口应该沿着温度变化的方向而不是垂直于温度变化的方向. 需要指出的是, 热平衡时间并不仅仅取决于热导和热容, 还取决于材料的其他特性. 例如, 材料可能在低温条件下持续放热 (相关内容见 1.5.1 小节和 4.7.5 小节). 玻璃由于其特殊的隧穿特性, 因此严格的极低温比热无法测量, 其热平衡时间可长达宇宙存在的时间尺度[2.36].

2.2.4 热导率数据整理

本小节整理一些常用材料的低温热导率信息, 以供读者做估算时快速查阅. 出于实用性考虑, 本小节在画图时以 cm 归一化, 用 W/(cm·K) 作为单位. 图中一套热导率数据对应了一种材料, 然而这是有一定误导性的, 因为不同来源的同一种材料的热导率也有显著差异. 本小节的数据仅能作为定性参考, 不同文献来源的热导率差异的数据整理和对比可参考文献 [2.60]. 低温环境下的主要导热材料为铜、银和非超导状态下的铝. 少数具有高热导率的绝缘体, 例如, 石英晶体和蓝宝石, 可被用于电绝缘条件下的热连接. 不锈钢和超导状态下的铝是典型的隔热支架材料.

低温条件下的材料热导率差异大于室温条件下的材料热导率差异, 因此热导率并不容易仅仅依靠纯度表征. 其他因素, 例如, 缺陷和尺寸, 也会体现为低温条件下的热导率差异, 越高纯度的金属的极低温热导率对样品来源的依赖性越大. 1 K 下同样纯度的铜的热导率差异可达约 1000 倍. 在实际测量中, 都是 6N 纯度的两块铝的热导率可能相差 100 倍, 当然, 整体而言, 更高纯度的铝的热导率总是更大. 例如, 在文献 [2.75] 中 6N 纯度铝的热导率总是大于 3N 纯度的铝.

1. 热导率数据

图 2.25 ~ 2.29 总结了部分低温材料的热导率信息, 其他个别低温固体的热导率见图 2.30. 实验工作者并不容易获得材料的低温热导率信息. 首先, 某种新出现材料的低温热导率可能并没有被测量过, 或者旧材料的热导率仅出现于少数较难被关注到的历史文献中. 其次, 随着温度降低, 文献中提供的热导率数值与低温工作者真正使用材料的热导率数值存在差异的可能性迅速增大. 文献中用于测量热导率的材料更可能是纯度更高、缺陷更少的 "本征" 材料, 而我们实际使用的材料更可能是常规材料. 最后, 由于低温环境下的热输运实验的测量困难性, 因此 50% 的测量误差并不罕见[2.2]. 综上, 做估算时, 如果高热导对实验有利, 那么我们反而应该预设一个差十倍到百倍的热导率数值.

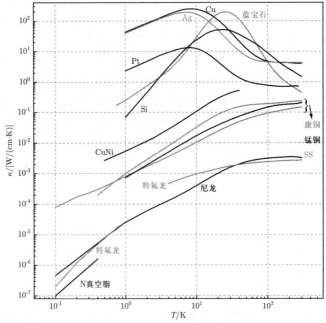

图 2.25　热导率数据 1. 本图提供较常见材料的热导率信息. 图中曲线来自对文献 [2.4 ~ 2.6, 2.21, 2.44 ~ 2.46, 2.50, 2.60, 2.61, 2.63, 2.64, 2.76] 及其中引文数据的整理、分析和局部拟合

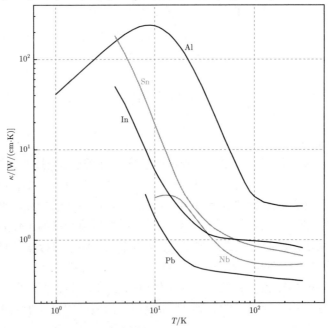

图 2.26　热导率数据 2. 本图提供部分单质超导材料的正常态热导率信息. 图中曲线来自对文献 [2.6, 2.44, 2.45, 2.61] 及其中引文数据的整理、分析和局部拟合

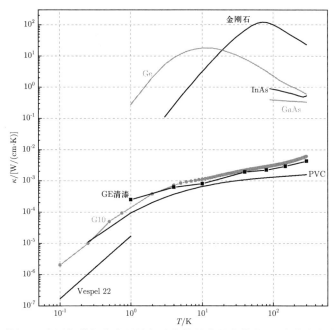

图 2.27 热导率数据 3. 本图提供部分半导体与绝缘体的热导率信息. 图中曲线来自对文献 [2.4, 2.6, 2.21, 2.44 ~ 2.46, 2.50, 2.61, 2.63, 2.76] 及其中引文数据的整理、分析和局部拟合. G10 和 GE 清漆由于数据点过于稀疏, 采用了点线图. 关于 PVC 和 Vespel 22 的描述见 2.8 节

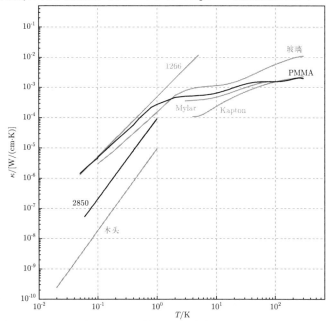

图 2.28 热导率数据 4. 本图提供部分绝缘体的热导率信息. 图中曲线来自对文献 [2.4, 2.6, 2.21, 2.44, 2.46, 2.63] 及其中引文数据的整理、分析和局部拟合. 关于 Mylar 的描述见 2.8 节

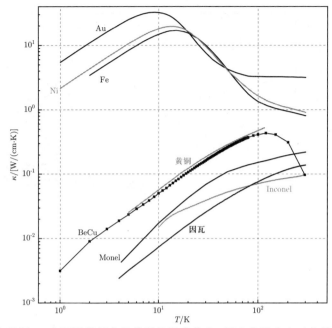

图 2.29　热导率数据 5. 本图提供部分导体的热导率信息. 图中曲线来自对文献 [2.5, 2.6, 2.44 ∼ 2.46, 2.60, 2.61, 2.64] 及其中引文数据的整理、分析和局部拟合. 铍铜 (BeCu) 由于部分温区的数据点过于稀疏, 采用了点线图. Inconel 是一种合金

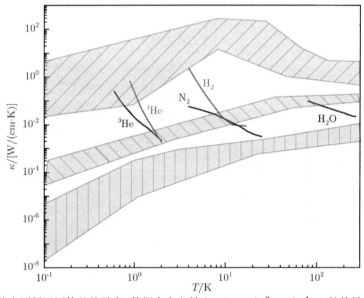

图 2.30　其他个别低温固体的热导率. 数据来自文献 [2.61, 2.77]. ^{3}He 和 ^{4}He 的热导率与压强密切相关, 图中数据仅为举例说明其变化趋势. 图中的三个阴影区域从上到下分别代表良好的热导体、较差的热导体、比较理想的固体热绝缘体

2. 平均热导率数据

平均热导率 (见式 (2.30)) 的信息对于漏热的估算更加简单和直接. 表 2.10 提供了部分材料在部分温区的平均热导率.

表 2.10 部分材料在部分温区的平均热导率数值参考

T_1	T_2	Cu50	Cu100	Cu150	Cu300	Cu500	SS	G10
	10	5.5	10.9	16.2	31.9	51.9	0.007	0.0010
	20	9.0	17.1	24.5	43.5	65.0	0.013	0.0012
	30	11.1	19.6	26.5	42.9	59.6	0.020	0.0014
	40	11.7	19.2	24.9	37.9	50.7	0.027	0.0016
	50	11.3	17.7	22.3	32.8	43.0	0.033	0.0017
	60	10.7	16.0	19.9	28.6	37.0	0.038	0.0019
	70	10.0	14.6	17.9	25.3	32.5	0.043	0.0020
	77	9.5	13.8	16.8	23.5	30.0	0.047	0.0021
	80	9.4	13.4	16.3	22.8	29.0	0.048	0.0021
	90	8.8	12.5	15.0	20.7	26.3	0.052	0.0022
	100	8.4	11.7	14.0	19.1	24.1	0.056	0.0023
	110	8.0	11.0	13.1	17.7	22.2	0.060	0.0024
	120	7.7	10.4	12.3	16.6	20.7	0.064	0.0025
	130	7.4	9.9	11.7	15.6	19.4	0.067	0.0025
	140	7.2	9.5	11.2	14.8	18.3	0.070	0.0026
4	150	7.0	9.2	10.7	14.1	17.3	0.073	0.0027
	160	6.8	8.8	10.3	13.4	16.5	0.075	0.0028
	170	6.6	8.5	9.9	12.9	15.8	0.078	0.0028
	180	6.5	8.3	9.6	12.4	15.1	0.081	0.0029
	190	6.3	8.1	9.3	11.9	14.5	0.083	0.0030
	200	6.2	7.9	9.0	11.5	14.0	0.085	0.0030
	210	6.1	7.7	8.8	11.2	13.5	0.087	0.0031
	220	6.0	7.5	8.6	10.9	13.1	0.089	0.0032
	230	5.9	7.4	8.4	10.6	12.7	0.091	0.0033
	240	5.8	7.2	8.2	10.3	12.3	0.093	0.0034
	250	5.8	7.1	8.0	10.0	12.0	0.095	0.0034
	260	5.7	7.0	7.8	9.8	11.7	0.097	0.0035
	270	5.6	6.9	7.7	9.6	11.4	0.099	0.0036
	280	5.6	6.8	7.6	9.4	11.1	0.100	0.0037
	290	5.5	6.7	7.4	9.2	10.9	0.102	0.0038
	300	5.5	6.6	7.3	9.0	10.6	0.103	0.0038

T_1	T_2	Cu50	Cu100	Cu150	Cu300	Cu500	SS	G10
	60	7.6	8.6	8.9	9.5	9.7	0.064	0.0025
	70	6.8	7.6	7.9	8.3	8.5	0.068	0.0026
	77	6.5	7.1	7.3	7.7	7.9	0.071	0.0026
	80	6.3	7.0	7.2	7.5	7.6	0.072	0.0026
	90	5.9	6.5	6.6	6.9	7.1	0.075	0.0027
	100	5.7	6.1	6.3	6.5	6.6	0.078	0.0028
	110	5.5	5.9	6.0	6.2	6.3	0.081	0.0029
	120	5.3	5.7	5.8	5.9	6.1	0.084	0.0029
	130	5.1	5.5	5.6	5.8	5.9	0.087	0.0030
	140	5.0	5.3	5.4	5.6	5.7	0.089	0.0030
50	150	4.9	5.2	5.3	5.5	5.5	0.091	0.0031
	160	4.9	5.1	5.2	5.3	5.4	0.093	0.0032
	170	4.8	5.1	5.1	5.2	5.3	0.096	0.0032
	180	4.7	5.0	5.1	5.2	5.2	0.098	0.0033
	190	4.7	4.9	5.0	5.1	5.2	0.099	0.0034
	200	4.6	4.9	4.9	5.0	5.1	0.101	0.0035
	210	4.6	4.8	4.9	5.0	5.0	0.103	0.0035
	220	4.6	4.8	4.8	4.9	5.0	0.105	0.0036
	230	4.5	4.7	4.8	4.9	4.9	0.106	0.0037
	240	4.5	4.7	4.7	4.8	4.9	0.108	0.0037
	250	4.5	4.7	4.7	4.8	4.8	0.109	0.0038
	260	4.5	4.6	4.7	4.8	4.8	0.111	0.0039
	270	4.4	4.6	4.6	4.7	4.8	0.112	0.0040
	280	4.4	4.6	4.6	4.7	4.7	0.114	0.0041
	290	4.4	4.5	4.6	4.7	4.7	0.115	0.0041
	300	4.4	4.5	4.6	4.6	4.7	0.116	0.0042
	80	5.1	5.4	5.5	5.6	5.7	0.081	0.0028
	90	4.9	5.1	5.2	5.3	5.4	0.084	0.0029
	100	4.7	5.0	5.0	5.1	5.2	0.087	0.0030
	110	4.6	4.8	4.9	5.0	5.0	0.090	0.0030
77	120	4.5	4.7	4.8	4.8	4.9	0.092	0.0031
	130	4.5	4.7	4.7	4.8	4.8	0.095	0.0032
	140	4.4	4.6	4.6	4.7	4.8	0.097	0.0032
	150	4.4	4.5	4.6	4.6	4.7	0.099	0.0033
	160	4.3	4.5	4.5	4.6	4.6	0.101	0.0034

T_1	T_2	Cu50	Cu100	Cu150	Cu300	Cu500	SS	G10
	170	4.3	4.5	4.5	4.5	4.6	0.103	0.0034
	180	4.3	4.4	4.5	4.5	4.6	0.105	0.0035
	190	4.3	4.4	4.4	4.5	4.5	0.106	0.0036
	200	4.2	4.4	4.4	4.4	4.5	0.108	0.0036
	210	4.2	4.3	4.4	4.4	4.5	0.110	0.0037
	220	4.2	4.3	4.4	4.4	4.4	0.111	0.0038
	230	4.2	4.3	4.3	4.4	4.4	0.113	0.0039
	240	4.2	4.3	4.3	4.4	4.4	0.114	0.0039
	250	4.2	4.3	4.3	4.3	4.4	0.116	0.0040
	260	4.2	4.3	4.3	4.3	4.4	0.117	0.0041
	270	4.1	4.2	4.3	4.3	4.3	0.118	0.0042
	280	4.1	4.2	4.3	4.3	4.3	0.119	0.0043
	290	4.1	4.2	4.2	4.3	4.3	0.121	0.0043
	300	4.1	4.2	4.2	4.3	4.3	0.122	0.0044

注: 表中温度的单位为 K, 热导率的单位为 W/(cm·K). 表中计算了从 4 K, 50 K 和 77 K 开始的 3 组平均热导率. 3 个温度分别对应液氦或二级冷头、一级冷头和液氮 (选择原因见第四章中的介绍). Cu50, Cu100, Cu150, Cu300, Cu500 分别指剩余电阻率为 50, 100, 150, 300, 500 的铜, SS 指 304 和 316 型号的不锈钢; G10 指 G10–CR. 数据的计算来源为美国国家标准与技术研究院 (National Institute of Standards and Technology, 简称 NIST, 即原美国国家标准局) 的推荐数值, 以及图 2.25 和图 2.27 中给出的文献.

2.3 边界热阻

测量对象的最低温度除了受限于制冷机的最低温度外, 还受限于样品与低温环境之间的热连接. 两个固体的实际连接处是一层有限厚度的边界, 当热流穿过这两个固体及边界时, 边界两侧的两个物体在低温条件下一定存在温度差异. 该温度差异随着温度下降而增大, 并且在极低温环境下不能被忽视.

边界热阻的发现来自人们对液氦与固体之间导热能力的研究, 记为 R_K. 它与热流 $\dot{Q}$ 和接触面面积 A 决定了界面的温度差异 ΔT (如图 2.31 所示), 即

$$\Delta T = \dot{Q} \cdot R_K / A. \tag{2.43}$$

边界热阻表征了建立这个温度差异的难易程度. 由于该机制额外阻碍热流, 因此习惯上人们常将之称为热阻而较少将之称为热导. 此外, 该物理量已经对界面尺寸做了归一化, 按理说应该被称为热阻率, 但是热阻的叫法已经约定俗成. 人们对边界热阻

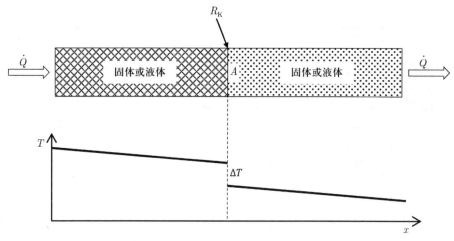

图 2.31   边界热阻示意图. 界面至少有一侧为固体

的理解还不够深入, 不仅边界热阻的实验数据未被系统测量过, 而且现有理论也仅能在有限温区内定性解释现有数据.

1. 固液边界

测量对象与冷源之间总是存在一个或多个界面. 对于 ^{3}He 制冷机和稀释制冷机 (相关内容见第四章), 看似最直接的降温方法是将样品浸泡在制冷剂之中, 然而这种直接浸泡也无法使样品获得与制冷剂同样低的温度. 人们可能在二十世纪三十年代开始意识到液氦与固体之间存在导热障碍[2.78], 但是卡皮查于 1941 年的工作更清晰地指出固液边界对导热的影响[2.79]. 因此固液边界的热阻也被称为卡皮查热阻, 与之对应的卡皮查热导记为 H_K.

1952 年, 定性上理解液氦与固体之间的边界传热的声学失配模型被提出了[2.9]. 在这个模型中, 声子被当作平面波处理, 平面波到达边界时发生反射和折射. 金属和液氦之间的边界热阻预期满足

$$R_K \propto \frac{1}{AT^3}. \tag{2.44}$$

金属和液氦的声速差异很大, 反射概率很高, 人们通常认为这是金属和液氦之间导热差的原因. 例如, 代入液氦和铜的具体声速数值之后, 仅不到十万分之一的声子能穿过界面[2.21,2.80], 因而界面严重地阻碍了导热. 声学失配模型的边界热阻理论预测值偏大, 但是在一定温区内较为准确地预测了边界热阻与温度的依赖关系. 如果液体或者薄膜在过高的温度下气化, 则该气体的存在是另外一个妨碍固液导热的机制, 本节没有对此进行讨论, 读者可参考 1.4 节介绍的莱顿弗罗斯特效应.

液氦通常指 ^{4}He, 但卡皮查热阻也存在于固体与另一氦的同位素 ^{3}He 的界面. $10 \sim 100\,\mathrm{mK}$ 区间, ^{3}He 与铜之间的边界热阻符合式 (2.44), $AR_K T^3$ 的数值约在 $4 \times 10^{-3} \sim$

4×10^{-2} K$^4 \cdot$ m$^2 \cdot$ W^{-1} 之间[2.21]. 在 mK 温区, 金属和液体 ^{3}He 之间的边界热阻不符合式 (2.44), 而是满足 T^{-1} 关系[2.81], 因此液体 ^{3}He 是低温极限下帮助金属中电子降温的较好载体. ^{3}He 相关的界面导热机制非常复杂, 如果 ^{3}He 与磁性材料接触, 则边界热阻还可能随着温度下降而减小[2.21].

铜与液体、铜与固体 ^{4}He 或固体 ^{3}He 之间的边界热阻数据可参考文献 [2.82, 2.83], 其他固体与氦之间的边界热阻数据可参考文献 [2.84]. 文献 [2.74, 2.84, 2.85] 提供了在低温环境下根据边界热阻和导热需求设计银粉热交换器的例子. 铜表面氧化层的存在不显著影响 0.5 K 以内的卡皮查热阻, 铜表面被破坏后卡皮查热阻减小[2.80].

2. 金属烧结物

根据式 (2.44), 面积 A 越大则固体和液体之间的温度差异越小. 将多孔的金属烧结物浸泡在液氦中以增加固液界面的表面积是一种非常常见的做法. 考虑到固体本身需要在极低温环境下有较大的热导率, 金属烧结物的材料可选择银或铜, 第一选择是银.

银是热的良导体, 声速比铜低, 与液氦的不匹配程度相对较低, 高纯度的单质易获得, 易加工. 所谓的银烧结物, 指的是将银粉压缩后烧结所获得的多孔结构固体. 人们将约微米数量级直径或者更小的银粉紧密堆积并施加压力, 之后将其在真空中退火或者在微量氢气氛围下的真空中退火. 高温或者应力条件下, 小直径的银球与其他银球的边界接触, 并且互扩散, 于是大量孤立的小银球定型为互连接的三维固体结构. 经验上, 烧结物存在大量孔洞, 单位体积内具有更大的接触面积, 其密度约为银密度的一半. 我们期望烧结后的表面积与质量之比在 1 m^2/g 数量级. 铜粉可以替代银粉, 但我们最好在烧结前去除铜粉的氧化层. 不低于 300 mK 温区的热交换器才适合考虑用铜烧结物, 如果没有特殊原因, 实验工作者可以默认仅选择银粉.

在烧结银粉时, 容纳银粉的理想容器材料是银, 因为银粉与银之间更容易互扩散. 如果为了节省成本, 我们还可以采用铜作为容器材料, 然后先通过银镜反应为其镀上一层银, 再装上银粉压缩和烧结. 为了增大烧结物本身的热导率, 在装入银粉之前, 容器可以预先沿着导热困难的方向埋入一批银丝或者银片.

3. 绝缘的固固边界

除了将样品浸泡在液氦中外, 人们还可能加压使液氦固化, 此时样品通过绝缘的固固边界导热. 随着商业化制冷机越来越普及, 制冷单元与测量回路的设计趋于模块化, 将样品浸泡在液氦中的做法已经极为少见了. 通常, 制冷剂被装在金属腔体中, 样品被固定在腔体外侧, 由于电测量上的需求 (相关内容见 6.1 节), 样品并不适合直接短路到制冷机上, 因此样品依然依靠一个电绝缘的固固界面降温.

人们最初以为边界热阻只应该存在于超流液氦与固体之间, 不晚于二十世纪六十年代, 两个固体之间也存在边界热阻已经成为共识[2.86]. 1959 年, 声学失配模型被推广到固体与固体之间[2.87], 随后有一些理论工作者考虑了界面的特性, 发展了相关的理论[2.88]. 对于固固边界, 声学失配模型预测的高温边界热阻数值显著低于实验实测值[2.89]. 另一个解释边界热阻的模型[2.89]是漫反射失配, 与声学失配相比, 该模型假设声子在界面处发生大量的散射, 不再由相干波描述, 声子是否穿越界面仅由其密度决定. 对于同一种材料组成的界面, 漫反射失配模型的预测数值偏大, 而对于不同材料组成的界面, 漫反射失配模型的预测数值偏小[2.63]. 量子力学层面的边界热阻理论也曾被建立, 但是没有新的结论[2.86]. 实际热阻与声学失配模型不匹配存在更多的理论细节[2.89], 除了两种材料的波长不匹配外, 界面的特性也会影响热输运, 例如, 机械加工过的表面的边界热阻偏小[2.81]. 泛泛而言, 两个固体之间的边界热阻的实验数据难以被重复, 理论无法预测实际的热阻.

安置在绝缘界面上的金属薄膜是这种绝缘连接的典型例子. 以沉积在硅、蓝宝石或石英晶体上的铜、铝或金的界面为例, 典型数值[2.90]满足 $AR_K T^3 \sim 10^{-2}\,\mathrm{K^4 \cdot m^2 \cdot W^{-1}}$. 铜和铝在环氧树脂上的边界热阻可通过 $AR_K T^3 \sim 5 \times 10^{-4}\,\mathrm{K^4 \cdot m^2 \cdot W^{-1}}$ 估算[2.86].

4. 金属与金属的边界

除了样品的降温外, 制冷机本身也需要考虑边界热阻的影响. 实际的低温设备无法只由一个部件组成, 一定会涉及两块固体在低温环境下的机械连接和热连接. 金属与金属的连接是制冷机中最常见的固固边界, 因为这是导热效果最好的边界. 部分实验工作者可能觉得两个固体之间如果是电导通的, 就代表了其界面温度差异可以被忽略, 这是一个很常见的思维误区[2.74].

定性来说, 如果两个金属之间没有额外的氧化层, 则金属之间的边界热阻满足

$$R_K \propto \frac{1}{AT}. \tag{2.45}$$

此处讨论的金属指非超导态的常规导体, 如果边界一侧或者两侧为超导体, 则其边界热阻类似于上文已讨论的绝缘固体的边界热阻. 考虑到低温电阻在足够低的温度下近似为常量, 金属之间的边界热阻随温度变化的规律可以通过维德曼 – 弗兰兹定律理解 (相关内容见 2.2.2 小节), 也即是说, 金属与金属的边界电阻越小越好. 4.2 K 条件下的金属边界电阻[2.91]可低达 10 nΩ, 但 0.1 μΩ 的接触电阻也足够理想[2.21], 部分连接方式的边界电阻对比见表 2.11. 例如, 从表中数据我们可以预判核磁共振温度计 (相关内容见 3.2.4 小节) 的铂丝更适合采用银基座 (相关内容见图 6.64) 而不是铜基座. 然而, 边界热阻的数值却不应该通过维德曼 – 弗兰兹定律计算, 通过该方式计算得到的数值与实测数值有百倍甚至十万倍的差异[2.46]. 根据实测数据, 电绝缘的固固界面的边界热阻并没有像边界电阻差异那般极为显著地大于电导通的固固界面 (见表 2.12), 因此金属与金属界面上的声子导热能力不能被忽略[2.80].

由一个弱导电界面连接的两个金属之间的边界热阻满足

$$R_K \propto \frac{1}{AT^2}, \tag{2.46}$$

其规律类似于合金的热导. 由于金属与金属之间的边界最适合依靠电子传递热量, 因此氧化层的存在不利于导热. 铜和铝的表面都有氧化层. 铝的氧化层形成得非常快, 因而我们应该默认它一直存在. 铜的氧化层随着时间积累, 形成得相对较慢. 实际测量中, 金属之间的边界热导系数的数值介于 1 和 2 之间, 并且铜和铜之间的边界热阻远大于金和金之间的边界热阻[2.63,2.93].

表 2.11　不同界面的边界电阻对比

界面	接触方式	4.2 K 下的接触电阻/$\mu\Omega$
铜/铜	氩弧焊后退火	0.013
	氩弧焊	0.034
	表面镀金后利用螺丝提供应力	0.04
	表面化学清洗后利用螺丝提供应力	0.06
	砂纸打磨后利用螺丝提供应力	0.13
	银焊	0.17
	利用螺丝提供应力	0.1
	涂环氧树脂后利用螺丝提供应力	1
	钢的软焊	2.45
银/银	利用螺丝提供应力	0.03
铂/铜	氩弧焊	17.5
铂/银	利用螺丝提供应力	0.005

注: 表中数据来自文献 [2.46] 的整理, 本表仅收录了 4.2 K 下的最小电阻数值. 各种焊接方式的介绍见 5.4.6 小节. 具体电阻数值依赖于连接方式的细节, 表中数据仅供定性对比参考.

表 2.12　不同界面的边界热阻对比

界面	总边界热阻/(K/W)
金/金	5
铜/铜	100
钢/钢	200
蓝宝石/蓝宝石	1400

注: 表中数据对应的温度和应力分别为 4.2 K 和 445 N, 来自文献 [2.46] 整理的数据. 具体热阻数值依赖于连接方式的细节, 表中数据仅供定性对比参考.

5. 固体边界导热能力的改善

由于固体表面在微观下粗糙不平, 因此两个金属界面之间实际上仅有局部上的接触, 预计实际接触面积仅为宏观界面面积的百万分之一[2.21,2.63]. 当两个物体之间的应力增大时, 有效接触面积也随之增大. 改善边界热阻的通用技巧是采用干净的表面并施加足够的压力. 有点违背直觉的是, 边界导热能力的改善效果取决于压力, 而不是取决于压强, 因而在固体本身导热效果足够好且机械强度足够稳定的前提下, 施加同一个压力后, 增大界面面积对于改善边界导热能力并没有帮助. 几种界面之间与面积无关的总边界热阻对比的例子见表 2.12. 经验上, 边界热阻的数值大小反比于所施加的应力[2.46]. 施加应力的工具通常是螺丝和螺纹, 但实验工作者需要考虑降温后不同材料热膨胀的差异 (相关内容见 2.4 节). M2.5 螺丝提供的极限应力[2.46]约 1.3 kN, M3 螺丝约 1.5 kN, M4 螺丝约 2.4 kN, M6 螺丝约 8.5 kN.

将两种金属焊接在一起是另一种增大有效接触面积的做法, 然而常规软焊材料在低温环境下超导, 因而焊接点是热的不良导体 (相关内容见 2.2.2 小节). 真空脂增大了有效接触面积, 它可以使一个差的导热界面变好, 经验上, 小应力、大接触面积适合涂真空脂, 而大应力、小接触面积不适合涂真空脂[2.46]. 部分界面的导热能力与真空脂的关系可参考文献 [2.46] 中的数据. 我不推荐在极低温条件下使用真空脂, 由于真空脂本身是绝缘体, 它会让接近理想的金属与金属的导热界面变差. 对于极低温条件下的固体接触, 适合采用大应力下的金属与金属的直接接触. 理想的做法是以氩弧焊的方式 (或者其他更高质量的焊接方式) 焊接两种金属 (相关内容见 5.4.6 小节), 然后再对界面做退火处理[2.74]. 以上方法的效果对比可参考表 2.11 中的接触电阻数值.

对于机械连接的两块铜, 其界面是低温环境下最常见的金属界面. 虽然前文讨论了是应力而不是压强改善了界面的导热能力, 但是无应力下的常规金属界面的导热能力显然还会随着接触面积的增大而增大. 此外, 形变也会影响金属内部的热导. 因此我们不宜采用过小的接触面积. 铜表面的氧化层可以通过打磨去除, 由于铜易形变, 因此在实际操作中的常见误区是使用砂纸手工打磨铜平面. 对于绝大部分操作者, 打磨后的光滑面实际上是圆弧面, 其实际接触面积远远小于常规铣床操作后的略微粗糙点的平面. 铜镀金有助于防止其表面氧化, 也有助于使接触面变软和增大接触面积. 如果铜表面干净且镀金, 并且两块铜之间被施加了足够的应力, 则其边界热阻非常小, 整体而言, 可以接近一块完整铜的导热效果[2.21].

从文献上看, 固体之间的边界热阻的数据重复性不高, 这可能是因为样品品质、固体连接时长和升降温历史都显著影响边界热阻的数值. 更多关于边界热阻的讨论可参考文献 [2.9, 2.21, 2.46, 2.50, 2.64, 2.80, 2.81, 2.86, 2.89, 2.94].

2.4 热 膨 胀

在外界压强不变的前提下, 绝大部分固体在降温过程中存在体积缩小的现象. 习惯上人们将这个现象称为热膨胀而不是冷收缩. 低温实验装置总是先在室温条件下由不同材料组合而成, 再经历降温过程. 热膨胀产生形变, 形变的风险并不仅仅在于形变本身, 还在于形变后的应力可能使材料或者连接点失效, 从而破坏实验装置. 形变还影响降温之后的设备局部定位, 例如, 磁场的中心或者光路的开缝都可能偏离预先设定的位置. 由于热膨胀在低温实验装置中的重要性和特殊性, 因此本节对其单独讨论.

热膨胀系数 β 是描述热膨胀现象的物理量:

$$\beta = \left(\frac{\partial \ln V}{\partial T}\right)_p = \frac{1}{V}\left(\frac{\partial V}{\partial T}\right)_p. \tag{2.47}$$

在低温实验中, 由于设备往往采用轴对称的悬挂结构等原因, 因此我们通常只考虑一个方向上的形变, 记为线热膨胀系数, 或者简称为线膨胀系数:

$$\alpha = \left(\frac{\partial \ln L}{\partial T}\right)_p = \frac{1}{L}\left(\frac{\partial L}{\partial T}\right)_p. \tag{2.48}$$

与之对应, β 被称为体热膨胀系数或者体膨胀系数. 不经历相变的固体在降温过程中体积减小, β 总是正值 (罕见的反例见 2.8.2 小节). 但是对于各向异性的固体, α 可以是负值[2.6]. 如果形变是各向同性的, 则 $\beta = 3\alpha$. 对式 (2.48) 做积分可得

$$L(T_2) = L(T_1)\exp\left[\int_{T_1}^{T_2} \alpha(T)\,\mathrm{d}T\right]. \tag{2.49}$$

由于线膨胀系数是远小于 1 的小量, 因此式 (2.49) 可展开为

$$\frac{\Delta L}{L} = \frac{L(T_2) - L(T_1)}{L(T_1)} \approx \overline{\alpha}(T_2 - T_1) = \overline{\alpha}\Delta T, \tag{2.50}$$

其中, $\overline{\alpha}$ 是积分范围内的平均线膨胀系数. 在实际工作中, 我们往往只关心温度改变后材料的线度改变比例, 主要是温度降低后的总线收缩率 $\Delta L/L$. 如果这个长度改变是来自外力而不是来自温度变化, 则人们称之为应变, 也记为 $\Delta L/L$ (相关内容见 2.5 节). 由于应力只跟材料的力学性质和相对形变量有关, 因此一根圆棍由于热膨胀产生的应力只由材料和温度变化量决定, 与长度无关[2.2,2.46].

热膨胀不仅仅是热学性质, 它与比热的数值和材料的力学参数都有紧密的联系. 我们可以从一个粗糙的物理图像来理解这个问题: 热容越大则温度改变引起的能量变化越大, 热膨胀越明显, 而材料的力学性质影响着热膨胀的难易程度. 微观上, 热膨胀来自晶格振动的非简谐项 (见图 1.4). 由于高温比热主要来自晶格的贡献, 而热膨胀源于晶格振动, 因此两者的数值在足够高的温度下关联. 经验上, 如果温度高于德拜温度 (见表 2.2) 的五分之一, 则低温下的线膨胀系数可以通过室温下的线膨胀系数和比热进行估算, 即

$$\alpha(T) = \alpha(300\ \mathrm{K})\frac{c(T)}{c(300\ \mathrm{K})}. \tag{2.51}$$

由于晶格比热随着 T^3 关系下降, 因此我们也可以预判随着温度下降线膨胀系数的数值迅速减小.

以下内容为与低温实验中热膨胀现象相关的工作经验. 一、尽量在设计中为长条状固体留出一个自由端, 以允许其自由形变. 二、对于无法自由形变的固体, 提前将形变量考虑到设计中, 例如, 为毛细管提前构建好螺旋形结构以释放应力, 或者在管道处采用波纹管作为中间连接. 三、对于硬连接, 尽量使用有良好延展性的材料, 如铜, 使其形变, 以释放其他材料处的应力. 四、对于难以在降温过程中释放应力的结构, 我们可以预留应力, 使温度下降后应力变小而不是增大. 五、黏合两块相同材质的固体时, 采用与黏合对象热膨胀系数接近的黏合材料. 六、当必须直接连接两种热膨胀系数差异较大的材料时, 让其中一种尽可能薄, 使之跟着另一种作为基底的材料形变. 七、真空密封两种不同直径管道的连接时, 使热膨胀系数大的材料位于外侧. 八、两种材料热膨胀系数的差异可以使低温下的连接更加紧密, 以利于导热. 例如, 使用降温后形变量大的材料作为螺丝, 形变量小的材料作为垫片.

对于部分低温下常遇到的低温材料 (相关内容见 2.8 节), 降温后形变量[2.21]从小到大为: 铜镍、不锈钢、铜、黄铜、银、铝、软焊焊锡、铟、Vespel SP-22、环氧树脂1266、PMMA、尼龙、特氟龙. 因瓦是不怎么热膨胀的特殊材料, 它是含 36% 镍的铁镍合金 (也被叫作 FeNi36 或 64FeNi), 该比例的铁镍合金恰好比其他比例铁镍合金的热膨胀系数都小, 从室温降到液氦温区的 $\Delta L/L$ 仅约 0.04%. Invar 这个商品名称来自不变性 (invariance)[2.2,2.46]. 与之对比, 特氟龙跨越同样温区的线收缩率超过 2%. 部分材料在 3 个特征温度 (4 K, 40 K, 80 K) 附近的低温 $\Delta L/L$ 数值参考表 2.13, 我们可以看到降温到 80 K 时材料已经完成大部分可能的形变. 个别材料的总线收缩率随温度的变化对比见图 2.32.

表 2.13 部分材料在特征温度下的总线收缩率

材料	~ 4 K	~ 40 K	~ 80 K
Ag	0.413	0.405	0.370
Al	0.415	0.413	0.391
Al–2024	0.396	0.394	0.372
Al–5083	0.415	0.413	0.390
Al–6061	0.414	0.412	0.389
Au	0.324	0.313	0.281
黄铜 (65% Cu)	0.384	0.380	0.353
黄铜 (70% Cu)	0.369	0.366	0.337
Cu	0.324	0.322	0.300
G10–CR (法线 (normal) 方向)	0.706	0.690	0.642
G10–CR (经线 (warp) 方向)	0.241	0.234	0.213
G11 (法线方向)	0.62	/	0.55

续表

材料	~ 4 K	~ 40 K	~ 80 K
G11 (经线方向)	0.21	/	0.19
In	0.706	0.676	0.602
Inconel	0.238	0.236	0.224
因瓦	/	0.040	0.038
Kapton	0.44	0.44	0.43
Monel	0.252	0.250	0.237
Nb	0.143	0.141	0.130
NbTi (55% Nb)	0.188	0.184	0.169
Nb$_3$Sn	0.16	0.16	0.14
尼龙	1.39	1.35	1.26
Pb	0.708	0.667	0.578
PMMA	1.22	1.16	1.059
Si	0.022	0.022	0.023
Sn	0.447	0.433	0.389
SS 304	0.296	0.296	0.281
SS 304L	0.306	0.303	0.281
SS 316	0.297	0.296	0.279
特氟龙	2.14	2.06	1.93
Ti	0.151	0.150	0.143
2850FT	0.44	0.43	0.40

注: 表中数据的单位是 %, 以 293 K 作为对照温度. 数据来自文献 [2.2, 2.6, 2.13, 2.46, 2.95, 2.96] 的整理. 其中一部分材料的介绍见 2.8 节. 需要注意的是, 通常超导线并不是仅由 NbTi 或者 Nb$_3$Sn 组成, 而是还有其他总线收缩率更大的基底材料 (相关内容见 5.9.1 小节), 实际总线收缩率更接近基底材料. 部分商品没有习惯的中文翻译, 为了便于读者查找文献和实际购买, 保留英文名称.

最后, 我自己会优先记住三个与随温度形变相关的信息. 第一, 对于金属, 从室温降到液氮温区, 每米的长度变化在毫米数量级. 第二, 绝大部分材料的形变主要发生在液氮温区以上, 因此低温实验工作者可以在低成本的液氮环境下验证机械结构在形变之后的可靠程度, 并且让材料在室温和液氮温区之间反复多次升降温以检测结构的稳定性. 第三, 水变成冰之后体积膨胀, 狭缝空间中的水固化后可能破坏机械结构和真空结构, 低温腔体需要维持真空或者正压, 以避免水汽冷凝后进入缝隙和结冰.

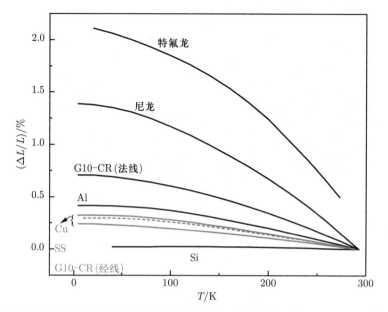

图 2.32   部分材料的总线收缩率与温度的关系. 纵轴指相对形变的百分比, 以 293 K 作为对照温度. 数据来自文献 [2.2, 2.95] 的整理

2.5   力 学 性 质

2.4 节讨论了轻微的形变产生应力, 本节讨论应力产生轻微的形变. 此处的形变, 仅指来自固体外部受力引起的应变, 而不指固体内部原子不按预设位置排布所产生的内应变.

低温固体的力学性质信息对于设计杜瓦这类自重大且频繁经历温度差异的实验装置非常重要, 低温下高压腔体的设计也可能需要较多的力学性质细节. 基于力学性质的信息, 人们权衡低温系统所使用的材料和应力的分布, 从而判断低温系统的设计是否合理. 所谓的是否合理主要针对安全可靠与经济划算, 而对于小型实验室的自行搭建装置, 因为支撑结构的支出往往远低于其他实验成本, 所以安全可靠远远比经济划算更重要.

1. 弹性、延展性与脆性

形变量与应力成正比并且应力撤去时固体恢复原来的形状, 这种行为被称为弹性行为. 所有的固体都在一定范围之内具有弹性, 但当应力大于某个阈值之后, 固体不再具有弹性, 而是可能产生永久形变或者断裂, 这两种行为分别被称为延展性行为和脆性行为. 延展性也叫塑性, 它与晶格中位错的移动能力有关, 取决于杂质、晶格尺寸和位错自身的许多参数. 延展性行为和脆性行为的对比见图 2.33.

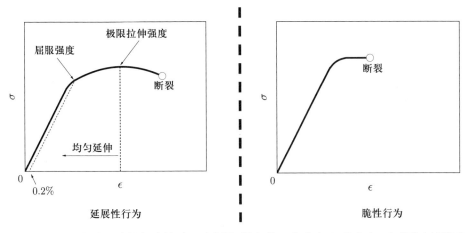

图 2.33 延展性行为和脆性行为的对比示意图. 图中的 σ 指应力, ϵ 指应变. 达到受力极限后, 脆性材料的断裂更加突然

2. 力学量

材料在弹性行为和延展性行为之间的力学区分参数被称为屈服强度, 如图 2.33 所示. 屈服强度常被定义为产生 0.2% 永久形变时的应力. 极限拉伸强度指材料拉伸断裂前能够承受的最大拉应力, 并以材料的横截面积归一化. 对于设备的支撑结构, 极限拉伸强度在实践中并不重要, 我们只需要考虑材料的屈服强度, 由于同一种物质的不同来源的材料品质差异, 因此我们在设计低温系统时应该采用远小于屈服强度的参数. 疲劳强度指材料经历一定循环次数, 如施加应力再撤去应力百万次, 而不失效的最大应力.

人们有时还用材料的可承受应力与热导率之比描述材料. 对于低温设备的内部框架, 这个比值越大越好, 它代表了在悬挂给定重物时的隔热能力. 表 2.14 提供部分材料的数据. 显然, 当柱子需要悬挂重物且导热能力强时, 我们总可以选择高热导材料中的铜并且增大横截面积, 而不用考虑表 2.14 中的数值对比.

表 2.14 几种材料的可承受应力与热导率之比

材料	4 K	80 K	300 K
G10	12000	1600	500
SS 304	6000	160	80
黄铜	150	9	3
铜	2	2.5	3

注: 数值单位是 MPa·m·K/W. 数据来自文献 [2.64].

常用的低温结构材料的弹性限度通常在低温条件下增大 (个别材料存在例外温区,
读者可参考文献 [2.46] 中的数据), 例如, 铜降到极低温后可承受的应力约增大两倍、铝
约增大五倍. 也就是说, 但凡支撑结构采用了合适的材料并且热膨胀的因素被考虑了
之后, 降温后的结构依然会保持机械稳定. 玻璃由于没有易于位错移动的方向, 因此发
脆: 原子键在固体表面断开之后, 缝隙容易迅速扩散到固体内部, 从而形成固体的整体
断裂. 因此低温下的机械结构不适合采用玻璃材料.

温度下降之后, 晶格结构对力学性质的影响非常关键. 我们需要特别注意体心立
方结构材料, 它们在低温条件下发脆、容易断裂 (见图 2.34), 其代表性例子是铁和钢.
不论是考虑力学性质还是磁学性质, 除非作为被研究的对象, 铁和钢在正常情况下都
不会出现在低温环境内部. 铜、奥氏体不锈钢 (相关内容见 2.8 节)、铝和铝合金等材
料在室温和低温下都是延展性材料.

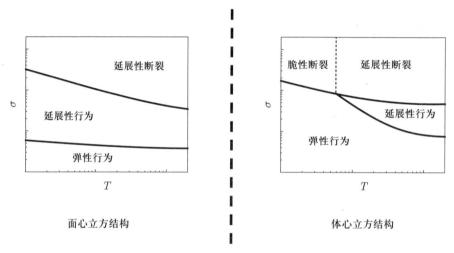

图 2.34   面心立方结构与体心立方结构的材料力学特征对比示意图. 铜、铝、银、金、不锈钢和黄
铜都是面心立方结构

3. 弹性区间

作为支撑结构的低温固体总是工作在弹性区间. 以挤压为例, 给定压强之后体积
的改变能力被称为压缩率, 记为 K:

$$K = -\frac{1}{V}\left(\frac{\partial V}{\partial p}\right)_T, \tag{2.52}$$

其倒数被称为体积模量 (记为 B).

由于重力的存在, 大部分低温设备的主要承力集中在特定方向上. 对于长条形固
体, 通常沿着轴向的受力和形变最重要, 它们也相应被称为拉伸应力和拉伸应变. 实际
固体的形变和应力不应该用标量表达, 不过本节采用了最简单的描述方式而未采用张

量表达, 以图 2.35 为例, 应力和应变分别记为

$$\sigma = F/A, \tag{2.53}$$

$$\epsilon = \Delta L/L. \tag{2.54}$$

应力的单位为帕斯卡 (Pa), 与压强一样; 应变为无单位数, 正值常代表拉伸而负值常代表压缩. 杨氏模量 (记为 E) 指拉伸应力与拉伸应变之比 σ/ϵ, 这也被称为弹性模量. 低温设备的结构材料在承受负载时形变越小越好, 因而杨氏模量越大代表材料有越好的刚性. 通常来说, 杨氏模量在低温下增大约 10%, 变化主要发生在室温和液氮温区之间.

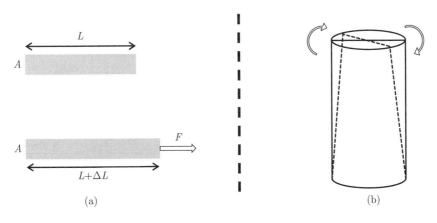

图 2.35 形变示意图. (a) 拉伸应力与拉伸应变, (b) 扭矩作用下的形变

除了拉伸和压缩外, 固体中还有其他力学量, 这些物理量在同一种材料中可能相互联系. 泊松 (Poisson) 比 (记为 ν) 是材料横向应变与纵向应变之比的绝对值. 固体在剪切力作用下形变的能力由剪切模量 (记为 G) 表征. 对于各向同性的固体, 剪切与扭转对应的模量数值一致, 于是对应扭转的模量也被称为剪切模量. 与拉伸和压缩不一样的是, 剪切和扭转不改变固体的体积. 6.4 节提供了采用低温固体扭转形变开展测量的例子. 取决于对称性, 一个晶体中表征弹性的独立物理量可能高达二十一种[2.2]. 部分材料的弹性参数对比见表 2.15.

4. 总结

如今的软件已经可以很方便地为我们提供室温环境下力学信息相关的模拟. 由于常用的低温结构材料在更低温度下的力学性能往往变得更好, 因此这些模拟具有很好的参考价值. 实际材料的力学参数受大量因素影响, 例如, 冶炼方法、晶格质量和缺陷、热处理的过程等, 因此重要的承力位置需要在低温环境下被实际测试. 对于自行设计的小实验装置, 如果不涉及高压, 则低温实验工作者可以参考已有设计或者

实物采用同种材料和类似尺寸, 或者根据材料的力学参数采取超过一个数量级的保守设计. 如果读者需要了解更多固体在室温和低温条件下的力学性质信息可以参考文献 [2.2, 2.5, 2.7, 2.13, 2.97 ~ 2.99]. 表 2.16 整理了部分力学量, 在实际工作中, 这些力学量似乎不如热学量和电学量那么为人熟悉. 严格来说, 这些物理量并不是仅属于力学, 它们与热学量也有着密切的联系, 但本节没有展开讨论.

表 2.15　部分材料的弹性参数对比

材料	室温			低温极限		
	B	E	G	B	E	G
Ag	101.20	78.89	28.79	108.72	87.02	31.84
Al	75.86	70.27	26.11	79.38	78.24	29.29
Au	173.50	76.12	26.68	180.32	83.19	29.23
Cu	135.30	121.69	45.07	142.03	132.51	49.28
Nb	163.78	103.07	36.94	173.03	110.87	39.79
Pb	44.76	23.17	8.19	48.79	30.34	10.86
Pt	282.70	176.23	63.12	288.40	183.54	65.83
Si	97.89	161.61	65.97	99.22	163.21	66.57
SS 304	/	200	77.3	/	210	82.0
SS 310	/	191	73.0	/	207	79.9
SS 316	/	195	75.2	/	208	81.0

注: 表中数值的单位为 GPa. 数据来自文献 [2.2, 2.46] 的整理. 因为不同来源的材料的力学量在数值上有显著差异, 因此本表数据只用于材料之间的比对和数量级估计.

表 2.16　部分力学量

中文名称	英文名称	含义
应力	stress	物体单位面积上的受力
应变	strain	外力引起的物体尺寸的相对变化量
拉伸应力	tensile stress	一个方向的应力
拉伸应变	tensile strain	一个方向的应变
屈服强度	yield strength	塑性变形所需的应力
弹性应变极限	elastic strain limit	屈服强度所对应的应变
极限拉伸强度	ultimate tensile strength	拉伸断裂前, 材料能够承受的最大拉应力
断裂应力	fracture stress	断裂时的应力
断裂伸长率	elongation at fracture	断裂前的形变
断面收缩率	reduction of area	断裂面与原始截面之间的面积差异
疲劳强度	fatigue strength	材料经受一定循环次数而不失效的最大应力

2.6 电 性 质

在低温实验中, 由于电输运测量的便利性, 实验工作者往往通过材料的电性质推断其他性质. 尽管人们已经在理论上比较充分地理解了电输运过程, 但是理论模型并不足以准确地预测材料在低温环境下的电阻率. 哪怕对于理解得最深入的高纯单质, 我们也无法依靠纯度和已发表数据判断具体材料的低温电阻率. 换言之, 如果电阻率的准确数值对实验工作者极为重要的话, 那么我们除了对具体材料开展高精度测量之外别无他法.

本节并不系统介绍电输运理论, 而是仅简单讨论部分与固体实验材料相关的电性质, 按常规导体、超导体、半导体和绝缘体简单分类. 关于常规导体、超导体、半导体和绝缘体的系统介绍可参考相关教科书或者有针对性的专著.

人们讨论热输运时多使用热导率, 但讨论电输运时多使用电阻率. 由于实际材料更便于以 cm 作为衡量单位, 因此我采用了 W/(cm·K) 作为热输运讨论中的主要单位, 同理, 由于电输运测量的对象常呈细长均匀结构, 例如, 线或者长方条, 长度更接近于 cm 数量级, 因此本节也以 cm 归一化, 主要使用 Ω·cm 作为单位.

2.6.1 常规导体

导体中准自由电子在外电场驱动下移动的阻碍被称为电阻. 当我们在讨论低温实验中常规导体的电阻值大小时, 通常是在讨论一根金属线的电阻. 考虑到金属线的横截面积 A 和长度 L 都影响其导电能力, 因此电阻 R 与电阻率 ρ 的关系为

$$R = \frac{L\rho}{A}. \tag{2.55}$$

从最简单的图像考虑, 电子的移动能力受晶格振动影响, 因而温度越高则电阻越大.

假如电阻只来自声子对电子输运的散射, 则理想导体的零温电阻值为零, 理想电阻率也被称为固有电阻率. 在温度高于大约 $\frac{\Theta}{2}$ (Θ 为材料的特征温度, 接近德拜温度) 时, 金属的固有电阻率满足 T 关系, 在低于约 $\frac{\Theta}{4} \sim \frac{\Theta}{10}$ 时, 金属的固有电阻率近似满足 T^5 关系[2.2,2.5,2.100]. 理想导体的电阻变化单纯来自理想晶格中声子对电子的散射, 这种导体是不存在的. 固有电阻率的价值在于, 在室温温区, 高纯金属的电阻率基本由固有电阻率决定.

1. 影响电阻率的其他因素

在氦未被液化之前, 人们曾猜测在足够低的温度下, 电子会被局域, 金属最终将变为绝缘体[2.5]. 然而, 实验上人们发现实际常规导体的电阻值都最终在低温环境下达到饱和, 不会未经超导相变就减小到零, 也不会无限增大. 常规杂质和晶格中的其他缺陷影响晶格的完美程度, 因而影响电阻率. 从自由程的角度考虑, 电阻率与导体中电子的

平均自由程成反比, 而在足够低的温度下, 缺陷引起的散射决定了平均自由程, 于是电阻值在足够低的温度下最终成为一个与温度无关的常量. 如果我们采用最简单的近似, 则可以认为电阻率满足

$$\rho(T) = \rho_p(T) + \rho_i + \rho_d, \tag{2.56}$$

其中, ρ_p 来自声子散射对固有电阻率的影响, 与温度有关; ρ_i 来自杂质的影响, ρ_d 来自晶格自身缺陷的影响, 后两者与温度无关. 这个公式被称为马西森 (Matthiessen) 定则, 零温极限下的电阻率数值被称为剩余电阻率 (residual resistivity).

室温和低温下的电阻值之比 ($RRR = R_{273}/R_{4.2}$) 也被称为剩余电阻率, 但对应英文名称为 residual resistance ratio. 虽然这两个概念的中文名称恰好一致, 但对应的英文名称可以清楚地指出它们的差异, 本书的剩余电阻率默认指室温和低温下的电阻值之比. 当我们需要准确的电阻信息时, 不能忽略实际获得的材料与文献中的材料在纯度、晶格品质和尺寸上的差异, 这些差异引起真实电导率与文献数值的差异. 针对此差异, RRR 常被用于表征金属的纯度和缺陷密度, RRR 的数值越大, 金属越接近理想的周期结构.

除了受缺陷影响外, 实际导体的电阻值还受大量其他因素影响. 首先, 样品的体积和常规杂质的分布方式影响电阻率. 其次, 金属单质的电阻率受晶格影响, 存在各向异性 (立方晶系除外). 各个朝向电阻率的比值在 1 附近, 因而各向异性通常不会被重视. 晶体颗粒的大小也影响着低温电阻率. 再次, 晶格的结构改变会影响电阻率, 如果金属在降温过程中经历结构相变, 则电阻值也相应地突然变化. 此外, 磁相变也会改变电阻率随温度的变化关系. 最后, 不经历相变时, 磁性杂质、外磁场、外界压强和应力都会影响电阻值. 非磁性金属的电阻值总是随着外磁场增大而增大, 对于高纯铜, 磁场可能引起一百倍的电阻增大[2.2]. 高纯铜中的 ppm 数量级的微量铁杂质会引起电阻率在低温条件下随着温度的非单调改变, 这个现象可由近藤效应解释[2.34]. 大部分金属的电阻值随着压强增大而增大[2.100], 个别例子和具体参数见 6.5 节.

由于以上这些实际原因, 不同来源、不同晶格缺陷和不同形状的同一种金属在低温下有不一样的电阻饱和行为, 而在高温条件下, 电阻率主要受声子影响, 因此趋于统一. 换言之, 真实金属并没有统一且能数值化的 $R - T$ 关系. 特别是当温度低于 20 K 时, 即使是对缺陷相对较少的金属单质材料, 我们也无法准确预测其电阻率. 此外, T^5 关系并不在实际测量中严格出现, 人们测量到了从 T^2 到 T^6 这样令人意外的大范围指数行为[2.2].

2. 维德曼 – 弗兰兹定律与热导率

我们可以通过 2.2.2 小节中对常规导体的讨论理解电阻率与温度的关系. 导体的电输运和热输运的核心机制都是电子的定向移动, 考虑维德曼 – 弗兰兹定律和导体在高温端的热导率近似为常量, 于是导体的电导率在高温端近似满足 T^{-1} 关系、电阻率在高温端满足 T 关系.

当需要电阻率的具体数值时, 通过维德曼 – 弗兰兹定律推断导体电性质的做法依然不可行. 由于热输运测量远远比电输运测量困难, 因此人们其实更常利用电导去推测材料的品质和热导 (参考维德曼 – 弗兰兹定律和图 2.42). 图 2.36 提供了部分金属单质的电阻率与温度的理想关系, 图中数值只能作为电阻率理论下限的参考. 实际常规导体的电阻率随温度变化趋势的示意见图 2.37.

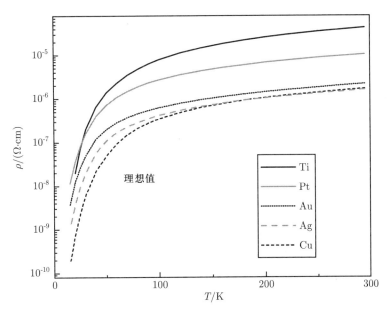

图 2.36　个别金属单质的理想低温电阻率. 数据来自文献 [2.101]. 图中数据均截止在 15 K. 如果不发生超导相变, 则真实的金属电阻率总是大于理想电阻率, 并且在低温下达到饱和. 实际常规导体的电阻率与温度的关系示意见图 2.37

如果仅考虑固有电阻率[2.2], 则铝的极限剩余电阻率为 4.0×10^6, 铜的极限剩余电阻率为 4.4×10^6, 均远大于实际测量值. 铝曾被测到过 4.0×10^4 的剩余电阻率, 通过退火过程、氧化微量铁杂质后的铜曾获得 6.5×10^4 的剩余电阻率[2.2]. 需要强调的是, 实际获得的常规铜和常规铝的剩余电阻率比文献报道的极限测量值小 3 ~ 4 个数量级. 其他代表金属品质的参数还包括 $\alpha = \dfrac{R(T) - R(T_0)}{(T - T_0)R(T_0)}$ 和 $\rho = \dfrac{R(T)}{R(T_0)}$, 注意此处的 ρ 不再是电阻率, 而是仅代表比率, 这种命名的重合并不罕见.

3. 合金

合金的缺陷相对较多, 有不可忽略的声子热导, 我们不再能通过维德曼 – 弗兰兹定律和热导率理解电导率 (相关内容见 2.2.2 小节). 两种单质元素组成的合金的电阻率通常远大于其中任意一种元素的电阻率. 经验上, 在给定温度下, 合金的电阻率近似符合 $\rho = Ax(1 - x)$, 其中, A 是一个系数, x 是杂质掺杂比例[2.102]. 这个经验公

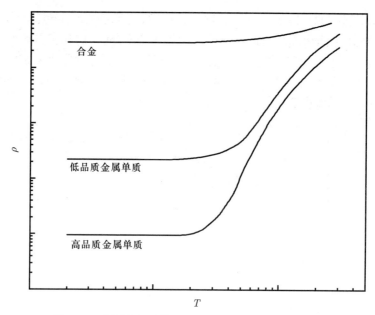

图 2.37 实际常规导体的电阻率与温度关系的示意图

式也被称为诺德海姆 (Nordheim) 规则, 它假设了掺杂的杂质无序. 如果杂质有序分布, 则合金的电阻值小于诺德海姆规则的预估.

合金的剩余电阻率在个位数量级, 部分合金的声子热导甚至可以完全被忽略, 其电阻率近似不随温度变化. 例如, 锰铜的 RRR 仅约 1.1. 对于合金, 由于晶格品质引起的差异已经不再重要, 因此实际材料的低温电阻率与已发表的测量值差异很小. 2.8.1 小节提供了部分不锈钢与铜的电阻率对比, 以及部分铝合金的电阻率信息.

4. 扁平样品的电阻率

实验工作者常遇到二维或者准二维的导体, 这类导体或者形状不均匀, 或者难以再制备出狭长的几何结构. 如果能在各向同性扁平样品的最外围做上导电用电极, 则我们可以采用范德堡 (van der Pauw) 法测量其电阻率.

假设厚度为 t 的扁平样品最外围上有任意位置 A, B, C, D 四个电极, $R_{AB,CD}$ 和 $R_{BC,DA}$ 代表了两种测电阻的方法, 例如, $R_{AB,CD}$ 代表了电流从 A 流到 B (I_{AB}), 测量 D 到 C 的电压 (V_{DC}), 则电阻率满足[2.103]

$$\rho = \frac{\pi t}{\ln 2} \times \frac{R_{AB,CD} + R_{BC,DA}}{2} \times f\left(\frac{R_{AB,CD}}{R_{BC,DA}}\right), \tag{2.57}$$

其中, $f(x)$ 满足[2.104]

$$\cosh\left[\frac{x-1}{x+1}\frac{\ln 2}{f(x)}\right] = \frac{1}{2}\exp\left[\frac{\ln 2}{f(x)}\right]. \tag{2.58}$$

$f(x)$ 的数值请参考图 2.38, 其在两次测量的电阻值相等时为一. 也就是说, 对于有合适对称性结构的样品, 我们总能通过互换一次电流和电压忽略掉函数 $f(x)$ 的影响. 该方法的误差跟电极的面积有关, 也跟电极的位置有关. 对于一个直径为 d 的圆盘样品, 假如电极的直径为 d_1, 电极距离圆盘边缘为 d_2, 则电阻率的相对误差为[2.46]

$$\frac{\Delta \rho}{\rho} \approx \left(\frac{d_1}{d}\right)^2 + \left(\frac{d_2}{d}\right)^2. \tag{2.59}$$

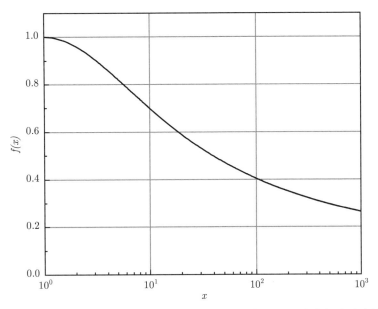

图 2.38　函数 $f(x)$ 的数值. 原始计算公式来自文献 [2.104]. 文献 [2.103] 中的相应公式缺了一处 $\ln 2$

2.6.2　超导体、半导体和绝缘体

超导体在低温实验中除了是被研究的对象外, 还常承担导电、磁屏蔽、改变磁场分布和热绝缘等多种功能. 超导体有许多有趣的特点. 超导相变并不伴随着结构相变. 金属单质、合金、绝缘晶体、陶瓷和有机物等都可能出现超导态, 从这个角度上看, 材料的结构对于超导态似乎不是那么重要. 除了磁性杂质外, 似乎常规杂质对超导态的出现并没有干扰, 而且化合物超导体的组成单质不必具有超导特性. 非超导体的典型例子是低温优秀导热体铜、银、金, 以及碱金属钠 (Na)、钾 (K).

由于与超导体相关的物理内容极为丰富且存在大量教科书, 因此此处仅简单提供部分超导体的相变信息. 从测量的角度而言, 绝对的零电阻是测不到的, 人们仅能判断一个超导体的电阻上限. 电输运测量技术可以达到 10^{-24} $\Omega\cdot$cm 的精度[2.10], 与之对比, 铜的零温饱和电阻约为 10^{-9} $\Omega\cdot$cm. 在低温实验不算 "低" 的温区中, 一个金属样品的电阻值可跨越多个数量级, 看似简单的电输运依然有大量需要注意的测量细节, 相关内容在 6.1 节有更多讨论.

1. 临界温度、临界磁场与临界电流

临界温度 T_c 名义上指超导相变发生时材料电阻突然消失的温度. 然而, 从常规导体态到超导态的过渡是在有限大小的温度间隔内完成的, 这个间隔被称为相变宽度 ΔT_c. 对于同一种材料, 单晶的 ΔT_c 小于多晶, 多晶的 ΔT_c 小于不纯多晶. 高质量镓 (Ga) 样品[2.105]的 ΔT_c 仅约 10^{-5} K. ΔT_c 在 1 K 数量级的材料也很常见, 于是人们有时把电阻偏离线性下降区域的温度称为 T_{onset}, 把刚下降到零电阻的温度称为 T_{c0}, 把电阻下降到 T_{onset} 处电阻值一半的温度定义为 T_c.

超导态在一定的磁场之上恢复为常规导体态, 这个磁场被称为临界磁场强度 H_c. 同样, 实际材料的临界磁场强度也具有一定的宽度. 人们有时采用临界磁感应强度 B_c 比较不同超导材料的磁性质, 因为其国际单位特斯拉 (T) 更便于使用. 人们甚至可能采用临界磁场强度 H_c 的名称, 但是采用特斯拉作为单位. 口语中, 临界磁场强度和临界磁感应强度都被简称为临界磁场.

最后, 足够大的电流也会破坏超导态, 对应的物理量被称为临界电流密度 j_c.

2. 常规超导体

本书中的常规导体指非超导态的导体, 常规超导体指不是高温超导体的超导体. 低温实验中常见的超导体既包括作为载流通道的 NbTi, Nb$_3$Sn 和个别高温超导体, 其特点是临界磁场高和临界电流大; 也包括铝、铌、铟、锡、铅和钛等金属单质, 它们更易于被加工和调控. 由于低温实验工作者可能通过沉积超导薄膜来自制温度探测器 (相关内容见 3.2.1 小节), 因此表 2.17 也提供了对应薄膜的可能相变范围. 需要指出的是,

表 2.17 部分单质超导体的超导相变信息

单质	T_c/K	B_c/mT	观测到的薄膜的 T_c/K
Al	1.175	10.49	$1.15 \sim 5.7$
In	3.408	28.15	$2.2 \sim 5.6$
钼 (Mo)	0.915	9.6	$3.3 \sim 8.0$
Nb	9.25	206	$2.0 \sim 10.1$
Pb	7.196	80.3	$1.8 \sim 7.5$
Sn	3.722	30.5	$3.5 \sim 6$
Ti	0.40	5.6	< 1.3
W	0.0154	0.115	< 4.1
Zn	0.85	5.4	$0.77 \sim 1.9$

注: 数据来自文献 [2.44] 的整理. 文献 [2.6] 也有较为系统的超导元素信息整理.

薄膜的超导相变还受衬底的影响, 这批数值仅能作为大致参考. 可呈现超导特性的金属单质超过二十种, 表中并没有完整罗列.

表 2.18 提供了部分化合物常规超导体的相变信息, 比起单质超导体, 一些化合物超导体的临界磁场明显更高, 更适合作为超导螺线管磁体的线材. 比起单质超导体的体材料的 1 mK 数量级的相变温区, 化合物超导体的相变通常发生得更缓慢, 从常规导体态到超导态的相变发生在更宽一些的温区, 有些特殊材料甚至可能在 1 K 数量级的温区完成相变.

表 2.18 部分化合物常规超导体的相变信息

化合物	T_c/K	B_c/T
NbTi	9.5	12.2
Nb_3Sn	18.1	25
Nb_3Ge	23.2	38
$Nb_3Al_{0.7}Ge_{0.3}$	20.7	44
Nb_3Al	17.1	25.0
V_3Ga	16.5	35
Ta_3Sn	8.35	24.5

注: 数据来自文献 [2.5] 的整理.

3. 高温超导体

除了用相变温度区分不同超导材料外, 人们还把金属和合金超导体称为常规超导体, 把氧化物超导体称为高温超导体. 高温超导体已经越来越常出现于实际应用之中, 表 2.19 整理了一些高温超导体的简称. 超导的有机物仅作为研究对象出现在低温实验中, 本书没有涉及.

表 2.19 部分高温超导体的简称与分子式

简称	其他简称	分子式	T_c/K
BSCCO	Bi2223	$Bi_2Sr_2Ca_2Cu_3O_{10}$	~ 107
	Bi2212	$Bi_2Sr_2CaCu_2O_{10}$	~ 85
YBCO	Y123	$YBa_2Cu_3O_7$	~ 92
	Y124	$YBa_2Cu_4O_8$	~ 81
Tl2212	TB2212	$Tl_2Ba_2CaCu_2O_8$	~ 110
Hg1212		$HgBa_2CaCu_2O_6$	~ 128
Hg1201		$HgBa_2CuO_4$	~ 97
REBCO	RBCO 或 RE123	$REBa_2Cu_3O_7$	~ 92
LSCO	LSC	$La_{1.85}Sr_{0.15}CuO_4$	~ 37
BKBO	BKB	$Ba_{0.6}K_{0.4}BiO_3$	~ 31

4. 半导体与绝缘体

半导体与绝缘体的电阻随着温度下降而上升, 与导体有显著区别. 半导体的 $R-T$ 曲线比较容易理解, 其电阻值在降温过程中成指数上升, 并最终在足够低的温度下成为优秀的绝缘体. 从这个意义上说, 半导体和绝缘体作为低温材料时没有本质区别. 一般来说, 绝缘体的能隙大于 5 eV, 部分半导体的能隙见表 2.20. 半导体在低温实验中通常只是研究对象而不是实验装置的一部分.

表 2.20 部分半导体的能隙

半导体	室温能隙/eV	零温极限能隙/eV
Si	1.110	1.169
Ge	0.664	0.744
AlAs	2.2	2.3
GaAs	1.441	1.579
GaSb	0.70	0.812
InAs	0.356	0.418
ZnO	3.2	3.4376

注: 数据来自文献 [2.44] 的整理. 能隙随温度的变化与材料的热膨胀有关[2.6].

作为低温电绝缘材料, 电阻值越大越好, 然而单纯通过电阻率选择电绝缘材料并不是常见的做法. 电绝缘材料通常导热能力不好、低温下热平衡慢, 因而实验工作者需要优先考虑材料的热学性质. 此外, 实验工作者还得考虑击穿强度和介电常量. 绝缘材料的击穿强度随着温度下降而增大. 绝缘材料在室温下的导电能力可能来自潮湿的表面, 因此绝缘体在低温环境下的电隔离效果比室温环境下更好.

5. 总结

在实践中, 我们通常需要两种类型的常规导体, 一种情况是电阻值越小越好, 另一种情况是电阻值越稳定越好. 前者的典型代表是铜. 尽管超导体代表了电阻的零值, 但是从室温通往低温环境的引线无法完全采用超导材料, 而且超导材料的使用受到临界电流和临界磁场的限制. 如果跨越温区的铜引线电阻小, 则引线通电流时发热小, 随之而来的代价是漏热大. 因此, 经常通大电流的低温引线不应该单纯选择电阻值小的型号, 而是需要在发热和漏热之间平衡, 4.1.3 小节将对此做进一步讨论. 后者的典型代表是锰铜和康铜, 其电阻率随温度变化非常缓慢, 于是低温电路与室温电路的差异小. 此外, 电阻值随温度变化小的线材还适合作为低温下的加热丝. 另一个获得加热丝的办法是蒸镀细长条形状的金属薄膜, 例如, 铬金或者钛金 (主体材料为金, 铬或者钛作为与绝缘衬底过渡的基层).

如果实验工作者想定量了解材料的电性质, 那么实际测量是最好的办法. 不过通常来说, 如果导电材料只是工具而不是研究对象, 那么实验工作者也没必要定量测量其电性质, 了解其电阻率随温度变化的趋势往往便足够了. 电阻也许已经是低温实验中最容易测量的物理量了, 并且具有最多种类的相关商业化电子设备, 但准确获得电阻读数依然需要注意大量不可忽略的技术细节, 相关内容将在 6.1 节和 6.2 节讨论.

2.7 磁 性 质

宏观物质由原子组成, 组成原子的电子、质子和中子都有磁矩. 严格意义上, 宏观物质都是磁性物质, 所有的真实材料都会对磁场有某种程度和某种方式的响应. 不过当人们提到磁性物质时, 通常只是指铁磁材料和亚铁磁材料, 它们除了影响磁场的操控外, 还可能影响导热效果 (相关内容见 2.2.3 小节) 和温度测量 (相关内容见 3.3.2 小节). 如果实验工作者不是为了研究磁性物质, 则往往会在低温实验中刻意回避它们.

跟电性质一样, 材料的磁性质也有大量的专业书籍对其进行讨论, 本节仅极为简单地讨论个别与低温实验相关的磁学内容.

1. 磁感应强度、磁场强度、磁化强度和磁化率

本书描述磁场时根据习惯采用磁场强度 H 或磁感应强度 B, 真空中两者的关系为 $B = \mu_0 H$, 其中, μ_0 被称为真空磁导率, H 是与材料无关的磁物理量. 在材料内部, 国际单位制下的磁感应强度为

$$B = \mu_0(H + M), \tag{2.60}$$

其中, M 为磁化强度, $\mu_0 M$ 为磁极化强度. 磁感应强度的国际单位为 T, 磁场强度的国际单位为 A/m. 本书回避高斯单位制, 不采用高斯 (G) 作为磁感应强度的单位, 也不采用奥斯特 (Oe) 作为磁场强度的单位. 对于磁感应强度, 1 T = 10000 G.

除了磁学中的高斯单位制和英制单位 (相关内容见表 7.5) 外, 我们可能很难找到其他命名方式和实际换算过程如此令人困惑的常用物理单位体系了. 例如, 磁矩的单位 emu 来自电磁单位的英文名称 electromagnetic unit 的简写, 但是对于一个涉及磁矩平方的物理量, 单位记为 emu² 似乎非常违和. 磁场强度、磁矩、磁极化强度和磁化强度等单位在高斯单位制和国际单位制之间的换算较为复杂, 因此我建议在低温测量中采用国际单位制的磁感应强度作为表征外磁场的核心物理量.

与外磁场对应, 体现了材料磁性质的物理量是磁化强度 M, 然而它还受磁场强度的影响, 因此表征材料磁性强弱的磁化率定义为

$$\chi = M/H. \tag{2.61}$$

相对磁导率 $\mu_r = 1 + \chi$ 是另一种表征材料磁性质的方式. 磁感应强度为

$$B = \mu_0 \mu_r H, \tag{2.62}$$

其中, $\mu = \mu_0\mu_r$ 被称为绝对磁导率. 式 (2.61) 和式 (2.62) 的定义默认了磁场强度和磁感应强度平行, 该条件在真实材料中并不一定被满足. 如果这两者不平行, 则我们在数学形式上需要将磁化率和相对磁导率变更为张量. 同样需要指出的是, B 和 H 等物理量是矢量, 严格来说, 我不应该采用标量的公式书写方法, 但出于易读性, 本书回避了矢量和张量. 磁物理量的国际单位制与高斯单位制的对比见表 2.21.

表 2.21 磁物理量的国际单位制与高斯单位制的对比

中文名称	英文名称	符号	国际单位制	高斯单位制
磁感应强度 (磁通密度)	magnetic induction (magnetic flux density)	B	T	G
磁场强度	magnetic field strength	H	A/m	Oe
磁极化强度	magnetic polarization	J	T	G
磁化强度	magnetization	M	A/m	G或 emu/cm^3
磁通	magnetic flux	Φ	Wb	Mx
磁矩	magnetic moment	μ 或 m	A·m^2	emu 或 erg/G

注: 习惯上磁矩和磁导率都用 μ 表示. 在本表的单位中, 仅特斯拉和韦伯 (Wb) 属于国际单位制的 22 个导出单位 (见表 3.17), 因而我推荐优先使用它们.

由于电子的质量远小于质子和中子, 电子的磁矩远大于质子和中子, 因此我们在讨论材料宏观磁性时只是在讨论电子磁矩的影响. 关于核磁矩的介绍及其在制冷中的应用见 4.7.1 小节.

2. 磁性分类

许多材料在受到外磁场作用后感生出与外磁场同方向的磁化强度, 这种磁性质被称为顺磁性. 部分顺磁材料的磁化率满足居里 (Curie) 定律或者居里 – 外斯 (Weiss) 定律, 即

$$\chi = C/T \tag{2.63}$$

或

$$\chi = C/(T - T_P), \tag{2.64}$$

其中, C 为常量, T_P 为跟材料有关的特征温度, 被称为居里温度. 碱金属比较特殊, 它们也是顺磁材料, 但磁化率基本与温度无关. 顺磁材料的磁化率通常很小, 仅展现微弱的磁性.

随着温度下降, 部分顺磁材料呈现反铁磁性或者铁磁性. 反铁磁材料在低于奈耳 (Neel) 温度 T_N 时, 磁化率随温度下降而下降. 反铁磁性来自局部磁矩的反平行排布, 而铁磁性来自局部磁矩的平行排布. 铁磁材料在某个特征温度 T_P (也被称为居里温度)

之下时只需要很低的外界磁场就会被磁化到饱和. 铁磁材料的磁化率不仅随温度和外磁场变化, 还跟磁化过程有关. 铁、钴和镍是典型的铁磁材料, 它们的特征温度远高于室温 (见表 2.22), 所以我们在低温实验中不会讨论其顺磁性质. 如果局部磁矩不对称排布, 则材料呈亚铁磁性. 亚铁磁性是不严格的反铁磁性, 但是亚铁磁材料的磁特征更接近铁磁材料的磁特征.

表 2.22　部分铁磁和反铁磁材料的特征温度

材料	T_P/K	T_N/K
Fe	1043	/
Co	1388	/
Ni	627	/
$Nd_2Fe_{14}B$	573	/
FeB	598	/
Fe_2B	1043	/
$FeBe_5$	75	/
EuO	77	/
Cr	/	311
Mn	/	100
FeO	/	198
CoO	/	291
NiO	/	525
MnO	/	122

注: 数据来自文献 [2.44] 的整理.

部分材料在外磁场下产生与磁场方向相反的磁化强度, 这种特性被称为抗磁性. 抗磁材料极为常见, 包括铜这个最重要的低温固体. 常规的抗磁材料的磁化率非常小, 通常来说, 其数值近似不随温度改变, 在低温实验中可以忽略不计. 石墨是一个例外, 它呈抗磁性但是磁化率随温度明显改变. 传统上, 人们认为铁磁性、亚铁磁性和反铁磁性来自固体中原子的集体行为, 而顺磁性和常规的抗磁性来自孤立原子的行为. 各种材料的磁化率与温度关系分类的示意图见图 2.39.

除了铜、银、金等常规抗磁体外, 超导体也是抗磁体, 而且是理想的抗磁材料. 1933年, 迈斯纳 (Meissner) 发现了超导体不论是场冷还是零场冷均有抗磁性, 与加磁场的历史无关. 这也被称为理想抗磁性或者迈斯纳效应. 超导体这个特殊的磁性质独立于零电阻现象. 在足够高的磁场下, 超导体从超导态转变为常规导体态, 温度越低, 这个临界磁场越高. 一些简单超导体的相关信息见 5.9.1 小节. 抗磁性与其他磁性的对比见表 2.23.

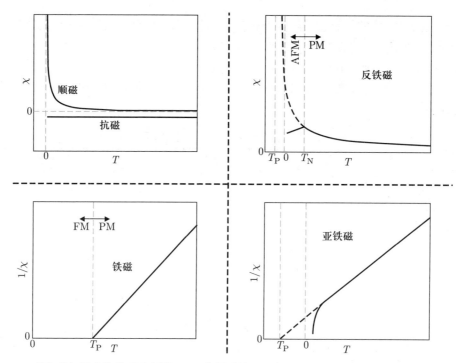

图 2.39 磁化率与温度的关系示意图. PM 指顺磁性 (paramagnetism), FM 指铁磁性 (ferromagnetism), AFM 指反铁磁性 (antiferromagnetism). 亚铁磁性对应英文为 ferrimagnetism, 抗磁性对应英文为 diamagnetism

表 2.23　磁性分类简表

分类	代表性例子	磁化率的典型范围
顺磁性	Al, Ti	$\sim 10^{-6} \sim 10^{-5}$
铁磁性	Fe, Co, Ni	$\sim 10^{-1} \sim 10^{6}$
亚铁磁性	Fe_3O_4	$\sim 10^{-1} \sim 10^{4}$
反铁磁性	Cr, Mn, FeO	$\sim 10^{-5} \sim 10^{-3}$
抗磁性	Cu, Ag, Au, Si	$\sim 10^{-7} \sim 10^{-6}$, 且为负数
	低于超导相变温度的超导体	$= -1$

3. 地磁场和永磁体

地磁场是地球表面的磁场, 大部分来自地球内部, 小部分来自太阳风和宇宙射线.

地磁场在 10^{-5} T 数量级, 它并不是一个恒定不变的量, 而是随时间和地表位置变化. 地磁场远低于低温实验中使用的超导螺线管磁体提供的磁场, 因此通常不需要被特殊关注.

如果材料在未加外磁场的条件下仍能长时间保留磁性, 则人们称之为永磁材料, 这是另一类恒定磁场的来源. 钕 (Nd) 磁体是比较著名的永磁体, 例如, NdFeB 体系. 现在可获得的永磁体的磁场已超过 1 T.

4. 低温材料的磁性讨论

低温材料的磁性信息有助于我们为易受磁场干扰的测量选择合适的实验辅助材料, 或者有助于为位于高磁场中的部件选择材料. 抗磁和顺磁材料都呈现弱磁性, 对低温实验几乎没有干扰. 虽然反铁磁性在磁学中也被归为弱磁性, 但反铁磁材料对低温实验的干扰远大于抗磁和顺磁材料. 具有铁磁性或亚铁磁性的材料被统称为磁性材料. 我们需要极为谨慎地在低温实验中使用磁性材料. 除非专业人员利用磁性材料调整磁场的分布, 否则它们不应该随意出现在高磁场区域或者螺线管磁体附近.

我们可以采用一块小体积的永磁体, 用它轻轻接触待低温使用的材料, 通过能否感知到受力判断材料的磁性. 表 2.24 提供了部分低温材料在 4.2 K 下的磁化率. 值得注意的是, 通常低温实验中使用的无磁不锈钢可能在焊接、弯折和切割之后出现磁性. 环氧树脂 1266 (相关内容见 2.8.3 小节) 是低磁的抗磁材料[2.106], 可以作为磁化率测量中的容器材料. 低温下重要的磁性功能材料 $2Ce(NO_3)_3 \cdot 3Mg(NO_3)_2 \cdot 24H_2O$ (简称 CMN, 相关描述见 4.6.2 小节) 的磁化率信息可参考文献 [2.107].

表 2.24　部分低温材料在 4.2 K 下的磁化率

材料	磁化率
铜 (99.999%, OFHC[①])	$\sim -9 \times 10^{-6}$
石英晶体	$\sim -9 \times 10^{-6}$
尼龙	$\sim -7 \times 10^{-6}$
铝	$\sim 3 \times 10^{-5}$
G10–CR	$\sim 5 \times 10^{-4}$
304N	$\sim 5 \times 10^{-3}$
316	$\sim 2 \times 10^{-2}$
316LN	$\sim 1 \times 10^{-2}$
锰铜	$\sim 1 \times 10^{-2}$
康铜	~ 4

注: 数据来自文献 [2.46] 的整理. 部分低温材料的磁化率数据还可以参考文献 [2.108].

---

① 关于 OFHC 的描述见 2.8 节.

2.8　常见低温材料

当我们选择低温设备和低温实验中需要的框架材料时, 并不一定先考虑固体的比热和热导率等热学性质, 而可能先从前文并未重点介绍的力学特性入手. 例如, 我们应该考虑这些固体的机械强度如何、是否便于成型、是否便于机械加工、是否便于焊接, 以及它们的热膨胀性质. 严格来说, 尽管热膨胀通常被归为材料的热学性质, 但它其实是热学性质和力学性质的结合. 大部分固体的低温力学信息极为匮乏, 然而这并不会妨碍实验的设计, 因为我们通常可以参考已有的成熟设计来选择合适的框架材料.

在考虑力学性质和热学性质之后, 我们还需要考虑固体的电磁性质, 除了前文介绍过的电学性质和磁学性质外, 还包括此章未介绍的发射率 (部分简单介绍见 4.1.3 小节和其中的表 4.1). 由于低温环境几乎总是伴随着真空环境, 因此材料的气密特性和表面特性无法被忽视 (相关内容见 5.4.8 小节和 5.4.9 小节). 最后, 材料的价格、安全管控和货期永远是一个真实的限制. 选择低温材料时需考虑的因素见图 2.40.

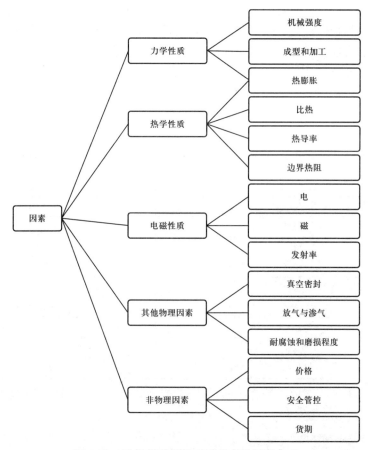

图 2.40　选择低温材料时需考虑的因素参考

由于以上这些重要性质无法轻松地根据物理量逐一介绍, 因此本节简单讨论低温实验中较常遇到的一小部分材料, 其出现的顺序大致按导热材料、隔热材料、黏合材料和功能材料安排, 见图 2.41. 不论对于哪种需求, 我们都不需要惊讶理想的材料并不存在. 低温实验工作者常常在各种权衡之后被迫采用前人已经使用过的常规低温材料, 这是低温实验的一个非常鲜明的特点.

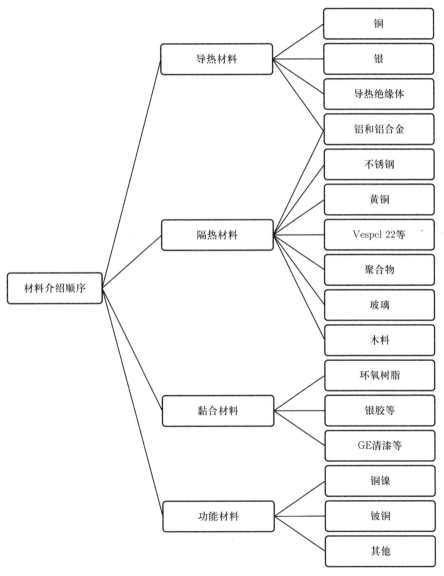

图 2.41 本节的材料介绍顺序. 导热材料的典型选择是铜、银和非超导态的铝, 隔热材料的共同特点是晶粒小、有大量的杂质或缺陷, 或者进入超导态

2.8.1 导热材料与结构材料

1. 铜

铜是最重要的低温导热材料, 其优点在于热导率大、延展性好, 这两个特点结合起来, 使得铜与另一块铜在机械连接之后, 容易形成一整块导热性能良好的固体. 如果不是为了热绝缘和电绝缘, 则低温固体的第一选择默认为铜.

在实际操作中, 实验工作人员的疑惑通常在于选择哪一种铜, 因为铜这种材料过于重要, 所以购买时可选择的来源和型号过于多. 我们会遇到各种名称的铜, 如青铜, 它是以锡为主要合金元素的铜基合金, 不可替代低温实验需要的纯铜. 紫铜默认纯度高于 99.3%, 外观呈紫红色, 这个级别的纯度对于低温实验装置并不足够. 铜管的原材料很可能是 DHP 或者 DLP (含义见表 2.25), 它们不能被默认成良好的热导体. 低温实验中使用的铜的纯度至少 99.9% (3N) 以上. 5 mK 以上, 我建议使用 OFHC 铜; 5 mK 以内, 我建议使用 99.999% (5N) 纯度的铜, 如果经费允许甚至可以考虑 99.9999% (6N) 纯度的铜. 表 2.25 简单列出常遇到的铜的名称. 表 2.26 提供了高纯铜杂质分布的例子.

表 2.25 部分铜和铜合金的名称

简称	英文名称或含义	备注
青铜	bronze	典型比例约 88% 铜和 12% 锡
磷青铜	phosphorus bronze	含少量磷 (P) 的青铜, 锡含量小于常规青铜
黄铜	brass	典型比例约 70% 铜和 30% 锌
紫铜	red copper	铜比例通常高于 99.3%
白铜	cupronickel 或 CuNi	典型比例约 70% 铜和 30% 镍
康铜	constantan	典型比例约 55% 铜和 45% 镍, 电阻值随温度变化非常缓慢, 可作为引线材料
锰铜	manganin	典型比例约 83% 铜、13% 锰和 4% 镍, 电阻值随温度变化非常缓慢, 可作为引线材料
铍铜	BeCu	铜铍合金, 铜比例通常高于 97%
ETP	electrolytic tough pitch	常见于商业化纯铜, 泛指利用电解法制成的铜, 通常铜比例高于 99.9%, 氧含量 200 ppm 以上; tough pitch copper 也指这种类型的铜
FRHC	fire refined high conductivity	利用精炼炉工艺获得的铜, 纯度通常不如利用 ETP 工艺获得的铜
DHP或 DLP	phosphorus deoxidized	掺磷去氧, H 或者 L 代表了残余磷含量的高或者低, 热导率小
OFHC	oxygen–free high thermal conductivity	通常铜比例高于 99.99%, 氧含量低于 10 ppm

注: 低温实验中使用的纯铜通常只选择 OFHC 铜或者以纯度标注的铜, 纯度至少 99.99%.

表 2.26   铜中的杂质举例

纯度	主要典型杂质
(4N)99.99%	硫 (S), Fe, P, Pb, 砷 (As), Sb, Bi
(5N)99.999%	Ni, Fe, S, 硒 (Se), Mn, Ag, Zn
(6N)99.9999%	Se, Ag, S, Pb, Zn, As, Sn, 碲 (Te), Fe

注: 数据来自不同样品的实际测量报告, 仅能作为参考, 不同来源铜的杂质分布不同. 有些产品的铜纯度不一定指铜的比例, 而是铜和银加起来的总比例.

商业化铜的剩余电阻率在数值上的差异超过 2 个数量级, 这不会引起高温导热能力差异, 但会显著影响 30 K 以下的导热能力, 极低温下的热导率差异可超过 2 个数量级. 尽管文献 [2.21] 提到直接购买到的铜的剩余电阻率在 50 ~ 100 之间, 但我们也购买过剩余电阻率低于 10 的纯铜. 退火可改善铜的热导率[2.109]. 实验室内合适条件的自行退火可使铜的剩余电阻率上升到约 400, 有时候甚至能超过 1000. 如果退火的目的是获得尽量大的热导率, 如应用于 5 mK 以内温度的热连接, 则我们应该尽量使用 5N 铜而不是 OFHC 铜, 因为退火需要少量的氧. 关于铜退火更多的介绍见 4.7.3 小节. 剩余电阻率对铜热导率的影响可参考图 2.42. 高纯的铜、银和正常态铝可按 $\kappa \sim T$ (κ 的单位为 W/(cm·K)) 估算极低温下的热导率, 仔细退火后的这 3 种高纯金属的热导率可按此数值的 10 倍进行估算. 表格化的平均热导率数值可参考表 2.10.

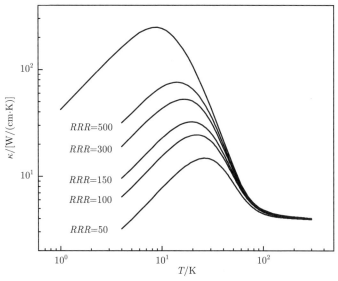

图 2.42   剩余电阻率对铜热导率的影响. 数据来自文献 [2.61] 和美国国家标准与技术研究院的推荐数值. 热导率最大的曲线为图 2.25 所展示的曲线

2. 银

银是另一种常用低温固体, 其性能跟铜接近, 缺点在于价格更高, 因此仅在一些特殊场合替代铜. 银在变化磁场中的温度改变小于铜, 对于 10 mK 以下温区, 深入磁场中心的冷指更适合使用银作为材料 (例子见 6.10.1 小节). 银比铜软, 因而我们需要更加小心其形变.

纯银是电导率和热导率最高的已知金属. 珠宝行业中提到的 "纯银 (Sterling silver)" 很可能只是纯度为 92.5% 的银合金. 英文中的 "Coin silver" 是 90% 银和 10% 铜的合金.

3. 导热绝缘体

在需要导热但不需要导电的场合, 我们可以使用高质量的绝缘晶体. 常见的固体为蓝宝石和石英晶体. 值得一提的是, 这种认知适合 1 K 温区, 但不适合 10 mK 以下的温区, 因为绝缘体的热导率以 T^3 关系迅速下降. 在实际使用中, 石英晶体和石英玻璃的名称容易混淆, 因为石英玻璃也可能被简称为 "石英". 石英玻璃在低温下并不是热的良好导体.

4. 铝和铝合金

铝轻且无毒、易铸造和加工、耐腐蚀. 对于低温实验, 铝也是卓越的支架材料, 它无磁性、导热性能和导电性能好. 如果不进入超导态也不考虑界面的影响, 则剩余电阻率超过 1000 的纯铝跟高质量铜的热导率几乎没有差异. 铝不如铜和银方便的地方在于铝有氧化层, 而且比铜和银更硬, 所以铝与其他金属接触时界面的导热差. 氧化层的存在也使铝不容易被焊接, 这是铝最大的缺点.

自然界中的天然铝不以单质形式存在, 而且纯铝的强度相对较差, 所以生活中人们更常使用铝合金, 并且可能也把铝合金简称为铝. 在低温实验中, 我们需要谨慎地使用铝合金, 并且要留意铝合金的热导率远小于纯铝. 铝合金的优点在于密度低、无磁、易成型和易加工. 所谓的商业化纯铝 (型号 1100) 含铝仅 99% (见表 2.27), 其剩余

表 2.27　常见铝合金编号的含义

铝合金编号的千位数字	备注
1	商业化的低纯铝, 纯度通常大于或等于 99%, 常见型号 1100
2	主要杂质为铜, 强度好但不耐腐蚀, 常见型号 2024
3	主要杂质为锰, 常作为食物容器, 常见型号 3003
4	主要杂质为硅, 较脆
5	主要杂质为镁 (Mg), 机械性能卓越, 常见型号 5083
6	主要杂质为硅和镁, 优秀的结构材料, 常见型号 6061
7	主要杂质为锌
8	其他杂质为主

注: 铝合金的编号有 4 位数字, 千位数字代表一个大类. 1100 和 6063 相对而言热导率较高. 高纯铝通常以纯度或者剩余电阻率标记, 而不采用这套编号.

电阻率略大于 10, 其热导率比真正的高纯铝差了约 100 倍 (见图 2.43).

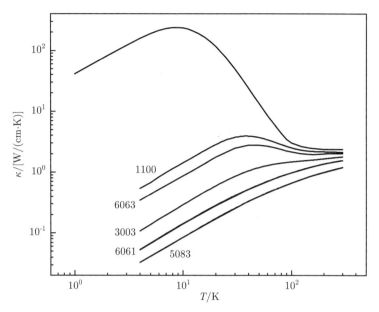

图 2.43　几种铝合金型号的热导率对比. 热导率最高的曲线为图 2.26 所展示的曲线. 数据来自文献 [2.44, 2.61] 和美国国家标准与技术研究院的推荐数值. 本图并未提供常见型号 2024 的信息, 因为它取决于更细致的型号分类, 其热导率从接近 6063 到接近 5083 (参考表 2.28), 跨越了约一个数量级[2.2]

表 2.28　几种铝合金型号的剩余电阻率和正常态在 1 K 时的热导率

型号	剩余电阻率	正常态在 1 K 时的热导率 /[mW/(cm·K)]
1100	$11.38 \sim 29.63$	$114.7 \sim 298.8$
2024	$0.75 \sim 4.17$	$7.6 \sim 42.0$
3003	2.65	26.7
5083	$0.79 \sim 0.80$	$8.0 \sim 8.1$
6061	$1.76 \sim 2.7$	$17.7 \sim 27.2$
6063	8.70	87.7

注: 数据来自文献 [2.110] 及其引文.

5. 不锈钢

不锈钢的主要元素为铁. 铁碳合金被称为钢, 钢的碳含量通常不高于 2% 并且含有其他成分的杂质. 铬杂质含量超过 10.5% 的钢具有很好的抗腐蚀性能, 因而被称为不锈钢. 钢的种类非常多, 我们自己选择低温环境下的材料时只采用不锈钢, 而回避合金钢、碳素钢、电工钢、高速钢、工具钢和耐候钢等其他常见称呼的钢.

并不是所有的不锈钢都适用于低温环境. 不锈钢大致分为奥氏体钢、铁素体钢和马氏体钢. 根据铬和镍的掺杂比例, 大致的参数空间如下: 马氏体钢中掺杂低比例铬和低比例镍, 铁素体钢中掺杂高比例铬和低比例镍, 奥氏体钢[2.2]的铬和镍的总含量大约超过 20%. 我们在低温实验中常遇到的不锈钢为奥氏体钢, 其种类非常多, 常见型号包括 304, 304L, 316, 316L 和 321 等, 这批不锈钢有时候也被简称为 300 系列; 但并不是所有的奥氏体钢都是以 3 开头的. 这类不锈钢的铬和镍含量较高, 根据具体型号, 铬含量在 16% ~ 20% 之间, 镍含量在 8% ~ 14% 之间. 对比 304 和 316 这 2 个型号, 304L 和 316L 的碳含量更少. "L" 指的是低碳, 碳含量少有利于进行氩弧焊, 也有助于防止不锈钢在低温下的韧性降低[2.2]; 有时候 "S" 也代表低碳. 316 和 316L 中的钼含量相对较高, 硬度略高, 更适合被应用于与真空相关的表面. 321 的特点是含钛. 表 2.29 简单总结了一批常见不锈钢的对比.

表 2.29   部分低温实验中常见不锈钢的对比

型号	铬	镍	钼	钛	备注
304	18 ~ 20	8 ~ 12	无	无	基本型号, 另一常见名为 18/8 不锈钢
316	16 ~ 18	10 ~ 14	有	无	比 304 更适合被用于低温真空环境
321	17 ~ 19	9 ~ 12	无	有	
310	24 ~ 26	19 ~ 22	无	无	掺 1.5% 的硅
304L	18 ~ 20	8 ~ 12	无	无	304 低碳版, 镍含量可能略高
316L	16 ~ 18	10 ~ 14	有	无	316 低碳版, 易于焊接
316LN	16 ~ 18	10 ~ 14	有	无	316L 高氮版, 低温下机械性能更好
310S	24 ~ 26	19 ~ 22	无	无	310 低碳版, 易于焊接

注: 表中数字代表百分比的范围. 这些不锈钢共同的主要杂质还包括锰、硅、硫、磷和氮. 18/8 这种命名方式代表了 18% 的铬和 8% 的镍.

图 2.9 和图 2.14 中并未明确标出不锈钢的型号, 这是因为不同型号不锈钢之间的比热差异不显著大于不锈钢与其他材料之间的差异. 图 2.44 给出两种不锈钢的比热数据对比, 其他低温下常使用的不锈钢的比热数据由于与这两条曲线接近, 因此不再具体罗列. 不锈钢是低热导率和高机械强度材料的典型代表, 适合作为低温设备中构建温度梯度的结构材料. 文献 [2.111] 提供了详细的不锈钢低温力学参数对比. 没有特殊原因时, 我倾向于使用 316L 作为结构材料. 不锈钢还可作为导电引线, 不同型号不锈钢之间的电阻率有差异, 但是都显著大于铜 (见图 2.45). 如果采用不锈钢线或者不锈钢管, 我建议使用退火过的不锈钢, 因为退火过的线和管较软, 不易断开或者开裂.

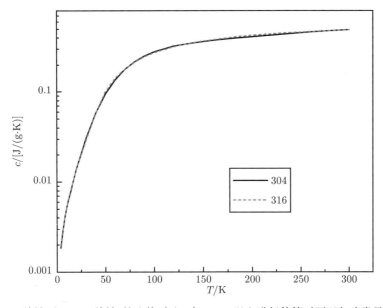

图 2.44 304 不锈钢和 316 不锈钢的比热对比. 在 20 K 以上进行估算时可以忽略常见不锈钢的具体型号, 或者认为更低温度下的不锈钢的比热不会显著高于本图数值. 数据来自文献 [2.44]

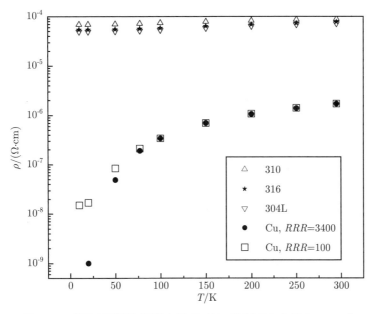

图 2.45 部分不锈钢与铜的电阻率对比. 数据来自文献 [2.6, 2.46]

6. 黄铜

黄铜是铜锌合金, 其元素比例并没有固定的数值, 但铜的含量一定更高, 此外, 黄铜中常有铅杂质. 黄铜的常见比例为约 2/3 的铜和 1/3 的锌, 个别黄铜具有超过 90% 的铜. 同样作为隔热材料, 黄铜比起不锈钢的优势在于没有磁性. 黄铜的另一个优点是易机械加工. 与之对比, 不锈钢太硬, 而铜和银太软. 黄铜不是理想的真空密封材料, 它容易在特定方向上有细孔或者缝隙, 我们需要非常谨慎地将其作为真空腔体的主材料.

2.8.2 其他隔热材料

1. Vespel SP–22, G10 和 G11

Vespel SP–22, G10 和 G11 等商业化产品是优秀的绝缘隔热材料. Vespel SP–22 有时也被简称为 Vespel 22, 它是一种聚合物, "Vespel" 是杜邦公司的注册产品名. Vespel SP–22 的热膨胀系数与铝接近, 它因为极低温下的热导率差而常出现在低温实验中. 由于它的价格昂贵, 因此人们通常只是局部使用, 图 6.54 提供了一个 Vespel SP–22 与不锈钢组合使用 (以减少成本) 的例子.

G10 和 G11 是环氧树脂类材料, 它们有时也被归类于复合材料. 这类复合材料中可能填充了多层纤维或者石墨, 因而热导率有各向异性, 与填充物的纵向细丝平行的方向习惯上被记为经线方向、垂直的方向被记为法线方向, 更多的介绍可参考文献 [2.112]. G11 的绝缘性和机械性能更好, 但低温实验中埋着玻璃纤维的 G10 更常见. G10 和 G11 的衍生型号 G10–CR 和 G11–CR 比常规型号更适合在低温环境下使用, 其力学参数可参考文献 [2.113].

2. 聚合物

聚合物可为液态、晶态或玻璃态[2.98]. 塑料指合成的固态聚合物, 其特点是具有塑性, 也即是易于在应力下变形后维持新形状. 在对机械强度没有要求的场合中, 便于获得的塑料是可以考虑使用的低温电绝缘隔热材料. 橡胶包括天然或合成的固态聚合物, 其特点是具有弹性. 橡胶主要出现在低温设备的室温密封处. 塑料和橡胶的种类非常多, 我们时常遇到它们名称的简写, 表 2.30 提供了一些简称对应的全称.

我们熟悉的尼龙是商业化的聚酰胺. 薄膜隔层常采用蒸镀 Mylar 的金属薄膜 (相关内容见 5.7.1 小节). Mylar 和 Kapton 还适合作为隔离两种低温材料的绝热柔性保护层. Kapton 和特氟龙可作为低温环境下的密封材料 (相关内容见 5.4.5 小节). 由于静电作用, 特氟龙胶带之间易相互吸附, 又可以用手轻易撕下, 可替代胶带, 常被用于固定引线和毛细管. 生料带和生胶带是特氟龙胶带的常用称呼. 特氟龙还可以作为润滑剂. 在足够高的压强下, 特氟龙的密度随着温度下降而减小, 也即是随着温度下降其体积反而增大, 这是降温膨胀的罕见例子[2.114].

表 2.30　部分聚合物简称的含义

简称	聚合物的英文名称与中文名称	常见商品名称与对应中文名称
PA	polyamide 聚酰胺	Nylon 尼龙
PC	polycarbonate 聚碳酸酯	
PE	polyethylene 聚乙烯	Mylar (polyethylene terephthalate, 简称 PET) 无习惯中文名称
PI	polyimide 聚酰亚胺	Kapton 无习惯中文名称
PMMA	polymethylmethacrylate 聚甲基丙烯酸甲酯	
PS	polystyrene 聚苯乙烯	
PTFE	polytetrafluoroethylene 聚四氟乙烯	Teflon 特氟龙
PVC	polyvinyl chloride 聚氯乙烯	

注: 这批材料的英文名称以 "poly" 开头, 中文名称以 "聚" 开头, 但不是所有聚合物都按这个模式命名. 仅知道聚合物的分子式并不足以定性确定其热导率和比热, 其密度也会影响其热学性质.

3. 玻璃

玻璃的特点是便于制备成各种特殊形状, 而且可以作为光学窗口. 早期的液氢杜瓦为玻璃制品 (相关内容见 5.7.2 小节). 由于玻璃的不稳定性, 大型容器不适合由玻璃制作, 因为玻璃结构需要尽量避免温度梯度和骤冷骤热, 否则温度差异形成的应力可能破坏容器, 而且真空条件下或者高压条件下的玻璃器皿可能是一个巨大的安全隐患. 此外, 氦气容易穿透玻璃. 如今的低温实验中已经很少出现大体积的玻璃器皿, 而且现在可以服务于实验工作者的玻璃作坊已经非常少见了.

4. 木料

木料是方便使用的低成本隔热材料, 其热导率不仅依赖于木料的品种, 也依赖于木料的具体来源和处理过程, 并没有一个统一的 $\kappa - T$ 曲线. 图 2.28 中的曲线仅能作为参考. 图 2.46 提供了几种木料在室温附近的热导率数据分布. 即使隔热能力相对较差的枫木, 在实践中也是足够好的低温隔热材料. 需要指出的是, 木料对于真空环境而言不够友好, 如果木料所在的环境温度不够低, 则可能存在持续放气现象.

2.8.3　黏合材料与功能材料

1. 自行配置的环氧树脂

环氧树脂是低温下极为重要的黏合材料, 其定义为分子中有两个或两个以上环氧基的低分子量物质及其交联固化产物. 我自己常用的型号是 Stycast 1266 和 Stycast 2850. 习惯上, 它们分别被称为透明环氧树脂和黑环氧树脂. 这类环氧树脂的原料有两部分, 都能独立长期存储, 混合之后环氧树脂才会定型和固化, 这两部分原料分别以字母 A 和 B 命名, A 料是主材料, B 料是催化剂. 有时候 A 料也被称为树脂, B 料也被

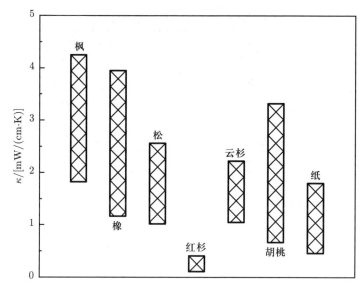

图 2.46　几种常见木料和纸在室温附近的热导率. 图中竖条的上下边界来自几套测量结果的最大值和最小值. 数据来自文献 [2.50] 的整理

称为硬化剂.

我们按照说明书给出的比例对 A 料和 B 料称重或者量体积之后, 仔细混合并搅拌 3 min 以上, 环氧树脂开始定型和固化. 搅拌的动作不可过于剧烈, 否则会有过多的空气混在环氧树脂中, 这可能使填充物产生孔洞或者使密封位置漏气. 配置好环氧树脂之后, 用机械泵对其抽气可以有效去除空气和减少固化后的空洞. 如果真空腔体是透明的, 那么我们可以肉眼看到气泡逐渐从液体中产生, 以此分辨抽气的效果并判断何时停止抽气. 定型时间是我们可以使用环氧树脂的时间, 固化时间是环氧树脂从逐渐开始定型到完全稳定需要等待的时间, 这两个参数不仅依赖于具体原料和温度, 还依赖于原料的体积.

所谓环氧树脂的原料能长期存储, 指的是对比固化时间而言的长期, 室温下以月为单位, 但置于冰箱中可存储更长时间. 需要强调的是, 当我们将环氧树脂原料从冰箱中拿出来之后, 一定要等原料回复到室温之后才能打开容器, 否则水汽冷凝会引入杂质. 除了水汽外, 我们还要避免粉尘和油混入原料, 它们可能影响黏合效果和密封效果. A 料长期存储之后, 可能因为结晶而硬化, 我们将之加温到约 50 ℃可以使之软化, 之后再将之与 B 料混合.

环氧树脂不黏合于特氟龙, 因而我们可以用特氟龙制成定型浇筑的特殊模具. 另一个做法是用无缝隙、少褶皱的铝箔纸包在常规的模具内侧, 待环氧树脂固化后将铝箔纸揭开. 能揭开的原因在于, 环氧树脂对于光滑表面的黏合能力很弱. 因此, 当需要足够牢靠的连接时, 我们有时候得先用工具为两个待粘连的表面制作局部划痕. 如果这个连接面涉及真空, 那么我们需要注意选择划痕的方向, 不要增加漏气风险.

2850 的热导率较高, 热膨胀系数较小, 在温度剧烈变化的条件下有较好的适用性, 但有不可被忽略的磁化率. 2850 的硬度较高, 适合被用于黏合硅和金属这类硬质材料, 但不适合被机械加工. 对比 2850, 1266 适合被机械加工成各种形状, 而且磁化率小约一个数量级. 由于较有弹性, 因此 1266 固化之后的长期稳定性也较好, 作为薄层黏合剂时不容易开裂. 固化后加热过的 1266 更不容易开裂[2.46], 如 90 ℃ 下加热 4 h. 与之对应, 1266 的热膨胀系数较大, 我们需要注意 1266 降温之后的明显收缩. 1266 从室温降到液氮温区线度约改变 1%. 常用材料中, 除了特氟龙、尼龙和 PMMA, 其他材料的热膨胀系数都小于 1266. 1266 不仅对金属有较好的黏合效果, 而且可黏合玻璃和塑料. 1266 的另一个优点是在定型之前黏滞系数小, 容易进入各种缝隙. 最后, 1266 最大的特点在于透明, 可被用于固定窗口材料.

每一类环氧树脂都可能有多种 A 料和 B 料的组合方案, 以 2850 为例, A 料的后缀可以是 FT 也可以是 GT. FT 型号的热膨胀系数与铜接近, GT 型号与黄铜接近. 2850 FT 还有一种蓝色的型号 (2850 FT Blue), 可以被用于较高电压的场合. 不同的 B 料催化剂有不同的催化效果, 见表 2.31.

表 2.31　1266 和 2850 FT 的常见原料和特点

A 料	B 料	定型时间	温度	建议等待时间	备注
1266	常规	30 min	25 °C	16 h	透明、可机械加工
			65 °C	2 h	
2850 FT	9	45 min	25 °C	24 h	常规组合
			65 °C	2 h	
	11	> 4 h	80 °C	16 h	适合较高温度下使用
			100 °C	4 h	
	23 LV	1 h	25 °C	24 h	推荐低温实验使用
			65 °C	4 h	
	24 LV	30 min	25 °C	16 h	推荐低温实验使用, 定型前比 23 LV 更黏稠
			65 °C	2 h	

2. 银环氧树脂和银胶

环氧树脂是不导电的黏合剂, 当我们需要导电的粘连时, 可选择银环氧树脂 (silver epoxy) 和银胶 (silver paste). 银环氧树脂和银胶被统称为导电胶. 参与导电的材料除了银外, 还可能是金、镍、常规碳和石墨等, 但是银胶最为常见.

银环氧树脂在使用前需要将两种组分按比例混合和搅拌, 其固化时间相对较长, 固定效果也相对较好, 经历多次升降温之后依然较稳定. 银胶不需要配置, 暴露在空气中会较快固化, 且固化前的银胶通常黏滞系数相对较小. 根据具体型号, 固化后的银胶依然可能可以溶解在有机溶剂或者水中. 与之对比, 银环氧树脂固化后是一次性的. 银胶中的银颗粒线度通常在微米数量级, 更小尺度的银颗粒一般而言有助于改善导电和导热效果.

3. GE 清漆等

GE 清漆、真空脂和 PMMA 是一批方便使用的绝缘黏合材料, 比起环氧树脂, 它们的连接强度不大, 但是便于拆卸, 主要适合于光滑平面与光滑平面之间的黏合. 尽管这类材料的热导率不如金属, 但是如果它们形成的连接层足够薄, 在面积和厚度之比足够大的情况下, 依然有较好的导热效果, 因而可以在极低温环境下使用.

GE 清漆的常见型号是通用公司的 GE–7071, 这是一种苯酚树脂, 未稀释前呈棕褐色. GE 清漆需要在稀释后再使用, 常见的溶剂是一比一的甲苯和乙醇, 乙醇也可以被替换为甲醇, 我建议稀释到液体仅能看出非常轻微的颜色, 能粘连就好, 因为 GE 清漆比例越小则固化后的连接层越薄、导热效果越好. 当连接两个需要绝缘的导体时, 电绝缘不能仅依靠这些黏合材料, 而是需要额外增加一个绝缘层, 如足够薄的纸. 习惯上人们常使用卷烟纸.

对于 10 mK 数量级温区的测量, 我倾向于使用 GE 清漆和 PMMA, 而不使用比较知名的低温真空脂 "Apiezon N grease", 因为前两者固化后的连接层更薄. 需要去除连接层时, 真空脂连接可以直接采用机械手段断开, PMMA 可溶于丙酮, GE 清漆可直接采用其稀释液.

4. 铜镍

如果低温实验中需要使用传输液体和气体的小直径管道, 则铜镍材料是最佳选择, 它属于表 2.25 中的白铜. 比起常见的不锈钢管道, 铜镍管道的延展性好、更加柔软并且不容易开裂, 而且我们可以轻易地用软焊连接铜和铜镍管道. 不锈钢管道和铜镍管道共同的优点是导热效果差, 不会因为管道的引入而产生过多的漏热. 制作管道的铜镍合金常含约 30% 的镍. 康铜是含约 45% 镍的铜镍合金. 德银是铜镍锌合金, 也被称为锌白铜. 铜镍合金有明显的磁性.

5. 铍铜

铍铜中含有约 2% 的铍 (Be), 具有优秀的机械性能, 是制作弹簧、隔膜和扭杆等形变部件的优秀材料. 值得一提的是, 细微的铍铜颗粒对人体有害, 对它做精密加工时注意使用足量的液体润滑剂. 常规的钻孔和车铣只产生大颗粒, 对人体没有特殊风险[2.46].

6. 其他功能材料

铟可作为低温密封材料, 相关内容见 5.4.5 小节. 铌较易获得且超导温度高, 可制作磁场屏蔽所需的超导材料壳体, 相关内容见 5.6.3 小节和 5.9.2 小节. 因瓦的热膨胀系数小, 可作为垫片或者对形变稳定性要求高的支架材料, 相关内容见 5.8.1 小节. 石英可被用于制作光学窗口, 牙线可被用作固定引线.

2.8.4 建议回避材料、兼容性问题与总结

1. 建议回避材料

非奥氏体的不锈钢、常规钢和铁因为低温下的力学性能不理想而不推荐在低温实验中使用. 编号以 4, 5 和 6 开头的不锈钢很大概率不适用于低温环境. 橡胶和塑料通常不建议在低温环境下使用, 特别是不能作为真空密封材料, 但少量的塑料可以偶尔作为隔热材料出现.

2. 材料的兼容性问题

低温固体与其他材料存在兼容性问题, 最典型的例子是液氧和液氢. 金属单质与液氧的接触不仅仅引起金属的氧化, 还可能引起燃烧. 所谓的氧化, 仅仅是较慢的燃烧. 外界的冲击、固体和液体之间的摩擦、静电火花, 以及不够好的导热条件都可形成金属和液氧之间的正反馈化学反应. 金和银不会在氧气中被点燃, 但不适合作为容器. 铜镍合金、部分不锈钢和部分铝合金常被用于容纳液氧. 液氢容器最常见的问题是脆化. 氢能扩散进绝大部分的材料然后引起材料的力学性能变差. 钢和镍合金容易受脆化影响, 铝合金、不锈钢和铜相对不易受脆化影响. 另一个可能被忽略的兼容性问题是固体与液氟 (F) 的接触. 氟是非常有效的氧化剂, 其容纳是极为麻烦的事情, 但幸运的是, 液氟几乎不出现在低温实验中.

3. 总结

对于低温实验设计和仪器设计, 实验工作者必须在设计初期就开始考虑所计划使用的材料. 许多材料在室温条件下正常工作, 但在低温条件下不再具备原有功能, 失败的新低温实验尝试往往可以最终追溯到错误的材料选择. 橡胶由于在低温下失去弹性而无法实现真空密封是个典型的例子. 因此新低温实验工作者在自行挑选低温条件下的材料时, 最重要的原则是不轻易尝试其他人未曾在低温环境下验证过的选择. 即使对于有足够低温经验的实验工作者, 尝试全新的材料也得尽量基于足够充分的数据支持. 我用表 2.32 总结低温固体使用之中各种性质之间令人头疼的处处矛盾.

我们必须清楚地意识到, 从室温环境到设备中的极低温环境跨越了多个温度数量级, 固体的物性规律通常发生了不可被忽视的改变, 低温实验不能依靠室温实验中养成的操作习惯和直觉. 很遗憾, 比起五十年前, 我们对低温下材料物性的测量和了解并没有大幅度增加, 特别是极低温下系统的物性测量数据依然极端缺乏. 当前的科研环境不允许实验工作者为补齐这些数据投入过多的精力, 由于数据不足, 因此一套能预测极低温物性的实用模型也迟迟未能出现. 此外, 以前不定时大规模总结和更新低温材料数据的公益行为和公益网站也几乎完全消失了. 如今获得低温物性信息的难度下

降仅仅只是因为互联网的普及使人们更容易翻阅旧文献和旧书籍. 因此我尽力将一批低温固体的物性数据整合在本书之中.

表 2.32   部分低温固体特征之间的关联和实践中的困难

期待性质	对应特征	实践中的困难
高热容	降温需要消耗的制冷量大	随着温度降低, 热容不可避免地迅速减小
	热平衡时间长	
低热容	热稳定性差	受限于仪器的尺寸和可选择的材料, 给定温度下的热容难以减小
	热平衡时间短	
高热导	高电导率	高热导率材料严重依赖于固体的品质, 高纯度、低缺陷的材料难以直接获得
	低机械强度	
	热平衡时间短	
	跨温区时漏热大	
低热导	低电导率	需要导热时, 低热导率材料的热导太差, 热平衡时间太长; 需要隔热时, 低热导率材料的漏热量对于极低温条件下的制冷量又太大
	低延展性	
	抗断裂性差	
	低温条件下形变明显	
	热平衡时间长	
高强度	抗断裂性差	常规室温下的高强度材料不一定适合低温环境

第二章参考文献

[2.1] GOPAL E S R. Specific heats at low temperatures[M]. New York: Plenum Press, 1966.

[2.2] REED R P, CLARK A F. Materials at low temperatures[M]. Metals Park: American Society for Metals, 1983.

[2.3] TIMMERHAUS K D, FLYNN T M. Cryogenic process engineering[M]. New York: Springer, 1989.

[2.4] WHITE G K, MEESON P J. Experimental techniques in low-temperature physics [M]. 4th ed. Oxford: Oxford University Press, 2002.

[2.5] FLYNN T M. Cryogenic engineering[M]. 2nd ed. New York: Marcel Dekker, 2005.

[2.6] VENTURA G, PERFETTI M. Thermal properties of solids at room and cryogenic temperatures[M]. Dordrecht: Springer, 2014.

[2.7] GRAY D E. American institute of physics handbook[M]. 3rd ed. New York:

McGraw-Hill, Inc., 1972.

[2.8] WEBER H F. Die specifische wärme des kohlenstoffs[J]. Annalen der Physik, 2006, 223: 311-319.

[2.9] ENSS C, HUNKLINGER S. Low-temperature physics[M]. Berlin: Springer, 2005.

[2.10] KENT A. Experimental low-temperature physics[M]. London: The Macmillan Press, 1993.

[2.11] FINEGOLD L, PHILLIPS N E. Low-temperature heat capacities of solid argon and krypton[J]. Physical Review, 1969, 177: 1383-1391.

[2.12] WILKS J. The properties of liquid and solid helium[M]. London: Oxford University Press, 1967.

[2.13] BARRON T H K, WHITE G K. Heat capacity and thermal expansion at low temperatures[M]. New York: Springer, 1999.

[2.14] PHILLIPS N E. Low-temperature heat capacities of gallium, cadmium, and copper[J]. Physical Review, 1964, 134: A385-A391.

[2.15] LIEN W H, PHILLIPS N E. Heat capacity of small particles of MgO between 1.5° and 4 °K[J]. The Journal of Chemical Physics, 1958, 29: 1415-1416.

[2.16] DESORBO W, TYLER W W. The specific heat of graphite from 13° to 300 °K [J]. The Journal of Chemical Physics, 1953, 21: 1660-1663.

[2.17] PARKINSON D H. The specific heats of metals at low temperatures[J]. Reports on Progress in Physics, 1958, 21: 226-270.

[2.18] CORRUCCINI R J, GNIEWEK J J. Specific heats and enthalpies of technical solids at low temperature[M]. Washington: National Bureau of Standards, 1960.

[2.19] ASHCROFT N W, MERMIN N D. Solid state physics[M]. New York: Holt, Rinehart and Winston, 1976.

[2.20] DAUNT J G. The electronic specific heats in metals[J]. Progress in Low Temperature Physics, 1955, 1: 202-223.

[2.21] POBELL F. Matter and methods at low temperatures[M]. 3rd ed. Berlin: Springer, 2007.

[2.22] PHILLIPS N E. Low-temperature heat capacity of metals[J]. Critical Reviews in Solid State and Material Sciences, 2006, 2: 467-553.

[2.23] HO J C, PHILLIPS N E. Tungsten-platinum alloy for heater wire in calorimetry below 0.1 °K[J]. Review of Scientific Instruments, 1965, 36: 1382.

[2.24] VAN KRANENDONK J, VAN VLECK J H. Spin waves[J]. Reviews of Modern Physics, 1958, 30: 1-23.

[2.25] EDMONDS D T, PETERSEN R G. Effective exchange constant in yttrium iron garnet[J]. Physical Review Letters, 1959, 2: 499-500.

[2.26] KALINKINA I N. Magnetic heat capacity of antiferromagnetic Co, Ni, Mn, and Fe carbonates[J]. Journal of Experimental and Theoretical Physics, 1963, 16: 1432-1438.

[2.27] BLOOMFIELD P E, HAMANN D R. Specific heat of dilute magnetic alloys[J]. Physical Review, 1967, 164: 856-865.

[2.28] GRANATO A. Thermal properties of mobile defects[J]. Physical Review, 1958, 111: 740-746.

[2.29] COTTS E J, ANDERSON A C. Low-temperature specific heat of deformed lithium fluoride crystals[J]. Physical Review B, 1981, 24: 7329-7335.

[2.30] HIKI Y, MARUYAMA T, KOGURE Y. Effect of dislocation strain field on lattice specific heat[J]. Journal of the Physical Society of Japan, 1973, 34: 725-731.

[2.31] ZELLER R C, POHL R O. Thermal conductivity and specific heat of noncrystalline solids[J]. Physical Review B, 1971, 4: 2029-2041.

[2.32] ANDERSON P W, HALPERIN B I, VARMA C M. Anomalous low-temperature thermal properties of glasses and spin glasses[J]. The Philosophical Magazine, 1972, 25: 1-9.

[2.33] PHILLIPS W A. Tunneling states in amorphous solids[J]. Journal of Low Temperature Physics, 1972, 7: 351-360.

[2.34] MCCLINTOCK P V E, MEREDITH D J, WIGMORE J K. Low-temperature physics: An introduction for scientists and engineers[M]. New York: Springer, 1992.

[2.35] BLACK J L. Relationship between the time-dependent specific heat and the ultrasonic properties of glasses at low temperatures[J]. Physical Review B, 1978, 17: 2740-2761.

[2.36] POHL R O. Lattice vibrations of solids[J]. American Journal of Physics, 1987, 55: 240-246.

[2.37] HARTWIG G. Polymer properties at room and cryogenic temperatures[M]. New York: Springer, 1994.

[2.38] LIN X, CLARK A C, CHAN M H W. Probable heat capacity signature of the supersolid transition[J]. Nature, 2007, 449: 1025-1028.

[2.39] LIN X, CLARK A C, CHENG Z G, et al. Heat capacity peak in solid ^{4}He : Effects of disorder and ^{3}He impurities[J]. Physical Review Letters, 2009, 102: 125302.

[2.40] THACHER H C. Rational approximations for the debye functions[J]. The Journal of Chemical Physics, 1960, 32: 638.

[2.41] AHLERS G. Heat capacity of copper[J]. The Review of Scientific Instruments, 1966, 37: 477-480.

[2.42] COTTS E J, ANDERSON A C. The specific heat of copper at temperatures below 0.2 K[J]. Journal of Low Temperature Physics, 1981, 43: 437-443.

[2.43] WENDLER W, HERRMANNSDÖRFER T, REHMANN S, et al. Electronic and nuclear magnetism in $PtFe_x$ at milli-, micro-, and nanokelvin temperatures[J]. Europhysics Letters, 1997, 38: 619-624.

[2.44] HAYNES W M, LIDE D R, BRUNO T J. CRC handbook of chemistry and physics[M]. 97th ed. Boca Raton: CRC Press, 2017.

[2.45] 阎守胜, 陆果. 低温物理实验的原理与方法 [M]. 北京: 科学出版社, 1985.

[2.46] EKIN J W. Experimental techniques for low-temperature measurements[M]. Oxford: Oxford University Press, 2006.

[2.47] DU CHATENIER F J, DE NOBEL J. Heat capacities of some dilute alloys[J]. Physica, 1962, 28: 181-183.

[2.48] MARTIN D L. Specific heats below 3 °K of pure copper, silver, and gold, and of extremely dilute gold-transition-metal alloys[J]. Physical Review, 1968, 170: 650-655.

[2.49] O'NEAL H R, PHILLIPS N E. Low-temperature heat capacities of indium and tin[J]. Physical Review, 1965, 137: A748-A759.

[2.50] TOULOUKIAN Y S. Thermophysical properties of matter[R]. Purdue: Thermophysical and Electronic Properties Information Center, 1971.

[2.51] VAN DER HOEVEN B J C, KEESOM P H, MCCLURE J W, et al. Low-temperature specific heat and density of states of boronated graphite[J]. Physical Review, 1966, 152: 796-800.

[2.52] JAYASURIYA K D, STEWART A M, CAMPBELL S J. The specific heat capacity of GE varnish (200-400 K)[J]. Journal of Physics E: Scientific Instruments, 1982, 15: 885-886.

[2.53] ROSTEM K, CIMPOIASU E, HELSON K R, et al. Specific heat of epoxies and mixtures containing silica, carbon lamp black, and graphite[J]. Cryogenics, 2021, 118: 103329.

[2.54] GAUR U, LAU S-F, WUNDERLICH B B, et al. Heat capacity and other thermodynamic properties of linear macromolecules VI. Acrylic polymers[J]. Journal of Physical and Chemical Reference Data, 1982, 11: 1065-1089.

[2.55] SWENSON C A. Linear thermal expansivity (1.5–300 K) and heat capacity

(1.2–90 K) of Stycast 2850FT[J]. Review of Scientific Instruments, 1997, 68: 1312-1315.

[2.56] HO J C, O'NEAL H R, PHILLIPS N E. Low temperature heat capacities of constantan and manganin[J]. Review of Scientific Instruments, 1963, 34: 782-783.

[2.57] PHILLIPS N E. Heat capacity of aluminum between 0.1 °K and 4.0 °K [J]. Physical Review, 1959, 114: 676-685.

[2.58] CUDE J L, FINEGOLD L. Specific heat of GE 7031 varnish (4–18 K)[J]. Cryogenics, 1971, 11: 394-395.

[2.59] GIAUQUE W F, CLAYTON J O. The heat capacity and entropy of nitrogen. Heat of vaporization. Vapor pressures of solid and liquid. The reaction 1/2 N_2+1/2 O_2= NO from spectroscopic data[J]. Journal of the American Chemical Society, 1933, 55: 4875-4889.

[2.60] MADELUNG O, WHITE G K. Thermal conductivity of pure metals and alloys[M]. Cham: Springer, 1991.

[2.61] HO C Y, POWELL R W, LILEY P E. Thermal conductivity of the elements[J]. Journal of Physical and Chemical Reference Data, 1972, 1: 279-421.

[2.62] GRANATO A, LÜCKE K. Theory of mechanical damping due to dislocations[J]. Journal of Applied Physics, 1956, 27: 583-593.

[2.63] VENTURA G, RISEGARI L. The art of cryogenics: Low temperature experimental techniques[M]. Amsterdam: Elsevier, 2008.

[2.64] VAN SCIVER S W. Helium cryogenics[M]. 2nd ed. New York: Springer, 2012.

[2.65] HUST J G, SPARKS L L. Lorenz ratios of technically important metals and alloys[M]. Washington: National Bureau of Standards, 1973.

[2.66] KLEMENS P G, WILLIAMS R K. Thermal conductivity of metals and alloys[J]. International Metals Reviews, 1986, 31: 197-215.

[2.67] GLOOS K, MITSCHKA C, POBELL F, et al. Thermal conductivity of normal and superconducting metals[J]. Cryogenics, 1990, 30: 14-18.

[2.68] SATTERTHWAITE C B. Thermal conductivity of normal and superconducting aluminum[J]. Physical Review, 1962, 125: 873-876.

[2.69] KONTER J A, HUNIK R, HUISKAMP W J. Nuclear demagnetization experiments on copper[J]. Cryogenics, 1977, 17: 145-154.

[2.70] MUELLER R M, BUCHAL C, OVERSLUIZEN T, et al. Superconducting aluminum heat switch and plated press-contacts for use at ultralow temperatures[J]. Review of Scientific Instruments, 1978, 49: 515-518.

[2.71] LASJAUNIAS J C, RAVEX A, VANDORPE M. The density of low energy states in vitreous silica: Specific heat and thermal conductivity down to 25 mK[J]. Solid State Communications, 1975, 17: 1045-1049.

[2.72] POHL R O, LIU X, THOMPSON E. Low-temperature thermal conductivity and acoustic attenuation in amorphous solids[J]. Reviews of Modern Physics, 2002, 74: 991-1013.

[2.73] CAHILL D G, WATSON S K, POHL R O. Lower limit to the thermal conductivity of disordered crystals[J]. Physical Review B, 1992, 46: 6131-6140.

[2.74] RICHARDSON R C, SMITH E N. Experimental techniques in condensed matter physics at low temperatures[M]. Boca Raton: CRC Press, 1988.

[2.75] WOODCRAFT A L. Recommended values for the thermal conductivity of aluminium of different purities in the cryogenic to room temperature range, and a comparison with copper[J]. Cryogenics, 2005, 45: 626-636.

[2.76] LOCATELLI M, ARNAUD D, ROUTIN M. Thermal conductivity of some insulating materials materials below 1 K[J]. Cryogenics, 1976, 16: 374-375.

[2.77] CARNAHAN E, WOLFENBARGER N S, JORDAN J S, et al. New insights into temperature-dependent ice properties and their effect on ice shell convection for icy ocean worlds[J]. Earth and Planetary Science Letters, 2021, 563: 116886.

[2.78] KEESOM W H, KEESOM M A P. On the heat conductivity of liquid helium[J]. Physica, 1936, 3: 359-360.

[2.79] KAPITZA P L. The study of heat transfer in helium[J]. Journal of Physics (USSR), 1941, 4: 114-153.

[2.80] LOUNASMAA O V. Experimental principles and methods below 1 K[M]. London: Academic Press, 1974.

[2.81] HARRISON J P. Review paper: Heat transfer between liquid helium and solids below 100 mK[J]. Journal of Low Temperature Physics, 1979, 37: 467-565.

[2.82] FOLINSBEE J T, ANDERSON A C. Anomalous Kapitza resistance to solid helium[J]. Physical Review Letters, 1973, 31: 1580-1581.

[2.83] PATTULLO A W, VAN DER SLUIJS J C A. The Kapitza conductance of clean copper surfaces between 0.3 K and 1.3 K[J]. Cryogenics, 1983, 23: 587-598.

[2.84] FROSSATI G. Experimental techniques: Methods for cooling below 300 mK[J]. Journal of Low Temperature Physics, 1992, 87: 595-633.

[2.85] FROSSATI G. Obtaining ultralow temperatures by dilution of ^{3}He into ^{4}He [J]. Journal de Physique ColloqueC6, 1978, 39: 1578-1589.

[2.86] GRAY K E. Nonequilibrium superconductivity, phonons, and Kapitza boundaries[M]. New York: Plenum Press, 1981.

[2.87] LITTLE W A. The transport of heat between dissimilar solids at low temperatures[J]. Canadian Journal of Physics, 1959, 37: 334-349.

[2.88] PETERSON R E, ANDERSON A C. Acoustic-mismatch model of the Kaptiza resistance[J]. Physics Letters, 1972, 40A: 317-319.

[2.89] SWARTZ E T, POHL R O. Thermal boundary resistance[J]. Reviews of Modern Physics, 1989, 61: 605-668.

[2.90] JONES A T, SCHELLER C P, PRANCE J R, et al. Progress in cooling nanoelectronic devices to ultra-low temperatures[J]. Journal of Low Temperature Physics, 2020, 201: 772-802.

[2.91] OKAMOTO T, FUKUYAMA H, ISHIMOTO H, et al. Electrical resistance of screw-fastened thermal joints for ultra-low temperatures[J]. Review of Scientific Instruments, 1990, 61: 1332-1334.

[2.92] MAMIYA T, YANO H, UCHIYAMA T, et al. Thermal contact of joints between different kinds of metals at low temperatures[J]. Review of Scientific Instruments, 1988, 59: 1428-1430.

[2.93] BERMAN R, MATE C F. Thermal contact at low temperatures[J]. Nature, 1958, 182: 1661-1663.

[2.94] FLUGGE S. Low temperature physics[M]. Berlin: Springer, 1956.

[2.95] CORRUCCINI R J, GNIEWEK J J. Thermal expansion of technical solids at low temperatures[M]. Washington: National Bureau of Standards, 1961.

[2.96] CLARK A F. Low temperature thermal expansion of some metallic alloys[J]. Cryogenics, 1968, 8: 282-289.

[2.97] MCCLINTOCK R M, GIBBONS H P. Mechanical properties of structural materials at low temperatures[M]. Washington: National Bureau of Standards, 1960.

[2.98] WIGLEY D A. Mechanical properties of materials at low temperatures[M]. New York: Plenum Press, 1971.

[2.99] YOUNG W C, BUDYNAS R G. Roark's formulas for stress and strain[M]. 7th ed. New York: McGraw-Hill, 2002.

[2.100] MEADEN G T. Electrical resistance of metals[M]. New York: Springer, 1965.

[2.101] WHITE G K, WOODS S B. Electrical and thermal resistivity of the transition elements at low temperatures[J]. Philosophical Transactions of the Royal Society of London, 1997, A251: 273-302.

[2.102] QUINN T J. Temperature[M]. 2nd ed. London: Academic Press Limited, 1990.

[2.103] VAN DER PAUW L J. A method of measuring specific resistivity and Hall effect of discs of arbitrary shape[J]. Philips Research Reports, 1958, 13: 1-9.

[2.104] VAN DER PAUW L J. A method of measuring the resistivity and Hall coefficient on lamellae of arbitrary shape[J]. Philips Technical Review, 1958, 20: 220-224.

[2.105] 张裕恒. 超导物理 [M]. 合肥: 中国科学技术大学出版社, 1997.

[2.106] AZEVEDO L J. Magnetic susceptibility of Stycast 1266 epoxy[J]. Review of Scientific Instruments, 1983, 54: 1793.

[2.107] MESS K W, LUBBERS J, NIESEN L, et al. Thermal and magnetic properties of cerium magnesium nitrate below 1 K[J]. Physica, 1969, 41: 260-288.

[2.108] SALINGER G L, WHEATLEY J C. Magnetic susceptibility of materials commonly used in the construction of cryogenic apparatus[J]. Review of Scientific Instruments, 1961, 32: 872-874.

[2.109] RISEGARI L, BARUCCI M, OLIVIERI E, et al. Measurement of the thermal conductivity of copper samples between 30 and 150 mK[J]. Cryogenics, 2004, 44: 875-878.

[2.110] WOODCRAFT A L. Predicting the thermal conductivity of aluminium alloys in the cryogenic to room temperature range[J]. Cryogenics, 2005, 45: 421-431.

[2.111] SKOCZEN B T. Compensation systems for low temperature applications[M]. Berlin: Springer, 2004.

[2.112] KRAMER M S. Composites for cryogenics[J]. Applications of Cryogenic Technology, 1991, 10: 185-195.

[2.113] KASEN M B, MACDONALD G R, BEEKMAN JR. D H, et al. Mechanical, electrical, and thermal characterization of G-10CR and G-11CR glass-cloth/epoxy laminates between room temperature and 4 K[J]. Advances in Cryogenic Engineering Materials, 1980, 26: 235-244.

[2.114] BEECROFT R I, SWENSON C A. Behavior of polytetrafluoroethylene (Teflon) under high pressures[J]. Journal of Applied Physics, 1959, 30: 1793-1798.

第三章　温度测量

本章主要介绍低温下的温度测量手段和如何尽量准确地获得温度的数值. 能被用于温度测量的物理原理很多, 但是低温环境下实用的温度测量方法却很少, 背后的原因都隐藏在第一章和第二章的性质介绍之中. 本章讨论了多种低温下可以使用的温度计, 然而大部分科研人员在常规工作中通常选择了无法准确提供温度数值的电阻温度计.

国际温标的最低温度仅到 0.65 K, 而大量的极低温前沿实验开展在国际温标不能覆盖的温区. 本章将介绍国际单位制和国际温标, 重点解释温度这个单位的特殊性, 以及讨论如何获得热力学温标意义上的温度数值. 国际温标不是热力学温标, 它只是经验性的温标. 在低温环境下准确测量温度的难度远远高于第四章将介绍的如何获得低温环境.

3.1　温度和温度计

温度是最重要的基本物理量之一, 它表征着物体的冷热程度. 人类对热现象的利用可以追溯到史前时代. 在科学发展的早期, 与热相关的学问更像是一种现象上的探索, 多被归结于化学, 并不像力学一样有公理化的框架. 十九世纪之后, 对热和温度的研究才逐渐系统化, 并形成了热力学和统计力学两大理论体系. 热力学起源于克劳修斯等人的工作, 统计力学起源于吉布斯、玻尔兹曼和麦克斯韦等人的工作 (相关内容见第○章).

尽管人体可以分辨温度的高低, 例如, 分辨烫、温、常温、凉和冷, 但是其探测范围有限, 并且精度不足以作为定量研究的依据. 温度计通过一个与温度存在确定函数关系的物理量获得温度的数值. 热平衡存在时, 温度的严格定义才存在, 因而人们期待温度计与被测系统之间达到完全的热平衡. 真实实验体系的温度总是随时间变化的, 准确获得温度数值非常困难. 此外, 随着温度下降, 热平衡时间增长, 于是越低温下的温度测量通常越困难.

长度、时间、质量和温度可能是生活中最常遇到的物理量, 哪怕是没有接受过科学训练的普通人也都很难对它们完全没有认知. 在这四个物理量中, 温度的定量测量和标准建立都是最困难的, 而且温度无法不依靠其他物理量独立测量. 迄今为止, 温度的标准依然复杂且不方便科研人员使用.

3.1.1 热力学第零定律

热学的主要研究对象是由大量分子组成的宏观物体, 我们称之为热力学系统或者系统. 系统之外的其他物质被称为环境. 系统与环境之间存在边界, 这个边界的大小和形状不固定, 可以是真实的, 也可以是虚拟的. 如果系统和环境之间存在能量交换和物质交换, 则被称为开放系统; 如果只有能量交换而没有物质交换, 则被称为封闭系统; 如果两者均没有, 则被称为孤立系统.

与外界没有任何能量交换和物质交换的孤立系统, 经过一定时间后, 其宏观性质将不再随时间改变, 这样一个状态被称为该系统的平衡态. 当系统处于平衡态时, 它也同时满足力平衡、热平衡、相平衡和化学平衡. 由于平衡态的宏观性质不随时间改变, 因此一些描述宏观性质的物理量可以被用于描述系统的状态, 这些物理量被称为状态参量. 一部分描述宏观性质的物理量可以由状态参量表示, 这些物理量被称为态函数. 态函数的环路积分为零, 即其只与系统的状态有关, 而与系统如何到达平衡态的过程无关. 我们将基于如下两个理想条件讨论热平衡: 孤立系统存在, 且孤立系统可以最终达到平衡态.

热力学第零定律指出, 与第三个系统处于热平衡的两个系统, 彼此也处于热平衡. 根据这个定律, 互为热平衡的多个系统存在某一个数值相等的态函数, 它被称为温度. 热力学第零定律来自经验的总结, 而非逻辑推理的结果, 它的实质是指出了温度这个表征热平衡的物理量存在. 这样定义的温度等同于我们日常所理解的温度. 如果两个物体之间没有热量传递, 则这两个物体的温度相等. 出于习惯, 人们在数值上更喜欢定义热量从温度高的物体流向温度低的物体.

温度这个物理量与大部分常用物理量有比较明显的区别. 首先, 温度反映了系统热平衡后的宏观性质. 与之对比, 热和功不是态函数, 它们与初态、末态, 以及中间的过程有关. 其次, 温度是强度量, 不具有相加性, 两个系统合成一个系统之后, 末态温度并不是初态温度之和. 类似的物理量还包括压强、电动势和磁场强度等. 与之对比, 固体的体积这类与质量相关的物理量被称为广延量. 最后, 温度的单位 K 也不具备叠加或者拆分的特性. 与之对比, 质量、长度、时间、压强、电动势和磁场强度等物理量的单位可以叠加或者拆分, 这是温度与其他物理量相比最明显的差别. 例如, 2 kg 的砝码可以由 2 个 1 kg 的砝码组合而成, 然而 2 K 在国际温标中无法通过 1 K 的测量获得. 早在十七世纪, 玻意耳就已经意识到温度的测量比时间、长度和质量麻烦. 综上, 尽管温度及其单位极为特殊, 但它在物理和生活中过于重要, 因此人们被迫接受这个物理量的核心地位并且频繁使用它.

除了温度这个物理量及其单位比较奇怪外, 温度的定义其实也有值得推敲的地方, 我们在实践中只会面对着不严格定义的温度. 以生活中常见的天气预报为例, 如果只有孤立系统才有温度这个概念, 那么城市和城市之间都通过空气连通, 没有真正作为孤立系统存在的城市, 为什么人们可以定义它们的温度? 对于宏观物体的局域温度, 人们有过细致的模型和研究, 在本书中, 我们将认为在一个非常短的时间内, 一个非严格孤立的系统可以定义温度. 温度的本质源于分子或者其他粒子的热运动. 温度在微观上表征了大量分子不停无规运动的剧烈程度, 更热的状态代表了这种无规运动更剧烈. 在一定时间内, 一个局部小系统的大量分子无规运动可以有统计上的平均, 而局部小系统与外界的能量和物质交换在这足够短的时间内可以被忽略, 因此非严格孤立的系统可以定义温度. 温度的定义还有第二个值得推敲的地方: 严格的热平衡无法在真实环境下存在, 即使它存在, 我们也无法对它进行测量. 当人们需要了解低温实验中的温度时, 总是需要考虑如何在尽量少干扰系统的前提下测量温度.

当人们在低温测量中研究固体系统而不是气体系统时, 不能回避不严格的温度定义. 固体中存在声子、电子和核自旋, 随着温度降低, 它们互相传递热量的能力下降, 人们无法用一个统一的温度描述声子、电子和核自旋的平均微观热运动, 而被迫用环境温度、电子温度和核自旋温度分别描述. 对于最常见的电输运实验, 真正决定材料物理性质的温度是电子温度. 4.7.2 小节和 6.2.2 小节有更多的相关讨论.

温度是最基本的物理量之一, 其单位 K 是国际单位制中七个基本单位之一, 3.4 节将讨论国际单位制与国际温标. 温度难以被准确测量, 并且不可能在零温极限附近被准确测量, 人们对温度这个物理量的单位的了解远不如对时间、长度、质量等物理量的单位的了解.

3.1.2   温度计概述

温度的测量伴随着热量的移动. 热力学第零定律除了定义了温度外, 还给出了比较温度的方法. 当人们想比较两个系统的温度时, 并不需要让这两个系统热接触, 而是可以让它们分别与第三个系统热接触, 根据它们是否与第三个系统热平衡, 以及热量传递方向判断它们的温度高低. 这个对比过程中的第三个系统是温度测量的工具.

严格来说, 根据热力学第零定律定义的温度测量工具仅能提供温度的比较, 而没有给出温度的数值. 比较两个物体温度的装置更适合被称为测温器 (thermoscope). 第一个测温器可能是伽利略在十六世纪末基于热胀冷缩的原理制作的. 能提供某一定义下的温度数值的装置才叫作温度计 (thermometer) 或者热探测器 (thermal sensor): 如果温度计与测量对象热平衡, 则温度计的读数代表了测量对象的温度. 温度计这个词可能在十七世纪才第一次出现.

温度是一个到目前为止仍然完全无法直接测量的物理量, 温度计的读数总是来自随温度变化的某一个物理量的测量, 依赖于某一种传感器. 在生活经验中, 热胀冷缩是一个为人熟知的随温度变化的现象. 十七世纪中期, 密闭的酒精温度计第一次出现, 这种温度计的使用不受大气压的影响, 随后人们用密封的水银作为温度计的工作物质. 除了密封的液体外, 密封的气体也是温度计的工作物质.

　　显然, 基于液体或者气体的温度测量方式不够严格, 它们依赖于温度计制备的细节, 需要更加详细的定义方式. 历史上, 人们习惯采用冰的熔点和水的沸点作为温度计的固定点, 然后默认热胀冷缩等物理性质在两个固定点之间均匀改变. 如今, 我们已经知道水银和酒精的热胀冷缩并不严格随着温度线性变化. 在通过热力学第二定律严格定义热力学温标之前, 科研人员实际获得的温度数值依赖于零点的选择、两个温度固定点之间的 "度数" 间隔, 以及该物理量或该物理量的某个函数随着温度线性改变的假设.

　　除了热胀冷缩外, 可以被用于温度测量的原理非常多, 与温度有关的物理量包括黏滞系数、气体声速、气液共存相的蒸气压、固液共存相的压强、电阻、噪声、温差电动势、介电常量、黑体辐射、顺磁体的磁化率、核磁共振信号、能态占据状态分布、表面声波的波速等, 因而现在存在各种各样的温度计. 然而, 在后文的介绍中, 我们将很快意识到这些温度计都只能在低温环境下有限制条件地使用, 并且难以提供可靠的温度数值.

　　哪怕在室温温区, 可靠且方便的温度测量依然是困难的. 因此, 基于热胀冷缩原理的液体温度计一直占据了非常特殊的地位. 如今水银的危害已经为人熟知, 人们呼吁和规定用有颜色的化学物质取代水银, 但是含水银的液体温度计依然出现在医院等场所. 在温度测量的历史上, 电阻与温度的关系是第二种重要的测温途径, 它的出现和普及推动了温度标准的建立.

　　早在 1821 年, 戴维已经开始研究铂的电阻了[3.1]. 1871 年, 西门子 (Siemens) 提出用铂线的电阻值探测温度[3.2], 但包括开尔文和麦克斯韦在内的一个委员会在 1874 年发现铂线的电阻值随温度有回滞, 因而电阻温度计的推广停滞下来. 1887 年, 卡伦达尔 (Callendar) 系统地研究了铂的电阻与温度的关系[3.3], 之后铂一直作为电阻温度测量的核心材料. 自 1927 年以来, 铂电阻温度计一直是温标的重要组成, 如今生活和科研中的主要温区依靠铂的电阻值定标 (相关内容见 3.4.2 小节).

　　由于温度这个物理量过于重要, 因此存在着大量不同类型的温度计, 与之有关的测量方式可根据力学、热学、电学、磁学、光学等方向分类. 此外, 温度计可以根据是否触碰样品分为接触型温度计与非接触型温度计, 也可以根据测量对象的不同分为常规的温度计和测量电子温度 (相关内容见 6.2.2 小节) 的温度计. 图 3.1 罗列了 3.2 节将要讨论的低温温度计. 高温温区还存在大量基于其他原理的温度计, 例如, 基于液晶的布朗运动、拉曼散射、热致变色, 以及基于量子点的荧光特性等, 本书均不予以介绍. 我先从最常见的电阻温度计开始, 介绍一批可在低温环境下使用的测温手段.

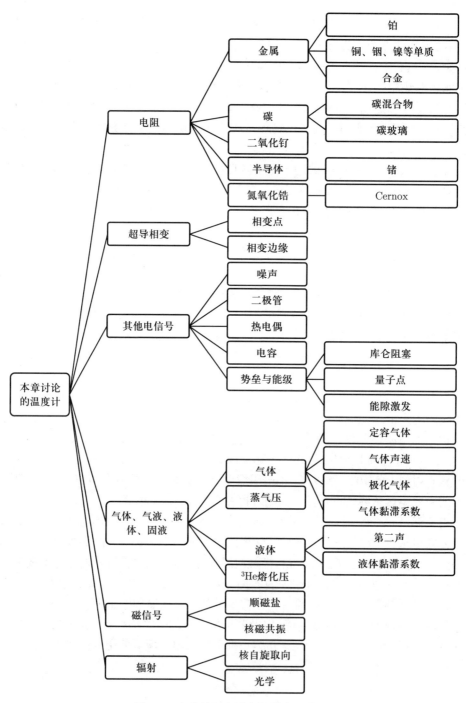

图 3.1　本章的温度计介绍顺序和分类

3.2　低温环境下的测温手段

本节介绍低温环境下的测温手段, 重点关注 4 K 以内可以使用的温度计. 由于所关注能量尺度上的差异, 因此其他书籍可能会更关注的液体体积温度计并不会在此处出现, 本书更关注基于凝聚态体系电性质的温度计. 除了物理规律需要与低温下的能量尺度匹配外, 低温环境下的测温手段还对测量产生的能量耗散有严格的要求. 低温实验所需要的温度测量看似只占据了大小约百开尔文的一小段线性区间, 但对于存在零温极限的物理量而言, 人们需要在对数坐标下衡量参数区间的宽窄.

低温实验中的大部分科研人员仅使用电阻温度计. 少数需要严格知道温度的科研人员可能会使用 ^{3}He 熔化压温度计、超导相变点温度计和磁化率温度计. 其他温度计往往只出现在比较特殊的实验测量中.

3.2.1　电阻温度计和超导温度计

电阻是最常见的温度探测器. 平缓变化的电阻值可提供温度的信息, 超导相变点附近迅速改变的电阻值也可以提供温度的信息. 本小节介绍常见的电阻温度计、超导相变点温度计和超导相变边缘温度计.

电阻温度计的灵敏度指电阻对温度的响应能力 $(\mathrm{d}R/\mathrm{d}T)$. 电阻温度计的相对灵敏度指单位温度变化所对应的电阻改变相对于总电阻的变化比例, 记为

$$S = \frac{\mathrm{d}R/\mathrm{d}T}{R} = \frac{\mathrm{d}\ln R}{\mathrm{d}T}. \tag{3.1}$$

相对灵敏度更具有实用价值, 因为实际的测量仪表有量程和显示位数上的限制, 相对灵敏度 S 越高, 测量同样温度精度所需要的电阻值有效位数越少. 在现实的实验测量中, 1 Ω 到 100 kΩ 这个范围的电阻比较容易测量, 过大或者过小的电阻值将增加准确测量的难度 (相关内容见 6.1 节). 一个电阻温度计的核心要素除了包括表征电阻和温度关系的 $R - T$ 曲线外, 还包括如何测量电阻、电阻如何被固定和保护.

电阻温度计在测量原理上具有统一的缺点: 电阻与温度之间不存在意义明确且人们足够了解的物理关系. 电阻温度计在测量上有大量不能被忽视的技术问题: 温度计在极低温下与测量对象的热平衡困难, 测量本身引起温度计发热, 并且电阻值受高频噪声和接地的影响 (相关内容见 6.1 节).

1. 铂电阻温度计

电阻温度计的测量对象应该是一种化学性质稳定且容易获得的高纯材料. 金属的电阻值对温度有响应, 且不易受其他因素影响, 因而是一类合适的温度传感器. 所谓的其他因素, 包括但不限于化学腐蚀、振动、应力、压强和湿度. 就温度探测而言, 最合适的金属是铂. 它的纯度高、化学性质稳定、降温过程中没有相变、机械性能好、有延展性. 更重要的是, 铂的电阻值与温度成线性关系的区间宽, 电阻值与温度的斜率大,

因而便于测量, 而且其电阻值稳定, 不易受时间和升降温影响. 出于测量方便, 铂常呈线形或者薄膜形状. 基于铂的电阻温度计有时候会被简称为 Pt–RTD (其是铂电阻温度计探测器 (platinum resistance thermometer detector) 的简称).

铂在 0 °C 以下的电阻值在经验上满足

$$R(t) = R(0)\left[1 + At + Bt^2 + C(t-100)t^3\right], \tag{3.2}$$

其中, t 指摄氏温度. 在 0 °C 以上, 式 (3.2) 中的 C 值为零. 这个方程也被称为 CVD 方程 (CVD 是卡伦达尔和范杜森的英文名字 Van Dusen 的简写). 卡伦达尔是铂电阻温度计的重要推动者, 另一位科研人员范杜森修改了卡伦达尔提出的电阻方程. 铂电阻的温度依赖关系见图 3.2. 铂电阻温度计的测量精度通常不小于 2 mK, 但是 20 K 以下的线性度和精度迅速变差.

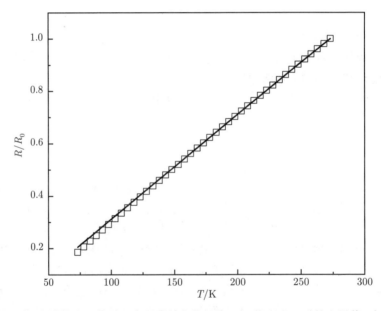

图 3.2 铂电阻温度计的电阻值随温度下降的变化规律. R_0 指 0 °C 时的电阻值. 实线为根据式 (3.2) 的计算结果, 取参数 $A = 3.908 \times 10^{-3}, B = -5.80 \times 10^{-7}, C = 4.27 \times 10^{-12}$, 数值来自文献 [3.4]. 空心方格数据来自国际温标 ITS–90. 当前国际温标对 CVD 方程的建议参数为 $A = 3.9083 \times 10^{-3}, B = -5.775 \times 10^{-7}, C = -4.183 \times 10^{-12}$

铂的电阻值对形变敏感, 影响一个铂电阻温度计稳定性的因素主要是外界力学冲击和热胀冷缩引起的应力, 因此铂需要被尽量固定, 却又需要有形变的余地. 重要温度计的铂丝通常先被绕成螺旋形状以释放应力, 再以螺旋线圈的形式绕于支架上固定, 并且支架和铂丝外侧还有提供保护的罩子. 保护罩的材料包括非金属的玻璃、氧化铝和石英, 它们在低温下的热平衡时间长; 也包括不锈钢和镍铁合金等金属材料, 它们不适合在高温下使用.

铂的电阻值对杂质敏感. 金属保护罩在高温下 (如 250 °C 以上) 释放的杂质会污染铂, 来自不锈钢保护罩的铁、锰、镍、铬等元素是铂电阻温度计常见的污染. 另一个污染源是连接温度计的引线. 如果温度计需要被安置于高温环境, 则铂丝是唯一合适的引线材料. 低温测量中的引线材料可采用铜或者银. 在 450 °C 和 560 °C 之间, 铂易跟氧气结合[3.5]引入污染. 由于铂的电阻依赖关系非常可靠, 因此其电阻值甚至可以作为判断其纯度的依据, 例如, $\alpha = \dfrac{R\,(100\ ^\circ\mathrm{C}) - R\,(0\ ^\circ\mathrm{C})}{100R\,(0\ ^\circ\mathrm{C})}$ 和 $\rho = \dfrac{R\,(29.7646\ ^\circ\mathrm{C})}{R\,(0\ ^\circ\mathrm{C})}$ 是判断铂纯度的经验公式, 其中, 29.7646 °C 是镓在 1 atm 下的熔点. 纯铂的 α 的经验值为 3.85×10^{-3}, ρ 的经验值[3.4]为 1.115817. 剩余电阻率也是常被用于表征金属样品质量的指标, 铂的剩余电阻率可以轻松地超过 1000.

2. 其他金属电阻温度计

除了铂外, 金属电阻温度计的材料还包括铜、铟、镍、镍铁合金、铑铁合金、铂钴合金和锰铜镍合金, 它们在现在的低温实验中并不常见.

铜的电阻值与温度的线性度不如铂, 而且化学性质不够稳定. 镍电阻温度计的线性度比铜电阻温度计更差 (见图 3.3). 与铂同为贵金属的金和银不出现于电阻温度计中, 因为它们的电阻值偏小 (见图 2.36), 不便于测量. 铑铁合金的优点在于可耐高温, 可被安置在需要高温烘烤的超高真空腔体中, 并且可以在约 1 K 的环境下使用[3.6]. 锰铜

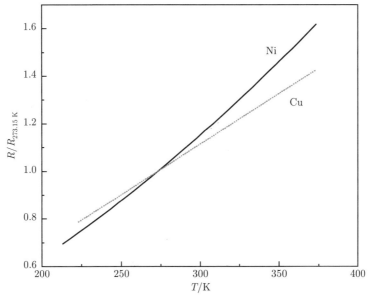

图 3.3　铜电阻温度计和镍电阻温度计的例子. 数据来自文献 [3.1]

镍合金电阻温度计由锰铜薄膜和镍薄膜组合而成, 它因与温度有较好的线性关系[3.7], 也被称为低温线性温度计 (cryogenic linear temperature sensor, 简称 CLTS).

与铂电阻温度计一样, 其他金属制成的电阻温度计的通用形状也是细长丝状, 并且先绕成螺旋结构以释放应力. 这样的设计增加了固定和导热上的困难. 而金属薄膜的问题在于薄膜和衬底之间存在热膨胀系数的差异, 因而在多次升降温之间的 $R-T$ 曲线不一致. 采用其他金属作为衬底可以改善金属薄膜电阻温度计的 $R-T$ 曲线的重复性[3.8].

金属的电阻来自电子和声子的散射, 我们可以认为这部分电阻受温度影响, 但对于不同的晶体这种影响都是类似的. 金属的电阻还来自杂质和缺陷的散射, 通常存在严重的样品依赖关系. 缺陷是影响金属电阻线性度的重要因素, 通过退火, 实验工作者可以减小缺陷的密度, 从而改善电阻线性度. 通常来说, 金属电阻温度计的电阻值在低温下比理想值偏大. 实际材料的电阻值随温度的变化关系相当复杂, 因而电阻温度计被迫得在多个温度固定点 (如水的三相点) 做测量, 然后在固定点之间定义多项式函数或者其他函数做插值运算, 从而建立 $R-T$ 曲线的数值形式.

3. 碳电阻温度计与碳玻璃电阻温度计

碳电阻温度计曾是极低温下最重要的电阻温度计, 它由小石墨颗粒和黏合剂混合而成, 也被称为碳混合物电阻温度计. 低温下可使用的碳电阻温度计的 $R-T$ 曲线拟合形式很多, 如 $\lg R = A + B/T$ (A 和 B 是拟合系数), 这个函数假设了激发过程, 不过实际碳电阻温度计的输运比这个函数形式复杂.

碳电阻温度计的优点在于其中一些型号对低温下的温度变化非常敏感. 石墨有很强的电输运各向异性 (参考热输运的各向异性, 见图 2.20), 碳电阻温度计的 $R-T$ 特性不是来自碳, 而是来自生产过程, 例如, 碳颗粒的大小、碳颗粒和黏合剂的接触电阻、电阻的总体尺寸, 以及温度和压力等具体生产工艺参数. 因此这类温度计的电阻特性差异非常大, 同一型号不同批次的碳电阻往往有不一致的 $R-T$ 曲线. 由于电阻值受碳颗粒边界性质的影响, 因此碳电阻在多次升降温之间的重复性差, 并且电阻值可能有各向异性. 文献 [3.9] 提供了碳电阻温度计被轻微加热后, $R-T$ 曲线改变了的例子. 可以想象, 碳电阻温度计还可能受空气湿度的影响[3.5].

碳电阻温度计来自商业化产品, 并不为低温实验而设计, 知名的型号包括 Allen-Bradley (大于 1 K)、Matsushita (10 mK∼4 K) 和 Speer (1∼10 mK). 文献 [3.10] 提供了各类温度计的典型 $R-T$ 曲线. 许多碳电阻温度计来自传统电路的需求, 如收音机的电阻, 因而呈圆柱形. 如果将圆柱形外形打磨为薄片形状 (厚度可小到 0.05 mm, 最小厚度主要取决于打磨后电极是否掉落), 则实验工作者可以改变 $R-T$ 曲线[3.11,3.12], 并且缩短温度计自身的热平衡时间, 以用于更低温度下的测量. 我尝试过打磨 Matsushita 电阻温度计 (见图 3.4), 其 $R-T$ 曲线的改变非常明显, 可以在更低的温度下使用, 并且其 $R-T$ 曲线在多次升降温之间的重复性很好. 另一个改变 $R-T$ 曲线的做法是在约 400 °C 下对碳电阻温度计烘烤 1 h, 这个做法可能增大低温下可以使用的温区. 可以预料到的是, 对碳电阻做软焊的操作也可能改变温度计的 $R - T$ 曲线.

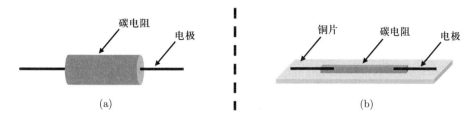

图 3.4 碳电阻打磨示意图. (a) 打磨前, (b) 打磨后. 铜片衬底和碳电阻之间垫有卷烟纸作为绝缘层, 卷烟纸和碳电阻由稀释过的 GE 清漆固定和协助热传导

由于传统电路由集成电路取代, 因此绝大部分的碳电阻温度计已经不再生产. 1987 年, Matsushita 碳电阻温度计停产后, 日本的低温物理工作者们曾收购了不同型号的约五万个电阻[3.13]. Allen–Bradley 碳电阻温度计于二十世纪九十年代停产. 如今, 传统的低温碳电阻温度计越来越难通过商业化渠道获得, 不过人们已经找到了可以在极低温环境下使用的新商业化碳电阻温度计[3.14].

多孔玻璃中填充的碳颗粒可形成不定型的碳纤维, 这种导体也可以作为温度计的工作物质[3.15], 这样制成的温度计被称为碳玻璃电阻温度计, 其使用温区约 2 ~ 30 K. 玻璃可以由环氧树脂替代[3.16]. 与碳电阻温度计一样, 碳玻璃电阻温度计的长期稳定性不够理想[3.17].

4. 二氧化钌电阻温度计

碳电阻温度计不再容易购买, 其替代品是二氧化钌电阻温度计 (它的工作物质是氧化钌电阻片), 习惯上将其简称为 RuO_2 电阻温度计或者氧化钌电阻温度计. 二氧化钌电阻温度计以薄膜形状固定在衬底上, 其电阻值随温度下降而增大. 未经校正过的二氧化钌电阻温度计是极为便宜的低温温度计, 它们在 4 K 以下开始变得灵敏 (见图 3.5).

二氧化钌电阻是当代电子行业的重要元件, 它在生活中的大量电子产品之中出现, 预计每年消耗量在 10^{12} 数量级, 因而有大规模批量生产来源和非常稳定的商业化供应. 过去 10 年间, 二氧化钌电阻的原材料钌 (Ru) 的价格涨了大约 3 倍, 但是对于温度计而言, 其原料成本增加是低温实验中完全可以忽略的支出.

提供电阻随温度变化关系的温度计主体材料由各种氧化钌颗粒和黏合剂制成, 例如, 由 RuO_2, Bi_2RuO_2 和玻璃混合而成. 比起碳电阻温度计, 毫米数量级的小尺寸二氧化钌电阻温度计的热容更小 (见图 3.6). 与碳电阻温度计一样, 二氧化钌电阻温度计的 $R - T$ 曲线依赖于生产工艺[3.18], 因而依赖于具体型号甚至具体批次. 这类温度计在 2.5 K 以下的拟合[3.19] 可采用如下经验公式:

$$R(T) = A \exp\left(\frac{B}{\sqrt[4]{T}}\right), \tag{3.3}$$

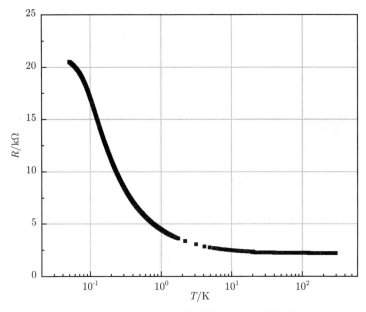

图 3.5 一个二氧化钌电阻温度计的实测数据

其中, A 和 B 是依赖于具体货源的系数. 大部分二氧化钌电阻温度计的电阻值随着温度降低而达到饱和, 不适合在 20 mK 以下使用, 但是也有个别能在 5 mK 以下使用的成功例子[3.20]. 电阻值达到饱和的原因包括温度计的热导随着温度降低而变差, 也包括电子温度难以降低 (相关内容见 6.2 节). 二氧化钌电阻温度计在 100 mK 以内的 $R - T$ 曲线依赖于具体制冷机和具体测量线路, 这是电阻温度计的共同缺点.

图 3.5 提供的电阻信息和图 3.6 提供的热容信息均针对特定型号的二氧化钌电阻. 甚至同一型号同一批次购买的二氧化钌电阻都可能不具备统一的 $R - T$ 曲线 (见图 3.7), 使用者需要非常谨慎地使用未经校正过的电阻温度计. 实验工作者可以自制二氧化钌电阻, 但我建议从别人已经尝试过的商业化来源购买. 另一个重要的使用细节是, 二氧化钌电阻在大约六七十次降温之后的低温电阻值才趋于稳定[3.21], 因而重要的温度计要在多次反复升降温之后才值得被校正.

5. 半导体电阻温度计

半导体的电阻值与温度的关系近似满足 $R = ae^{b/T}$ 的规律, 在较小的温度变动下产生较大的相对电阻变化, 因而能提供较灵敏的温度测量. 半导体电阻温度计的 $R - T$ 曲线常写为

$$R(T) = R(T_0) \exp \left[\beta \left(\frac{1}{T} - \frac{1}{T_0} \right) \right]. \tag{3.4}$$

它由一个固定电阻点 $R(T_0)$ 和一个表征温度计特征的参数 β 表示. 将其代入式 (3.1)

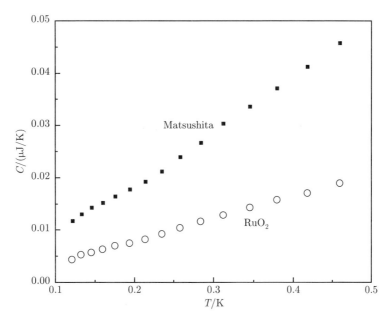

图 3.6 一个二氧化钌电阻温度计和打磨过的 Matsushita 碳电阻温度计的实测热容对比. 需要强调的是, 二氧化钌电阻温度计的热容数值依据型号和来源有显著差异

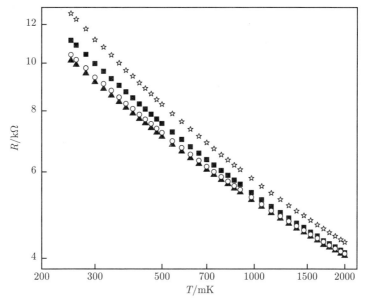

图 3.7 同一型号同一批次购买的四个二氧化钌电阻的 $R - T$ 曲线

可得, 半导体电阻温度计的相对灵敏度为 $\dfrac{\beta}{T^2}$, 它随着温度下降而上升. 尽管人们对

半导体的理论认识需要固体物理的知识体系, 但对半导体热学相关的性质研究可以追溯到 1834 年法拉第的实验[3.1]. 由于半导体电阻温度计的灵敏度高, 因此它的另一个习惯称呼是热敏电阻 (thermistor). 该词来自热敏电阻的英文名称 thermally sensitive resistors 的简写, 泛指电阻特性易随温度改变的材料, 有时也特指半导体电阻或者金属氧化物 (如氧化铜) 混合物制成的电阻. 文献中可能出现的 PTC 和 NTC 分别是正温度系数热敏电阻的英文名称 positive temperature coefficient thermistor 和负温度系数热敏电阻的英文名称 negative temperature coefficient thermistor 的简写. 热敏电阻的电阻值与温度成非线性关系, 并且特定电阻只在特定的小温区内工作.

半导体电阻温度计最典型的例子是微量掺杂砷、镓、铟等元素的锗半导体电阻温度计 (germanium resistance thermometer, 简称 GRT). 锗半导体电阻温度计是最早被商业化的可用于 30 K 以下的温度计[3.6]. 单晶锗半导体电阻温度计的 $R-T$ 特性与引线的位置有关, 使用者可以尝试不同晶向上的引线组合来获得不同的电阻特性. 与二氧化钌电阻温度计一样, 锗半导体电阻温度计在足够低的温度下的电阻值也严重依赖于具体的测量环境. 一个单晶锗半导体电阻温度计的实测数据例子见图 3.8. 基于硅的半导体电阻温度计有时会被称为 "Silistor".

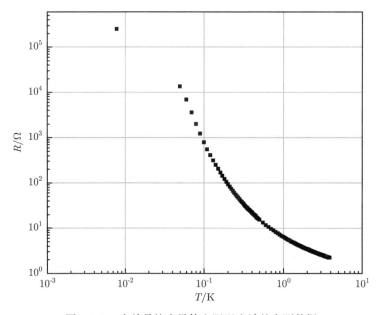

图 3.8　一个单晶锗半导体电阻温度计的实测数据

半导体电阻温度计的优点和缺点都在于严重依赖生长工艺, 例如, 10^{-16} 数量级的杂质含量改变就能显著改变电阻值[3.22]. 半导体电阻温度计的优点还包括: 对温度响应灵敏、尺寸小, 以及热平衡时间短. 缺点还包括: 温区窄、与温度的关系非线性, 以及更低温下恒流测量时的发热量增加. 半导体电阻温度计在不同降温过程中的读数不一定可重复, 不过有人认为这个缺点不是来自半导体本身, 而是来自半导体与金属引线的交界面[3.5].

6. 氮氧化锆电阻温度计

氮氧化锆薄膜是一类优秀的电阻温度计, 其工作温区覆盖了约 $0.1 \sim 300$ K 的区间, 可以服务于大部分的低温设备. Cernox 是一种商业化的氮氧化锆薄膜温度计[3.23], 人们通常对这个名字更加熟悉, 该温度计中的氮氧化锆薄膜厚度为 0.3 μm, 被沉积在厚度约 0.2 mm 的蓝宝石衬底上. Cernox 温度计有多种型号, 最高测量温度均为 420 K, 最低测量温度从 $0.1 \sim 20$ K 不等. 420 K 时, 温度计的电阻值从几十欧姆到几百欧姆不等, 对于测量温区最低的型号 CX–1010, 0.1 K 时的电阻值约几千欧姆至几十万欧姆不等. 由于 Cernox 是一个非常成熟的商业化温度计, 其具体 $R-T$ 曲线可参考供应商提供的信息.

7. 超导相变点温度计

除了电阻随温度的连续变化可以被用来表征温度外, 电阻在超导相变点处的突变也可以被用来表征温度, 这一做法的前提是人们对特定材料的超导相变点温度有比较统一的认可. 需要指出的是, 不同资料来源的超导相变温度在数值上存在差异.

SRD1000[①]是超导相变点温度计 (也被称为固定点器件 (fixed–point device, 简称 FPD)) 的一个例子, 它结合了美国国家标准与技术研究院提供的 SRM767[②] 温区和 SRM768 温区, 共采用了 10 种超导材料, 覆盖了从 10 mK 到 1 K 的温区. SRD1000 的具体相变温度见表 3.1, 它所选择的超导相变点非常有代表性.

表 3.1　SRD1000 中的材料和相变温度点

材料	相变温度/mK	相变宽度/mK	材料	相变温度/mK	相变宽度/mK
W	15	0.7	$AuAl_2$	145	0.3
Be	21	0.2	$AuIn_2$	208	0.4
$Ir_{80}Rh_{20}$	30	无	Cd (镉)	520	$0.5 \sim 0.8$
$Ir_{92}Rh_8$	65	无	Zn	850	$2.5 \sim 10$
Ir	98	0.8	Al	1180	$1.5 \sim 4$

注: Ir_xRh_{1-x} 合金的超导相变温度在 $20 \sim 100$ mK 之间[3.24]. 相变宽度数据来自文献 [3.5, 3.25]. 本表的数值与表 2.17 不完全一致.

超导相变点温度计有几个值得注意的细节. 首先, 磁场影响超导体的相变温度, 因此超导相变点温度计有一个超导体制成的磁屏蔽罩. 其次, 操作人员没必要为每一个超导体提供一套独立的测量线路, 可以将一组超导材料串联起来共用一套测量线路, 从高

[①]SRD 是超导参考装置的英文名称 superconducting reference device 的简写.
[②]SRM 是标准参考材料的英文名称 standard reference material 的简写.

温到低温的逐次电阻突变代表了逐次相变. 再次, 超导相变除了通过电阻信号测量外, 还可以通过磁信号测量 (见图 3.9). 电阻测量需要超导材料有较为狭长的结构并且容易制作电极, 而磁信号测量则避开了这类需求, 它利用了位于线圈内侧的超导材料在相变时改变线圈自感和互感的特性[3.10,3.26]. 需要指出的是, 磁信号测量所需要的小磁场影响超导材料的相变温度. 换句话说, 采用磁信号测量的超导相变点温度计, 如 SRM767, SRM768 和 SRD1000, 温度计的读数不代表对应材料在零场下超导相变的温度. 表 3.2 提供了部分超导材料的超导相变温度可重复性估计, 这套数据跟表 3.1 的数据存在微小差异. 最后, 铍等金属的超导相变可能存在过冷现象[3.10], 这也将影响读数的准确性.

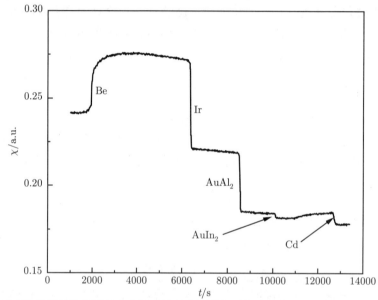

图 3.9　通过磁信号测量的超导相变点温度计的实测数据. 该温度计和测量装置购买自 Janis 公司

表 3.2　部分超导材料的超导相变温度可重复性估计

材料	超导相变温度/mK	可重复性/mK
Cd	520.0	3.0
Zn	850.0	3.0
Al	1181.0	2.5

注: 数据来自文献 [3.27]. 本表的数值与表 3.1 和表 2.17 不完全一致.

8. 超导相变边缘温度计

从图 3.9 和表 3.1 可以看出, 超导相变引起的电阻变化并不是在某一个温度值处突变的, 而是有一定的相变宽度. 如果利用这个宽度内的电阻变化测量温度, 则可以获得一个可用温区很窄却非常灵敏的温度计, 这种温度计被称为超导相变边缘温度计.

由于这种温度计对于能量变化非常敏感, 因此也被用于宇宙射线的探测, 被称为辐射热测量计[3.28]. 需要指出的是, 辐射热测量计不一定总是采用超导相变边缘温度计测量温度[3.29].

超导相变边缘温度计的工作物质可采用薄膜沉积的超导材料. 超导薄膜的相变温度除了受材料影响外, 还受薄膜厚度和衬底的影响, 实验工作者可以有针对性地生长薄膜以调整相变处的电阻斜率. 此外, 超导相变温度受磁场影响, 实验工作者可通过调整磁场小范围调整温度计的工作温区.

3.2.2 其他电输运测量温度计

本小节简单介绍电阻温度计之外的其他电输运测量温度计, 它们的温度测量主要基于载流子有序移动或无序移动产生的电信号.

1. 噪声温度计

热噪声也被称为约翰逊噪声 (Johnson noise)、尼奎斯特噪声 (Nyquist noise) 或约翰逊 – 尼奎斯特噪声. 对于一个给定的电阻, 热噪声的大小与电阻 R 有关, 与频率无关, 即

$$\overline{V^2} = 4k_{\mathrm{B}}TR\Delta f. \tag{3.5}$$

式 (3.5) 为常用的热噪声表达式, 其中, $\overline{V^2}$ 是电阻 R 两端热噪声的电压平方的平均值, T 是温度, Δf 是电压探测所对应的频率范围. 人们偶尔会误以为该公式严格成立, 实际上该公式未考虑费米分布的修正, 式 (3.5) 成立的前提是 $hf \ll k_{\mathrm{B}}T$. 文献 [3.10] 提供了一个式 (3.5) 的简易证明及其前提条件. 此外, 关于如何准确测量电路中的 Δf 并没有一个简单的方案. 实践中, 人们可以利用两个已知的电阻和一个已知的温度, 通过噪声电压相等时 TR 乘积为固定值这一规律, 去探测未知的温度.

通过热噪声测量温度的温度计被称为噪声温度计. 对于 $1\,\mathrm{k\Omega}$ 的电阻和 $1\,\mathrm{kHz}$ 的频宽, $10\,\mathrm{mK}$ 下的热噪声约为 $10\,\mathrm{nV}$. 由于电压值相对于常规测量条件偏小, 因此噪声可以通过超导量子干涉器件 (superconducting quantum interference device, 简称 SQUID) 测量[3.30~3.35], 以获得更好的精度. 人们可能遇到的 RSQUID (电阻式超导量子干涉器件的英文名称 resistive SQUID 的简写) 和 CSNT (电流探测噪声温度计的英文名称 current sensing noise thermometer 的简写) 分别对应电阻噪声的测量和电流噪声的测量, 它们都是噪声温度计.

2. 二极管温度计

二极管的正向工作电压与温度有关, 近似随温度线性减小, 对应的温度计被称为二极管温度计, 也被称为 PN 结温度计. 常用的二极管温度计由硅或者砷化镓制成.

随着电压变化, 二极管温度计的电阻值从 $100\,\mathrm{k\Omega}$ 以上迅速减小, 因而可能由于电流迅速增大而为低温环境导入过多的热量. 另外, 二极管的工作电压随温度的线性变

化有温区的限制. 硅二极管可以分温区拟合, 正向工作电压在室温和 30 K 之间近似成线性, 在 30 K 以下也近似成线性并且斜率更大. 二极管温度计的工作特性有可能通过计算得到[3.36], 理论上有机会提供准确的热力学温度测量. 文献 [3.37] 提供了硅二极管和砷化镓二极管的正向工作电压与温度的关系. 其他类型的结, 如金属 – 绝缘体 – 超导体结的电压与电流关系也可以提供温度的信息[3.29]. 一个硅二极管温度计的正向工作电压与温度的关系的例子见图 3.10.

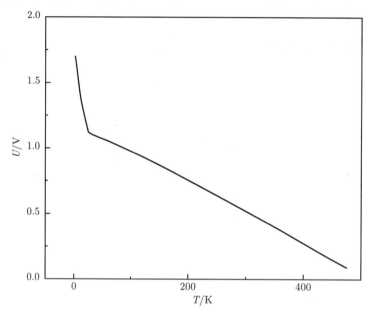

图 3.10 一个硅二极管温度计的正向工作电压与温度的关系的例子. 数据来自文献 [3.38] 的整理

3. 热电偶温度计

热电偶温度计利用热电效应测量温度. 热电效应包括泽贝克 (Seebeck) 效应、佩尔捷 (Peltier) 效应和汤姆孙 (Thomson) 效应. 泽贝克效应指温度差异产生电, 佩尔捷效应指电产生温度差异, 而汤姆孙效应指电路中存在温度差异时独立于焦耳热之外的局部散热和局部吸热现象. 热电偶温度计只需要讨论泽贝克效应.

导体的载流子既携带热量也携带电量, 导体存在温度梯度引起载流子移动, 从而改变导体内的电量分布. 描述这个现象的参数是泽贝克系数 $S(T, x)$, 它关联了电压 U 和温度 T 的空间分布, 即

$$\frac{\mathrm{d}U}{\mathrm{d}x} = S(T, x)\frac{\mathrm{d}T}{\mathrm{d}x}. \tag{3.6}$$

如果材料的性质均匀, 则位置 x 的取值就不重要, 因而一段导体上产生的电压只跟温度差异有关, 记为

$$\Delta U \approx S(\overline{T})\Delta T, \tag{3.7}$$

或者更严格地记为

$$\Delta U = \int_{T_0}^{T} S(T)\mathrm{d}T. \tag{3.8}$$

热电偶温度计的电压信号并不是产生在两种材料的连接点, 而是产生在室温和低温之间具有温度梯度的整段材料上. 热电偶温度计有广泛的工业应用, 它的结构简单、成本低且读数易预测.

热电偶温度计原则上仅需要引入无限小的额外热容和热量, 而且原则上有无限短的响应时间, 然而其信号在常规低温制冷机温区内对温度的响应不够灵敏. 此外, 材料的不均匀、不纯和缺陷会引入寄生电压. 或者说, 尽管实践中人们只把泽贝克系数当作材料和温度的函数, 但由于材料的不均匀, 泽贝克系数存在空间依赖性, 这是热电偶温度计的一个常见误差来源.

热电偶材料组合包括铜和康铜、金和铁、金钴合金和铜、康铜和镍铬合金, 以及康铜和铁[3.39,3.40]. 常见的热电偶温度计有十种类型, 分别命名为 A, B, C, E, J, K, N, R, S, T, 其中, E 型 (Chromel/康铜)、K 型 (Chromel/Alumel)、N 型 (NiCrSi 合金/ NiSi 合金) 和 T 型 (铜/康铜) 可以一直使用到液氦温区①. 这四种热电偶温度计的相应材料见表 3.3. 这类热电偶温度计不使用金或者铂, 也被称为贱金属热电偶温度计. 含铂的热电偶温度计 (与金、钯 (Pd) 或铂铑合金组合使用) 的重复性更好. T 型热电偶温度计的信号与温度关系的例子见图 3.11.

表 3.3　可低温使用的 E 型、K 型、N 型和 T 型热电偶温度计的相应材料

类型名称	材料 1	材料 2
E	Chromel, 90% Ni, 9.5% Cr, 0.5% Si	康铜, 55% Cu, 45% Ni
K	Chromel, 90% Ni, 9.5% Cr, 0.5% Si	Alumel, 95% Ni, 5% (Si, Mn, Al)
N	NiCrSi 合金, 84.4% Ni, 14.2% Cr, 1.4% Si	NiSi 合金, 95.5% Ni, 4.4% Si, 0.1% Mg
T	铜, 100%Cu	康铜, 55% Cu, 45% Ni

注: 需要指出的是, 一定成分之内的合金都可能被称为康铜, 表中的比例仅适用于特定类型的热电偶.

4. 电容温度计

电容温度计更合适的称呼是固体介电常量温度计, 其工作物质通常为铁电材料. 电容温度计的优点在于测量时原则上不引入热量, 而且介电常量对磁场不敏感. 这是罕见的不受磁场影响的温度计类型 (相关内容见 3.3.2 小节). $SrTiO_3$、玻璃、蓝宝石和 Kapton 是低温电容温度计可使用的工作物质[3.41~3.48].

电容温度计经历升降温之后的重复性差, 而且其读数与温度可能不是一一对应关

---

①Chromel 和 Alumel 是两种特定的商业化合金.

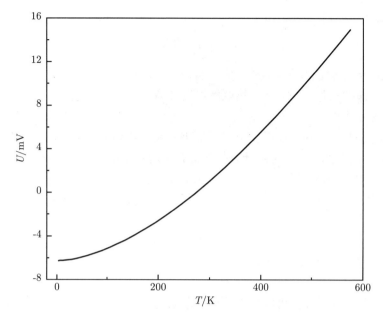

图 3.11　T 型热电偶温度计的信号与温度关系的例子. 数据来自文献 [3.38] 的整理

系, 因此需要在其他温度计的辅助下使用或者测量一个较广的温区以获得温度的读数. 电容温度计的读数还可能受测量电压大小和测量频率的影响[3.43,3.45,3.48, 3.49]. 因此电容温度计可以先与一个可靠温度计一起测量零场下的温度, 然后实验工作人员改变磁场, 通过电容温度计确认温度是否变化.

5. 库仑阻塞温度计和量子点温度计

如果两个导体之间有势垒 (见图 3.12), 则两个这类势垒的组合形成电容 C, 单个电子的隧穿可能改变电容处的电压, 从而阻碍其他电子通过. 这个机制引起了微分电阻的增大或者微分电导的减小, 被称为库仑阻塞, 可以提供温度的信息[3.50~3.53]. 如图 3.12 所示, 当这个结构的两侧无偏压时, 势垒中间积累的电子妨碍其他电子通过. 结构两侧的偏压越大越有助于电子通过.

上述输运机制存在势能 $\dfrac{e^2}{2C}$ 和动能 k_BT 的竞争. 如果动能远大于势能, 则电导原则上与偏压无关 (见图 3.13(a)). 如果势能远大于动能, 则电子隧穿不受温度影响, 而是受势垒两侧的偏压影响 (见图 3.13(c)). 当两者可比拟时 (见图 3.13(b)), 电子在动能影响下是否容易通过势垒则影响了电阻峰或者电导谷的半高宽, 因此 $G - U_{\text{bias}}$ 谷的半高宽与温度有关[3.50]:

$$U_{1/2} = N \times 5.439 k_B T/e, \tag{3.9}$$

其中, $U_{1/2}$ 是图 3.14 所示意的半高宽, N 由结的数目决定. 常见的库仑阻塞温度计由一系列的金属 – 绝缘体 – 金属结组合而成, 结的数目增多, 则低温下的 $U_{1/2}$ 更大、更容易被测量.

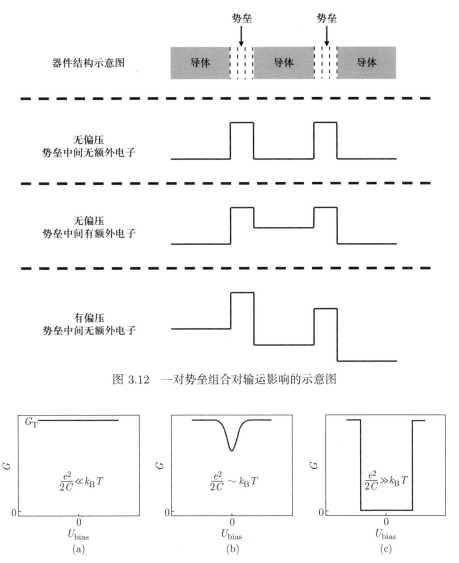

图 3.12 一对势垒组合对输运影响的示意图

图 3.13 一对势垒上加偏压后的电导示意图. 如果动能足够大, 则势垒不影响电输运. 如果势能足够大, 则只有在足够大的偏压下电子才能通过势垒

式 (3.9) 的推导中隐藏了 2 个假设. 第一, 隧穿发生时的势能小于动能, 该假设被用于推导过程中的数学简化, 因而图 3.13 中的这种测量需要选择 $\dfrac{\Delta G}{G_T}$ 比较小的参数空间. 在图 3.14 示意曲线的参数中, 动能为势能的 20 倍. 第二, 隧穿结的电阻不显著小于量子电阻 (见式 (6.11)), 该假设成立时, 势垒足以抑制量子涨落. 考虑了更高阶的

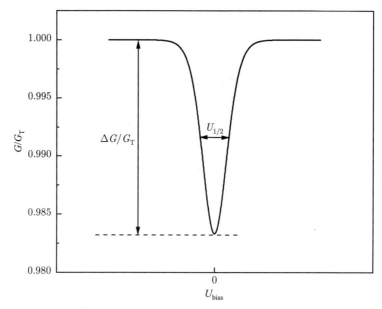

图 3.14   库仑阻塞的曲线示意图. 其半高宽 $U_{1/2}$ 与温度线性相关. G 指跨越至少两个势垒后的电导, G_{T} 指高温极限下势垒不起作用时的电导值

近似之后, 式 (3.9) 更精确一些的形式[3.54,3.55]为

$$U_{1/2} = \left(1 + 0.3921\frac{\Delta G}{G_{\mathrm{T}}}\right) \times N \times 5.439 k_{\mathrm{B}} T/e, \tag{3.10}$$

其中, $\dfrac{\Delta G}{G_{\mathrm{T}}}$ 指图 3.14 中所示的电导相对改变量, 它与势能成正比, 与动能成反比, 其实也隐含了温度的信息.

由于实际能实现的势垒高度有限, 温度过高之后的电测量分辨率下降, 因此库仑阻塞温度计的工作温区不高于 50 K. 由于电子的降温困难 (相关内容见 6.2.2 小节), 因此库仑阻塞温度计很难在 10 mK 以下使用. 文献 [3.56 ∼ 3.60] 报道了可以在 10 mK 以下使用的特殊库仑阻塞温度计.

量子点是另一类可采用的势垒 (见图 3.15). 当量子点的能级与外界能级一致时, 电子可通过量子点并体现为随偏压出现的电导峰, $G - U_{\mathrm{bias}}$ 的峰宽与电子的动能有关. 这种势垒温度计中, 式 (3.9) 和式 (3.10) 并不成立. 测量者可以通过拟合峰的性质与特定的函数形式获得温度的信息[3.61∼3.64]. 当温度足够低时, 电导峰为一个与温度无关的洛伦兹峰, 具体参数由隧穿概率和偏压决定. 当热能足以影响隧穿结果时, 峰的形式满足

$$G \sim \frac{1}{T} \cosh^{-2}\left(A \times \frac{\Delta U_{\mathrm{bias}}}{T}\right), \tag{3.11}$$

其中, ΔU_{bias} 指偏离电导峰中心的电压值, A 为一个与实验条件有关的参数. 量子点温度计并不是传统意义上的库仑阻塞温度计, 它的温度测量来自电导的增大而不是减小, 而且峰的半高宽与温度没有严格的线性关系, 但是两者的温度测量机制是类似的, 都是动能与势能的竞争, 因而有时量子点温度计也被人们归为一种库仑阻塞温度计.

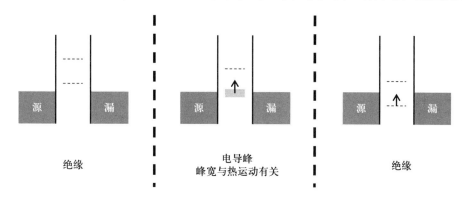

图 3.15 量子点中电导峰出现条件的示意图. 当量子点中的可占据能级高于源和漏时, 势垒存在. 外界参数调控量子阱中的能级位置, 零温极限下, 仅无势垒条件下的量子点允许电子通过, 然而热运动使有效能级展宽

6. 能隙激发温度计

整数量子霍尔效应和分数量子霍尔效应的径向电导 σ_L 和纵向电阻 R_{XX} 与温度有关, 满足跨越能隙的激发行为, 可以被用于温度的测量. 此外, 量子霍尔态的零电阻平台宽度也可以被用于表征温度. 更详细的介绍和相关文献见 6.2.2 小节.

3.2.3 气体、气液、液体和固液温度计

本小节介绍基于气相、液相和共存相的温度计. 由于低温下的大部分物质为固态, 因此气体温度计、气液温度计、液体温度计和固液温度计的工作物质主要是氦的两种同位素.

1. 定容气体温度计

水银温度计利用了热胀冷缩的特性, 其测量结果来自体积这个物理量. 对于气液和液体来说, 低温下测量压强比测量体积更简单. 这种测温原理曾对开尔文温标的零点选择起了重要的引导作用. 测量气体压强的温度计被称为定容气体温度计, 也被直接简称为气体温度计. 气体压强的测量方法见 5.2 节和 6.5 节. 不限于气体温度计, 通过压强测量温度的温度计有时也被统称为测压温度计.

下面介绍气体温度计的缺点. 第一, 气体温度计的准确度不高. 真实气体的 $p - T$ 关系并不是线性的, 分子间没有相互作用的理想情况总是不存在的. 即使考虑了对理想气体状态方程的修正 (^{4}He 的信息见式 (1.4) 和图 1.5, ^{3}He 的信息见图 3.16), 实际

测量中体积随温度的变化依然引入了不能被忽视的误差. 气体中的杂质也影响方程的理想程度. 第二, 气体温度计的工作温区不够低, 气体液化和表面吸附都减少了气体的物质的量, 这让它难以在低温下被使用. 第三, 真实的气体体积难以被测量, 气体腔体中存在位于阀门和真空规内部的不敏感体积 (即无效空间 (dead space)), 这部分空间不易被测量且体积不恒定. 第四, 腔体的体积本身也是温度的函数. 第五, 腔体和真空规之间通常由管道连接, 两者可能因为温度差异而存在压强差异. 第六, 管道和容器内侧的表面吸附效应影响真空规读数的准确性. 第七, 表面吸附和渗气现象 (相关内容见 5.4.9 小节) 影响气体的纯度. 第八, 气体温度计的测量速度太慢. 第九, 气体温度计的可重复性不好.

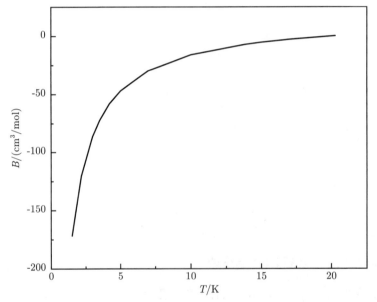

图 3.16　^{3}He 的第二位力系数 B 与温度的关系. 数据来自文献 [3.5]

　　我指出了气体温度计的很多缺点, 并不是因为它给出的温度不够准确, 相反, 它是少数人们可以直接使用而不需要校正的温度计 (即第一类温度计, 相关内容见 3.3.1 小节). 我仅以气体温度计这种最可信的温度计作为例子, 来说明准确测量温度的困难. 事实上, 每一种温度测量方式都存在大量影响读数准确性的因素. 人们常把气体温度计归为只有技术专家才能使用的温度计, 然而, 其他温度计一样难以提供准确的温度读数, 只是人们对气体温度计的读数准确性有较高的期待而已. 文献 [3.65 ∼ 3.68] 是一些通过气体温度计仔细测量温度的例子.

2. 气体声速温度计
牛顿曾认为空气中声音的传播是等温过程, 但基于等温过程推导而得的声速与压

强有关, 与温度无关, 这与实验结果不吻合. 根据绝热过程推导而得的声速为

$$v = \sqrt{\frac{\gamma R T}{\mu}}, \tag{3.12}$$

其中, γ 是气体的定压比热和定容比热之比, R 为普适气体常量, μ 为气体的摩尔质量. 也就是说, 声速与压强无关, 而与温度有物理意义清晰的关系, 可以被用于温度的测量. 利用这个原理的温度计被称为气体声速温度计. 需要指出的是, 式 (3.12) 依然只是一种近似, 与气体方程一样, 它需要引入更高阶的参数. 文献 [3.69,3.70] 是通过气体声速温度计检查温标准确性的例子.

声速温度计的工作物质还可以是固体和液体. 例如, 固体中的声速与密度有关, 而密度是温度的函数. 除了后文介绍的第二声温度计外, 基于液体和固体的声速温度计主要被用于室温以上的温区, 不出现于低温下的温度测量.

3. 极化气体温度计

极化气体的介电常量和折射率是温度的函数. 利用前者测量温度的温度计被称为介电常量气体温度计 (dielectric–constant gas thermometer, 简称 DCGT), 利用后者测量温度的温度计被称为折射率气体温度计 (refractive–index gas thermometer, 简称 RIGT)[3.71~3.74]. 这两种温度计被统称为极化气体温度计 (polarizing gas thermometer, 简称 PGT). 低温极化气体的性质原则上可以通过计算得到[3.75,3.76]. 介电常量气体温度计的测量方式与电容温度计一样, 折射率气体温度计的读数可以通过谐振腔中的电磁信号探测.

4. 气体黏滞系数温度计

气体的黏滞系数是温度的函数, 可被用于温度测量[3.8]. ^{4}He 气体的黏滞系数随温度变化的趋势见图 1.10.

5. 蒸气压温度计

气液混合相的压强与温度的关系可以通过克劳修斯 – 克拉珀龙方程 (见式 (1.6)) 得到. 采用潜热的定义, 则 p – T 关系近似满足式 (1.8). 因此蒸气压与温度的关系是非线性的, 利用这种原理的温度计可以在小温区内提供灵敏的温度测量. 由于潜热也是温度的函数, 因此蒸气压的经验表达式近似为

$$\ln p = a + \frac{b}{T} + cT, \tag{3.13}$$

或

$$\ln p = a + \frac{b}{T} + c\ln T. \tag{3.14}$$

更多更详细的蒸气压表达公式和数据见文献 [3.27,3.77,3.78]. ^{4}He 和 ^{3}He 是蒸气压温度计最主要的工作物质 (见表 3.4). 二十世纪初, ^{4}He 的蒸气压开始被用于温度探测,

基于 ^{4}He 蒸气压的温标出现于 1958 年, 基于 ^{3}He 蒸气压的温标出现于 1962 年[3.79]. 值得注意的是, 在超流相变发生之前, 液体 ^{4}He 和 ^{3}He 都是热的不良导体, 液面之下可能存在温度梯度, 如表面蒸发的 ^{4}He 液面之下的温度梯度[3.25]可能高达 0.3 mK/cm. 当超流相变发生之后, ^{4}He 薄膜的高移动性可能引入显著的热量.

表 3.4　蒸气压温度计的部分工作物质和主要工作温区

工作物质	低温/K	高温/K
^{3}He	0.65	3.2
^{4}He	1	5.22
N_2	63.2	84
O_2	70	98
CH_4	90	170
C_2H_6O	160	400
CO_2	220	300

注: 资料主要整理自国际温标的辅助文件.

　　蒸气压温度计的压强测量装置通常与气液混合相不在同一个腔体中, 而是位于室温环境下, 由管道连接真空规和气液混合相. 这种设计中, 管道上的任意一处的温度都不应该低于气液混合相, 否则压强会根据最低温度处平衡. 此外, 当在室温通过管道测量低温腔体的压强时, 实验工作者需要留意热分子压差效应[3.80,3.81], 也就是具有温度差异的管道两端存在压强差异 (相关内容见 6.5 节). 另一个可行的做法是在低温条件下, 利用电容真空规原位测量压强. 蒸气压温度计的设计可参考文献 [3.82,3.83].

　　6. 第二声温度计

　　超流液氦的第二声的声速在 100 mK 附近有较强的温度依赖关系, 因而可被用于温度测量, 利用该原理的温度计被称为第二声温度计. 1.1.6 小节只介绍了纯 ^{4}He 液体的第二声, 但第二声温度计的工作物质是少量掺杂 ^{3}He 的液体 ^{4}He. 第二声温度计的设计可参考文献 [3.84].

　　7. 液体黏滞系数温度计和音叉温度计

　　液体 ^{3}He 在足够低的温度下是费米液体, 在 100 mK 以内, 其黏滞系数近似满足 T^{-2} 关系 (见图 1.44), 因而液体 ^{3}He 的黏滞系数可在低温下灵敏地提供温度的信息, 主要工作温区为 $1 \sim 10$ mK.

　　这类温度计通过细丝的力学性质测量黏滞系数[3.85]. 细丝常呈细长形或者半圆形, 如微米数量级直径的 NiTi 超导线. 在合适的交变电流下, 细丝在一个 20 mT 至 2 T 之间的磁场中共振, 共振频率随着黏滞系数改变. 有的温度计采用商业化的音叉替代细丝, 也被称为音叉温度计[3.86,3.87]. 音叉温度计不一定需要浸泡在液体中, 石英音叉本身的共振频率也是温度的函数[3.88], 并且石英音叉的测量不需要外磁场.

8. ^{3}He 熔化压温度计

^{3}He 熔化压温度计测量固液共存相的压强, 它是当前 0.65 K 以下的临时低温温标, 也是当前极低温领域最重要的温度计. 由于固液共存相的 $p-T$ 关系固定, 因此压强的测量提供了温度的信息. ^{3}He 熔化压曲线上还有 4 个固定点 (具体数值见表 3.12), 这些固定点不仅可以提供温度的定标, 还可以提供压强的定标.

与蒸气压温度计不一样, ^{3}He 熔化压温度计必须在低温条件下原位测量压强, 因为 ^{3}He 的固液共存相存在一个压强极小值 (见图 3.17 和图 1.32). 如果通过管道连接室温真空规和低温下的固液共存相, 则由于管道中一定存在比固液共存相温度更高的位置, 因此管道中的固体堵塞物隔离了室温真空规和固液共存相. ^{3}He 熔化压温度计用电容真空规 (相关内容见 6.5 节和 6.10.2 小节) 测量压强, 电容真空规的读数由可靠的室温真空规 (相关内容见 5.2.2 小节) 校正, 校正的媒介为液体 ^{3}He 和气体 ^{3}He, 校正的温区约 $1 \sim 4$ K. 获得压强信息的电容可由电桥测量, 电桥的一臂为低温下的待测电容和一个低温下的参考电容, 另一臂由实验工作者在室温下调控比率.

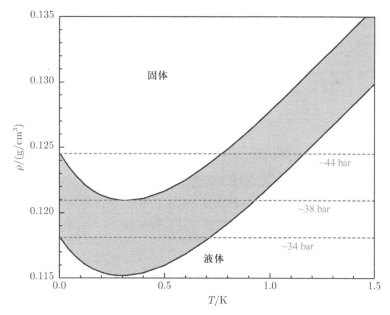

图 3.17 ^{3}He 固液共存相的密度与温度的关系. 数据来自文献 [3.89, 3.90]

文献 [3.91 ~ 3.95] 提供了一些 ^{3}He 熔化压温度计的设计例子. ^{3}He 在该温区的比热远远大于其他常用材料, 例如, 50 mK 下 1 g ^{3}He 的热容约等于 500 kg 铜的热容 (相关介绍见 1.2.2 小节). 因此 ^{3}He 熔化压温度计的热容非常大, 使用者需要耐心地等待热平衡. 液体 ^{3}He 和固体 ^{3}He 不是热的良好导体, 这也增加了温度计的平衡时间, 因此温度计内壁必须有多孔银烧结物, 以减小边界热阻 (相关内容见 2.3 节) 和加快 ^{3}He

与外界的热平衡.

在 ^{3}He 熔化压温度计的早期发展史上, 亚当斯 (Adams) 做出了重要贡献, 他发明了低温下的电容真空规, 并且提议利用熔化压曲线作为温度计. 包括归瓦 (Greywall, 原贝尔实验室的科研人员)、惠特利 (Wheatley)、霍尔珀林 (Halperin) 和莱顿低温实验室成员在内的科学家们最终让 ^{3}He 熔化压温度计成了当今最重要的极低温测温手段[3.96].

3.2.4 顺磁盐温度计和核磁共振温度计

顺磁盐温度计和核磁共振温度计有时也被统称为磁温度计或者磁化率温度计. 两者的共同点在于测量信号的大小与温度近似成反比, 两者的差异在于测量方法、测量对象和工作温区. 磁温度计的温度倒数线性依赖关系可以被用于判断其他温度计的读数是否合理.

1. 顺磁盐温度计

理想顺磁体在零场下的磁化率满足居里定律:

$$\chi = \lambda/T, \tag{3.15}$$

其中, λ 是居里常量, 记为

$$\lambda = \frac{N_A J (J+1) \mu_0 \mu_B^2 g^2}{3k_B}, \tag{3.16}$$

这里, N_A 为阿伏伽德罗常数, J 为总角动量, μ_B 为玻尔 (Bohr) 磁子, g 为朗德 (Landé) 因子, k_B 为玻尔兹曼常量. 居里定律在动能远大于磁能级间隔时成立. 测量顺磁盐磁性的温度计也被称为电磁化率温度计, 以与测量核磁信号的温度计区分.

实际的顺磁体因为样品形状、对称性和存在偶极相互作用的一阶近似等原因而满足居里 – 外斯定律, 即

$$\chi = \lambda/(T - T_P), \tag{3.17}$$

其中, T_P 为顺磁居里温度. 如果再细致考虑偶极相互作用的二阶近似和其他物理原因, 则磁化率与温度的关系在形式上满足

$$\chi = A_0 + A_1/(T + A_2 + A_3/T), \tag{3.18}$$

其中, 修正项 A_3 与顺磁盐的性质有关, 修正项 A_2 不仅与顺磁盐的性质有关, 还与其形状有关[3.5]. 从这批公式的形式上可以看出, 顺磁盐温度计的最低测量温度受相互作用限制, 而最高测量温度受实验精度限制.

式 (3.15) 在低磁矩密度的顺磁盐中近似成立, 因而可以被用于温度测量. 例如, 人们特意使用含水顺磁盐作为这种温度计的工作物质, 以降低磁矩密度. 含水 CMN 是一种理想的顺磁盐, 它的 A_2 在 0.1 mK 数量级, $A_3 = 0$, 从而允许人们在较低的温度下使用. 含水 CMN 的温度测量极限约为 3 mK, 不过绝大部分 CMN 温度计只能在 8 mK 以上工作 (见图 3.18). 在 CMN 中掺杂无磁性的 La^{3+} 离子可以进一步降低其磁矩密度, 从而使其在更低温度下工作[3.31,3.97~3.99]. 这种顺磁盐被简称为 LCMN (数据见图 3.19), 其中的 La^{3+} 离子替代 90% ~ 95% 有磁性的 Ce^{3+} 离子[3.22].

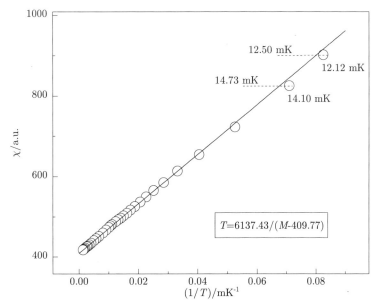

图 3.18 莱顿公司提供的 CMN 温度计和经过噪声温度计校正过的电阻温度计的对比. 高温端的磁化率数据和温度的关系满足顺磁性规律, 将高温数据做线性拟合之后, 在 12 mK 处的拟合结果与温度实际读数的差异不超过 0.5 mK

含水顺磁盐作为温度计工作物质最大的问题在于其热导率非常差, 因而要么得浸泡在液氦之中, 要么需要被碾压成粉末后与铜丝和真空脂混合, 以获得更短的热平衡时间[3.101~3.104]. 微量掺杂锰的铜[3.105]、微量掺杂铁的钯[3.106]和微量掺杂铒 (Er) 的金[3.107]也可以作为顺磁温度计的工作物质, 这类合金改善了热导率, 但是其磁信号测量更加困难.

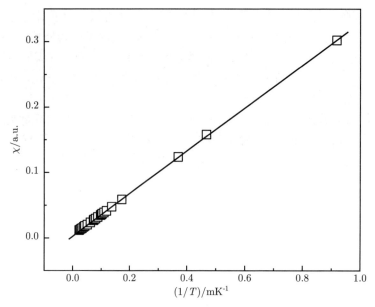

图 3.19   LCMN 温度计可用温区的线性度例子. 数据来自文献 [3.99], 文献中的对照温度来自压强与温度的关系[3.100]

2. 核磁共振温度计

顺磁盐温度计的测量下限受原子磁矩间相互作用影响. 如果将磁信号的来源从原子磁矩换为核磁矩, 则磁温度计的工作温区可以再显著降低. 核磁矩信号也跟温度成反比, 记为

$$\chi_{\mathrm{N}} = \lambda_{\mathrm{N}}/T_{\mathrm{N}}, \tag{3.19}$$

其中,

$$\lambda_{\mathrm{N}} = \frac{N_{\mathrm{A}} I \left(I + 1\right) \mu_0 \mu_{\mathrm{N}}^2 g_{\mathrm{N}}^2}{3 k_{\mathrm{B}}}, \tag{3.20}$$

这里, N_{A} 为阿伏伽德罗常数, I 为核总角动量, μ_{N} 为核磁子, g_{N} 为核朗德因子, k_{B} 为玻尔兹曼常量. 式 (3.19) 在形式上与式 (3.15) 一致, 但是其在测量上主要采用核磁共振技术, 因而被称为核磁共振温度计或者核磁化率温度计.

原则上, 当测量人员改变探测信号频率且高频信号等于核自旋在极化磁场中的塞曼 (Zeeman) 能时, 磁信号的变化可以通过 SQUID 探测而得[3.31,3.108]. 实践中, 人们更常采用核磁共振技术, 特别是脉冲核磁共振技术[3.109], 而不是连续核磁共振技术[3.110]. 所谓脉冲核磁共振, 指的是短暂改变极化方向然后通过信号衰减探测磁化率, 温度越低衰减过程中的振幅越大. 所谓连续核磁共振, 指的是连续改变极化磁场的大小然后探测磁化率. 关于核磁共振温度计的测量介绍可参考文献 [3.10], 6.10.2 小节提供了一个具体的应用例子.

核磁共振温度计的常见测量对象是铂, 温区为 20 mK 到 μK 数量级. 铂只有一种具有核磁性的稳定同位素^{195}Pt, 这让信号更加清晰明确. 铂的自旋 – 晶格弛豫时间 τ_1 短 (约为铜的 1%), 易于实现温度计内部的热平衡. 铂的自旋 – 自旋弛豫时间 τ_2 长 (约为铜的 6 倍), 有助于核磁共振信号的探测. 由于铂被广泛用作工作物质, 因此核磁共振温度计也被称为 Pt NMR 温度计. 温度计中的铂呈细丝状, 这可减少磁场下的涡流发热. 人们使用过 3000 根直径为 25 μm 的铂线[3.106], 2000 根直径为 60 μm 的铜线也曾被尝试使用[3.111]. AuIn$_2$ 合金[3.112]和锡[3.113]等材料, 甚至液体 ^{3}He[3.114,3.115] 也可作为核磁共振温度计的工作物质. ^{195}Pt 等工作物质与测量对象之间的热平衡随着温度降低而变得更加困难, 不过核磁共振温度计已经工作在当前宏观温度测量的极限了.

3.2.5 核自旋取向温度计和光学温度计

本小节简单介绍两种基于其他原理的温度计. 核自旋取向温度计在低温实验中相对较常见到, 它的测量结果原则上就是热力学温度, 因而可以为其他温度计提供校正 (相关内容见 3.3.1 小节). 光学温度计是国际温标规定的一种测量手段 (相关内容见 3.4.2 小节).

1. 核自旋取向温度计

核自旋在磁场下形成一系列等间距、数量与核自旋量子数有关的超精细能级, 能级的占据状态满足玻尔兹曼分布, 温度越低则低能级态的占据概率越大. 当 γ 衰变发生时, 由于角动量守恒, γ 射线的各向异性取决于核自旋的分布, 因此与能级被占据的情况有关, 与温度有关. 核自旋取向温度计的工作物质通常是^{60}Co, 该温度计有时也被称为 ^{60}Co 温度计. ^{54}Mn 是另一种常见的工作物质, 其他可使用的工作物质还包括 ^{57}Co 和钬 (^{166}Ho). 提供磁场的材料主要为铁、镍和钴.

首先, 从工作原理可以看出, ^{60}Co 温度计需要与其他温度计不同的探测器. 其次, ^{60}Co 温度计不管是否使用, 都会在低温下产生恒定的热量. 一个实际使用的 ^{60}Co 温度计的持续发热量[3.22]大约为 10 ~ 1000 pW. 再次, 随着使用时间的增加, ^{60}Co 的含量逐渐减少, 温度计的灵敏度也慢慢下降, 这个缺点不存在于其他温度计中. ^{60}Co 的半衰期约为 5.3 y, ^{54}Mn 的半衰期约为 0.8 y. 最后, 由于核自旋取向温度计内部已经由磁场定义了一个特征方向, 因此其探测也与方向有关, 图 3.20 给出 ^{60}Co 温度计的 2 个测量角度与温度的关系, 显然其中一个角度的温度灵敏度更高.

文献 [3.31, 3.43, 3.116 ~ 3.118] 提供了核自旋取向温度计的例子. 该温度计的主要工作温区为 1 ~ 30 mK. 一方面, 更低的温度时核自旋近乎完全极化, 更高的温度时能级近乎被平均占据; 另一方面, 衰变的发热影响该温度计在更低温度下的使用, 而更高温度的探测没必要采用这种温度计. 核自旋取向温度计的重要价值在于它的物理原理

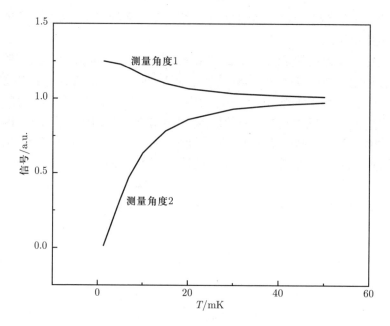

图 3.20 ⁶⁰Co 温度计的 2 个测量角度与温度的关系示例. 数据来自文献 [3.116]

清晰明确, 可以为其他温度计提供校正. 需要强调的是, 核自旋取向温度计可能会被强磁场损坏, 因此不该被安置于大型螺线管磁体中.

2. 光学温度计

光学温度计是最重要的温度计之一, 因为它在国际温标 ITS–90 规定的测量方法之中, 但不容易应用于低温实验. 其测量的物理基于热辐射, 因此也被称为辐射温度计. 由于光学温度计主要被用于高温环境, 因此也被称为高温计.

高于绝对零度的物体不断地以电磁波的形式向外发射能量, 强度取决于温度和表面性质. 当电磁波到达另一个物体的表面时, 一部分被吸收, 一部分被反射, 一部分可以穿透另一个物体. 能完全吸收辐射的物体被称为黑体. 热平衡条件下, 一个物体辐射的热量和吸收的热量相等, 这被称为普雷沃斯顿 (Prevost) 理论. 黑体的吸收率为 1, 发射率被定义为 1. 基尔霍夫 (Kirchhoff) 进一步指出热平衡时所有物体的吸收率等于发射率. 黑体辐射的热量大小与 T^4 成正比, 这就是著名的斯特藩 – 玻尔兹曼定律. 黑体辐射热量还存在随着频率变化的强度分布, 维恩 (Wien) 指出辐射功率密度 $L_\lambda(T)$ 的最大值对应的波长 λ 与温度 T 成反比. 人眼可以分辨约 800 K 以上的辐射, 但约 1800 K 以上的辐射让人眼感觉不舒服. 从 800 K 到 1800 K 的颜色变化约为勉强可见的红色、暗红色、鲜红色、橙红色、橙黄色和白色, 对颜色敏感且有经验的人可以根据高温钢的颜色在 50 K 的误差内判断温度[3.4].

1900 年, 普朗克提出唯象的内插公式:

$$L_\lambda(T) = \frac{c_1}{\lambda^5(\mathrm{e}^{\frac{c_2}{\lambda T}} - 1)},\tag{3.21}$$

其中, c_1 和 c_2 是两个可以调节的参量. 这个公式引出了能量子假说, 是量子力学的起点, 也是光学温度计所对应的物理原理. 式 (3.21) 不是普朗克内插公式的原始形式, 我是按照现在常用的温标习惯书写的.

如果测得某个特定波长的辐射功率密度, 则实验工作者可以通过将其与已知温度 T_0 的辐射功率密度对比, 即

$$\frac{L_\lambda(T)}{L_\lambda(T_0)} = \frac{\mathrm{e}^{\frac{c_2}{\lambda T_0}} - 1}{\mathrm{e}^{\frac{c_2}{\lambda T}} - 1},\tag{3.22}$$

获得温度的信息. 在当前的国际温标定义中, $c_2 = 0.014388$ m·K. T_0 通常取金、银和铜这 3 个温度固定点 (相关内容见图 3.28). 光学温度计并不适合被用于低温测量, 然而它是国际温标规定的基本测量方法, 因此一并在此简单介绍.

3.3 温度计的分类和特性

根据能否不经过校正就从测量结果获得温度的数值, 温度计被分为第一类温度计和第二类温度计. 大部分温度计仅能获得测量对象晶格的温度信息, 本节称之为常规温度计, 并将可获得电子温度信息的装置称为电子温度计.

温度计与测量对象如何热平衡取决于大量的细节和经验, 本节不展开讨论, 而是仅讨论温度计本身应该具有的特性. 较好地满足了这些特性的电阻温度计成了当前最常用的测温工具.

3.3.1 温度计的分类

第一类温度计是基本温度计 (primary thermometer), 它们所依赖的物理规律能直接给出热力学温度和测量性质之间的关系, 这些物理规律可靠且已被充分理解, 并且物理规律中不存在未知且依赖于温度的常量. 第一类温度计在使用时不需要被校正.

第二类温度计是补充温度计 (secondary thermometer), 它们需要通过第一类温度计定标之后才能给出温度的数值. 原则上, 所有与温度有关的物理量都可以被用于第二类温度计, 不严格使用的第一类温度计也可以作为第二类温度计.

1. 第一类温度计

随温度改变的物理量非常多, 因而存在大量可能使用的第一类温度计. 第一类温度计的例子包括噪声温度计、库仑阻塞温度计、核自旋取向温度计、气体温度计、声速温度计、蒸气压温度计、光学温度计, 也包括本书未介绍的穆斯堡尔 (Mössbauer) 效应温度计[3.31,3.119]和渗透压温度计[3.31,3.119]. 能在低温环境下实际使用的第一类温度

计非常少见, 部分第一类温度计已经在 3.2 节中介绍过了. 文献 [3.120, 3.121] 提供了通过第一类温度计获得热力学温度的例子.

需要指出的是, 第一类温度计要求的所谓 "物理规律可靠且已被充分理解" 其实并不是一个非常明确的标准, 第一类温度计所对应的物理规律的成立总有限制条件. 因此第一类温度计是仅在特定条件下可靠的温度计. 以气体温度计为例, 气体分子间没有相互作用的假设是不成立的, 位力系数的修正必须被引入, 而且位力系数本身就是温度的函数 (见图 1.5). 选择在多少阶时截止位力系数其实也依赖于人们的信心. 以噪声温度计为例, 描述测量结果与温度的关系式 (见式 (3.5)) 在低温极限下不成立. 严格来说, 所有的第一类温度计只是有使用条件限制、相对而言较准确的温度计, 它们不一定总是能提供可靠的温度信息.

通常来说, 第一类温度计主要指噪声温度计、气体温度计、声速温度计和光学温度计. 与其说它们提供了温度的标准, 不如说它们采用了目前最值得被信任的测温原理. ^{3}He 熔化压温度计和超导相变点温度计在实践中也被归为第一类温度计, 它们是低温环境下最常用、最重要的第一类温度计, 并且是第二类温度计最主要的校正标准.

2. 第二类温度计

对于大部分低温实验, 温度计容易使用比读数准确更重要. 因为第二类温度计更常见, 所以 3.2 节主要介绍了第二类温度计. 第二类温度计最典型的例子是电阻温度计. 显然, 如果第一类温度计使用方便, 则第二类温度计也就没有存在的意义了. 文献 [3.122] 提供了一套完整的固定点, 可以被用于第二类温度计的校正和检查, 部分低温环境下方便使用的参考点总结于表 3.5.

表 3.5　部分第二类温度计的参考点

物质	特征点	温度/K	不确定度/mK
Zn	超导相变点	0.8500	3.0
Al	超导相变点	1.1810	2.5
^{4}He	超流相变点	2.1768	0.1
In	超导相变点	3.4145	2.5
Pb	超导相变点	7.1997	2.5
Nb	超导相变点	9.2880	2.5
N_2	三相点	63.151	1
N_2	沸点	77.352	2
CO_2	三相点	216.592	1
Hg	凝固点	234.3210	0.5

注: 数据来自文献 [3.122].

3. 常规温度计和电子温度计

温度这个态函数反映了系统的热学宏观性质. 所谓的系统是指大量分子组成的宏观物体, 例如, 气体、液体和固体. 但是在足够低的温度下, 宏观物体的各个局部不一定热平衡, 最典型的例子就是导体在极低温下的声子温度和电子温度不一致, 需要分别用晶格温度 T 和电子温度 T_e 描述. 更多的讨论见 4.7.2 小节和 6.2.2 小节.

对于最常见的电输运实验, 测量对象的电子温度比晶格温度更重要. 常规温度计只测量晶格温度. 噪声温度计和库仑阻塞温度计是电子温度计的例子.

4. 温度计的接触方式

根据与测量对象是否接触, 温度计可以分为接触式和非接触式. 绝大多数温度计都是接触式的. 光学温度计是非接触式测量的典型例子. 有些接触式温度计仅工作物质接触测量对象, 而有些温度计的工作物质和测量装置都接触测量对象. 前者的例子是顺磁盐温度计, 后者的例子是电阻温度计.

5. 理想温度计的特性

温度计的核心要求在于对应物理量的测量方便、可靠, 并且该物理量随着温度变化的响应灵敏. 这个物理量应该不易受磁场和振动等其他外界环境的干扰, 与温度的换算不宜过于复杂, 或者物理量与温度之间由比较简单明确的物理规律联系. 例如, 被广泛使用的电阻温度计应该具备以下特点: 电阻值位于方便测量的参数范围; 电阻与温度的关系单调平滑且没有回滞; 电阻值随温度变化敏感; 电阻材料的物理性质稳定, 不易氧化、不易被腐蚀且不易受杂质污染; 电阻的主体材料具有合理的机械强度、有一定的延展性以应对热胀冷缩.

测量过程产生的热量不能影响测量对象的温度, 至少在测量精度之内不能改变测量对象的温度, 以及温度计的读数. 由于温度计需要和测量对象热平衡, 因此温度计的热容要小, 并且与测量对象之间的热导高. 同时, 温度计自身的热导也要高, 以让温度计有一个 "统一" 的温度. 温度计应该与固定对象的相对热膨胀系数差异小. 由于空间限制, 温度计需要安装方便, 且尺寸要尽可能小. 最后, 温度计需要价格合理或易于自行制作.

对温度计的要求显然还包括数值准确和测量可重复. 前者代表了温度计读数与热力学温度的吻合程度, 后者代表了不同时间不同设备使用同一个温度计的长期稳定性. 可能令人意外的结论是, 对于低温温度计, 测量可重复比数值准确更重要. 表面上这是因为温度的测量过于困难, 而背后隐藏的逻辑在于温度的定义、标准和实践之间互不协调. 实践中, 人们主要使用第二类温度计, 在必须严格知道温度的实验中, 可以通过与国际温标的比对近似获得热力学温度.

如果对照 3.2 节所介绍的各种温度测量机制, 我们很容易发现理想温度计的特性无法被任何一种测温手段同时满足, 甚至这些需求之间在实践中还是彼此矛盾的. 例如, 具备大量优点的电阻温度计, 它们在不同降温中的 $R - T$ 曲线的重复性差, 在极低温下电阻值达到饱和且热平衡慢, 其读数依赖于具体测量线路, 而且理论难以给出具体电阻数值. 在考虑各种实际要求之后, 无法提供准确数值并且测量重复性差的电阻温度计是目前最受欢迎的温度计.

在设计实验和寻找所谓的 "好" 温度计时, 实验工作者的一个重要任务是判断温度测量的核心需求是什么. 通常来说, 测量温区可能是最重要的需求. 温度的测量非常复杂和精细, 没有一种温度计可以提供准确且可重复的广温区测量. 选择温度计种类后, 使用者需要进一步考虑其灵敏度、响应速度、稳定性、空间和引线需求、发热量、安装难易程度和成本等. 由于电磁干扰和振动等具体实验环境因素的存在, 温度测量进一步变得复杂. 3.3.2 小节将讨论磁场对温度计的影响.

3.3.2 磁场下的温度计

绝大部分低温温度计的读数准确性受磁场影响. 不受磁场影响的温度计包括如下四种类型. 一、气体温度计提供了一种磁场下可以使用的温度测量手段, 然而它在低温环境下的使用有非常大的局限. 二、如果不采用氧气作为工作物质, 则蒸气压温度计的读数在原理上不受磁场影响. 三、电容温度计[3.41,3.48,3.49]的读数也不受磁场影响, 可以作为辅助温度计校正磁场下的温度 (见图 3.21). 由于电容随温度变化的特性不够理想, 因此不能作为实验工作者唯一依赖的温度计. 四、库仑阻塞温度计基于静电学的

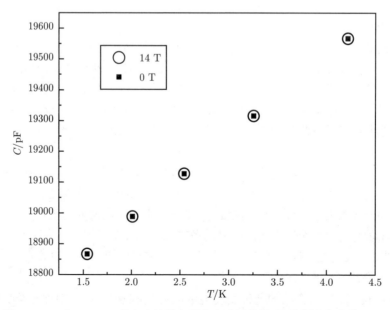

图 3.21 一个 SrTiO$_3$ 的电容读数与温度和磁场的关系. 数据来自文献 [3.41]

性质, 其结果也不受磁场影响[3.123,3.124], 实验发现 50 mK 下高达 27 T 的磁场对其读数没有明显影响.

除了电容温度计和库仑阻塞温度计外, 其他常见的电输运温度计的读数受磁场影响, 通常来说温度越低影响越大 (见表 3.6). 锗电阻温度计完全不适合磁场下的低温测量[3.125], 硅二极管温度计不适合在 2.5 T 以上的磁场下使用[3.126]. 热电偶温度计受磁场的影响取决于所使用的材料, 如含铁的热电偶温度计更不适合在磁场下使用. 铂钴合金电阻温度计在低温和弱磁场下具有实用价值[3.127]. 这些温度计受磁场的影响依赖于具体温度计来源, 例如, 图 3.22、图 3.23 中的二氧化钌电阻与表 3.6 中的二氧化钌电阻来源[3.128]不一致, 磁场依赖关系也不一样. 涉及超导相变机制的温度计除了显然不能在强磁场下使用之外, 微弱的磁场也会严重影响其读数的准确性. 对于常规超导体, 其相变温度随磁场升高而降低, 在足够强的磁场下, 再低的温度都不会出现超导态. 温度与磁场的关系近似符合[3.129]

$$T/T_0 \sim \sqrt{1 - B/B_0}, \tag{3.23}$$

其中, T_0 和 B_0 为与样品有关的参数. 根据核自旋取向温度计的原理, 我们可以知道它的使用也受磁场影响, 文献 [3.31] 提供了磁场影响其温度读数的信息.

表 3.6 部分温度计在磁场下的温度偏移参考

	温度/K	2.5 T	8 T	14 T	19 T
铂	20	20	100	250	
	40	< 1	5	6	9*
	80	< 0.5	1	2	
铂钴合金	~ 2	30			
	4.2	3			
	10	< 0.1			
铑铁合金	2.0	22			
	4.2	11			
	20	4			
	40	1.5	12	30	40
Allen–Bradley 2.7 Ω, 3.9 Ω, 5.6 Ω, 10 Ω	1.0	2 ~ 4	6 ~ 15	9 ~ 25	
	2.5	1 ~ 5	6 ~ 18	10 ~ 30	
	4.2	1 ~ 5	5 ~ 20	10 ~ 35	
Allen–Bradley 47 Ω, 100 Ω, 200 Ω	4.2	< 1	5	10	
	10	< 1	3	5	

续表

	温度/K	2.5 T	8 T	14 T	19 T
Matsushita 68 Ω, 200 Ω, 510 Ω	1.5	$1 \sim 2$	$10 \sim 15$		
	2.1	1	$10 \sim 15$		
	4.2	$2 \sim 3$	$4 \sim 8$		
Speer 100 Ω, 220 Ω, 470 Ω	0.5	$0 \sim 2$	$0 \sim 1$	$0 \sim 6$	
	1.0	$1 \sim 2$	$2 \sim 4$	$3 \sim 9$	
	2.5	$3 \sim 5$	$1 \sim 4$	$7 \sim 14$	
	4.2	$4 \sim 9$	$2 \sim 5$	$4 \sim 13$	
二氧化钌	0.05	~ 0.7	~ 6		
	0.09	~ 1.1	~ 6.5		
	0.20	~ 2.5	~ 7		
碳玻璃	~ 2	0.5	1.5	4	4
	4.2	0.5	3	6	7
锗	2.0	8	60		
	4.2	$5 \sim 30$	$30 \sim 120$		
GaAs 二极管	4.2	$2 \sim 3$	$30 \sim 50$	$100 \sim 250$	
	10	$1.5 \sim 2$	$25 \sim 40$	$75 \sim 200$	
	40	$0.2 \sim 0.3$	$4 \sim 6$	$15 \sim 30$	
	80	$0.1 \sim 0.2$	$0.5 \sim 1$	$2 \sim 5$	
Si 二极管	10	20	30	50	
	30	3	4	5	
	77	0.2	0.5	0.5	
E 型热电偶	10	1	3	7	
	20	< 1	2	4	
	45	< 1	< 1	2	
SrTiO$_3$ 电容	$1.5 \sim 50$	< 0.05	< 0.05	< 0.05	

注: 表中的数据代表与零场下的温度差异 $|\Delta T|/T$, 以百分比形式 (%) 表示. 数据整理自文献 [3.128, 3.130, 3.131] 和 ITS–90 测量技术辅助文件. 标 * 的数据与相应的低磁场数据不是来自同一个测量. 文献 [3.10] 提供了各类碳电阻温度计受磁场影响的信息. 部分温度计受磁场的影响还跟磁场方向有关, 本表未体现这部分信息. 不同货源的同一类温度计具有不同的磁场依赖差异, 表中信息仅能作为参考.

在 "高温" 区域, 如 30 K 以上, 铂电阻温度计、碳电阻温度计、碳玻璃电阻温度计、氮氧化锆电阻温度计 (即 Cernox 温度计)、二极管温度计和 E 型热电偶温度计

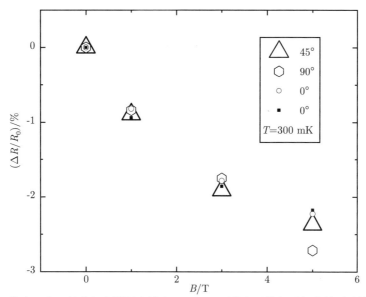

图 3.22 同一批次四个二氧化钌电阻温度计在 300 mK 下的电阻值与磁场的关系. 纵轴为磁场下的电阻值与零场下电阻值的差异. 这批电阻的读数与磁场方向没有明显依赖关系, 0° 指磁场位于二氧化钌电阻温度计所在平面内且平行于电流方向, 90° 指磁场与二氧化钌电阻温度计所在平面垂直

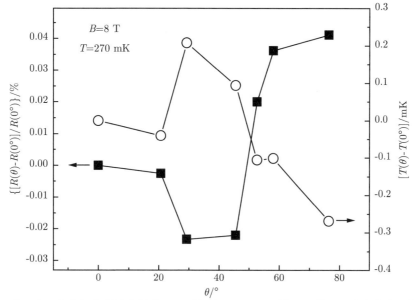

图 3.23 另一个二氧化钌电阻温度计在 8 T 磁场和 270 mK 下的电阻值和温度与角度的依赖关系. 温度计读数随角度的变化没有明显的变化趋势, 而且受角度的影响远小于受磁场的影响. 0° 指磁场位于二氧化钌电阻温度计所在平面内且平行于电流方向, 90° 指磁场与二氧化钌电阻温度计所在平面垂直

受磁场影响不大. Cernox 温度计在 10 K 以上温区逐渐不受常规实验室磁体的磁场影响[3.132,3.133] (见图 3.24). 碳玻璃电阻温度计曾被测试, 发现其在 20 K 以上有较好的磁场稳定性[3.126], 图 3.25 提供了部分温度下其电阻值随磁场的变化信息.

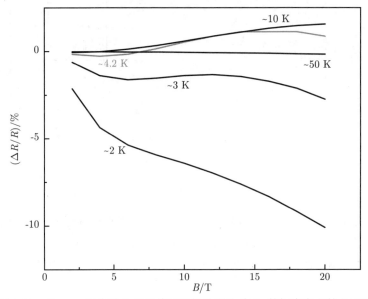

图 3.24 Cernox 温度计的电阻值随磁场的变化关系. 数据来自文献 [3.133]

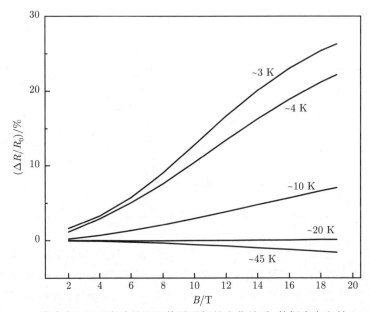

图 3.25 碳玻璃电阻温度计的电阻值随磁场的变化关系. 数据来自文献 [3.126]

低温下最重要的 ^{3}He 熔化压温度计受磁场影响[3.134~3.136]. 在 $3.5 \sim 50$ mK 之间, 磁场 B 引起的压强 p 的偏移与温度有关[3.136], 记为

$$p(T, B) = p(T, 0) - \alpha_2(T)B^2 - \alpha_4(T)B^4, \qquad (3.24)$$

其中, α_2 和 α_4 分别为

$$\alpha_2(T) = g_{21}T^{-1} + g_{22}T^{-2} + g_{23}T^{-3} + g_{24}\tanh[-(g_{21}/g_{24})T^{-1}], \qquad (3.25)$$

$$\alpha_4(T) = g_{42}T^{-2} + g_{43}T^{-3} + g_{44}T^{-4}. \qquad (3.26)$$

式 (3.25) 和式 (3.26) 中的系数见表 3.7. 定性结论是, 在 5 T 的磁场下, 25 mK 处的温度读数误差约 2%.

表 **3.7** 式 (3.25) 和式 (3.26) **中的系数数值**

系数	数值
g_{21}	2.0099197
g_{22}	−4.0469323
g_{23}	3.5191736
g_{24}	0.011446054
g_{42}	−0.017446920
g_{43}	0.056429521
g_{44}	−6.4403620

注: 公式和数据来自文献 [3.136].

3.3.3 温区总结与使用推荐

当用温度计测量某个随温度变化的物理量时, 其测量温区受限于实际实验参数. 不同类型的温度计有不一样的工作温区, 并且灵敏度也随着温度改变. 人们有时认为温度计的工作温区越大越好, 实际上根据测量需求选择温度计才是更合适的做法.

1. 温区总结

图 3.26 概括了部分低温温度计的大致使用温区. 同一种原理的温度计有不同的测量方式, 也可能有不同的工作物质, 因此图 3.26 的信息仅仅代表了对应温度计较常见的工作温区. 此图将温度计分为六个类型, 第一个类型是国际温标 ITS–90 中出现的低温测量方式 (相关内容见 3.4.2 小节); 第二个类型是临时低温温标 PLTS–2000 所依赖的温度测量方式 (相关内容见 3.4.3 小节); 第三个类型是实践中可以相对较为方便地提供温度标定的温度计; 第四个类型是原则上可以提供热力学温度的基本温度计, 气体温度计也是其中之一; 第五个类型是较常见的电输运温度计; 第六个类型是极低温环境下除了电输运温度计之外的常用温度计.

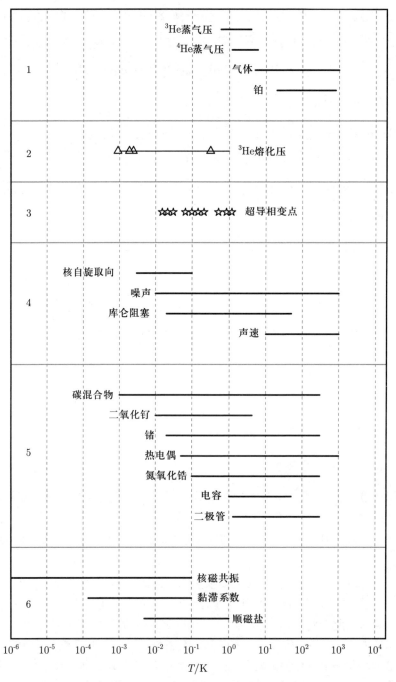

图 3.26 部分温度计的常见工作温区

2. 使用推荐

　　本书没有仔细讨论各个温度计的灵敏度比对, 因为在实际温度计的选择中, 实验工作者优先考虑温区、长期稳定性、易用性和易获得程度等因素. 我根据已介绍过的信息给出一个温度计的简化版使用建议, 见图 3.27. 温度分隔点的选择来自制冷方式, 简单概括如下: 40 K 及以上温度针对液氮和干式制冷的一级冷头, 4.2 K 针对液氦和

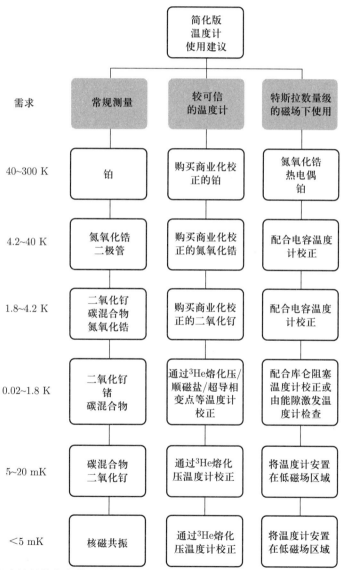

图 3.27　低温温度计的简化版使用建议. 图中的温度分区针对第四章中介绍的制冷方式. 关于将温度计安置在低磁场区域的做法, 实验工作者可将温度计和测量对象用铜块或银块连接, 也可以在定制磁体时预留好低磁场区域, 具体例子见 6.10.2 小节

干式制冷的二级冷头, 1.8 K 针对液体 ^{4}He 蒸发, 20 mK 针对常规的稀释制冷机, 5 mK 是尖端商业化稀释制冷机和核绝热去磁制冷机的分界温度.

3.4 温　标

微观上, 温度反映了粒子的平均动能, 在宏观测量中, 温度则依据能量是否倾向于从一个物体往另一个物体传递而定义. 本节讨论如何通过理论上的温度定义来获得实用的温度标准. 温度的微观物理含义、宏观定义和测量实践存在着不那么显然的矛盾, 这些矛盾最终体现为历史和现实中一套又一套复杂且难以直观理解其背后逻辑的温标.

温标是温度的数值表示方式. 国际上公认的温度数值表示方式被称为国际温标, 国际温标是国际单位制的一部分. 获得可靠温度数值的一个做法是根据国际温标的要求开展测量. 与温度这个物理量出现在人类概念中的悠久历史对比, 温标的历史非常短, 我们现在熟悉的热力学温度的单位开尔文并不是出现于科学家开尔文的年代, 而是直到二十世纪六十年代才被正式接受. 温标的定义方式也远比质量、长度和时间等基本单位的数值定义更复杂、更琐碎.

不同的温度计有各自的优点和缺点, 目前没有任何一类温度计能满足重复性好、灵敏、易于使用且不同实验室能获得普遍一致性结果的需求. 因而国际温标中采用了多种带限定条件的温度测量手段.

3.4.1　测量与温标

人们先是通过自己的感觉认识世界, 然后再逐渐了解和描述未知. 在实践中, 人们通过对某个对象的一些操作获得反馈, 这些操作叫作测量. 这些反馈以数学形式表示, 所呈现的数学表达叫作测量结果. 人们根据测量结果评价客观世界.

1. 测量

描述测量结果有许多方式, 数值仅仅是最常见的形式, 而不是唯一形式. 此外, 就算测量结果以数值描述, 数值也不一定是连续的, 例如, 硬度的分类. 在实践中, 我们可以根据对测量数据的操作方式将它们分为四类. 可能的操作方式为是否可以判断一致、是否可以比较大小、是否可以增加或减少 (加减法)、是否可以放大或缩小 (乘除法), 见表 3.8.

对于定类数据, 不同的取值仅代表不同的分类. 显然, 不同血型或者性别之间仅可以比较是否相同, 而无法进行数学上的大小比较. 定序数据不仅代表了不同的分类, 还代表测量对象根据某种特性的排序. 不同材料的硬度靠相互之间的划痕比较, 因而不同硬度值之间的差值是没有意义的. 部分学历的高低也是定序数据的例子, 小学、中学、大学有承接关系, 但是没有明确的间隔定义. 除了具备有序这个特征外, 两个数据的差值有实际意义的数据被称为定距数据, 定距数据可以是离散的, 也可以是连续的.

定比数据是数值信息最 "完善" 的数据类型, 数据之间不仅差值有意义, 而且比值也有
意义. 摄氏温度就不是定比数据, 不同摄氏度之间的差值有意义而比值没有意义.

表 3.8 测量结果的分类

类别	离散性	可能的操作方式	例子
定类数据	离散	$=\neq$	血型、性别
定序数据	离散	$><=\neq$	国际温标 ITS–90、硬度、部分学历
定距数据	连续	$+-><=\neq$	摄氏温度、经纬度
	离散	$+-><=\neq$	月份、成绩名次
定比数据	连续	$\times\div+-><=\neq$	质量、长度、时间、热力学温度
	离散	$\times\div+-><=\neq$	原子数目、人口数目

注: ITS–90 的介绍见 3.4.2 小节. 国际温标本质上是一套定序刻度, 但人们实际认为它代表了热
力学温度, 从而将之作为定比刻度 (ratio scale) 使用.

国际单位制中的主要物理量均属于定比数据. 这类数据对应的标准被称为定比刻
度, 或者也被称为公制刻度 (metric scale). 这类刻度最重要的特点是具有一个零值, 且
该零值有明确且深刻的物理意义. 热力学温标原则上属于定比刻度, 绝对零度是其零
值, 我们可以讨论不同物体之间的温度差异, 也可以讨论两个温度的比值. 然而, 温度
测量有其特殊性: 原理清晰的热力学温标不具备实用性, 我们实际使用的温标只是一
套定序刻度.

2. 温标

在生活中, 我们最熟悉的温标是摄氏温标 (单位为°C), 在科研中, 我们主要使用
以 K 作为单位的温标. 科学家开尔文于 1848 年提出了用固定点和卡诺循环确定温度
的热力学温标, 因而该温标也被称为热力学开尔文温标 (Thermodynamic Kelvin Tem-
perature Scale, 简称 TKTS), 常被简称为开尔文温标. 基于卡诺循环和热力学第二定
律, 卡诺热机高温端与低温端的热量之比 $\frac{Q_1}{Q_2}$ 是一个函数 $f(\theta)$ 的数值之比, 而开尔文
直接将温度 T 作为这个函数的表达式, 即

$$\frac{Q_1}{Q_2}=\frac{f(\theta_1)}{f(\theta_2)}=\frac{T_1}{T_2}. \tag{3.27}$$

这样定义的温标不依赖于工作物质, 普适成立, 但是它只提供了温度之比, 温度的定义
还需要一个锚点.

如果我们固定了某一个物质的状态, 则其暂时不改变的温度可以被人为规定为固
定点. 通过对能量的测量和卡诺循环, 人们在理论上可以定出其他所有的温度点. 绝
对零度是一个显然存在的固定点, 但是它不适合作为锚点, 于是人们采用了水的三相
点 (0.01 °C) 作为固定点, 一个 "单位" 的温度等于水的三相点的 $\frac{1}{273.16}$, 热力学温标

的绝对零度等于 –273.15 °C. 热力学温标与摄氏温标的温度刻度的间隔相等, 都被称为 "度". 在开尔文的温度定义下, 理想气体状态方程可以直接写为

$$pV \propto (t + 273.15) \propto T, \tag{3.28}$$

其中, t 代表以摄氏度表示的温度.

热力学温标看似建立于摄氏温标与理想气体状态方程的结合, 其实是基于式 (3.27) 所阐述的物理意义. 宏观上, 对于由体积和压强描述的简单系统 (见式 (2.7)), 温度是系统体积不变时内能对熵的变化率. 然而, 即使在高度抽象化的热力学系统中, 这依然是一个不具备测量价值的定义. 在麦克斯韦和玻尔兹曼等人的帮助下, 我们现在已经知道热力学温标下的温度表征了气体分子的平均动能. 绝对零度时, 系统处于一个能量最小的完全有序状态, 其状态的热力学概率为一, 所以根据玻尔兹曼方程 (见式 (0.1)), 其熵为零. 也就是说, 开尔文在不了解温度微观含义的情况下给出了温度的宏观衡量方案. 热力学温标是一个从人们不那么理解其本质的物理现象构建度量刻度的好例子. 读者可以参考图 0.1 发现一个有趣的事实: 热力学三大定律和热力学第零定律是在热力学温标提出约百年时间之后才被完整建立的.

开尔文温标的定义是一个伟大的成功, 但也是一个令人遗憾的成功. 很明显, 这样的热力学温度定义对普通科研工作者没有可操作性, 人们不可能在实践中利用卡诺循环建立温标, 而是被迫用非常琐碎的方式逐段定义温标. 这个缺点不该被归咎于开尔文温标的定义方式, 而应该被归咎于我们对温度这个物理量的宏观本质可能理解得还不够透彻.

在科学体系被建立之前, 人们喜欢用人体相关的信息提供测量的标准, 这种定义方式不适合大范围的人群交流, 对于温度的衡量更是没有可操作性. 随着科学发展和区域间越来越多的交流, 放之四海而皆准的标准需要被建立, 于是一系列具备可操作性的国际温标定义方式在科学家之间达成了共识.

3.4.2　国际温标

热力学温标本身的定义并不实用, 人们还需要用合适的方式测量温度, 并且这个方式需要在不同使用者的测量中都同样可靠. 也许令人意外的是, 时至今日仍不存在完善的温度测量方案, 只存在逐渐被优化的共识: 一批国际一流低温实验室的科研人员不断改善已有测量方法, 并且持续尝试和检验新的温度测量手段, 最终他们的共识呈现为国际温标.

国际温标提供的并不是热力学温度, 而是经验温度. 这个经验温度体系的数值必须通过固定点规定. 也就是说, 国际温标属于定序刻度 (见表 3.8), 它基于根据温度的大小排列的一系列固定点, 人们在这些固定点之间做插值. 所谓插值, 指的是两个固定点之间描述中间状态的方程、相应的数学处理方法, 以及物理实现手段. 插值提高了

温标的实用性, 将个别零散可信任的温度点扩展为一片可信任的温度区间. 而所谓的温度计, 实际上是一个在固定点之间提供内插的工具. 描述这个内插工具的读数与温度关系的数学函数形式越简单越好, 或者函数形式越能够反映物理规律越好. 基本上, 一套温标由固定点、内插工具和函数形式组成.

尽管大部分科研人员在实践中认为这些锚定了国际温标的固定点就是热力学温度的数值, 但是我们必须清晰地认识到, 这些固定点仅仅代表了此时此刻的科学水准对热力学温度最好的近似而已. 在已介绍的所有温度测量方式中, 不仅实验操作中存在大量难以预判的误差, 而且它们所对应的物理原理也并不足够令人信任. 例如, 室温液体温度计中所依靠的热胀冷缩, 对水就不成立; 众所周知, 水的密度最大值出现在 4 °C.

缺乏直接测量温度的手段使温标的定义变得困难. 与温度对比, 质量的测量可以依靠砝码, 长度的测量可以依靠尺子, 时间的测量可以依靠天体运行, 不管这些测量手段的精度和准度好还是不好, 至少质量、长度和时间是可以被直接测量的, 或者说是可以在静止的坐标系中被直接测量的.

1. 曾被认可的温标

1888 年前后, 第一个较有国际共识的温标被建立了, 然而这个温标没有物理上的零点, 与摄氏温标一样基于人为规定的 2 个固定点. 该温标的名字是正常氢刻度 (Normal Hydrogen Scale, 简称 NHS), 温度的单位是摄氏度 (°C), 温区仅包含 $-25 \sim 100$ °C 这个区间, 工作物质是氢, 测量方式是气体温度计. 所谓 "normal hydrogen", 指的是在高温下平衡的仲氢和正氢 (1:3), 更多相关介绍见 1.5.1 小节.

十九世纪, 在卡伦达尔系统地测量铂的电阻之后[3.3], 人们开始考虑用电阻建立温标. 1899 年, 卡伦达尔提议用冰点和硫的两个特征温度点作为固定点, 结合电阻测量建立温标.

1927 年, 第一个国际温标 ITS–27 被成功建立了, 它提供的最低温度约 -190 °C. 该温标的核心内容是铂电阻与温度的关系、铂丝的选择标准和水的三相点这类温度固定点. 由于卡伦达尔的实验成果被广泛认可, 因此第一个国际温标的出现并不突兀. 从 ITS–27 开始, 通过固定点、测量方式和数值方程定义经验温度成了常规做法, 基于这三者, 在特定温区内人们公认了温度和某个可测量的物理量之间的关系. 到目前为止, 每次温标的变更都只是改变了固定点的定义、测量方式或数值方程的函数表达式和参数, 并没有改变温标定义的内核.

1948 年, ITS–48 被建立了, 它扩展了 ITS–27 的测量范围. 1960 年, 开尔文这个单位被定义为水的三相点的 $\dfrac{1}{273.16}$, 从这个时间点开始, 温标才有物理意义上的零点. 在 1960 年之前的文献中, 常可以看到以 "degree K" 或者 "°K" 的形式表示的温度读数, 它表示温度的读数只能被用于比较相对大小而不应该做比率计算. 类似的写法还

包括摄氏度的 "°C". 例如, 我们不会认为 40 °C 的水比 20 °C 的水热 2 倍. 1960 年之后, 热力学温标才算得上是定比刻度, 温度的单位可以正式用不带 "度 (degree)" 的 K 表示. 也就是说, K 这个我们现在十分熟悉的温度单位出现的时间对于物理学的历史来说其实非常短, 开尔文提出的开尔文温标过了约一个世纪才被最终正式接受. 1960 年, 基于水的三相点定义, ITS–48 被修订为 IPTS–48, 此处的 P 代表实用 (practical). 就科学领域广泛认可这个意义而言, degree kelvin 被正式称为 kelvin (或者说 °K 更改为 K) 发生在 1967 年的国际单位制会议上[3.137].

1968 年, IPTS–68 被建立了, 它对 IPTS–48 做了较多修正, 提供了 14 K 以上的温标 (见表 3.9). 它的重要改变在于增加了 5 个低温固定点, 包括平衡氢的三相点 (13.81 K)[3.138]. 1975 年, IPTS–68 被修订, 该修订不影响数值, 仅对部分描述做了修改.

表 3.9   早期国际温标的测量方式和工作温区

测量方式	ITS–27	ITS–48	IPTS–48	IPTS–68
电阻温度计	−190~ 660 °C	−182.970~ 630.5 °C	−182.97~ 630.5 °C	13.81 K~ 630.74 °C
热电偶温度计	660~ 1063.0 °C	630.5~ 1063.0 °C	630.5~ 1063 °C	630.74~ 1064.43 °C
光学温度计	高于 1063.0 °C	高于 1063.0 °C	高于 1063 °C	高于 1064.43 °C

注: 表中信息整理自文献 [3.2]. 对比该表中信息和即将介绍的国际温标 ITS–90, 我们可以发现这些温标的差异主要在低温端. IPTS–68 中 "K" 和 "°C" 这两个单位混合出现, 均被使用[3.139]. 最新的国际温标已经不再采用热电偶温度计作为测量手段.

1976 年, 临时温标 EPT–76 (Provisional Temperature Scale of 1976) 被建立了, 此处的 P 代表临时 (provisional). 它最大的价值在于扩展了极低温的温区, 将温度测量的标准延伸到 0.5 K. 然而, EPT–76 和 IPTS–68 在低温区有 mK 数量级的明显差异[3.10], 因而当时的人们需要新的温标.

2. ITS–90 与温度固定点

1989 年建立的第五套国际温标是当前最重要的温标, 它于 1990 年 1 月 1 日正式执行, 记为 ITS–90. 它的温区为 0.65 K 到热辐射可以测量的最高温度. ITS–90 的建立基于 IPTS–68 和 EPT–76, 并取代了它们. ITS–90 通过一系列的温度固定点和特定的测量方法在固定点之间实现插值, 从三十多年前一直被使用到现在.

由于温度测量的复杂性, 因此人们利用固定点建立温标的做法历史悠久[3.1]. 大约在二世纪, 有人提议将等量的冰和沸水混合, 作为一个温度的特殊点[3.5]. 1578 年, 有人提议用赤道和极地的居民体温作为 2 个温度固定点[3.5]. 1669 年, 曾有人提议用雪的温度作为温标最低点, 用最热的夏天温度作为温标最高点[3.1]. 在摄氏温标出现之前, 不晚于 1693 年, 就有人提议用冰的熔点和水的沸点作为 2 个温度固定点. 十七世纪末也曾有人提议用冬天的最低温度作为 0 度, 用人体正常体温作为 24 度. 1724 年, 华伦海特引入华伦海特温标时, 采用了 3 个温度固定点: 将氯化铵、冰和水的混合物温度作为 0 度, 将冰水混合物温度作为 32 度, 并将人体正常体温作为 96 度. 这个 96 度的数值选择可能考虑到便于与之前定义人体正常体温为 24 度的温标换算. 玻意耳等人建立理想气体状态方程之后, 人们意识到绝对零度在概念上的存在, 于是固定点的数值选择开始加入了物理意义上的考量. 例如, 1702 年阿蒙东判断存在一个气体无法逾越的极限温度, 并预测这个极限[3.10]大约在零下 240 °C.

ITS–90 的固定点主要来自相变点. 一阶相变发生时吸收和释放热量的过程中温度不变, 因而是优秀的温度参考点. 假如我们考虑一个物质同时具有固、液、气三相, 这个体系的组元 $k = 1$, 共有 $\varphi = 3$ 个相, 根据吉布斯相律 (见式 (1.44)), 自由度 $f = 0$. 也就是说, 三相点的位置是固定的.

而对于沸点、熔点和凝固点这类两相共存边界, 当人们规定了压强之后, 温度就是固定值. 原则上, 三相点是更好的固定点, 但是实践中人们找不到足够多的合适的三相点, 因此选择了一些熔点和凝固点. 需要指出的是, 由三相点改为两相点的代价在于高精度的压强测量需求. 例如, 在水的沸点附近, 0.1 mK 的温度精确度对压强的测量精度要求在 0.1 Pa 数量级. 图 3.28 提供了 ITS–90 采用的固定点类型. 值得一提的是,

固定点序号	温度/K	物质	相	蒸气压温度计	气体温度计	辐射温度计
下限	0.65					
1	3~5	He	V			
2	13.8033	e-H_2	T			
3	~17	e-H_2 或He	V或G			
4	~20.3	e-H_2 或He	V或G			
5	24.5561	Ne	T			
6	54.3584	O_2	T			
7	83.8058	Ar	T			
8	234.3156	Hg	T			
9	273.16	H_2O	T			
10	302.9146	Ga	M			
11	429.7485	In	F			
12	505.078	Sn	F			
13	692.677	Zn	F			
14	933.473	Al	F			
15	1234.93	Ag	F			电阻温度计
16	1337.33	Au	F			
17	1357.77	Cu	F			
上限	最高可测温度					

图 3.28 ITS–90 中的固定点、温度区间和测量手段. e-H_2 指平衡氢 (相关内容见 1.5.1 小节). V 指蒸气压温度计, G 指气体温度计, T 指三相点, M 和 F 分别指 1 atm 下的熔点和凝固点. 数据来自文献 [3.140, 3.141]

在图 3.28 中, 氦的蒸气压覆盖了 3 ~ 5 K 温区, 这是一套基于相平衡的准连续固定点, 需要一套额外的压强标准. 样品纯度和样品准备方式都影响固定点的温度值, 使用者需要严格按照国际温标要求的流程准备样品.

三相点并不是只有我们熟悉的固相/液相/气相这个三相交界点, 还包括固相/液相 1/液相 2、固相 1/固相 2/液相、固相 1/固相 2/气相和液相 1/液相 2/气相等其他选择. 例如, 液相 1/液相 2/气相三相点的典型例子是 ^{4}He 超流相变点, 它也是一个方便使用的固定点. 饱和蒸气压下的 ^{4}He 超流相变点为 2.1768 K, 它几乎不受磁场影响 (0.3 μK/T), 但受重力 (液体深度) 和 ^{3}He 杂质浓度影响[3.10]. 在二元体系中, 存在多种可能被使用的固定点类型 (见表 3.10), 原则上它们都可以被推广为温度标准. 近年来人们提出可以用共熔点作为温标的固定点[3.142].

表 3.10 温标可能使用的其他温度固定点类型举例

英文名称	中文名称	高温相	低温相
eutectic	共晶/共熔	液相	固相 1+ 固相 2
eutectoid	共析	固相 1	固相 2+ 固相 3
monotectic	偏晶	液相 1	固相 + 液相 2
monotectoid	偏析	固相 1	固相 1+ 固相 2
metatectic	熔晶	固相 1	固相 2+ 液相
peritectic	包晶	液相 + 固相 1	固相 2
peritectoid	包析	固相 1+ 固相 2	固相 3
syntectic	合晶	液相 1+ 液相 2	固相

注: 相变过程涉及液态的反应以 "tectic" 结尾, 而仅涉及固态的反应以 "tectoid" 结尾.

我希望以上内容不会给读者一种错觉, 让他们误认为固定点容易获得且 "固定", 所以适合被用于定标. 普通的实验工作者想实现任何一种固定点都是一个极为困难甚至痛苦的过程. 第一, 真实材料的纯度都不会是 100%. 固定点的工作物质指的是实验者能获得的最纯物质, 对于金属而言, 杂质通常不超过 1 ppm. 第二, 制备固定点的过程会污染固定点的工作物质, 甚至长时间的安置都可能引起可影响固定点数值的污染. 这个污染不仅仅来自容器, 还来自材料周围的气体氛围, 如氧气. 第三, 部分固定点的制备涉及压强的准确测量和高精度控制. 第四, 获得固定点之后, 测量对象与固定点工作物质之间的热平衡并不是显然存在的, 越低温度下的热平衡越难实现. 第五, 尺寸影响相变温度. 以锡的相变温度为例, 固液相变时, 一个半径为 0.1 mm 的球面对相变温度的影响比半径为 5 mm 球面的影响高了约 2 mK. 因此相变点的工作物质往往是体积为 150 cm^3 的块材[3.5]. 第六, 可能有读者会疑惑为什么固定点需要区分熔点和凝固点, 这也正是体现固定点复杂性的例子: 第一, 凝固需要凝结核; 第二, 同样比例的杂质浓度对熔点和凝固点的相变过程有着不一样的影响, 如何防止凝固时出现超冷现象有一系列技术细节需要解决.

因为篇幅所限, 本书不再展开讨论技术上如何实现固定点, 相关内容可以在国际温标的辅助文件中找到.

3. ITS–90 中的测量手段

ITS–90 采用了 4 种测量手段: 蒸气压温度计 (0.65 ∼ 5 K)、气体温度计 (3 ∼ 24.5561 K)、电阻温度计 (13.8033 ∼ 1234.93 K) 和光学温度计 (1234.93 K 以上). 由于校正过的高温端温度计容易通过商业化途径获得, 因此此处只提供蒸气压温度计的参数细节.

蒸气压温度计的工作物质为常规 ^{3}He (0.65 ∼ 3.2 K)、超流 ^{4}He (1.25 ∼ 2.1768 K) 和常规 ^{4}He (2.1768 ∼ 5 K). 温度与压强的关系满足

$$T_{90} = A_0 + \sum_{i=1}^{9} A_i \left(\frac{\ln p - B}{C} \right)^i, \tag{3.29}$$

其中, 温度的单位为 K, 压强的单位为 Pa, 系数数值见表 3.11. 蒸气压温度计的优点在于压强随温度的变化迅速, 因此中等精度的压强测量就可提供较高精度的温度测量, 如实现 0.5 mK 的精度. 文献 [3.10] 提供了 ^{3}He 和 ^{4}He 在对应温区的蒸气压和温度关系的数值表格.

表 3.11   式 (3.29) 中的系数数值

系数	常规 ^{3}He (0.65 ∼ 3.2 K)	超流 ^{4}He (1.25 ∼ 2.1768 K)	常规 ^{4}He (2.1768 ∼ 5 K)
A_0	1.053447	1.392408	3.146631
A_1	0.980106	0.527153	1.357655
A_2	0.676380	0.166756	0.413923
A_3	0.372692	0.050988	0.091159
A_4	0.151656	0.026514	0.016349
A_5	−0.002263	0.001975	0.001826
A_6	0.006596	−0.017976	−0.004325
A_7	0.088966	0.005409	−0.004973
A_8	−0.004770	0.013259	0
A_9	−0.054943	0	0
B	7.3	5.6	10.3
C	4.3	2.9	1.9

注: 数据来自文献 [3.140, 3.141].

4.2 K 以上的 ^{4}He 气体温度计的函数关系相对简单, 即

$$T_{90} = a + bp + cp^2. \tag{3.30}$$

系数数值根据实际测量值与固定点的关系确认. 3 K 以上的 ^{3}He 气体温度计或 ^{4}He 气体温度计采用更复杂的形式:

$$T_{90} = \frac{a + bp + cp^2}{1 + B_x\,(T_{90})\,N/V}, \tag{3.31}$$

其中, N/V 为气体的摩尔密度, B_x 为两个分别针对 ^{3}He 和 ^{4}He 的修正方程[3.140,3.141], 且 B_x 是温度的函数, 其单位为 $\mathrm{m}^3/\mathrm{mol}$.

电阻温度计使用方便, 在温标中的使用有严格的要求, 其工作物质为铂, 可从 13.8033 K 开始使用. 人们引入一个比值的定义, 它代表了温度计在给定温度处的电阻值与在水的三相点温度处的电阻值的比值:

$$W(T_{90}) = R(T_{90})/R(273.16\ \mathrm{K}). \tag{3.32}$$

低温环境下允许使用的铂电阻温度计必须满足

$$W(302.9146\ \mathrm{K}) \geqslant 1.11807, \tag{3.33}$$

$$W(234.3156\ \mathrm{K}) \leqslant 0.844235, \tag{3.34}$$

即限定了温度计在 Ga 和 Hg 的 2 个温度固定点处的电阻变化比例. 这个比例限制近似为[3.25]要求铂的剩余电阻率大于 2500. ITS–90 定义了 $W(T_{90})$ 的函数关系[3.140,3.141], 从而可以通过电阻测量获得温度值.

银的凝固点之上的温度测量采用光学温度计. 给定温度处的辐射强度与特征温度点处的辐射强度之比是一个与温度和波长有关的函数 (见式 (3.22)), 因此经过在固定点的校正之后, ITS–90 提供了通过辐射强度获得温度的方法[3.140,3.141].

4. ITS–90 与早期国际温标的对比

需要强调的是, ITS–90 只覆盖 0.65 K 以上的温度, 也即是说, 常规极低温测量的温度准确性不能依靠 ITS–90 保障. 第二个需要强调的细节是, ITS–90 只是对热力学温标的模仿, 它的数值跟热力学温标依然存在差异. 当分析含温数据时, 实验工作者必须谨慎地信任过高精度的含温理论拟合, 因为未来的温标改动将给现在的含温实验数据引入新的不确定度. 图 3.29 和图 3.30 分别提供了 ITS–90 与 IPTS–68, 以及 IPTS–68 与 IPTS–48 的差异作为例子. T_{90} 代表基于 ITS–90 的温度数值, T_{68} 代表基于 IPTS–68 的温度数值, T_{48} 代表基于 IPTS–48 的温度数值. 同理, T_{90} 跟热力学温标的差异也必然会在将来的温标中被尽量修正.

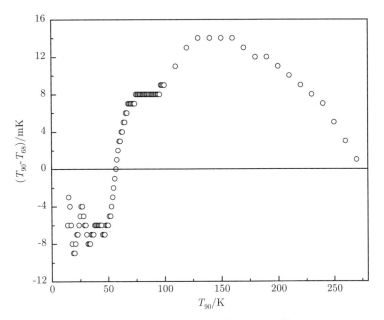

图 3.29   ITS–90 与 IPTS–68 的差异. 数据来自文献 [3.140, 3.141]

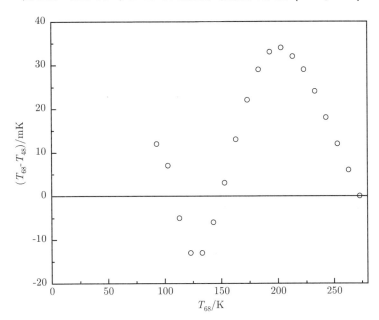

图 3.30   IPTS–68 与 IPTS–48 的差异. 数据来自文献 [3.143]

3.4.3 极低温临时温标

ITS–90 的最低温度仅 0.65 K, 远远低于常见商业化设备可以提供的温度, 无法满足科研需求. 因此, 可被用于更低温度的温标被提出和使用. 其中, 最重要的温标是

PLTS–2000, 其温区为 0.9 mK 至 1 K, 它基于 ^{3}He 的固液共存相建立. ^{3}He 熔化压温度计的介绍和使用分别见 3.2.3 小节和 6.10.2 小节.

^{3}He 的特殊价值首先在于它是一种高纯物质, 它的唯一不会被冻结的杂质是 ^{4}He. 2.1% 的 ^{4}He 杂质引起 ^{3}He 熔化压曲线在 300 mK 附近约 0.1 bar 的压强偏离[3.144]. 随着温度降低, ^{4}He 也因为相分离 (见图 1.54) 而仅在液体 ^{3}He 中微量存在, 并且倾向于待在容器表面上[3.10,3.25]. 其次, 各个实验室所生长的 ^{3}He 液体样品并不像其他固体温度计那样存在来自杂质和缺陷的显著品质差异, 这是一个无与伦比的优点. 归瓦对 ^{3}He 比热的仔细测量使这个温度计逐渐被人们重视[3.10,3.25,3.91,3.145,3.146]. 归瓦的高精度实验准确获得了 ^{3}He 熵的信息, 使得人们可以通过克劳修斯 – 克拉珀龙方程检查熔化压曲线的正确性.

PLTS–2000 有 4 个固定点[3.93] (见表 3.12), 温度通过压强测量, 固定点同时也是压强的校正标准. 压强与温度的关系为

$$p = \sum_{i=-3}^{9} a_i T_{2000}^i, \tag{3.35}$$

其中, 压强 p 的单位为 MPa, 代表基于 PLTS–2000 的温度数值 T_{2000} 的单位为 K, 系数见表 3.13. PLTS–2000 在 500 mK 处的不确定度约 0.5 mK, 在 100 mK 处约 0.2 mK, 在 25 mK 处约 0.3%, 在 0.9 mK 处约 2%. 文献 [3.94] 提供了压强与温度关系的详细数值表格.

表 3.12　PLTS–2000 中的固定点

固定点	p/MPa	T_{2000}/mK	固定点	p/MPa	T_{2000}/mK
极小值	2.93113	315.24	A–B	3.43609	1.896
A	3.43407	2.444	奈耳相变点	3.43934	0.902

注: A 和 A–B 指两个超流相变点 (相关内容见 1.2 节). ^{3}He 中的物理非常丰富, 可用的特征温度点和特征压强点并不止表中的四套. 在固液共存相上, ^{3}He 有八套可以被用于定标的特殊参数点, 在液相中有四套[3.27].

表 3.13　PLTS–2000 中的系数

系数	数值	系数	数值
a_{-3}	$-1.3855442 \times 10^{-12}$	a_4	7.1499125×10^1
a_{-2}	4.5557026×10^{-9}	a_5	-1.0414379×10^2
a_{-1}	$-6.4430869 \times 10^{-6}$	a_6	1.0518538×10^2
a_0	3.4467434×10^0	a_7	-6.9443767×10^1
a_1	-4.4176438×10^0	a_8	2.6833087×10^1
a_2	1.5417437×10^1	a_9	-4.5875709×10^0
a_3	-3.5789853×10^1		

在 PLTS–2000 和 ITS–90 的重叠温区, 两者均可以使用. 重叠温区内的温度差异[3.79,3.94]约 1 mK, PLTS–2000 更接近热力学温标. 文献 [3.10] 提供了 PLTS–2000 的建立过程和与可信温度计对照结果的介绍.

3.4.4 国际单位制的历史

没有单位的物理量只是一个数字. 不同意义的物理量通常使用不同的单位, 例如, 长度的单位为米, 质量的单位为千克. 一个物理量可以有多个单位, 不同单位间可互相换算, 而表达不同物理量的单位不能直接互相换算. 表达一个物理量的不同单位不一定需要属于同一个系列, 例如, 可能分属于英制单位和公制单位, 这影响了物理量的科学使用. 国际单位制是国际上公认的物理量关系, 这些关系的定义方式随着测量手段的不断进步而被改进.

国际单位制中的单位分为两种: 基本单位和导出单位. 七个基本单位为千克 (kg)、米 (m)、秒 (s)、安培 (A)、坎德拉 (cd)、摩尔 (mol) 和开尔文 (K), 它们的组合构成了二十多种导出单位. 国际单位制还允许部分特殊辅助单位的使用, 例如, 角度和分钟. 需要指出的是, 并不是所有的单位都属于国际单位制的基本单位或导出单位.

人们曾用千克原器定义质量、用水的三相点定义温度、基于光速定义长度, 然而, 定义本身并不足以支撑起国际单位制, 定义背后的实验实现方法才真正地让单位国际化. 遗憾的是, 出于教学习惯和常见教科书的内容取材, 定义的重要性往往更容易被重视, 而如何实现往往被忽略. 对于实验工作者而言, 这两者的重要性应该是完全等同的.

国际单位制不定义一个单位, 它 "实现" 一个单位. 国际单位制从本质上只是提供了一套放之四海而皆准的度量衡, 它并不代表数值上的准确. 不可否认的是, 随着人们对物理世界认识的深入, 来自更新的单位制的数值更加符合将来所认可的物理理论, 并且测量手段也更贴近物理规律的本质.

1. BIPM 与 CGPM

1875 年, 一批国家在巴黎签署了关于长度单位 (米) 的条约, 这是国际单位制的源头. 可以想象, 度量衡上的统一简化了科学交流、工业生产与国际贸易. 国际单位制并不是静态不变的, 而是不停地被检验和修订. 国际计量局 (International Bureau of Weights and Measures, 简称 BIPM) 是维持国际单位制的机构, 它于 1875 年 5 月 20 日在巴黎成立. 5 月 20 日因而被选为世界计量日. 到 2019 年, BIPM 有 95 个成员, 覆盖了世界上 98% 的经济体系[3.147], 中国是其中之一. 国际计量大会 (General Conference on Weights and Measures, 简称 CGPM) 是关于国际单位制变更的重要会议 (见表 3.14 和表 3.15). BIPM 和 CGPM 这两个简称跟英文全称不对应, 国际单位制的简称也不是其英文名称 International System of Units 的直接简写 ISU, 而是源于法语的 SI. 表 3.15 中也有类似的例子.

表 3.14   CGPM 的时间

序号	年份	序号	年份	序号	年份	序号	年份
1	1889	8	1933	15	1975	22	2003
2	1895	9	1948	16	1979	23	2007
3	1901	10	1954	17	1983	24	2011
4	1907	11	1960	18	1987	25	2014
5	1913	12	1964	19	1991	26	2018
6	1921	13	1967/1968	20	1995	27	2022
7	1927	14	1971	21	1999		

表 3.15   历史上部分与国际单位制有关的重要决议

年份	决议
1889	认可千克原器、米原器
1927	定义和使用米原器
1948	决定建立国际单位制 用水的三相点作为热力学温度的参考点 规定单位的书写方式
1954	选择六个基本单位 (千克、米、秒、安培、开尔文、坎德拉) 定义水的三相点为 273.16 degree K 定义标准大气压
1956	通过年定义秒
1960	确认国际单位制的名称, 并将之简写为 SI 通过电磁波的波长定义米 定义从太 (tera) 到皮 (pico) 的数值前缀
1964	添加飞 (femto) 和阿 (atto) 作为数值前缀
1967	通过电磁波的周期定义秒 正式定义温度的单位 kelvin, 取代 degree K 通过黑体辐射定义坎德拉
1970	定义国际原子时 (International Atomic Time, 简称 TAI)
1971	添加第七个基本单位摩尔
1975	认可世界标准时间 (Coordinated Universal Time, 简称 UTC) 的使用 添加拍 (peta) 和艾 (exa) 作为数值前缀
1979	通过单频辐射定义坎德拉
1983	通过光速定义米
1989	建立国际温标 ITS–90
1991	添加泽 (zetta)、仄 (zepto)、尧 (yotta) 和幺 (yocto) 作为数值前缀
2018	修改国际单位制的定义
2022	添加容 (ronna)、柔 (ronto)、昆 (quetta) 和亏 (quecto) 作为数值前缀

注: 关于单位书写方式和前缀的信息见表 7.3.

2. 其他单位的历史

秒的定义最早源于地球的自转. 二十世纪五十年代, 秒又被定义为一年的 $\frac{1}{31556925.9747}$. 月球与潮汐现象改变地球的自转速度, 从自转定义变更为太阳年定义是一个显著的进步. 1960 年, 所谓的 "年" 被更严格地定义. 1967 年, 秒被定义为 2 个特定量子能级之间跃迁所产生电磁波的周期的 9192631770 倍. 2019 年, 秒的定义基于物理常量描述, 但不改变其实际含义.

十八世纪, 米的定义是从北极到赤道经巴黎最短距离的 $1/10^7$. 米的标准被称为米原器, 由铂铱制成, 存放于法国国际计量院. 国际单位制被建立时, 米的定义被更改为 2 个特定量子能级之间跃迁所产生电磁波的波长的 1650763.73 倍. 这套能级与秒定义中所使用的能级不同. 1983 年, 米被定义为光在真空中一秒内行进距离的 $\frac{1}{299792458}$. 2019 年, 米的定义基于物理常量描述, 但不改变其实际含义.

1793 年, 人们用处于凝固点的体积为 $1\ \mathrm{cm}^3$ 的水作为质量的标准. 1889 年起, 质量的单位直接以国际千克原器的质量作为标准, 千克原器由铂铱制成. 在 2019 年国际单位制变更之前, 质量的单位定义有 2 个最特殊的地方. 第一, 这是唯一用实物进行定义的单位. 第二, 这个定义维持的时间非常长. 使用实物作为定义显然是极为不方便的. 基于国际千克原器, 复制品和复制品的复制品被制造和使用. 使用实物作为定义的负面影响也是显然的, 国际千克原器和复制品在每次使用时都会有少量的磨损, 而可能的表面吸附、油污和粉尘又增加了其质量. 2019 年, 千克被更改为基于普朗克常量定义.

1948 年, 安培通过两个平行导线之间的作用力定义. 2019 年, 安培被更改为基于元电荷 (即单位电荷) 定义.

1948 年, 坎德拉的光强基于温度定义, 该定义利用了白金在凝固点的发光. 1979 年之后, 坎德拉以特定频率电磁波的强度定义, 它没有在 2019 年被修改.

1967 年之后, 摩尔基于 ^{12}C 定义, 等同于 $0.012\ \mathrm{kg}$ 的 ^{12}C 微粒的数量, 而不再涉及分子量的概念. 2019 年, 摩尔直接基于阿伏伽德罗常数定义.

3.4.5 新国际单位制与不理想的温标

国际单位制在 2019 年 5 月 20 日有重要的系统性变更, 当前的国际单位制文件版本为第九版 (The International System of Units 9th edition (2019), 2022 年更新). 这一系列国际单位制的重要文件于 1970 年开始编写. 本小节讨论国际单位制变更对温度定义的影响, 并介绍当前温标与热力学温标的差异.

1. 国际单位制的单位

国际单位制的核心是七个基本单位和二十二个导出单位 (见表 3.16 和表 3.17). 基

表 3.16　国际单位制的基本单位

基本物理量	base quantity	基本单位	base unit	SI 符号
时间	time	秒	second	s
长度	length	米	metre	m
质量	mass	千克	kilogram	kg
电流	electric current	安培	ampere	A
热力学温度	thermodynamic temperature	开尔文	kelvin	K
物质的量	amount of substance	摩尔	mole	mol
发光强度	luminous intensity	坎德拉	candela	cd

注: 出于语言原因, 英文名称可能有不同版本, 如 "metre" 和 "meter" 都可被使用. 热力学温度又被称为绝对温度, 本书将热力学温度简称为温度, 将开尔文简称为开.

表 3.17　国际单位制的导出单位

导出单位	derived unit	SI 符号	基本单位表示	其他表示
弧度	radian	rad	m/m	
球面度	steradian	sr	m^2/m^2	
赫兹	hertz	Hz	s^{-1}	
牛顿	newton	N	$kg \cdot m \cdot s^{-2}$	
帕斯卡	pascal	Pa	$kg \cdot m^{-1} \cdot s^{-2}$	N/m^2
焦耳	joule	J	$kg \cdot m^2 \cdot s^{-2}$	$N \cdot m$
瓦特	watt	W	$kg \cdot m^2 \cdot s^{-3}$	J/s
库仑	coulomb	C	$A \cdot s$	
伏特	volt	V	$kg \cdot m^2 \cdot s^{-3} \cdot A^{-1}$	W/A
法拉	farad	F	$kg^{-1} \cdot m^{-2} \cdot s^4 \cdot A^2$	C/V
欧姆	ohm	Ω	$kg \cdot m^2 \cdot s^{-3} \cdot A^{-2}$	V/A
西门子	siemens	S	$kg^{-1} \cdot m^{-2} \cdot s^3 \cdot A^2$	A/V
韦伯	weber	Wb	$kg \cdot m^2 \cdot s^{-2} \cdot A^{-1}$	$V \cdot s$
特斯拉	tesla	T	$kg \cdot s^{-2} \cdot A^{-1}$	Wb/m^2
亨利	henry	H	$kg \cdot m^2 \cdot s^{-2} \cdot A^{-2}$	Wb/A
摄氏度	degree Celsius	°C	K	
流明	lumen	lm	$cd \cdot m^2/m^2$	$cd \cdot sr$
(照明单位)	lux	lx	$(cd \cdot m^2/m^2) \cdot m^{-2}$	lm/m^2
(计数单位)	becquerel	Bq	s^{-1}	
(吸收剂量单位)	gray	Gy	$m^2 \cdot s^{-2}$	J/kg
(辐射量单位)	sievert	Sv	$m^2 \cdot s^{-2}$	J/kg
(催化活性单位)	katal	kat	$mol \cdot s^{-1}$	

注: 对于最后五个较少见的单位, 我提供了关于其含义的解释.

于以上二十九个单位, 大量符合国际单位制要求的单位可以被组合而成, 它们被称为一贯导出单位, 所谓一贯指的是以物理量数值形式写出的方程与以物理量写出的方程一致, 也即是不需要换算系数. 以我们习惯的体积单位为例, 因为国际单位制已经规定了长度单位为米, 如果体积单位为立方米, 则符合一贯制要求, 而如果体积单位为升, 则不符合一贯制要求. 二十二个导出单位均符合一贯制要求, 它们和七个基本单位组合出难以穷举的物理量单位体系, 包括面积、体积、速度、加速度、动量、黏滞系数、密度、电流密度、比热和热导率等. 从二十二个导出单位可以看出, 温度与其他六个基本单位格格不入, 它没有与其他任何一个基本单位 "互动".

因为历史原因, 一些不符合一贯制的单位被国际单位制认可, 并被广泛使用, 见表 3.18. 一些不符合国际单位制的单位在个别地区使用, 例如, 英寸 (inch) 和英尺 (foot). 还有一些不符合一贯制的单位在个别学科内部被广泛使用, 此处不再举例. 此外, 国际单位制还规定了单位书写的规则, 相关内容见附录三.

表 3.18 非国际单位制的国际通用单位

类型	中文名称	英文名称	符号	SI 表示方法
时间	分钟	minute	min	60 s
	小时	hour	h	3600 s
	天	day	d	86400 s
长度	天文单位	astronomical unit	au	149597870700 m
角度	度	degree	°	$\pi/180$ rad
	分	minute	′	$\pi/10800$ rad
	秒	second	″	$\pi/648000$ rad
面积	公顷	hectare	ha	10^4 m^2
体积	升	litre	L	10^{-3} m^3
质量	吨	tonne	t	10^3 kg
	道尔顿	dalton	Da	$1.66053906660 \times 10^{-27}$ kg
能量	电子伏	electronvolt	eV	$1.602176634 \times 10^{-19}$ J
对数比	奈培	neper	Np	基于自然对数 ln 表示
	贝尔	bel	B	1 B = 10 dB
	分贝	decibel	dB	基于对数 log 表示
比例	百分比	per cent	%	
	百万分率	parts per million	ppm	

注: 出于语言原因, 英文名称可能有不同版本, "litre" 和 "liter" 都可被使用. ppb 和 ppt 因为在不同语言中有歧义 (相关内容见表 7.4), 所以不被国际单位制采纳.

以人名命名的物理量单位采用小写字母开头的全拼和大写字母的简写, 例如, 温度的单位记为 kelvin 或 K; 不以人名命名的物理量单位采用小写字母开头的全拼和小写字母的简写, 例如, 长度的单位记为 meter 或 m. 完整的单位名称都采用小写字母, 所以单位可以和人名进行区分, 例如, 电流的单位记为 ampere 而不是 Ampere 或 Ampère. 不过, 当物理量单位的全称位于句子开头时, 其首字母可大写. 这些人名来自做出相关重要贡献的科学家, 例如, Pa 来自帕斯卡, J 来自焦耳. 法拉 (farad) 以科学家法拉第的名字命名, 他可能是唯一一位被用来命名了 2 个物理量的科学家. 法拉第 (faraday) 这个单位已经被用于其他场合, 它代表着数目为阿伏伽德罗常数的电子的总电荷量, 其大小约 96485 C. 升的单位原本为小写字母 l, 因为容易和数字 1 混淆, 所以于 1979 年被改为大写字母 L, 因此与常规的大小写规范不一致.

基于七个基本单位和一贯制的要求, 一个物理量只有一个符合国际单位制要求的单位. 反之, 一个符合国际单位制要求的单位可能对应不同的物理量. 值得注意的是, 这种情况下, 由于习惯原因, 人们可能用不同的表示方法代表国际单位制中的同一个单位. 例如, 交流电的频率、角速度和辐射中计数单位对应到七个基本单位上都是 s^{-1}, 但实际表述中人们分别使用了 Hz, rad/s 和 Bq.

2. 2019 年国际单位制带来的变化

2019 年国际单位制最重要的变更在于正式引入了七个常数或常量 (见表 3.19), 并基于这七个数值定义基本单位 (见图 3.31). 这次国际单位制改变不是一个定量上的变更, 而是一个概念上的变革, 其早期工作可以追溯到二十世纪七十年代, 其理念甚至可以追溯到麦克斯韦于 1870 年和普朗克于 1900 年的提议[3.147,3.148], 最终这次变革从 2011 年开始正式准备. 利用 "好" 的物理常量定义单位的做法并不罕见, 例如, 电阻单位的标准基于整数量子霍尔效应的量子化电阻[3.149] (见式 (6.11)), 式 (6.11) 中下标的 90 指该标准从 1990 年开始执行. 所谓的 "好", 既包括原理重要且清晰, 也包括测量和标准复现方便.

表 3.19　国际单位制的常量或常数

中文名称	英文名称	符号	数值	单位
Cs 的超精细跃迁频率	hyperfine transition frequency of Cs	$\Delta\nu_{Cs}$	9192631770	Hz
真空中的光速	speed of light in vacuum	c	299792458	m/s
普朗克常量	Planck constant	h	$6.62607015 \times 10^{-34}$	J·s
元电荷	elementary charge	e	$1.602176634 \times 10^{-19}$	C
玻尔兹曼常量	Boltzmann constant	k	1.380649×10^{-23}	J/K
阿伏伽德罗常数	Avogadro constant	N_A	$6.02214076 \times 10^{23}$	1/mol
光视效能	luminous efficacy	K_{cd}	683	lm/W

注: 出于习惯, 本书的玻尔兹曼常量 k 记为 k_B, 元电荷写为单位电荷.

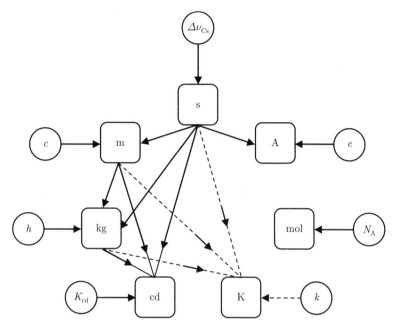

图 3.31 国际单位制的常量或常数与基本单位的对应

在 2019 年国际单位制中, 质量的单位 kg、电流的单位 A、物质的量单位 mol 和温度的单位 K 有了新的定义, 其他三个基本单位维持原有定义. 在现有的数值框架中, 更改定义后的四个单位在数值和使用上跟 2019 年之前没有任何差异. 尽管这些常数或常量的数值本身被规定了, 但是数值的改动不影响物理规律, 因此, 如果进一步的测量发现它们的大小需要被修改, 则国际单位制的框架也不用跟着修改. 由于国际单位制的定义更改, 因此基于这批常量或常数的新的可靠测量方法可以被逐渐尝试[3.150]. 从 2019 年起, 单位的定义与测量方式被分离了.

3. 2019 年国际单位制对温度的变更

2019 年之前, 我们所习惯的温度单位开尔文来自 1967 年第十三次 CGPM, 其定义为水的三相点的 $\dfrac{1}{273.16}$. 2019 年国际单位制中, 温度单位开尔文的定义如下: 开尔文, 符号为 K, 是热力学温度的国际单位, 它通过将玻尔兹曼常量的固定数值定义为 1.380649×10^{-23}, 并以 J/K 为单位而定义①. 也就是说, 当今的温度单位应该依靠玻尔兹曼常量和能量定义.

2019 年国际单位制没有提出温度新定义的具体实现方法. 之前的国际单位制独立

---

①国际温标文件对该定义的正式描述为 "The kelvin, symbol K, is the SI unit of thermodynamic temperature. It is defined by taking the fixed numerical value of the Boltzmann constant to be 1.380649×10^{-23} when expressed in the unit J/K".

于其他基本单位定义了开尔文. 2019 年之后, 温度单位开尔文看似不必再是国际单位制的基本单位, 似乎开尔文名义上由玻尔兹曼常量和导出单位焦耳定义, 也即是由玻尔兹曼常量、秒、米和千克定义. 这个定义方式并不令人意外, 因为我们习惯了以 k_BT 表征热能的公式. 可是, 2019 年的新国际温标重新定义了温度这个单位, 但在操作层面上并没有提出建立温标的新方法, 甚至让符合国际单位制定义的 "严格" 做法更加困难. 换言之, 由于操作困难和温度必须逐点定义的特性, 人们仅仅更改了温度标准在概念上的定义, 尚未能够依赖新定义建立温标. 在数值上, 人们依然认为水的三相点是 0.01 °C, 开尔文和摄氏度温度的数值差异依然为 273.15.

理论上, 通过测量理想气体的普适气体常量 R, 玻尔兹曼常量满足

$$k_B = R/N_A. \tag{3.36}$$

噪声温度计 (见式 (3.5)) 等大量温度测量手段中也包含玻尔兹曼常量的信息. 关于玻尔兹曼常量的数值正确性检查可以参考文献 [3.151]. 原则上, 定义了玻尔兹曼常量之后, 熵的数值可以由 $S = k_B \ln \Omega$ (见式 (0.1)) 给出, 然后将熵作为更重要的基本单位定义温度. 虽然用熵定义温度的思路一直没有消失过[3.152], 但是目前不存在被广泛接受的可行的操作方式. 例如, 即使有可信的比热测量数值, 我们也难以通过 $\int \frac{C}{T} dT$ 准确获得熵的数值. 首先, 越低温度下的比热测量越困难、误差越大, 而温度越低时比热在积分中的比重越大. 其次, 比热测量总是存在温度下限, 低于这个下限的比热如果有预料之外的异常项, 则将显著改变熵的数值.

综上, 到目前为止, 2019 年国际单位制改变了温度的数值定义, 但没有改变温度的读取方式和数值标准.

4. 温度的特殊性

在国际单位制七个基本单位的对应物理量中, 我更愿意对质量、长度、时间和温度区别对待, 因为它们与人类生活密切相关. 不论什么教育程度的正常成年人都不太可能没接触过这四个物理量所对应的概念. 在实践意义上, 人们对温度的理解远远没有对其他三个物理量的理解深刻. 其他单位的定义具备实用价值, 而温度的定义并不具备实用价值. 从另一个层面上, 定义如此困难的开尔文被归为国际单位制的基本单位, 也说明了温度的重要性.

温度标准不仅需要一个普适的定义, 而且需要逐点定义. 比起质量、长度和时间等常见物理量, 温度的实验测量过程过于复杂. 比起质量的千克原器和长度的米原器, 开尔文不具备那种最直接的标准建立模式. 与其他单位最大的不同在于, 温度无法拆分也无法叠加. 这不仅仅因为温度是一个强度量而不是广延量, 还因为它是一个不直接联系到任何广延量的强度量. 与之对比, 压强或者密度可以通过粒子数目这种概念清晰的物理量定义. 幸运或者不幸的是, 温度又对大量的物理量有影响, 出于实际需求和历史原因, 人们都必须把温度的单位统一, 而且采用了多种间接测量温度的实验手段.

2019 年国际单位制发生了颠覆性的变化, 但温度的单位依然是一个异类. 在国际单位的实际定义中, 温度的标准难以追溯物理本源是如此显而易见, 但是我们并没有更好的选择. 尽管当前的人们对于温度的实验理解过于肤浅, 尽管温标的定义琐碎复杂, 尽管最新的国际单位制由千克、米、秒和玻尔兹曼常量定义温度, 但是, 由于温度这个物理量过于重要, 它依然独立出现在国际单位制的七个基本单位之中. 温度单位的复杂性也意味着目前测量温度的技术落后于当前的科学进展.

5. 2019 年国际单位制对 ITS–90 和 PLTS–2000 的影响

2019 年国际单位制认可的温标依然为 ITS–90, 在更低温度下采用临时低温温标 PLTS–2000, 并分别记为 T_{90} 和 T_{2000}. 新国际温标中, 水的三相点不再是 273.16 K, 而是需要通过玻尔兹曼常量和焦耳重新定义, 可 ITS–90 中规定了水的三相点是 273.16 K. 换言之, 2019 年国际单位制在温度测量层面还没有做出任何实质性的改变.

温标有原理和应用两种属性[3.153], 前者代表了理论上如何理解温度这个概念, 后者代表了测量上所能做到的极限. 国际温标的建立过程涉及多种不同测量方法之间的相互比较, 以及测量结果和可信理论之间的比对. 开尔文这个单位的实际定义有大量的烦琐细节, 我们需要面对 ITS–90 中的多种测量方式和大量复杂的测量限定条件.

6. ITS–90 和 PLTS–2000 的温度不确定度

对于最重要的温标 ITS–90, 人们明确知道它是不理想的[3.148,3.154], 但其他的定标方案并没有被广泛认可. 下面简单讨论国际温标中的温度不确定度.

ITS–90 的固定点包括了水的三相点. 水的三相点的准确度受其中溶解的空气杂质影响, 也受同位素比例的影响, 其他固定点也有类似的问题 (见表 3.20), 因而所谓的固定点也有不确定度. 固定点的不确定度限制了温度的准确性, 对比表 3.20 中固定点的不确定度和表 3.19 中常量或常数的精度可知, 我们对温度测量的准确性相对有限. 而如果我们对比 ITS–90 和 ITS–68 的固定点, 可以发现它们的差异在 $1 \sim 100$ mK 数量级.

表 3.20　ITS–90 中低温固定点的不确定度

温度/K	物质	不确定度/mK
13.8033	e–H_2	0.5
24.5561	Ne	0.5
54.3584	O_2	1
83.8058	Ar	1.5
234.3156	Hg	1.5

注: 数据来自文献 [3.25].

如果对比第一类温度计可信的实验结果, 我们可以发现 4 K 附近 ITS–90 相对于热力学温标的偏移量约 0.1 mK, 130 K 附近的偏移量接近 10 mK (见图 3.32). 文献 [3.121]

利用第一类温度计比较了 PLTS–2000 和热力学温标, 它们的差异大约在 1% 以内. 基于 ³He 的蒸气压, 新温标 PTB①–2006 被提出了[3.155], 它的工作温区是 0.65 ~ 3.2 K, 有人提议在 PTB–2006 的基础上修订 ITS–90.

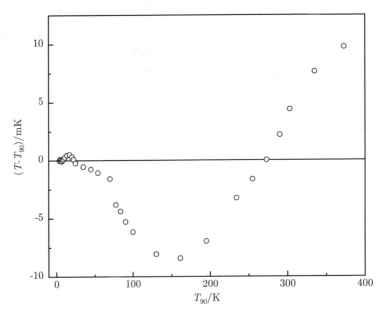

图 3.32   ITS–90 相对于热力学温标的可能偏移量. 数据来自文献 [3.120]

我们当前缺乏的不是验证温度与热力学温标差异的手段, 而是缺乏让这类手段在不同实验室都同等可靠的实施方案. 对比国际单位制中的其他物理量, 同样精度和同样可靠程度的温度标准暂时还难以被建立, 实验工作者在涉及温度的严格测量中需要对温度计读数进行复杂的校正.

3.4.6   温度计的校正

测量值不等同于真实值, 并不是大量的重复测量就能使测量值的平均值逐渐趋近真实值. 重复测量可以减少随机误差的影响, 但是无法消除系统误差.

大学的普通物理教材中常常讲授如何合成误差, 误差分析往往重视数据处理和概率估计, 测量结果的误差主要考虑来自测量误差与有统计规律的系统误差两者的合成. 例如, 砝码的质量允差是一种系统误差, 但砝码的质量数值有分布规律, 合格的砝码总是只在有限范围内偏离真值, 它对测量结果造成的影响是随机误差. 在温度测量中, 真

---

①PTB 是德国国家计量研究所 (中国计量院将其翻译为德国联邦物理技术研究院) 的简称, 英文名称为 National Metrology Institute of Germany. 原名 PTR (PTR 是帝国物理技术研究院的简称, 英文名称为 Imperial Physical Technical Institute), 是国际温标倡议单位之一.

正影响读数的误差主要是没有统计规律的系统误差, 这类关键的系统误差并不出现在误差传递的计算之中, 因而计算得来的误差数值偏小且具有极强的误导性.

1. 系统误差的来源

系统误差的来源非常多, 难以一一列举, 测量和实验中所有偏离理想的条件都可能贡献系统误差, 因此, 不存在一套寻找和鉴别所有系统误差的可行做法. 例如, 在实际的低温测量中, 热平衡这个定义温度的条件并不总被满足. 温度的定义针对具体系统也有各种各样复杂的情况, 4.7.2 小节将讨论制冷剂中的温度差异, 6.2.2 小节将讨论测量对象中的温度差异. 将温度计放到测量系统中就可以获得温度的准确信息, 这是低温实验工作者最容易产生的误解, 或者是一种美好的愿望. 表 3.21 列举了一些引起温度计读数不准确的原则性问题, 6.2.1 小节将以电测量为例, 介绍引起电阻温度计读数出错的一些具体操作的可能性.

表 3.21　温度测量中复杂性的例子

热平衡问题	温度计热容过大, 温度计与测量对象之间的热导过小, 温度计与测量对象难以热平衡
	温度计热容过大, 温度计自身热导过小, 温度计自身难以热平衡
温度定义问题	温度计内部存在稳定温度差异
	温度计或者测量系统存在多类温度定义
测量问题	温度计热容过大, 接触测量对象时引起温度的变化
	测量对象的温度连续变化, 温度计读数延迟, 不反映真实温度
	温度计工作时发热引起温度计和测量对象之间的温度差异
	温度计持续被引线加热, 引起温度计和测量对象之间的温度差异
	温度计持续被辐射加热, 引起温度计和测量对象之间的温度差异

注: 温度准确测量的前提是温度计被合理地安置到制冷机或者测量对象上, 这部分设计和操作存在大量的技术细节, 本章未仔细讨论, 相关讨论可以见文献 [3.4, 3.5, 3.22, 3.38, 3.119, 3.156].

2. 与国际温标的比对

假设表 3.21 中的问题都不存在, 我们通常关心的下一个问题就是温度测量装置的读数是否准确、读数的精度多高、读数的稳定性多好. 读数的精度指分辨温度上升或者下降的能力, 读数的稳定性指读数是否随外界环境的变化而缓慢变化. 此处的温度测量装置, 特指温度计和测量方法的组合, 它们提供了具体的温度读数. 从我的经验上, 没有多少低温温度计和相应测量装置提供了它们应有准确度的读数. 例如, 人们熟悉的铂电阻温度计, 温度准确度远逊于电阻测量的精度. 因此温度测量装置需要被校正. 此处的校正并不指电子仪表工作状态的自行检查和自行校准, 而是指将测量装置的读数与某一个标准进行对照. 当选择进行对照的标准温度固定点时, 测量人员需要考虑温度计的特性, 例如, 某个温度计的性质在狭窄温区内有剧烈变化, 则该温区需要更密集的固定点. 由于逐点校正无法实现, 因此实际的温度校正将涉及如下四个方面:

一个温度计读数的可靠测量方法、一个可靠且稳定的温度控制手段、一个具有公信力的温度标准, 以及一套在校正点之间做内插的数值处理方法.

严格的温度校正需要在测量装置的读数和国际温标定义的温度之间建立一个函数关系. 然而, 普通实验室难以严格按照 ITS-90 的要求测量温度, 因此更常见的做法是购买校正过的温度计. 值得强调的是, 有校正证书的温度计仅代表了它曾在其商业化来源处被检查过, 并不代表它在用户的测量装置中也能提供同样准确的读数. 因而购买校正过的温度计需要尽量复现厂家的测量条件, 例如, 如果温度计装在制冷机上, 则我们不要随意改变其引线和测量仪表. 另一个比较现实的做法是利用一些已知的物理规律或者固定点检查运行中的温度计, 这个做法无法被直接用于温度计校正, 但是可以确认温度计是否工作在正常状态. 例如, 我们可以检查温度计读数与超导相变点温度计的超导相变温度是否一致, 也可以检查温度计读数与顺磁盐的磁化率是否满足倒数关系. 校正过的电阻温度计非常昂贵, 有些温度计的价格在千美元数量级, 而原始的电阻温度计的价格成本微不足道, 中间的价格差异就是准确知道温度的代价.

3. 与第一类温度计的比对

如 3.4.5 小节所介绍的, 国际温标中的温度跟热力学温度也存在差异. 对于需要严格知道温度的测量, 实验工作者还需要依靠第一类温度计继续校正.

在没有国际温标的极低温温区, 人们依靠较为信赖的物理规律定义热力学温标. 这些物理规律包括当前的临时极低温温标 —— ^{3}He 熔化压曲线. 人们认为液体 ^{3}He 的性质较好地得到了基于费米液体的解释. 噪声和磁学相关的性质稳定且可被预测, 属于较好的温度测量方式. 介观系统也开始为温标提供一个可行的标定体系[3.53]. 当可靠的温度定义在一个具体实验室中被实现之后, 定期将之与容易测量的电阻温度计进行比对, 实验工作者就可以方便地通过电阻测量获得可靠的温度.

温度计与另一个温度计的比对并不是一个轻松的过程, 我仅举三个注意事项来说明这个操作的复杂性. 首先, 温度的意义取决于测量类型, 例如, 基于不同原理的温度计可能分别测量了晶格温度和电子温度, 如果两个温度计的测量对象不一致, 那么测量对象间的温度差异影响比对的结果. 其次, 尽管我们希望获得尽可能客观的测量, 但是国际温标之外的实际测量无法排除理论模型的主观选择. 例如, 磁化率与温度的关系可以采用居里定律或居里 – 外斯定律描述, 量子点电导峰的函数形式也有不同的选择, 这些选择得根据具体的实验参数条件判断. 最后, 测量的细节影响实验结果. 例如, 超导相变点温度计的读数受磁场的影响.

4. 选择合适拟合函数的价值

当一个温度计被校正之后, 它总是仅在有限的温度点上被校正. 一套合适的拟合函数可以将可数的校正点扩展为一段连续温区.

我们希望所选择的函数形式尽量反映真实的物理规律, 此时我们有机会得到更接近热力学温标的温度数值. 传统上各类温度计的测量值和温度之间的拟合有经验公式.

随着计算能力的增强, 拟合的数值处理不再困难, 看似拟合函数的具体形式已经逐渐变得不再重要, 然而, 随意用拟合起来更方便的高阶多项式是有风险的. 或者说, 对于有明确物理规律的温度计, 随意用高阶多项式拟合是不值得的, 因为这引入了不必要的误差.

如果一个实用的温标与热力学温标有差异, 那么我们希望这个差异是平滑且随温度缓慢变化的. 我们可以设想这样的场景: 在比热测量中, 一个突兀的温度定标差错可能被误判为相变的标志. 当人们选择拟合温度计的函数时, 函数的一阶导和二阶导都应该是连续的①.

如果在完整的温区中找不到一个合适的拟合函数, 则将 $R-T$ 关系分多段进行拟合也是一个习惯做法. 考虑到函数的连续性要求, 这些温区应该是重叠的. 显然, 重叠温区有两套或者多套数值对应关系, 这些不同数值是等权重的, 被称为局部不一致[3.5]. 事实上, 国际温标 ITS-90 就允许这样的分段拟合, 局部的不一致不大于 1 mK. 局部不一致不等同于不唯一, 也不等同于不可重复.

5. 总结

如果开展与含温理论严格对照的低温实验, 或者开展比热测量这样对温度准确度要求较高的低温实验, 则对于 1 K 以下的温区, 自行搭建 ^{3}He 熔化压温度计是最可行的做法. 6.10.2 小节提供了一个 ^{3}He 熔化压温度计搭建和使用的例子.

本书仅是低温实验的入门读物, 本章所介绍的温度测量基本只停留在原理层面, 也许有助于读者理解温度计是怎么工作的, 但是很难为读者提供设计、搭建和测量上的帮助. 电阻温度计的测量和 ^{3}He 熔化压温度计的设计和搭建将在第六章较为详细地讨论.

第三章参考文献

[3.1] MICHALSKI L, ECKERSDORF K, KUCHARSKI J, et al. Temperature measurement[M]. Chichester: John Wiley & Sons, Ltd., 2001.

[3.2] BENEDICT R P. Fundamentals of temperature, pressure, and flow measurements[M]. 3rd ed. New York: John Wiley & Sons, Inc., 1984.

[3.3] CALLENDAR H L. On the practical measurement of temperature: Experiments made at the Cavendish laboratory, Cambridge[J]. Philosophical Transactions of the Royal Society of London, 1887, A178: 161-230.

[3.4] NICHOLAS J V, WHITE D R. Traceable temperatures[M]. 2nd ed. Chichester: John Wiley & Sons, Ltd., 2001.

[3.5] QUINN T J. Temperature[M]. 2nd ed. London: Academic Press Limited, 1990.

①低温实验中没有三阶相变的例子, 玻色气体凝聚是理论上的三阶相变的例子.

[3.6] COURTS S S, HOLMES D S, SWINEHART P R, et al. Cryogenic thermometry-an overview[J]. Applications of Cryogenic Technology, 1991, 10: 55-69.

[3.7] MCDONALD P C. Magnetoresistance of the cryogenic linear temperature sensor in the range 4.2 to 300 K[J]. Cryogenics, 1973, 13: 367-368.

[3.8] CORRUCCINI R J. Temperature measurements in cryogenic engineering[J]. Advances in Cryogenic Engineering, 1963, 8: 315-333.

[3.9] JOHNSON W L, ANDERSON A C. The stability of carbon resistance thermometers[J]. Review of Scientific Instruments, 1971, 42: 1296-1300.

[3.10] POBELL F. Matter and methods at low temperatures[M]. 3rd ed. Berlin: Springer, 2007.

[3.11] ROBICHAUX J E, ANDERSON A C. Modified Speer resistors for use as low temperature thermometers[J]. Review of Scientific Instruments, 1969, 40: 1512-1513.

[3.12] ESKA G, NEUMAIER K. A carbon resistance thermometer with fast response below 10 mK[J]. Cryogenics, 1983, 23: 84-86.

[3.13] MIZUSAKI T. Announcement: Matsushita carbon resistors[J]. Journal of Low Temperature Physics, 1988, 73: 503.

[3.14] SAMKHARADZE N, KUMAR A, CSÁTHY G A. A new type of carbon resistance thermometer with excellent thermal contact at millikelvin temperatures[J]. Journal of Low Temperature Physics, 2010, 160: 246-253.

[3.15] LAWLESS W N. Thermometric properties of carbon-impregnated porous glass at low temperatures[J]. Review of Scientific Instruments, 1972, 43: 1743-1747.

[3.16] BESLEY L M. Stability of some cryogenic carbon resistance thermometers[J]. Review of Scientific Instruments, 1983, 54: 1213-1217.

[3.17] BESLEY L M. Stability characteristics of carbon-glass resistance thermometers[J]. Review of Scientific Instruments, 1979, 50: 1626-1628.

[3.18] GABÁNI S, PAVLÍK V, FLACHBART K, et al. RuO_2-based low temperature sensors with "tuned" resistivity dependences[J]. Czechoslovak Journal of Physics, 2004, 54: D663-D666.

[3.19] LI Q, WATSON C H, GOODRICH R G, et al. Thick film chip resistors for use as low temperature thermometers[J]. Cryogenics, 1986, 26: 467-470.

[3.20] MYERS S A, LI H, CSÁTHY G A. A ruthenium oxide thermometer for dilution refrigerators operating down to 5 mK[J]. Cryogenics, 2021, 119: 103367.

[3.21] GOODRICH R G, HALL D, PALM E, et al. Magnetoresistance below 1 K and temperature cycling of ruthenium oxide-bismuth ruthenate cryogenic thermometers[J]. Cryogenics, 1998, 38: 221-225.

[3.22] RICHARDSON R C, SMITH E N. Experimental techniques in condensed matter physics at low temperatures[M]. Boca Raton: CRC Press, 1988.

[3.23] FUZIER S, VAN SCIVER S W. Use of the bare chip Cernox^{TM} thermometer for the detection of second sound in superfluid helium[J]. Cryogenics, 2004, 44: 211-213.

[3.24] BOSCH W A, CHINCHUKE A, FLOKSTRA J, et al. Srd1000: A superconductive reference device for thermometry below 1 K[J]. Physica B, 2003, 329-333: 1562-1563.

[3.25] WHITE G K, MEESON P J. Experimental techniques in low-temperature physics [M]. 4th ed. Oxford: Oxford University Press, 2002.

[3.26] SCHOOLEY J F, EVANS JR. G A, SOULEN JR. R J. Preparation and calibration of the NBS SRM767: A superconductive temperature fixed point device[J]. Cryogenics, 1980, 20: 193-199.

[3.27] TIMMERHAUS K D, REED R P. Cryogenic engineering[M]. 2nd ed. New York: Springer, 2007.

[3.28] GILDEMEISTER J M, LEE A T, RICHARDS P L. A fully lithographed voltage-biased superconducting spiderweb bolometer[J]. Applied Physics Letters, 1999, 74: 868-870.

[3.29] NAHUM M, MARTINIS J M. Ultrasensitive-hot-electron microbolometer[J]. Applied Physics Letters, 1993, 63: 3075-3077.

[3.30] WEBB R A, GIFFARD R P, WHEATLEY J C. Noise thermometry at ultralow temperatures[J]. Journal of Low Temperature Physics, 1973, 13: 383-429.

[3.31] HUDSON R P, MARSHAK H, SOULEN JR. R J, et al. Review paper: Recent advances in thermometry below 300 mK[J]. Journal of Low Temperature Physics, 1975, 20: 1-102.

[3.32] CASEY A, ARNOLD F, LEVITIN L V, et al. Current sensing noise thermometry: A fast practical solution to low temperature measurement[J]. Journal of Low Temperature Physics, 2014, 175: 764-775.

[3.33] ROTHFUSS D, REISER A, FLEISCHMANN A, et al. Noise thermometry at ultra-low temperatures[J]. Philosophical Transactions of the Royal Society A: Mathematical, Physical and Engineering Sciences, 2016, 374: 20150051.

[3.34] SHIBAHARA A, HAHTELA O, ENGERT J, et al. Primary current-sensing noise thermometry in the millikelvin regime[J]. Philosophical Transactions of the Royal Society A: Mathematical, Physical and Engineering Sciences, 2016,

374: 20150054.

[3.35] LEVITIN L V, VAN DER VLIET H, THEISEN T, et al. Cooling low-dimensional electron systems into the microkelvin regime[J]. Nature Communications, 2022, 13: 667.

[3.36] MIMILA-ARROYO J. The free electron gas primary thermometer using an ordinary bipolar junction transistor approaches ppm accuracy[J]. Review of Scientific Instruments, 2017, 88: 064901.

[3.37] SWARTZ D L, SWARTZ J M. Diode and resistance cryogenic thermometry: A comparison[J]. Cryogenics, 1974, 14: 67-70.

[3.38] EKIN J W. Experimental techniques for low-temperature measurements[M]. Oxford: Oxford University Press, 2006.

[3.39] KUTZNER K. Gold-iron thermocouples[J]. Cryogenics, 1968, 8: 325.

[3.40] ROSENBAUM R L. Some properties of gold-iron thermocouple wire[J]. Review of Scientific Instruments, 1968, 39: 890-899.

[3.41] RUBIN L G, LAWLESS W N. Studies of a glass-ceramic capacitance thermometer in an intense magnetic field at low temperatures[J]. Review of Scientific Instruments, 1971, 42: 571-573.

[3.42] LAWLESS W N. Aging phenomena in a low-temperature glass-ceramic capacitance thermometer[J]. Review of Scientific Instruments, 1975, 46: 625-628.

[3.43] REIJNTJES P J, VAN RIJSWIJK W, VERMEULEN G A, et al. Comparison of a glass thermometer against a nuclear orientation thermometer in high magnetic fields[J]. Review of Scientific Instruments, 1986, 57: 1413-1415.

[3.44] FOOTE M C, ANDERSON A C. Capacitance bridge for low-temperature, high-resolution dielectric measurements[J]. Review of Scientific Instruments, 1987, 58: 130-132.

[3.45] WIEGERS S A J, JOCHEMSEN R, KRANENBURG C C, et al. Comparison of some glass thermometers at low temperatures in a high magnetic field[J]. Review of Scientific Instruments, 1987, 58: 2274-2278.

[3.46] NISHIYAMA H, AKIMOTO H, OKUDA Y, et al. Dielectric properties of glasses at ultra low temperatures[J]. Journal of Low Temperature Physics, 1992, 89: 727-730.

[3.47] VAN ROOIJEN R, MARCHENKOV A, AKIMOTO H, et al. Dielectric properties of vitreous silica with various hydroxyl concentrations[J]. Journal of Low Temperature Physics, 1998, 110: 269-274.

[3.48] MURPHY T P, PALM E C, PEABODY L, et al. Capacitance thermometer for use at low temperatures and high magnetic fields[J]. Review of Scientific Instruments, 2001, 72: 3462-3466.

[3.49] PENNING F C, MAIOR M M, WIEGERS S A J, et al. A sensitive capacitance thermometer at low temperature for use in magnetic fields up to 20 T[J]. Review of Scientific Instruments, 1996, 67: 2602-2605.

[3.50] PEKOLA J P, HIRVI K P, KAUPPINEN J P, et al. Thermometry by arrays of tunnel junctions[J]. Physical Review Letters, 1994, 73: 2903-2906.

[3.51] FARHANGFAR S, HIRVI K P, KAUPPINEN J P, et al. One dimensional arrays and solitary tunnel junctions in the weak Coulomb blockade regime: CBT thermometry[J]. Journal of Low Temperature Physics, 1997, 108: 191-215.

[3.52] KAUPPINEN J P, LOBERG K T, MANNINEN A J, et al. Coulomb blockade thermometer: Tests and instrumentation[J]. Review of Scientific Instruments, 1998, 69: 4166-4175.

[3.53] GIAZOTTO F, HEIKKILÄ T T, LUUKANEN A, et al. Opportunities for mesoscopics in thermometry and refrigeration: Physics and applications[J]. Reviews of Modern Physics, 2006, 78: 217-274.

[3.54] HAHTELA O, MYKKÄNEN E, KEMPPINEN A, et al. Traceable Coulomb blockade thermometry[J]. Metrologia, 2017, 54: 69-76.

[3.55] MESCHKE M, KEMPPINEN A, PEKOLA J P. Accurate Coulomb blockade thermometry up to 60 kelvin[J]. Philosophical Transactions of the Royal Society A: Mathematical, Physical and Engineering Sciences, 2016, 374: 20150052.

[3.56] CASPARIS L, MESCHKE M, MARADAN D, et al. Metallic Coulomb blockade thermometry down to 10 mK and below[J]. Review of Scientific Instruments, 2012, 83: 083903.

[3.57] BRADLEY D I, GEORGE R E, GUNNARSSON D, et al. Nanoelectronic primary thermometry below 4 mK[J]. Nature Communications, 2016, 7: 10455.

[3.58] PALMA M, SCHELLER C P, MARADAN D, et al. On-and-off chip cooling of a Coulomb blockade thermometer down to 2.8 mK[J]. Applied Physics Letters, 2017, 111: 253105.

[3.59] SARSBY M, YURTTAGÜL N, GERESDI A. 500 microkelvin nanoelectronics[J]. Nature Communications, 2020, 11: 1492.

[3.60] SAMANI M, SCHELLER C P, SEDEH O S, et al. Microkelvin electronics on a pulse-tube cryostat with a gate Coulomb-blockade thermometer[J]. Physical Review Research, 2022, 4: 033225.

[3.61] KARAKURT I, GOLDMAN V J, LIU J, et al. Absence of compressible edge channel rings in quantum antidots[J]. Physical Review Letters, 2001, 87: 146801.

[3.62] SCHELLER C P, HEIZMANN S, BEDNER K, et al. Silver-epoxy microwave filters and thermalizers for millikelvin experiments[J]. Applied Physics Letters, 2014, 104: 211106.

[3.63] IFTIKHAR Z, ANTHORE A, JEZOU IN S, et al. Primary thermometry triad at 6 mK in mesoscopic circuits[J]. Nature Communications, 2016, 7: 12908.

[3.64] NICOLI G, MÄRKI P, BRÄM B A, et al. Quantum dot thermometry at ultra-low temperature in a dilution refrigerator with a ^{4}He immersion cell[J]. Review of Scientific Instruments, 2019, 90: 113901.

[3.65] BERRY K H. NPL-75: A low temperature gas thermometry scale from 2.6 K to 27.1 K[J]. Metrologia, 1979, 15: 89-115.

[3.66] STEUR P P M, DURIEUX M. Constant-volume gas thermometry between 4 K and 100 K[J]. Metrologia, 1986, 23: 1-18.

[3.67] ASTROV D N, BELYANSKY L B, DEDIKOV Y A. Correction of the gas-thermometry scale of the VNIIFTRI in the range 2.5 K to 308 K[J]. Metrologia, 1995, 32: 393-395.

[3.68] TAMURA O, TAKASU S, NAKANO T, et al. NMIJ constant-volume gas thermometer for realization of the ITS–90 and thermodynamic temperature measurement[J]. International Journal of Thermophysics, 2008, 29: 31-41.

[3.69] PITRE L, MOLDOVER M R, TEW W L. Acoustic thermometry: New results from 273 K to 77 K and progress towards 4 K[J]. Metrologia, 2006, 43: 142-162.

[3.70] EWING M B, TRUSLER J P M. Primary acoustic thermometry between $T = 90$ K and $T = 300$ K[J]. Journal of Chemical Thermodynamics, 2000, 32: 1229-1255.

[3.71] GAISER C, ZANDT T, FELLMUTH B. Dielectric-constant gas thermometry[J]. Metrologia, 2015, 52: S217-S226.

[3.72] GAO B, PITRE L, LUO E C, et al. Feasibility of primary thermometry using refractive index measurements at a single pressure[J]. Measurement, 2017, 103: 258-262.

[3.73] ROURKE P M C, GAISER C, GAO B, et al. Refractive-index gas thermometry[J]. Metrologia, 2019, 56: 032001.

[3.74] RIPA D M, IMBRAGUGLIO D, GAISER C, et al. Refractive index gas thermometry between 13.8 K and 161.4 K[J]. Metrologia, 2021, 58: 025008.

[3.75] CENCEK W, SZALEWICZ K, JEZIORSKI B. Breit-Pauli and direct perturbation theory calculations of relativistic helium polarizability[J]. Physical Review

Letters, 2001, 86: 5675-5678.

[3.76] ŁACH G, JEZIORSKI B, SZALEWICZ K. Radiative corrections to the polarizability of helium[J]. Physical Review Letters, 2004, 92: 233001.

[3.77] JACOBSEN R T, PENONCELLO S G, LEMMON E W. Thermodynamic properties of cryogenic fluids[M]. New York: Springer, 1997.

[3.78] LEACHMAN J W, JACOBSEN R T, LEMMON E W, et al. Thermodynamic properties of cryogenic fluids[M]. 2nd ed. New York: Springer, 2017.

[3.79] ENGERT J, FELLMUTH B, HOFFMANN A. Realisation, dissemination, and comparison of the ITS–90 and the PLTS-2000 below 1 K at PTB[J]. Journal of Low Temperature Physics, 2004, 134: 425-430.

[3.80] FREDDI A, MODENA I. Experimental thermomolecular pressure ratio of helium-3 down to 0.3 °K[J]. Cryogenics, 1968, 8: 18-23.

[3.81] ROBERTS T R, SYDORIAK S G. Thermomolecular pressure ratios for He^3 and He^4[J]. Physical Review, 1956, 102: 304-308.

[3.82] GREYWALL D S, BUSCH P A. High precision ^{3}He-vapor-pressure gauge for use to 0.3 K[J]. Review of Scientific Instruments, 1980, 51: 509-510.

[3.83] STEINBERG V, AHLERS G. Nanokelvin thermometry at temperatures near 2 K[J]. Journal of Low Temperature Physics, 1983, 53: 255-283.

[3.84] PITRE L, HERMIER Y, BONNIER G. The comparison between a second-sound thermometer and a melting-curve thermometer from 0.8 K down to 20 mK[J]. AIP Conference Proceedings, 2003, 684: 101-106.

[3.85] RUESINK W, HARRISON J P, SACHRAJDA A. The vibrating wire viscometer as a magnetic field-independent ^{3}He thermometer[J]. Journal of Low Temperature Physics, 1988, 70: 393-411.

[3.86] SAMKHARADZE N, KUMAR A, MANFRA M J, et al. Integrated electronic transport and thermometry at milliKelvin temperatures and in strong magnetic fields[J]. Review of Scientific Instruments, 2011, 82: 053902.

[3.87] WOODS A J, DONALD A M, GAZIZULIN R, et al. Developing compact tuning fork thermometers for sub-mK temperatures and high magnetic fields[J]. Journal of Applied Physics, 2023, 133: 024501.

[3.88] ČLOVEČKO M, SKYBA P. Quartz tuning fork-A potential low temperature thermometer in high magnetic fields[J]. Applied Physics Letters, 2019, 115: 193507.

[3.89] GRILLY E R. Pressure-volume-temperature relations in liquid and solid ^{3}He [J]. Journal of Low Temperature Physics, 1971, 4: 615-635.

[3.90] HALPERIN W P, RASMUSSEN F B, ARCHIE C N, et al. Properties of melting ^{3}He: Specific heat, entropy, latent heat, and temperature[J]. Journal of Low Temperature Physics, 1978, 31: 617-698.

[3.91] GREYWALL D S, BUSCH P A. ^{3}He -melting-curve thermometry[J]. Journal of Low Temperature Physics, 1982, 46: 451-465.

[3.92] SCHUSTER G, WOLBER L. Automated ^{3}He melting curve thermometer[J]. Journal of Physics E: Scientific Instruments, 1986, 19: 701-705.

[3.93] RUSBY R L, DURIEUX M, REESINK A L, et al. The provisional low temperature scale from 0.9 mK to 1 K, PLTS-2000[J]. Journal of Low Temperature Physics, 2002, 126: 633-642.

[3.94] RUSBY R L, FELLMUTH B, ENGERT J, et al. Realization of the ^{3}He melting pressure scale, PLTS-2000[J]. Journal of Low Temperature Physics, 2007, 149: 156-175.

[3.95] YAN J, YAO J, SHVARTS V, et al. Cryogen-free one hundred microkelvin refrigerator[J]. Review of Scientific Instruments, 2021, 92: 025120.

[3.96] ADAMS E D. The ^{3}He melting curve and melting pressure thermometry[J]. Progress in Low Temperature Physics, 2005, 15: 423-456.

[3.97] KOLÁČ M, SVEC K, SAFRATA R S, et al. Adiabatic demagnetization of diluted cerium magnesium nitrate[J]. Journal of Low Temperature Physics, 1973, 11: 297-300.

[3.98] PAULSON D N, KRUSIUS M, WHEATLEY J C, et al. Magnetic thermometry to below one millikelvin with lanthanum-diluted cerium magnesium nitrate[J]. Journal of Low Temperature Physics, 1979, 34: 63-82.

[3.99] PARPIA J M, KIRK W P, KOBIELA P S, et al. A comparison of the ^{3}He melting curve, $T_c(P)$ curve, and the susceptibility of lanthanum-diluted cerium magnesium nitrate below 50 mK[J]. Journal of Low Temperature Physics, 1985, 60: 57-72.

[3.100] GREYWALL D S. ^{3}He melting-curve thermometry at millikelvin temperatures[J]. Physical Review B, 1985, 31: 2675-2683.

[3.101] VILCHES O E, WHEATLEY J C. Measurements of the specific heats of three magnetic salts at low temperatures[J]. Physical Review, 1966, 148: 509-516.

[3.102] VILCHES O E, WHEATLEY J C. Techniques for using liquid helium in very low temperature apparatus[J]. Review of Scientific Instruments, 1966, 37: 819-831.

[3.103] ABEL W R, JOHNSON R T, WHEATLEY J C, et al. Thermal conductivity of pure He^3 and of dilute solutions of He^3 in He^4 at low temperatures[J]. Physical

Review Letters, 1967, 18: 737-740.

[3.104] GREYWALL D S, BUSCH P A. Fast cerium magnesium nitrate (CMN) thermometer for the low millikelvin temperature range[J]. Review of Scientific Instruments, 1989, 60: 471-473.

[3.105] HIRSCHKOFF E C, SYMKO O G, WHEATLEY J C. Magnetic behavior of dilute Cu(Mn) alloys at very low temperatures[J]. Journal of Low Temperature Physics, 1971, 5: 155-176.

[3.106] GLOOS K, SMEIBIDL P, KENNEDY C, et al. The Bayreuth nuclear demagnetization refrigerator[J]. Journal of Low Temperature Physics, 1988, 73: 101-136.

[3.107] FLEISCHMANN A, SCHÖNEFELD J, SOLLNER J, et al. Low temperature properties of erbium in gold[J]. Journal of Low Temperature Physics, 2000, 118: 7-21.

[3.108] MEREDITH D J, PICKETT G R, SYMKO O G. Application of a SQUID magnetometer to NMR at low temperatures[J]. Journal of Low Temperature Physics, 1973, 13: 607-615.

[3.109] WALSTEDT R E, HAHN E L, FROIDEVAUX C, et al. Nuclear spin thermometry below 1 °K[J]. Proceedings of the Royal Society of London, 1965, A284: 499-530.

[3.110] CORRUCCINI L R, OSHEROFF D D, LEE D M, et al. Spin-wave phenomena in liquid ^{3}He systems[J]. Journal of Low Temperature Physics, 1972, 8: 229-254.

[3.111] MUELLER R M, BUCHAL C, FOLLE H R, et al. A double-stage nuclear demagnetization refrigerator[J]. Cryogenics, 1980, 20: 395-407.

[3.112] ANDRES K, BUCHER E. Nuclear cooling in $PrCu_6$[J]. Journal of Low Temperature Physics, 1972, 9: 267-289.

[3.113] AHOLA H, EHNHOLM G J, ISLANDER S T, et al. Tin, a candidate for low temperature NMR thermometer?[J]. Cryogenics, 1980, 20: 277-282.

[3.114] ABEL W R, ANDERSON A C, BLACK W C, et al. Thermal and magnetic properties of liquid He^3 at low pressure and at very low temperatures[J]. Physics, 1965, 1: 337-387.

[3.115] AKISATO H, MURAKAWA S, MASTUMOTO Y, et al. NMR measurements of a possible new quantum phase in 2D ^{3}He [J]. Journal of Low Temperature Physics, 2005, 138: 265-270.

[3.116] MARSHAK H. Nuclear orientation thermometry[J]. Journal of Research of the National Bureau of Standards, 1983, 88: 175-217.

[3.117] BERGLUND P M, COLLAN H K, EHNHOLM G J, et al. The design and use of nuclear orientation thermometers employing ^{54}Mn and ^{60}Co nuclei in ferromagnetic hosts[J]. Journal of Low Temperature Physics, 1972, 6: 357-383.

[3.118] SOULEN JR. R J, MARSHAK H. The establishment of a temperature scale from 0.01 K to 0.05 K using noise and ^{60}Co γ-ray anisotropy thermometers[J]. Cryogenics, 1980, 20: 408-412.

[3.119] LOUNASMAA O V. Experimental principles and methods below 1 K[M]. London: Academic Press, 1974.

[3.120] FISCHER J, DE PODESTA M, HILL K D, et al. Present estimates of the differences between thermodynamic temperatures and the ITS–90[J]. International Journal of Thermophysics, 2011, 32: 12-25.

[3.121] ENGERT J, KIRSTE A, SHIBAHARA A, et al. New evaluation of $T - T_{2000}$ from 0.02 K to 1 K by independent thermodynamic methods[J]. International Journal of Thermophysics, 2016, 37: 125.

[3.122] BEDFORD R E, BONNIER G, MAAS H, et al. Recommended values of temperature on the international temperature scale of 1990 for a selected set of secondary reference points[J]. Metrologia, 1996, 33: 133-154.

[3.123] PEKOLA J P, TOPPARI J J, KAUPPINEN J P, et al. Coulomb blockade-based nanothermometry in strong magnetic fields[J]. Journal of Applied Physics, 1998, 83: 5582-5584.

[3.124] PEKOLA J P, SUOKNUUTI J K, KAUPPINEN J P, et al. Coulomb blockade thermometry in the milli-kelvin temperature range in high magnetic fields[J]. Journal of Low Temperature Physics, 2002, 128: 263-269.

[3.125] NEURINGER L J, PERLMAN A J, RUBIN L G, et al. Low temperature thermometry in high magnetic fields. II. Germanium and platinum resistors[J]. Review of Scientific Instruments, 1971, 42: 9-14.

[3.126] SAMPLE H H, BRANDT B L, RUBIN L G. Low-temperature thermometry in high magnetic fields. V. Carbon-glass resistors[J]. Review of Scientific Instruments, 1982, 53: 1129-1136.

[3.127] PAVESE F, CRESTO P. Search for thermometers with low magnetoresistive effects: Platinum-cobalt alloy[J]. Cryogenics, 1984, 24: 464-470.

[3.128] WATANABE M, MORISHITA M, OOTUKA Y. Magnetoresistance of RuO$_2$-based resistance thermometers below 0.3 K[J]. Cryogenics, 2001, 41: 143-148.

[3.129] 张裕恒. 超导物理 [M]. 合肥: 中国科学技术大学出版社, 1997.

[3.130] SAMPLE H H, RUBIN L G. Instrumentation and methods for low temperature measurements in high magnetic fields[J]. Cryogenics, 1977, 17: 597-606.

[3.131] RUBIN L G, BRANDT B L, SAMPLE H H. Some practical solutions to measurement problems encountered at low temperatures and high magetic fields[J]. Advances in Cryogenic Engineering, 1986, 31: 1221-1230.

[3.132] HEINE G, LANG W. Magnetoresistance of the new ceramic "Cernox" thermometer from 4.2 K to 300 K in magnetic fields up to 13 T[J]. Cryogenics, 1998, 38: 377-379.

[3.133] BRANDT B L, LIU D W, RUBIN L G. Low temperature thermometry in high magnetic fields. VII. Cernox^{TM} sensors to 32 T[J]. Review of Scientific Instruments, 1999, 70: 104-110.

[3.134] FROSSATI G. Observation of strongly polarized liquid and solid ^{3}He using the castaing-nozieres effect and Pomeranchuk cooling[J]. Journal de Physique, 1980, 41: 95-109.

[3.135] ROOBOL L P, REMEIJER P, VAN WOERKENS C M C M, et al. ^{3}He melting curves in high magnetic fields[J]. Physica B, 1994, 194-196: 741-742.

[3.136] FUKUYAMA H, YAWATA K, ITO D, et al. A millikelvin temperature scale in high magnetic fields based on ^{3}He melting pressure[J]. Physica B, 2003, 329-333: 1560-1561.

[3.137] TERRIEN J. News from the international bureau of weights and measures[J]. Metrologia, 1968, 4: 41-45.

[3.138] HILL K D, STEELE A G. The international temperature scale: Past, present, and future[J]. NCSLI Measure, 2014, 9: 60-67.

[3.139] DURIEUX M. The international practical temperature scale of 1968[J]. Progress in Low Temperature Physics, 1970, 6: 405-425.

[3.140] PRESTON-THOMAS H. The international temperature scale of 1990 (ITS–90)[J]. Metrologia, 1990, 27: 3-10.

[3.141] PRESTON-THOMAS H. Erratum: The international temperature scale of 1990 (ITS–90)[J]. Metrologia, 1990, 27: 107.

[3.142] PEARCE J. Extra points for thermometry[J]. Nature Physics, 2017, 13: 104.

[3.143] GRAY D E. American institute of physics handbook[M]. 3rd ed. New York: McGraw-Hill, Inc., 1972.

[3.144] GANSHIN A N, GRIGOR'EV V N, MAĬDANOV V A, et al. The influence of small impurities of ^{4}He on the melting curve of ^{3}He [J]. Low Temperature Physics, 2001, 27: 509-510.

[3.145] GREYWALL D S. Specific heat of normal liquid ^{3}He [J]. Physical Review B, 1983, 27: 2747-2766.

[3.146] GREYWALL D S. ^{3}He specific heat and thermometry at millikelvin tempera-
         tures[J]. Physical Review B, 1986, 33: 7520-7538.

[3.147] FISCHER J, ULLRICH J. The new system of units[J]. Nature Physics, 2016, 12:
         4-7.

[3.148] STOCK M, DAVIS R, DE MIRANDÉS E, et al. The revision of the SI-the result
         of three decades of progress in metrology[J]. Metrologia, 2019, 56: 022001.

[3.149] RIGOSI A F, ELMQUIST R E. The quantum Hall effect in the era of the new
         SI[J]. Semiconductor Science and Technology, 2019, 34: 093004.

[3.150] DAVIS R, SCHLAMMINGER S. Basic metrology for 2020[J]. IEEE Instrumen-
         tation & Measurement Magazine, 2020, 05: 10-20.

[3.151] PITRE L, PLIMMER M D, SPARASCI F, et al. Determinations of the Boltz-
         mann constant[J]. Comptes Rendus Physique, 2019, 20: 129-139.

[3.152] SASLOW W M. Entropy uniqueness determines temperature[J]. European Jour-
         nal of Physics, 2020, 41: 055101.

[3.153] DE PODESTA M. Rethinking the kelvin[J]. Nature Physics, 2016, 12: 104.

[3.154] MOLDOVER M R, TEW W L, YOON H W. Advances in thermometry[J].
         Nature Physics, 2016, 12: 7-11.

[3.155] ENGERT J, FELLMUTH B, JOUSTEN K. A new ^{3}He vapour-pressure based
         temperature scale from 0.65 K to 3.2 K consistent with the PLTS-2000[J]. Metrolo-
         gia, 2007, 44: 40-52.

[3.156] CHILDS P R N. Practical temperature measurement[M]. Oxford: Butterworth-
         Heinemann, 2001.

英汉对照索引